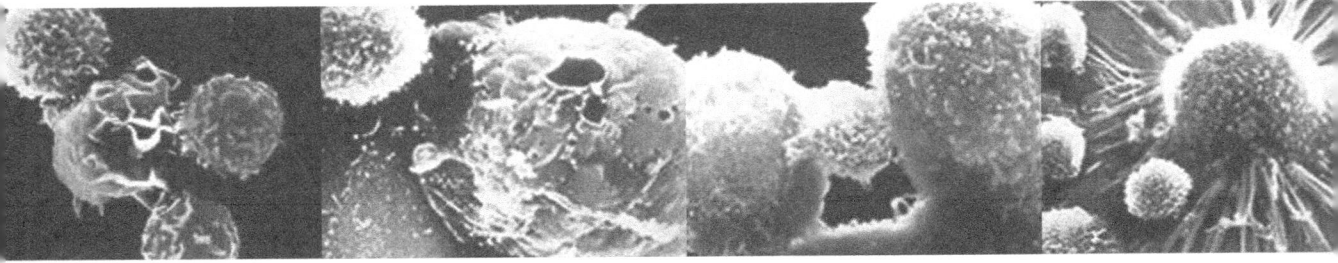

IMMUNOLOGY

浙江省高等教育重点建设教材

免疫学

主　编　钱国英　陈永富
副主编　汪财生

ZHEJIANG UNIVERSITY PRESS
浙江大学出版社

作者简介

钱国英：女，1961年7月出生，博士研究生，教授，浙江万里学院副校长

主讲课程：《营养学》《免疫学》《生物化学》

教育部本科教学评估专家、浙江省重中之重学科负责人、浙江省重大科技项目咨询专家、浙江大学与浙江理工大学硕士生导师、国务院特殊津贴获得者、全国高协教学研究与编写委员会委员、浙江省151人才培养工程第一层次培养对象、浙江省高校中青年学科带头人、浙江省重大科技项目评估专家、浙江省农业先进科技工作者。先后主持国家及省部级科研项目20多项，获浙江省科技进步二等奖2项，发表学术论文50余篇，发明专利6项，授权3项。先后主持教育部教改项目1项、省级教改项目5项、校级课程建设和教改项目5项，获国家教学成果奖1项、省教学成果奖2项、宁波市教学成果奖3项，出版专著和教材7本、教学研究论文6篇。

图书在版编目（CIP）数据

免疫学 / 钱国英，陈永富主编. —杭州：浙江大学出版社，2010.12(2021.12 重印)

ISBN 978-7-308-08183-2

Ⅰ.①免… Ⅱ.①钱…②陈… Ⅲ.①免疫学 Ⅳ.①Q939.91

中国版本图书馆 CIP 数据核字（2010）第 233627 号

免　疫　学

钱国英　陈永富　　主编

责任编辑	周卫群
封面设计	联合视务
出版发行	浙江大学出版社
	（杭州市天目山路148号　邮政编码310007）
	（网址：http://www.zjupress.com）
排　　版	杭州青翔图文设计有限公司
印　　刷	浙江新华数码印务有限公司
开　　本	787mm×1092mm　1/16
印　　张	18.5
字　　数	450 千
版 印 次	2010 年 12 月第 1 版　2021 年 12 月第 6 次印刷
书　　号	ISBN 978-7-308-08183-2
定　　价	49.00 元

序

免疫学是一门在生物技术与医学类专业中地位极其重要的基础课,与抗体工程、细胞生物学与细胞工程、基因工程等有密切的关系,是传染病的诊断、防治、生物制品与制药、微生物检测与鉴别、细胞因子产品的研发等重要的手段,具有多学科交叉、理论与技术先进性强、知识更新快、应用广泛的特点。近年来,随着生物技术研究手段更新速度的加快与生命科学研究的突飞猛进,促进了免疫学基础理论研究与临床医学研究的快速发展。

根据创新型国家发展战略的需要,高等院校必须进行全面的教育教学方法的改革,更加注重理论与实践的紧密结合,强调相关理论的应用能力训练,实现理论学习向探索未知知识的转变;实现学科专业素质培养向综合素质教育的转变;实现侧重获取知识的教育向增强创造性教育的转变;实现学生被动接受知识向主动合作性学习知识的观念转变。根据这样的教学目标,免疫学课程更适合于采用项目化形式的研究性教学方法,通过以问题的形式引导学生对理论知识的学习与思考;通过研究,以解决问题的方式拓展学习能力;通过实验训练与研究,引导研究技能的训练,并通过总结提升理论知识与深度。

教学方法表面看是一种程序、技巧,但背后往往是一系列的教育教学理念。教学方法的改革往往会带动教学目标、课程体系、教学内容、教学评价、教学条件的全方位变革,是与人才培养方案及方式的同步、系统化、连锁式变革,最终会推动人才培养模式的整体创新。同时,教学方法改革是一个涉及面广、受益面广,又非常艰巨的改革,不仅是教学本身的深入改革与完善,还包括管理机制创新等保障性改革的跟进,因此需长期持续的努力。但我们相信,随着越来越多的高校投入到研究式教学方法的改革与完善中,必然有助于我国人才培养模式的彻底改变。

基于此目标,本书集结了研究性教学与合作式学习的相关理论指导下的免疫学实战策略,是一本面向普通高校生物类教师进行研究性教学改革的指导书,其理论基础与实践案例相结合的特点,对推动研究性教学改革的理论研究和实践探索的深入会有所帮助。

免疫学课程以其深奥、抽象、难懂使初学者望而生畏,因而需要通过现实生活中的实例分析等引导性学习任务的设计,帮助学生学习与理解核心知识的内涵与应用方式,并关注本学科前沿的研究方向,需要通过研究性任务的驱动,帮助学生训练知识与技能应用能力、项目设计、实验能力、结果分析与评价能力等。教学目标中既有理论学习的要求,又有技能训练的要求。课程紧密结合应用型人才培养目标,体现现代教育思想,以提高学生免疫学专业知识、学习应用能力为目标,加强教学内容的整合与优化,融理论教学和应用能力培养于一体,实现知识、能力与素质的全面发展。为此,教材在编写时,设置了知识体系、课前思考、本章重点、教学目标、理解与思考、课外拓展、课程实验与研究、课程研讨、课后思考、课外阅读等栏目,为研究性教学方法的实施提供教学支撑。

本教材主要针对地方本科院校应用型人才培养目标而设计编写,可供其他理工科高等院校的生命科学、生物技术、生物工程等专业及农林院校的学生及相关领域的科技人员使用。

作为研究性教学方法改革的尝试性教材,我们力求使之具备学术性、实用性与可操作性。但是,限于我们的学识和水平,书中难免会有不少缺点和错误,敬请各位同仁与同学提出宝贵意见。谢谢!

编　者

2010 年 7 月

前　言

欢迎大家进入免疫学的学习！

当今世界,科学技术发展突飞猛进,新兴学科、交叉学科不断涌现,科技进步对经济社会的影响作用日益广泛和深刻。伴随着信息科技革命方兴未艾的浪潮,生命科学的发展正在展现出未可限量的前景。越来越多的人们已经感到,一个生命科学的新纪元已经来临,基因工程、细胞工程、酶与发酵工程、组织工程、蛋白质工程、抗体工程、干细胞研究、克隆技术、转基因技术、纳米生物技术、高通量筛选技术等等,大大加快基因工程药物和疫苗的研制,以及推进对重大疾病新疗法的研究进程。生物技术在食品、环保、化工、能源等行业也有广阔的应用前景。

近年来,全球生物产业增长速度是世界经济平均增长率的近 10 倍。生物技术引领的新科技革命正在加速形成,生物科技的重大突破正在迅速孕育,将催生新的产业革命。据统计,全球生物药品市场规模 2007 年为 1500 亿美元,预计 2010 年将达到 2000 亿美元。随着人类基因组图谱的破译,极大地促进生物药物的研究与开发。到 2020 年,利用生物技术研制的新药可能将达到 3000 种左右。这将对提高人类的医疗水平和健康水平产生极为重要的影响。

历史经验证明,这一时期是发展中国家把握历史契机、发挥后发优势、实现跨越式发展的重要战略机遇期。这也正是我国生物产业发展的重要战略机遇期,为我国发挥后发优势、实现跨越发展提供了历史性机遇。中国政府高度重视生物产业发展。2009 年 6 月,国务院常务会议讨论并原则通过《促进生物产业加快发展的若干政策》。会议认为,必须抓住世界生物科技革命和产业革命的机遇,将生物产业培育成为我国高技术领域的支柱产业。以生物医药、生物农业、生物能源、生物制造和生物环保产业为重点,大力发展现代生物产业。2010 年 5 月 24 日,国务院正式批准实施的《长江三角洲地区区域规划》明确了长江三角洲地区发展的战略定位,加快生物医药产业的发展步伐,标志着我国生物产业已步入快速发展期。2008 年 1—12 月,中国生物、生化制品的制造行业规模以上企业实现累计工业总产值76,726,994 千元,比 2007 年同期增长了 30.32%。预测到 2020 年左右,我国生物技术研究开发与产业化整体达到世界先进国家水平,生物产业总产值达到 25000 亿至 30000 亿元。而生物制药作为生物产业重要的一环,毋庸置疑将受到更多的关注与支持。2009 年国家发展改革委安排新增中央投资 4.42 亿元,支持生物医药、生物育种、生物医学工程高技术产业化专项以及国家生物产业基地公共服务条件建设专项的建设。此举可直接带动社会投资40 亿元,对于促进高技术产业化、推动生物等战略性新兴高技术产业的发展具有重要作用,其中的生物、生化制品与免疫学具有密切的关系。

免疫学是一门内容十分广博、与多学科交叉、在整个生物技术专业课程体系中占有重要地位的专业基础课,与抗体工程、细胞生物学与细胞工程、基因工程等有密切的关系。如2008年5月,美国研究人员研究证实,携带靶标核酸分子的微球能对树突状细胞再编程,关闭免疫系统对制造胰岛素的β细胞的攻击,该研究有望用于Ⅰ型糖尿病患者的临床试验。7月,美国得克萨斯大学医学院研制出带有酶活性的抗体,可辨识几乎所有不同形式的HIV,解决了HIV的多变性问题。8月,美国和瑞典科学家发现管控癌细胞侵入性和存活能力的转化生长因子β(TGF-β)的一个全新信号通道,为依赖于TGF的乳腺癌和前列腺癌等癌症的研究开辟了全新方向,这些科学发明与创造都需要免疫学基础。免疫学为传染病的诊断、防治、生物制品与制药、微生物检测与鉴别、细胞因子产品的研发等起到打基础、夯基石的作用。

免疫学课程以其深奥、抽象、难懂使初学者望而生畏。在免疫学学习中,除了教师要运用比喻、拟人等修辞手法,以情景、案例等手段,把深奥的免疫学知识化解为浅显易懂的事例,起到"传道、授业、解惑"作用外,还需要同学们掌握正确的学习方法,培养自主学习能力,注重课外学习。建议:(1)掌握免疫学学习的关键点——免疫学结构体系的特点。重点放在免疫学基础部分,着重掌握免疫的功能、免疫器官、免疫细胞、抗原、抗体、补体、细胞因子和黏附分子、主要组织相容性抗原、免疫应答等方面的基本概念、基本知识,在此基础上深刻理解、融汇贯通。(2)记忆是基础,理解是关键,注意与实际相结合。从学科特点看,免疫学具有形态学和功能学相结合的特点,常以形态学为基础,但落脚在功能学上。在知识体系中既有形象、直观的内容,又有抽象、理念性的概念、特性。而形态结构是为功能服务的,学习中必须抓住功能这个"重中之重"。要注意运用所学的免疫学知识认识、理解实际问题,学以致用,以促进、加深对所学知识的认识和理解。(3)多看多练,深入思考与讨论,加强归纳总结、综合应用的训练,将前后的知识融会贯通。整个免疫学学习中,除了老师在有限的时间讲授基本的教学内容外,要求同学们在每一章节学习后,查阅有关资料,写出小论文,建立合作性学习小组,同学间彼此交流、启迪思维、纠正错误。安排一定的时间课堂讲解,增强同学们的自学能力、语言表达能力,提高PPT制作水平。

免疫学总成绩构成(满分100分)包括:合作性论文交流20分(见附录《免疫学》合作性学习教学规则)、课堂讲解交流20分(交流内容12分、语言表达4分、ppt 4分)、平时作业与课堂提问10分、课堂纪律与出勤10分、期末考试40分。如果同学有额外写的高质量论文、查阅新的资料及学习心得给予另外成绩。

尽管免疫学的学习有一定的难度,但这种难度也是一种挑战。只要我们掌握好免疫学结构体系的特点,抓住重点,努力做到理解基础上的记忆,勤学巧学,多思考、多讨论,融会贯通,就一定能掌握免疫学的基本概念、基本知识、基本理论。愿同学们认真学好免疫学,将免疫学知识应用于实践,更好地造福于人类!

目　　录

第一章　绪　　论

【知识体系】

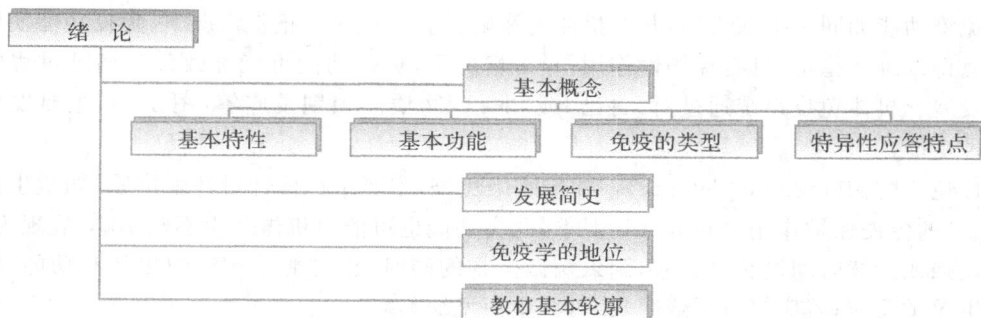

【课前思考】

我们机体被各种病原体包围,机体中的细胞又不断癌变,每天有成千上万的细胞衰变死亡,但机体一般仍处于健康状态,为何? 有外伤时,机体要化脓、发炎,而且仍有可能再次发炎,但得过某种传染病后一般不易再得同种传染病,为何?

【本章重点】

1. 免疫的基本概念、特性、功能;
2. 免疫的类型。

【教学目标】

1. 掌握免疫的基本概念、特性、功能、类型;
2. 熟悉免疫应答的类型;
3. 了解免疫学发展简史,免疫学在生命科学中的地位。

第一节　基本概念

对免疫的认识源于人类对传染性疾病的抵御能力。"免疫(immunity)"一词即源于拉丁文 immunitas,其本意是免除税赋和差役,引入医学领域则指免除瘟疫(传染病)。通过人们百余年的科学实践,已极大拓宽了对免疫的认识,现代免疫学将"免疫"的概念定义为:是机体识别"自己"与"非己"抗原、维持机体内外环境平衡的一种生理学反应。换言之,机体识别非己抗原,对其产生免疫应答并清除之;正常机体对自身组织抗原成分则不产生免疫应答,即维持耐受。

一、免疫的基本特性

1.识别自身和非自身。

2.特异性:能识别非自身物质间的微小差异,如同分异构体、旋光性等。

3.免疫记忆:有初次应答、再次应答。再次应答产生的抗体更多、更快,反应更强烈。如:传染病康复后或疫苗免疫后,能获得长期免疫力。

二、免疫的基本功能

免疫功能如同一把双刃剑,其对机体的影响具有双重性。正常情况下,免疫功能使机体内环境得以维持稳定,具有保护性作用;异常情况下,免疫功能可能导致某些病理过程的发生和发展。机体免疫系统通过对"自己"或"非己"物质的识别及应答(图 1-1),主要发挥如下三种功能:

1.免疫防御(immune defence)　即抗感染免疫,主要指机体针对外来抗原(如微生物及其毒素)的免疫保护作用。在异常情况下,此类功能也可能对机体产生不利影响,表现为:若应答过强或持续时间过长,则在清除致病微生物的同时,也可能导致组织损伤和功能异常,即发生超敏反应;若应答过低或缺失,可发生免疫缺陷病。

2.免疫自稳(immune homeostasis)　免疫细胞会把身体内的废物清除出体外,这些废物有敌人的尸体、老化死去的细胞、外来的杂质等,我们流出的汗与吐出的痰即属此类。该机制若发生异常,可能使机体对"自己"或"非己"抗原的应答出现紊乱,从而导致自身免疫病的发生。

3.免疫监视(immune surveillance)　由于各种体内外因素的影响,正常个体的组织细胞不断发生畸变和突变。机体免疫系统可识别此类异常细胞并将其清除,此为免疫监视。若该功能发生异常,可能导致肿瘤的发生或持续的病毒感染(表 1-1)。

免疫防御　　　　　　　　　　免疫自稳　　　　　　　　　　免疫监视

图 1-1　免疫的基本功能

表 1-1　免疫功能的正常与异常表现

功　能	正常表现	异常表现
免疫防御	清除病原微生物(抗感染免疫)	过强:超敏反应 过弱:免疫缺陷病(慢性感染)
免疫稳定	对自身组织成分耐受(消除损伤或衰老细胞)	过强:自身免疫性疾病
免疫监视	清除突变或癌变细胞(抗肿瘤免疫)	过弱:肿瘤发生(病毒持续感染)

三、免疫的类型

机体的"免疫"可分为天然免疫和获得性免疫两类。

1. 天然免疫

天然免疫(innate immunity)即固有免疫,是机体抵御微生物侵袭的第一道防线。其特点是:个体出生时即具备,作用范围广,并非针对特定抗原,故亦称为非特异性免疫(nonspecific immunity)。此类免疫的主要机制为:皮肤、黏膜及其分泌的抑菌/杀菌物质的屏障效应 体内多种非特异性免疫效应细胞和效应分子的生物学作用。

2. 获得性免疫

获得性免疫(acquired immunity)即适应性(adaptive)免疫,乃个体接触特定抗原而产生 仅针对该特定抗原而发生反应,故亦称为特异性免疫(specific immunity)。此类免疫主要由能够特异性识别抗原的免疫细胞(即 T 淋巴细胞和 B 淋巴细胞)所承担,其所产生的效应在机体抗感染和其他免疫学机制中发挥主导作用,天然免疫和获得性免疫的比较见表 1-2。特异性免疫应答的基本过程是:T 淋巴细胞和 B 淋巴细胞特异性识别抗原并被活化,继而分化为效应细胞,最终介导细胞免疫或体液免疫效应(如清除病原体等)。

表 1-2　天然免疫和获得性免疫的比较

天然免疫(非特异性免疫)	获得性免疫(特异性免疫)
抗原非依赖性	抗原依赖性
立即达到最大反应	达到最大反应时间滞后(96 小时后)
无抗原特异性	抗原特异性
无免疫记忆	产生免疫记忆

四、特异性免疫应答的特点

特异性免疫应答(简称为免疫应答)是由抗原刺激机体免疫系统所致,包括抗原特异性淋巴细胞对抗原的识别、活化、增殖、分化及产生免疫效应的全过程。免疫应答具有如下特点:

1. 特异性

获得性免疫的特异性表现为:一方面,特定的免疫细胞克隆仅能识别特定抗原;另一方面,应答中所形成的效应细胞和效应分子(抗体)仅能与诱导其产生的特定抗原发生反应。

2. 记忆性

获得性免疫的记忆性表现为:参与特异性免疫的 T 淋巴细胞和 B 淋巴细胞均具有保存抗原信息的功能。它们初次接触特定抗原并产生应答后,可形成特异性记忆细胞,以后再次接触相同抗原刺激时,可迅速被激活并大量扩增,产生更强的再次应答。获得性免疫的记忆性可由图 1-2 表示。

3. 耐受性

免疫细胞接受抗原刺激后,既可产生针对特定抗原的特异性应答,也可表现为针对特定抗原的特异性不应答,后者即为免疫耐受。机体对自身组织成分的耐受遭破坏或对致病抗原(如肿瘤抗原或病毒抗原)产生耐受,均可导致某些病理过程的发生。

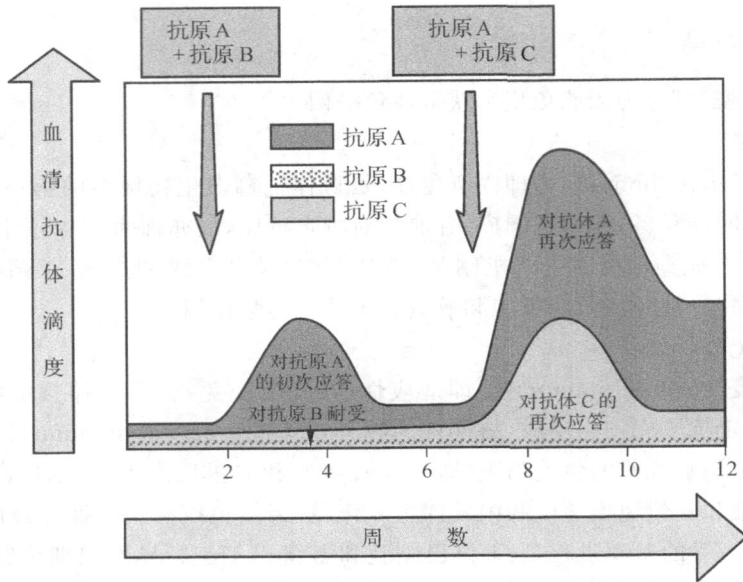

图 1-2　免疫应答的记忆性

第二节　免疫学发展简史

免疫学建立至今已有数百年历史,根据其特点可分为若干时期。

一、经验免疫学时期(17 世纪～19 世纪)

早在 16～17 世纪(明代)我国史书已有正式记载:将沾有疱浆的天花患者衣服给正常儿童穿戴,或将天花愈合后的局部痂皮磨碎成细粉,经鼻给正常儿童吸入,可预防天花。这种应用人痘苗预防疾病的医学实践,可视为人类认识机体免疫力的开端,也是我国传统医学对人类的伟大贡献。18 世纪初,我国应用痘苗预防天花的方法传至国外,并为以后牛痘苗和减毒疫苗的发明提供了宝贵经验。至 18 世纪末,英国医生 Edward Jenner 首先观察到挤奶女工感染牛痘后不易患天花,继而通过人体实验确认接种牛痘苗可预防天花。他把接种牛痘称为"Vaccination"(拉丁文 Vacca 为牛),于 1798 年发表了相关论文。接种牛痘苗乃划时代的发明,为人类传染病的预防开创了人工免疫的先声(图 1-3)。在此阶段,人们对免疫学现象主要为感性认识,故称为经验免疫学时期。1978 年世界卫生组织宣布人类消灭了天花。

二、经典免疫学时期(19 世纪中叶～20 世纪中叶)

自 19 世纪中叶始,L. Pastuer 等(图 1-4)先后发现多种病原菌,极大促进了疫苗的发展和使用。人们开始尝试应用灭活及减毒的病原体制成多种疫苗,分别预防不同传染性疾病。免疫学在此期的发展与微生物学密切相关,并成为微生物学的一个分支。此时,人们对"免疫"的认识已不仅限于单纯地观察人体现象,而是进入了科学实验时期。

中国古代种人痘　　　　　Edward Jenner 种牛痘

图 1-3　种牛痘

L.Pastuer　　　　　Behring　　　　　北里

图 1-4　免疫学家

（一）抗体的发现

德国学者 Behring 和日本学者 Kitasato（图 1-4）于 1890 年在 Koch 研究所应用白喉外毒素给动物免疫，发现在其血清中有一种能中和外毒素的物质，称为抗毒素。将这种免疫血清转移给正常动物也有中和外毒素的作用。这种被动免疫法很快应用于临床治疗。Behring 于 1891 年应用来自动物的免疫血清成功地治疗了一个白喉患者，这是第一个被动免疫治疗的病例。为此，他于 1902 年获得了诺贝尔医学奖。

20 世纪 30 年代，Tiselius 和 Kabat 用电泳鉴定，证明 Ab 是 γ-球蛋白。动物在免疫后，血清中 γ-球蛋白显著增高，此部分有 Ab 活性，从而可将 Ab 从血清中分离出来，Ab 主要存在于 γ-球蛋白。抗体是四肽链结构。1959 年，Porter 和 Edelman 对抗体结构进行研究证明是由四条对称的多肽链构成单体包括两条相同的分子量较大的重链和两条相同的分子量较小的轻链构成，如图 1-5 所示。

（二）抗原的结构与抗原特异性

20 世纪初开始，Landsteiner 以芳香族有机化学分子耦联到蛋白质分子上免疫动物，研究芳香族分子的结构与活性基团的部位对产生的抗体特异性的影响，认识到决定抗原特异性的是很小的分子，它们的结构不同，使其抗原性不同。据此，Landsteiner 发现人红细胞表面表达的糖蛋白中，其末端寡糖特点决定了它的抗原性，从而发现了 ABO 血型（图 1-6），避

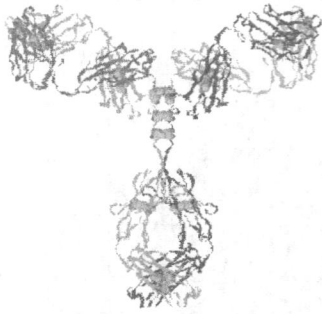

图 1-5　抗体的结构

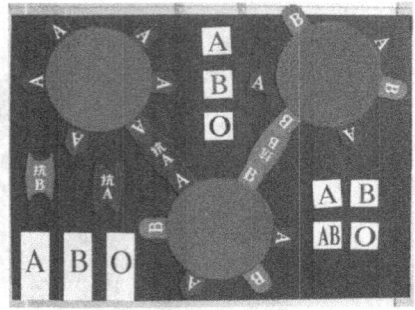

图 1-6　ABO 血型

免了输血导致严重超敏反应的问题。

（三）超敏反应

早在 20 世纪初即发现：应用动物来源的 Ab 作临床治疗，能引起患者的血清病，严重者致休克。后来 von Pirguet 证明在结核病患者进行结核菌素的皮肤划痕试验，能致局部显著的病理改变（图1-7）。他总结这类由免疫应答而致的疾病，称之为变态反应（allergy）。从而，揭示超敏的不适宜的免疫应答对机体有害的一面。

（四）免疫耐受的发现

1945 年，Owen 发现自异卵双生的两头小牛个体内有两种血型红细胞共存，称之为血型细胞镶嵌现象（图1-8）。这种不同血型细胞在彼此体内互不引起免疫反应，他把这种现象称为天然耐受。

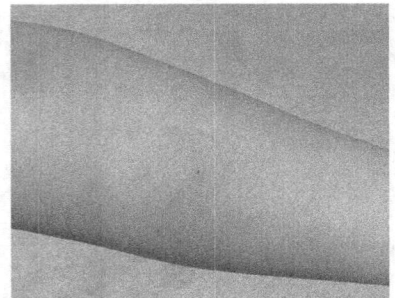

图 1-7　超敏反应

1953 年，Medawar 等进一步用实验证实了此一免疫耐受现象（图 1-9）。

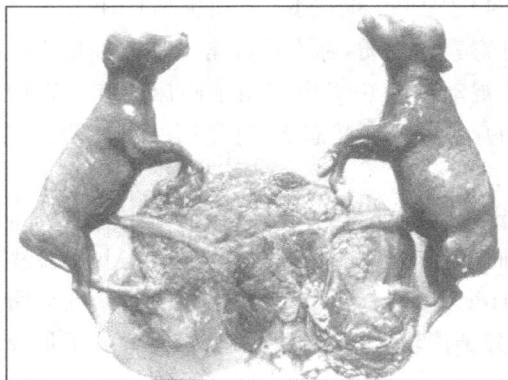

图 1-8　血型细胞镶嵌现象

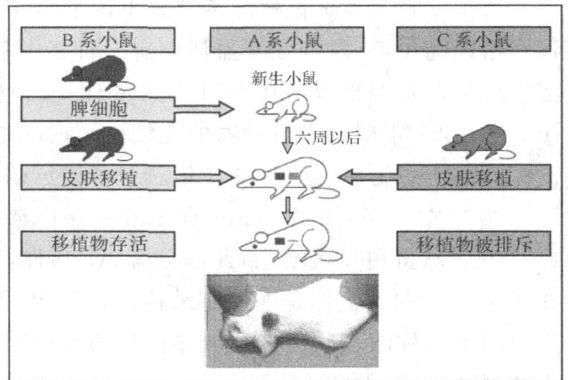

图 1-9　免疫耐受

（五）免疫应答机制的研究

关于机体免疫机制的研究和探讨，出现了两派学说：

1.细胞免疫：俄国梅契尼可，发现白细胞有吞噬功能，能吞噬和清除各种病原微生物。

2.体液免疫：德国欧立希，体液中产生的抗体，能清除各种病原微生物。

（六）1959 年 Burnet 学说及其对免疫学发展的推动作用——克隆选择学说

F. M. Burnet 在前人的研究基础上于 1959 年提出了克隆选择学说（图 1-10），为免疫生物学发展奠定了理论基础，使免疫学超越了传统的抗感染免疫，从而开启了现代免疫学新阶段。迄今 50 余年来，人们从整体、器官、细胞、分子和基因水平探讨免疫系统的结构与功能，并阐明基本免疫学现象的本质及其机制，在涉及免疫学基础理论和实践应用的各领域展开了深入而系统的研究，并不断取得突破性进展，对生物学和医学发展产生了深刻影响。至今 免疫学已发展为覆盖面极广的前沿学科，并成为现代生物医学的支柱学科之一。

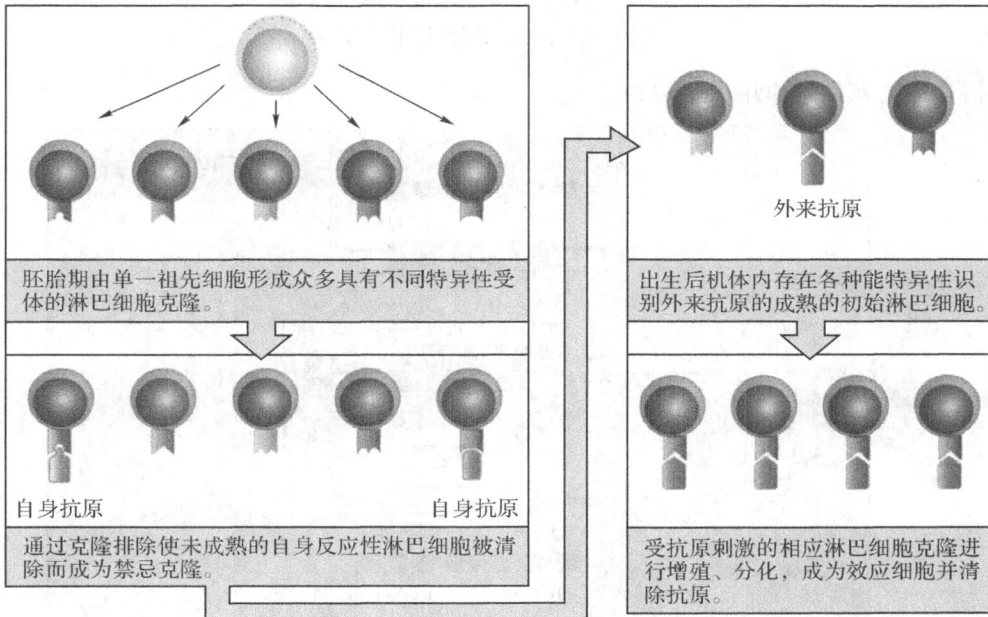

图 1-10 克隆选择学说示意图

克隆选择学说的要点有四点：

（1）体内存在多种针对各种抗原的免疫细胞克隆，其表面有识别抗原的受体（一个克隆针对一种抗原）。

（2）抗原进入机体内选择相应细胞克隆，使其活化、增殖、分化成抗体产生细胞或免疫效应细胞。

（3）胚胎期，某一免疫细胞克隆接触相应的抗原，如自身成分，则被排除或处于抑制状态，称为禁忌克隆，不能对自身抗原产生免疫应答而形成自身耐受。

（4）某些情况下，禁忌细胞株可以活化，对自身抗原发生免疫应答而形成自身免疫或自身免疫性疾病。

三、现代免疫学时期（20 世纪中叶至今）

（一）抗原识别受体多样性的产生

1978 年，发现抗体基因重排是 B 细胞抗原识别受体多样性的原因（图 1-11）。

（二）信号转导途径的发现

20 世纪 80 年代，发现了 T 淋巴细胞识别抗原的 MHC 限制性；至 90 年代，发现 T 淋巴

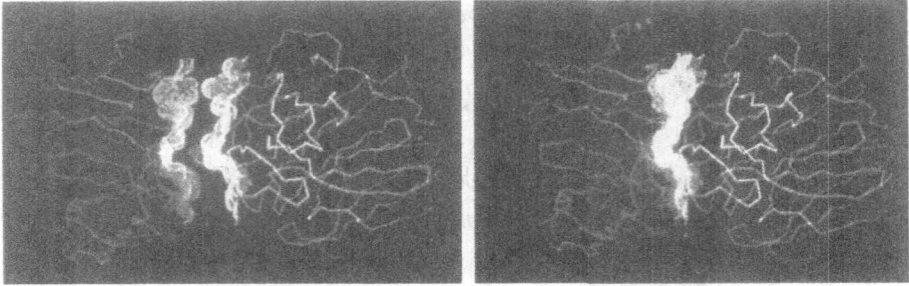

图 1-11　抗原识别受体多样性

细胞活化需要双信号作用(图 1-12)。

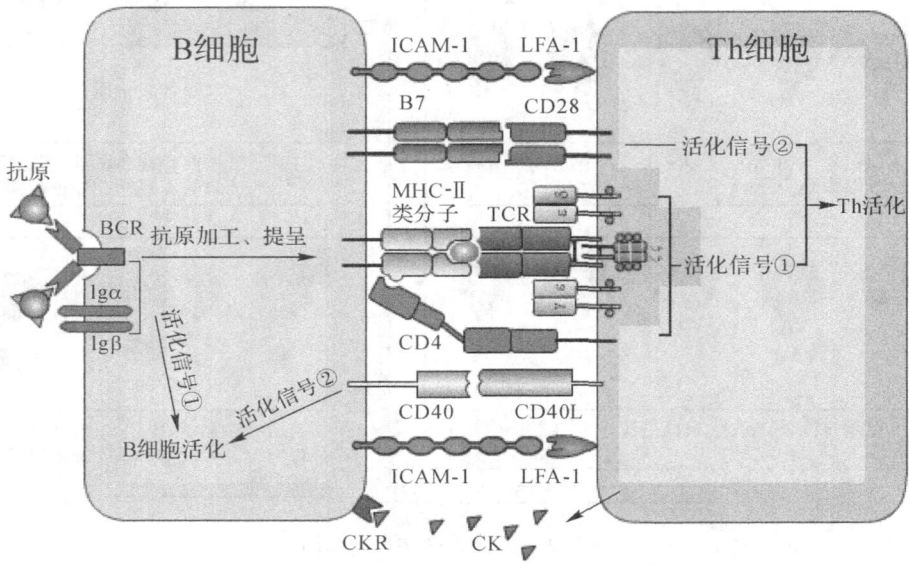

图 1-12　细胞活化双信号

(三)细胞程序性死亡途径的发现

在研究细胞毒性 T 细胞(CTL)对靶细胞的杀伤机制中(图 1-13),发现 CTL 表达

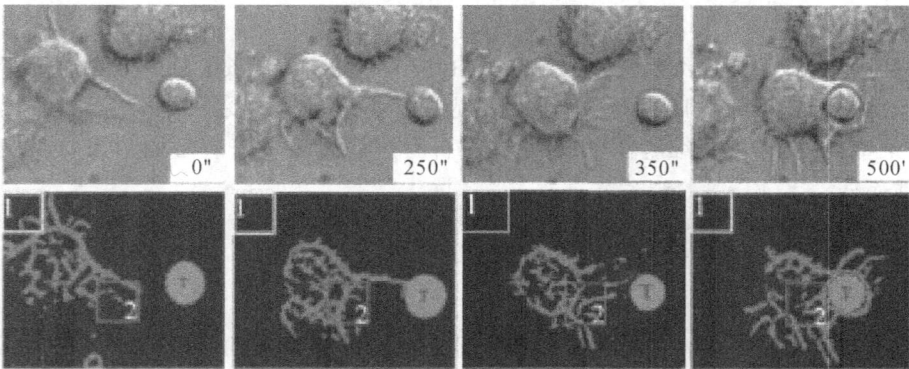

图 1-13　CTL 杀伤细胞(电镜图)

FasL,靶细胞表达 Fas,当 CTL 与靶细胞结合,FasL 结合 Fas,活化一组半胱天冬(氨酸)蛋白酶(Caspase)。Caspase 呈级联活化,致 DNA 断裂,细胞死亡(图 1-14)。

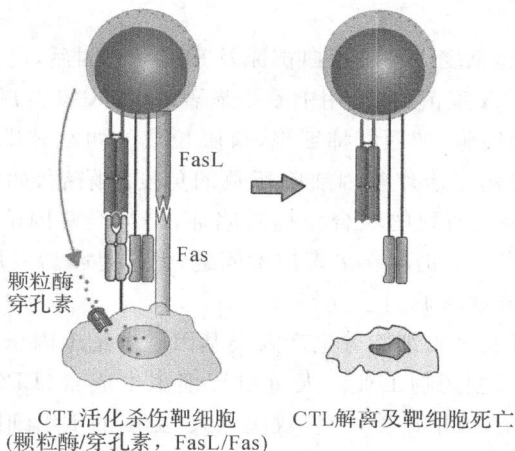

CTL活化杀伤靶细胞
(颗粒酶/穿孔素,FasL/Fas)

CTL解离及靶细胞死亡

图 1-14 CTL 杀伤靶细胞示意图

(四)造血与免疫细胞的发育

对人类细胞生成研究最为清楚的是免疫细胞,鉴定出多能造血干细胞(HSC),证明它能分化为不同类型的血细胞及免疫细胞。这项研究的推广,导致神经干细胞的发现,并证明它能分化为各类神经细胞和免疫细胞。现已有多种组织器官特异的干细胞被鉴定成功(图 1-15)。

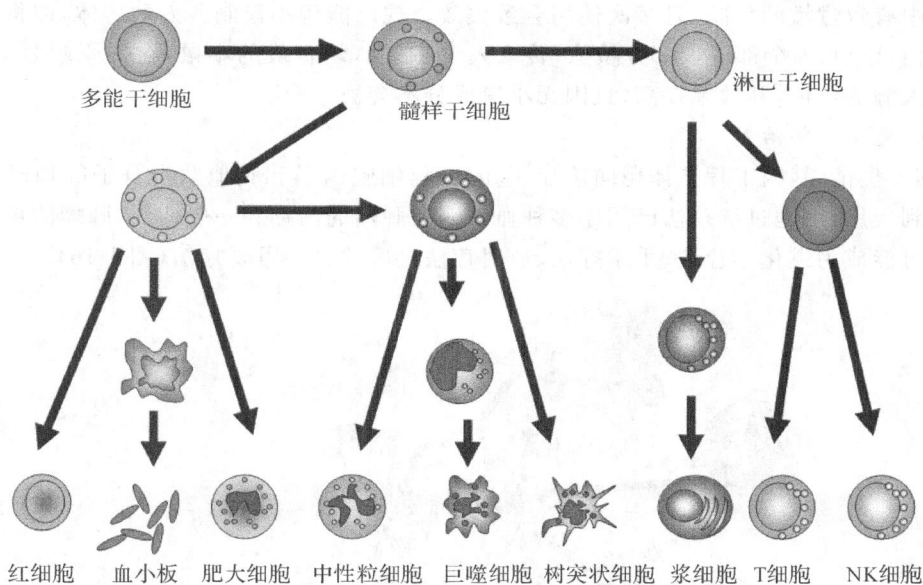

多能干细胞　髓样干细胞　淋巴干细胞

红细胞　血小板　肥大细胞　中性粒细胞　巨噬细胞　树突状细胞　浆细胞　T细胞　NK细胞

图 1-15 免疫细胞发育示意图

四、应用免疫学的发展

应用基因工程开发免疫学制品,使之得以大规模廉价生产;新型细胞因子的发现及应用,使多种免疫细胞在体外扩增培养成功,用于临床;分子生物学技术的发展,使人源抗体问世;对免疫途径及效应识别的了解,提供了预防自身免疫病的新途径。免疫学应用研究已在更广阔、更高水平上得以开拓。

（一）DNA 疫苗

在鉴定出病原体引起免疫应答的蛋白抗原及其编码基因后,已发展起 DNA 疫苗,如乙型病毒性肝炎（HBV）DNA 疫苗,在使用中效果显著。DNA 疫苗成本低、活性稳定、运输容易,甚至用基因转入食物细胞,如西红柿细胞,口服长成的西红柿即可,不须纯化,是为理想的方法。DNA 疫苗亦可用于治疗基因缺陷所致的免疫缺陷病,如转染腺苷脱氨酶（ADA）基因治疗因 ADA 基因突变所致的联合免疫缺陷症,是当今基因治疗中效果最为显著的典型。尽管 DNA 疫苗在使用上仍存在诸多技术问题,但这是今后发展方向。

（二）基因工程制备重组细胞因子

应用大肠杆菌、酵母及昆虫细胞等生产人类基因重组细胞因子已广泛应用于临床,并已发展成为高生物科技的新型药物工业。人重组红细胞生成素（EPO）及粒细胞集落刺激因子（G-CSF）等的临床使用,效果显著,经济效应巨大,更多的重组细胞因子正在临床试用中。

（三）免疫细胞治疗

造血干细胞及效应细胞毒性 T 细胞在适宜细胞因子存在的条件下,已能体外培养扩增,用于临床治疗。DC 细胞的体外分化成熟,用以递呈抗原,使 T 细胞活化效果显著提高,已用于肿瘤治疗。

（四）完全人源抗体

抗体治疗已在抗感染、抗肿瘤、抗自身免疫病中广泛使用,但不同动物种属来源的抗体,在应用中有致过敏的危险,且多次使用会致失效。现已能用小鼠制备人的抗体,即将小鼠免疫球蛋白（Ig）基因全部或大部分敲除,转入人 Ig 基因,培育成的小鼠,在抗原刺激下,能产生完全人源的抗体,其效果提高,且因无小鼠成分不会被排斥。

（五）免疫生物治疗

DNA 疫苗,基因工程抗体靶向治疗、基因工程细胞因子和其他肽类分子等均已开始在临床得到应用;细胞过继疗法已用于多种血液病及肿瘤的治疗。一般认为,肿瘤的免疫生物治疗有可能成为继化学疗法、手术疗法、放射疗法之后的又一重要疗法（图 1-16）。

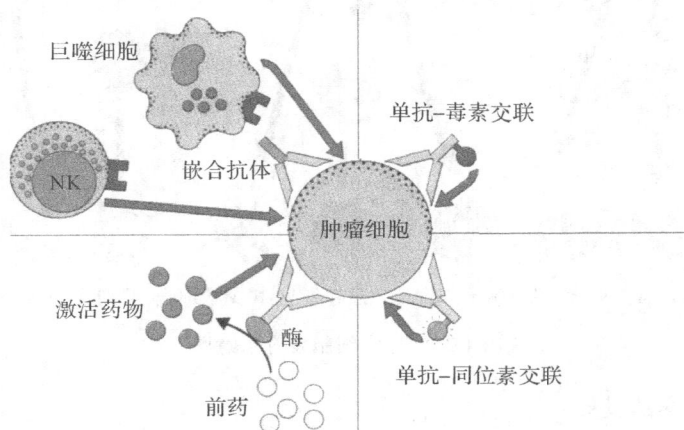

图 1-16　免疫生物治疗示意图

第三节 免疫学在生命科学中的重要地位

一、免疫学促进了生命科学发展

作为一门新兴的交叉学科,免疫学研究进展为生命科学的持续发展不断注入新的活力,尤其对阐明生命活动的本质提供了重要线索。

1. 免疫应答涉及复杂的细胞间信息交通、细胞内信号转导和能量转换,阐明其本质,有助于深化对生命过程中诸多生物学现象基本特性的认识。

2. 广义上,机体所有生理功能均受遗传控制,但迄今对其确切机制知之甚少。近20年来免疫遗传学(以 MHC/HLA 为主要研究目标)进展迅速,揭示了遗传控制机体免疫应答的机制,从而为在基因水平探讨机体生理功能展示了全新前景。

3. 随着许多基本免疫生物学现象的本质不断被阐明(如 MHC 的结构和功能、免疫球蛋白基因表达的等位排斥、免疫球蛋白及其他免疫因子的分子生物学特征、细胞因子表达及其调控机制等),极大地拓宽了分子生物学的研究领域,并深化了对真核细胞基因结构和表达调控的认识。

4. 日新月异并不断完善、改进的免疫学技术和试剂,为生命科学研究提供了有力手段。

二、免疫学极大促进了生物技术及生物产业发展

免疫学从其建立之日始,所取得的每一重要进展均对生物技术及产业起巨大推动作用,形成极富生命力的"基础研究-应用研究-高科技开发"发展模式。在免疫学建立之初,抗感染免疫研究进展有力推进了以疫苗研制为主的生物制品产业发展,并使人工主动免疫和被动免疫得以广泛应用。近30年来,现代免疫学在更深层次和更广范围内推动了生物高技术产业发展。目前,以细胞因子和单克隆抗体为主要产品的生物制药,已发展成具有巨大市场潜力的新兴产业。

纵观免疫学的发展史,以及免疫学及其分支学科引人注目的进展,免疫学当之无愧地与神经生物学、分子生物学并列为生命科学三大支柱学科之一。作为支持这一评价的佐证之一,现将整个20世纪获得诺贝尔医学生理学奖的免疫学家及其主要成就列成表(表1-3)。

表 1-3　20世纪获得诺贝尔医学生理学奖的免疫学家及其获奖成就

年 代	学者姓名	国 家	获 奖 成 就
1901	Behring	德 国	发现抗毒素,开创免疫血清疗法
1905	Koch	德 国	发现病原菌
1908	Ehrlich	德 国	提出抗体生成侧链学说和体液免疫学说
1908	Metchnikoff	俄 国	发现细胞吞噬作用,提出细胞免疫学说
1912	Carrel	法 国	器官移植
1913	Richet	法 国	发现过敏现象
1919	Bordet	比利时	发现补体

年代	学者姓名	国家	获奖成就
1930	Landsteiner	奥地利	发现人红细胞血型
1951	Theler	南非	发明黄热病疫苗
1957	Bovet	意大利	抗组胺药治疗超敏反应
1960	Burnet	澳大利亚	提出抗体生成的克隆选择学说
1960	Medawar	英国	发现获得性移植免疫耐受性
1972	Edelman	美国	阐明抗体的化学结构
1972	Porter	英国	阐明抗体的化学结构
1977	Yalow	美国	创立放射免疫测定法
1980	Dausset	法国	发现人白细胞抗原
1980	Snell	美国	发现小鼠 H－2 系统
1980	Benacerraf	美国	发现免疫应答的遗传控制
1984	Jerne	丹麦	提出免疫网络学说
1984	Kohler	德国	杂交瘤技术制备单克隆抗体
1984	Mislstein	英国	单克隆抗体技术及免疫球蛋白基因表达的遗传控制
1987	Tonegawa	日本	抗体多样性的遗传基础
1990	Marray	美国	第一例肾移植成功
1990	Thomas	美国	第一例骨髓移植成功
1996	Doherty	美国	提出 MHC 限制性,即 T 细胞的双识别模式
1996	Zinkernagel	美国	提出 MHC 限制性,即 T 细胞的双识别模式

三、现代生物学进展促进了免疫学发展

现代生命科学的特点之一是,多学科间表现出极为明显的相辅相成和互动性。现代生物学在过去数十年间取得的巨大进展,也有力促进了免疫学发展。

1.现代生物学进展拓宽并深化了免疫学理论和应用研究,依托现代细胞生物学、分子生物学和分子遗传学等学科的研究进展,使得有可能在分子和基因水平阐明基本免疫学现象的本质。

2.现代生物学技术——推动免疫学发展的催化剂。

(1)基因操作与分析技术:基因打靶和各类反应技术可用于分析特定免疫分子或细胞内信息分子的生物学功能;大规模 DNA 测序、新型基因分析技术(如限制性片段长度多态性、微卫星、单核苷酸多态性分析等)和 DNA 芯片等技术被建立,并不断提高其检测灵敏度和分辨率,从而有可能进行快速、高通量的基因分析;多聚酶链式反应及其层出不穷的衍生技术,更为分子免疫学研究提供了有效手段。

(2)蛋白分析技术:借助基因工程技术,使得有可能按人们的意愿获得各种免疫分子或其融合蛋白,并被广泛应用于免疫学研究领域;有赖于蛋白纯化技术的不断完善,可获得稳定的蛋白结晶体,用于分析免疫分子的三维结构;噬菌体肽库、酵母双杂交、计算机分子模拟

技术等,可用于分析抗原表位和/或免疫分子间的相互作用;氨基酸多肽合成技术可用于分析多肽分子间细微的结构差异及其生物学功能的改变,并指导新型疫苗和药物设计;二维电泳可用于分析复杂的蛋白谱,并发现新的免疫功能分子;微量传感器(microsensor)可用于检测蛋白质、酶、胞内信息分子活性,并对抗体-抗原、受体-配体的结合及其亲和力进行分析。

(3)细胞与组织学技术:杂交瘤技术的建立为制备单克隆抗体奠定了基础;造血/胚胎干细胞培养与定向分化技术的完善,使得有可能深入研究免疫细胞的分化、发育及其调控;细胞分离技术(流式细胞分选、激光显微切割仪、免疫磁性微球等)和显微观察、分析技术(流式细胞术、激光共聚焦显微镜、隧道扫描显微镜、计算机成像与图像分析技术)为分析特定细胞群或单一细胞的生物学特征提供了工具。

第四节　教材基本轮廓

本教材主要适合于生物技术与生物工程专业学生使用,有关免疫病理等内容不在其中。共三部分组成,分别为免疫基础、免疫应答、免疫学应用,分为十二章,包括如下内容:

1.免疫基础:包括免疫系统、抗原、免疫球蛋白、补体、细胞因子、主要组织相容性系统、白细胞分化抗原。

2.免疫应答:涉及抗原递呈细胞、抗原的递呈与加工、T细胞介导的细胞免疫应答、B细胞介导的体液免疫应答等。

3.免疫学应用:涉及免疫检测、免疫治疗、免疫预防和免疫制剂等。

全书以"矛"——抗原与"盾"——免疫系统两方面为主线展开,着重点是免疫系统的构成,从免疫器官、免疫细胞(种类、功能及免疫细胞膜分子)、免疫分子(抗体、补体、细胞因子,主要由免疫细胞产生)为主线讲述,各章节间均有内在必然联系,具有一定的系统性和完整性,各章节的内容和插图有某些重复与交叉。图示为本教材所涉及内容的基本轮廓和编排思路,也反映了各章节间的联系。

抗原 → 免疫系统(器官、细胞、分子)
　　　　　↓ →抗体、补体、细胞因子
　　　　　↓ →免疫细胞膜分子(HLA、CD、黏附分子)
免疫检测←免疫应答→免疫治疗和免疫预防→免疫制剂

【课外拓展】

1.免疫学与别的学科如临床医学、检验学、食品科学等有何关系?
2.阐述免疫制剂与生物产业的关系。

【课程实验与研究】

1. 在2009年1月,中科院生物物理所感染免疫中心唐宏研究员和傅阳心教授在《免疫学趋势》(Trends in Immunology)杂志上以《Do adaptive immune cells suppress or activate innate immunity》为题,系统阐述了他们近来提出的"天然免疫反应需要T细胞参与"的新理论。如果你是课题组成员,如何来证明这一新理论?

2. 免疫系统如何识别病毒入侵从而迅速产生干扰素、有效地触发天然抗病毒免疫防御功能进而清除病毒感染,是生命科学与医学研究中的重大科学问题。你能查阅资料,撰写一篇综述性文章吗?

3. 2008 年生物产业发展情况调查数据已经发布,如果请你了解一下周围人群对免疫制品的熟悉程度和需求,你能设计一张调查问卷吗?

4. 你能针对你所掌握的情况,列出医学等领域与免疫学有关的急需解决的问题吗? 你能设想二十年后,免疫学会给我们健康带来哪些变化? 请你写篇科幻小论文,展示免疫学的前景。

【课程研讨】

1. 生锈的铁钉深度刺进体内,可能会得什么病? 机体免疫系统会发生如何反应? 为何?

2. 同样的外界条件,有人生病了,有人却健康,为何?

3. 请以某一科学家科学探索和成长经历为例,阐述我们的大学学习该如何为将来的成才打下扎实的基础。

4. 免疫对机体的作用一直是正面的吗? 请从正反两方面加以阐述免疫的作用。

5. 从你自身或周围人群的需要出发,请列举免疫学研究热点问题。假设你是免疫学家,请设计研究方案与技术路线。

【课后思考】

1. 何谓免疫? 举例说明免疫的基本特性、基本功能及功能异常的表现。

2. 简述固有性免疫(非特异性免疫)和适应性免疫(特异性免疫)的概念和特征。

【课外阅读】

我国免疫学研究概况

一、我国免疫学研究的历史

过去国外学者将免疫学的开创归功于英国乡村医生 Edward Jenner (1749—1823)于 1798 年给一名男孩接种牛痘(见于国外绝大多数免疫学教科书),而我们中国免疫学者往往自豪地讲免疫防治的经验始于中国唐宋年间的民间人痘接种(见于国内免疫学教科书),其实,我们中国学者应该更自豪地讲,免疫防治的概念最早萌芽于我国东晋时代医学家葛洪(281—341),他在公元 303 年左右所著的《肘后备急方》中记载了有关医治“癫疯狗病”的方法(仍杀所咬犬,取脑敷上,后不复发),即描述了应用病犬的脑髓敷伤口以防治(可能的)狂犬病,所以,世界免疫学的历史始于中国,而且是距今 1700 年前。

我国近代免疫学的研究工作起步并不太晚,涌现出很多优秀免疫学家,而且也取得过多方面的免疫学实际应用研究成果。最早的免疫学研究可以追溯到上世纪 30 年代,刘思职教授(1904—1983)于 1930 年至 1942 年在北平协和医学院工作期间(1942 年之后执教于北京大学医学院),与世界著名的我国生物化学学科的奠基人吴宪教授(1893—1959)合作,开创了我国免疫化学的研究,创造性地用化学定量方法研究抗原抗体的沉淀反应,纯化了抗体。在国外英文学术杂志发表了两篇有关免疫沉淀反应定量研究的论文;也在协和医院工作的谢少文教授(1903—1995)开创性地建立了立克次体的体外鸡胚培养扩增体系、建立了立克次体病的免疫学检测方法、发展了灭活立克次体疫苗的制备体系;同时代在上海工作的两名著名免疫学家对于我国免疫学研究的开展也做出了重要贡献,上海第二医学院余贺教授(1903—1988)于 1933 年提出了过敏介导的风湿热发病学说,上海医学院林飞卿教授(1904—1998)研究了细菌感染的免疫学应答反应。这四位前辈大家的工作奠定了我国免疫学研究的早期基础。前中国医学科学院院长顾方舟教授 50 年代从前苏联留学回国后,于 1960 年、1962 年先后研制成功脊髓灰质炎减毒活疫苗以及"脊灰"减毒糖丸活疫苗,为我国消灭"脊灰"做出很大贡献。侯云德院士 1962 年从前苏联留学回国后在中国医学科学院和中国预防医学科学院病毒学研究所从事病毒研究工作,于 70 年代开始了干扰素研究,并于 80 年代初发现和制备了重组 $\alpha1\beta$ 型干扰素,并于 1992 年获得新药证书,完成了第一个由我国学者自己发现的、具有自主产权的免疫产品。1960 年从前苏联医学科学院风湿性疾病研究所进修回国的张乃峥教授在全国最先建立了风湿性疾病门诊,并于 1979 年在协和医院首次成立了"风湿病科",标志着我国科研、教学与患者临床治疗一体化的临床免疫学及风湿病学科的开始。70 年代在实验设备非常简陋的条件下,中国医科院肿瘤研究所张友会教授创建了有自己特色的巨噬细胞研究体系并得到国际同行的高度评价。该所的孙宗棠教授建立了火箭电泳法检测甲胎蛋白,应用于早期肝癌的检测;上海医学院(现复旦大学上海医学院)汤钊猷教授将通过甲胎蛋白筛查出来的早期肝癌病人进行及时手术、提出了"小肝癌"防治的概念,成为我国具有国际学术影响力的标志性医学成果。中国预防医学科学院病毒学研究所曾毅院士在 EBV 与鼻咽癌发生发展的关系以及肿瘤病毒的抗体反应基础研究与临床应用方面(广西鼻咽癌高发现场的流行病调查、早期诊断与干预)做出了开创性工作。杨贵贞教授留苏归国后,在神经内分泌免疫调节以及中药免疫研究方面取得了一系列成果。

"文革"结束后,我国的老一辈免疫学家们对于尽快恢复、提高我国的免疫学研究做出了积极的努力,谢少文教授和杨贵贞教授举办了多次免疫学新技术新理论学习班,培养了一批后天在我国各大研究机构和大学里对于推动我国免疫学研究发挥了很大作用的免疫学骨干力量。第二军医大学叶天星教授(1915—1999)于 1979 年 3 月编写出版了我国第一本全面系统介绍免疫学现代理论与方法的免疫学教科书《免疫学理论与实践》。天津医科大学郑武飞教授于 1989 年 5 月编写出版了我国第一本医学院校本科生《医学免疫学》教材(人民卫生出版社),北京医科大学龙振州教授于 1992 年召开了全国免疫学教学研讨会、并于 1995 年主编了全国医科院校《医学免疫学》统编教材。在 80—90 年代,很多杰出的免疫学家包括汪美先教授(1914—1993)、赵修竹教授(1920—2003)、朱锡华教授(1922—2008)、卢景良教授(1930—2000)、王亚辉教授(1929—1999)、叶敏教授(1930—2005)、钱振超教授、崔正言教授、何球藻教授、马宝骊教授、孔宪涛教授、葛锡锐教授、章谷生教授、郑振群教授、许贤豪教授、宗庭益教授等除了在各自的研究领域做出了重要贡献外,还积极创办了中国免疫学会多个专业分会/委员会以及地方免疫学会,创办了 7 份隶属于中国免疫学会的学术期刊,编写或参与编写了不同类型的免疫学教材和免疫学专著,对于免疫学现代理论与技术在我国的普及与教育做出了重要贡献。与此同时,一批杰出中青年学者受国家公派留学欧美、澳大利亚、日本等,巴德年院士 1982 年在日本北海道大学医学癌症研究所获博士学位,回国后于

1986 年在国内开展了第一个细胞免疫治疗临床试验。陈慰峰院士 1982 年在澳大利亚墨尔本大学获博士学位,回国后建立了胸腺 T 细胞分化发育实验室,为我国基础免疫学研究的开展起了重要的带头作用。沈倍奋院士、闻玉梅院士于 80 年代初留学英国,回国后分别在 CD 抗原的单抗与白血病免疫分型、HBV 免疫学与乙肝疫苗研制等方面做出了开创性工作。董志伟教授从美国留学回来后推动了我国抗肿瘤单抗制备与应用工作。同期从国外留学归来的医科院血液学研究所陈璋教授、军事医学科学院白炎研究员、武汉生物制品研究所史良如研究员、上海市中心血站赵桐茂研究员、第四军医大学崔运昌教授均在单克隆抗体领域做出了杰出贡献,其中,我国第一个获得上市销售的单抗产品"抗肾移植 OKT$_3$—注射用鼠源性抗人 T 淋巴细胞 CD3 抗原单抗"由武汉生物制品研究所研制成功。此外,分别从美国、德国、澳大利亚留学归来的周光炎教授、龚非力教授、金伯泉教授在免疫遗传与免疫调节、HLA 与移植耐受、CD 免疫分子与单抗等领域做出了杰出工作,并且各自主编了免疫学的教科书,推动了国内免疫学教学工作,培养了很多免疫学新生力量。随后,很多中青年免疫学工作者成长起来,成为当今我国免疫学研究的中坚力量,并在推动我国免疫学研究走向世界的过程中发挥了积极作用。

在中国免疫学走向世界的历程中,值得我们纪念的是中国医学科学院的吴安然教授 (1922—2005),吴教授是 1986 年向国家科委提议成立"中国免疫学会筹委会"的主要专家 (于 1984 年 8 月经中国科协国际部批准成立"国际免疫学会联合会中国委员会",于 1988 年 10 月获得国家科委批准正式成立中国免疫学会),并作为我国首任国际免疫学会联盟(IU-IS)执委,推动了中国免疫学会与 IUIS 的交流合作。

二、我国免疫学研究的整体现状及其与国际同领域的比较

我国早期的免疫学工作者多在医科院校的微生物教研室、病理教研室或者肿瘤学实验室、医院检验科,直到 20 世纪 80 年代末 90 年代初,免疫学教研室或者实验室才得以独立,90 年代末本世纪初才成立免疫学研究所,直到近年来综合性大学和国立科研机构才成立免疫学研究所/中心。由于学科发展的自身特点以及受到国家资助较少等历史原因,使得过去我国免疫学研究(从学科整体的角度看)的基础相当薄弱,受限于科研条件,很多优秀免疫学家只能以教学为主或者侧重于(已有的)免疫学技术的建立、改良与应用,或者集中于血清学和免疫学诊断、免疫预防(疫苗制备、计划免疫等),较少涉及关键性免疫学基本科学问题的理论研究,很少创建具有开拓性的免疫学技术,也很少具有自主知识产权的免疫制品过渡于临床应用或者经过 SFDA 正式批准上市的免疫产品。尽管我国免疫学研究起步较晚,但免疫学领域的成果在我国生物医学等方面的应用尤其广泛并产生了巨大的社会和经济效益,在我国卫生防疫事业尤其是人口健康和生命科学领域的发展过程中发挥了十分重要的作用。如多种感染性病原微生物疫苗的研制和应用大大提高了我国人民的健康水平,乙肝疫苗的研制和应用极大地降低了乙肝的发病率,也有效地预防了肝癌的发生。

英国和法国是免疫学研究的传统强国,在历史上取得过很多对人类具有重大贡献的免疫学成果,但近二十年来,由于这些国家在科研总体经费,尤其是基础研究经费投入的不足,其免疫学的发展速度被美国赶超,尽管最近这些国家也意识到这方面的问题并开始重新重视,但其发展势头明显不如美国,甚至有被日本赶超的趋势。由于免疫学涉及的领域和学科非常多,其投入的经费、产出的论文等难以精确统计,只能以局部的数据作为简单的比较。

美国在免疫学领域投入非常大,如美国国立卫生研究院(NIH)的基金中,约 15 ％用于免疫学研究,当然,其产出也是十分的惊人,在高级别免疫学杂志发表的论文中,在美国本土完成的工作占有很大的比例,其免疫学研究处于国际领先地位。此外,加拿大、澳大利亚等国在免疫学领域内做出了不少高水平的研究,印度在生殖免疫学及疫苗研制上也有其独特的成就。

利用 ISI Essential Science Indicators 数据库分析,对世界主要国家免疫学领域的科技论文数量及其总被引用次数分别进行统计显示,免疫学研究领域科技论文产出、被引用次数世界排名前 5 的国家均为美国、英国、日本、德国、法国,这 5 个国家发表的论文占免疫学领域研究论文总数 78.45％。1998 年至 2008 年中国免疫学研究科技论文产出 2000 多篇,占全球免疫学研究论文总数的 1.87％,论文数排名第 13 位,被引用次数排名第 21 位。这些统计数字也表明,经济实力和科技水平高的国家,包括美国、英国、日本、德国、法国等其在免疫学领域的影响也特别大,处于免疫学研究的第一方阵,其中,美国作为一个科技大国,其免疫学研究也遥遥领先于其他国家。意大利、加拿大、荷兰、澳大利亚等国的免疫学研究处于第二方阵,我国和西班牙、韩国等处于第三方阵,领先于印度和俄罗斯。我国在免疫学研究方面发表的论文数尽管处于世界第 13 位,但其引用次数排名仅为第 21 位,从一个侧面反映出我国创新性、源头性的免疫学研究工作不多,缺乏具有中国特色的、具有突破性的理论研究成果,因此,中国免疫学研究的创新能力实际上应处于世界第 20 位左右。

免疫学研究领域科技论文产出世界排名前 20 的机构中,70 ％机构的国别是美国,其他国家的机构主要有法国巴斯德研究所、瑞典卡罗林斯卡医学院、日本东京大学和大阪大学、英国伦敦大学等。众所周知,这些机构均是创新性科技成果的发源地,也是高水平医学人才的摇篮。我国尚无这样高水平的研究机构,亟待我国相关部门的重视。从这些统计数据里也可以看出,对大多数国家而言,免疫学的发展水平与一个国家的科技经济水平呈正相关。我国的经济和科技事业在近年来取得了长足的进步,但免疫学的发展相对滞后,这与中国的经济实力不相称,也与科技事业的整体进步不相适应,因此,除了我国免疫学工作者需要加倍努力外,还需要国家在免疫学研究与应用方面加大投入,以促进其快速发展。

三、我国免疫学研究的近期进展

从 20 世纪 90 年代中后期开始,我国免疫学家逐步在国际免疫学杂志发表在本土完成的免疫学研究工作,论文的数量和质量不断提升,研究内容几乎涉及基础与临床免疫学的各个领域:

我国免疫学家在细胞与分子免疫学领域做了很多创新性工作。例如,北京大学医学部免疫学系陈慰峰院士实验室在 T 细胞分化发育以及近年来在新型肿瘤抗原的鉴定与功能研究方面取得了系列进展,去年在 PNAS 发表论文,阐明了一个 CD4SP 胸腺细胞个体发育上以及功能上相关的成熟过程的机制,即髓质中 CD4SP 细胞的发育可能严格依赖于一种功能上完整的髓质上皮细胞小室,Relb 和 Aire 突变会引起 SP3 向 SP4 转变过程中的严重阻隔。同系的马大龙教授实验室自主克隆了多个编码细胞因子和凋亡相关分子的人类功能基因,其中 2 个新分子即趋化素样因子 1(CKLF1)和程序化细胞死亡分子 5(PDCD5,过去命名为 TFAR19)受到国际同行的关注。中国科技大学免疫学研究所田志刚教授实验室与山东大学免疫药理研究所合作在 NK/NKT 细胞的基础免疫学与肝脏免疫学领域开展了系列研究,尤其在 NK/NKT 细胞与肝炎发病机制研究方面具有国际影响,近期发现了 NK 细胞和 Kupffer 细胞通过 NKG2D/Rae1 识别加重 NK 细胞介导的肝炎,在建立 TLR3 信号诱导的小肠黏膜损伤模型的基础上发现 NKG-D 识别介导 TLR3 信号诱导的小肠黏膜损伤,先后在 PNAS、Hepatology 等杂志发表论文。中国医学科学院基础所何维教授实验室在 γδT 细胞的免疫学特性以及通过 CDR3delta 区域识别靶细胞的研究很有创新性,论文发表在 Cancer Res 和 JBC。除了近来集中研究 Th17 以外,中山大学医学院吴长有教授实验在 JI、Blood 杂志报道了结核杆菌(MTB)感染机体导致慢性感染之后为何机体不能有效地清除 MTB 的机制,发现与结核患者体内调节性 T 细胞增加、调节性 T 细胞反过来抑制 CD_4^+ T 细胞和人记忆性 γδT 细胞在结核杆菌抗原 ESAT-6 刺激下产生 IFN-γ 密切相关;同院的郑利民教授实验室在 Blood、Cancer Res 报道了他们对于肿瘤微环境中巨噬细胞功能低下机制和 Th17 与肿瘤的关系。苏州大学免疫学研究所的张学光教授实验室对于淋巴细胞的共刺激分子活化信号网络开展了多年研究制备了抗共刺激分子的系列单抗,其中有的活化型单抗和中和性单抗具有很大的临床应用价值。中国医学科学院基础所郑德先教授实验室除了研究淋巴细胞受体及相关基因的表达调控、信号传递及其在机体免疫调节和自身免疫性疾病中的作用外,还制备了抗 TRAIL 受体 DR5 的单克隆抗体(AD5-10),在 Cancer Res、JBC 等杂志发表论文证明其可以触发凋亡信号通路、发挥抗肿瘤作用。

免疫识别与免疫应答的分子机制是免疫学研究的重要前沿领域,我国学者的数项工作在国际同行中颇有影响。中科院上海生命科学院裴刚院士实验室在 beta-arrestin 与 TLR 触发炎症信号转导调控和 CD_4^+ T 细胞存活机制的作用的研究结果,两次发表在 Nature Immunology。该院孙兵教授实验室在 Th1、Th2 细胞分化的分子机制、炎症性因子的分子调控机制的研究结果发表在 Nature Immunology。北京大学/武汉大学生命科学院舒红兵教授实验室发现了 VISA 蛋白在病毒触发干扰素产生中的重要作用(这个蛋白分子也被国际同行称为 MAVS,IPS-1,Cardif),论文发表在 Mol Cell 并受到广泛引用。第二军医大学免疫学研究所暨医学免疫学国家重点实验室曹雪涛等与浙江大学免疫学研究所合作,提出了成熟树突状细胞在基质微环境中再分化并形成新型调节性树突状细胞的观点,还发现了多种免疫分子和信号分子(如 SHP-1、SHP-2、PECAM21 等)参与了 TLR 及 RIG-I 免疫识别与炎症性细胞因子、干扰素产生的调控,先后在 Nature Immunology 发表两篇论文、在 Immunity 发表一篇论文。

免疫调节与免疫耐受的机制及其与免疫性疾病的关系是当今基础与临床免疫学中的热门研究领域。北京大学医学部免疫学系高晓明教授实验室在国内较早开展了调节性 T 细胞的研究,近来发现多种抗多糖特异性抗体参与调节性 T 细胞的作用和自身免疫性疾病的发病过程。中科院上海健康研究所臧敬五教授实验室发现了 IFN-γ 和 OPN 在调节性 T 细胞的形成与作用机制中的重要作用,论文发表在 JCI 和 PNAS。中科院动物所赵勇教授实验室在调节性 T 细胞与移植免疫耐受的研究有新的观点,在 Trends Immunol 上发表综述系统介绍了该领域的研究工作。军事医学科学院黎燕教授/沈倍奋院士实验室研究了抗 CD3 抗体诱导免疫耐受、逆转 NOD 小鼠糖尿病发病的机制,证实 NKT 细胞及 TGF-β 在其中发挥重要作用,发现将自身抗原与 IgG 分子融合诱导免疫耐受的机制主要与有效诱导调节性 T 细胞的产生,逆转体内 T 细胞极化失衡有关。

国内有多家实验室在重大疾病发生发展的免疫学机制与免疫治疗领域开展了卓有成效

的研究工作。HBV 感染与乙肝疫苗的研究是我国学者的特色领域之一,第三军医大学免疫学研究所吴玉章教授实验室除了鉴定和研究了多种抗原表位并建立了表位数据库外,通过基于表位的免疫原设计(EBVD)策略、研发了新型乙型肝炎疫苗,目前正在开展Ⅱ期临床试验。北京 302 医院王福生教授实验室在 Gastroenterology、JI 等杂志发表系列论文,分析了慢性乙肝以及肝癌患者调节性 T 细胞的变化和 PD-1 在免疫功能低下中的作用,发现肝癌病人体内增加的调节性 T 细胞可导致 CD_8 T 淋巴细胞功能损伤和病人的存活期缩短,其结果有助于人们深入认识慢性乙肝发展为肝癌并导致免疫功能低下的机制。复旦大学医学院熊思东教授实验室近来发现活化淋巴细胞的 DNA 具有一定的诱导自身免疫性疾病的作用,目前正在研究其作用机制,有望为自身免疫性疾病的发生发展机制提出新的解释。四川大学华西医学院生物治疗国家重点实验室魏于全教授实验室提出了将生物进化中的异种同源基因与异种免疫排斥反应及自身免疫反应相结合用于探讨肿瘤治疗、可以克服自身抗原的耐受性的新观点,为肿瘤疫苗及抗肿瘤血管治疗研究提供了新思路,在 Nature Medicine 上发表论文后引起了国际同行的极大关注。第四军医大学免疫学教研室杨安钢教授实验室在 Hepatology、Cancer Res 等发表了系列论文,系统报道了重组免疫促凋亡分子的内化及转运作用机制以及抗肿瘤作用,研制出的单抗介导的肝脏靶向性的基因干预体系具有潜在的免疫治疗应用价值;第四军医大学细胞工程中心陈志南院士实验室长期研究 HAb18G/CD_{47} 在肿瘤免疫治疗中应用及其作用机制,放射性同位素标记的 HAb18G 成为我国 SFDA 正式批准上市的第一个肝癌治疗用单抗药物。

还有一些实验室在某些免疫学前沿领域开展了探索性研究,例如,军事医学科学院沈倍奋院士实验室近年来在受体/配体相互结合与动态作用的分子模建、抗体的结构分析的平台技术体系等有了重要进展;中山大学生命科学院徐安龙教授实验室以文昌鱼为模型研究了免疫进化机制,提出了新的免疫发生的机制;华南理工大学生命科学院王小宁教授实验室几乎与国际同行同步提出了免疫受体编辑的观点并开展了实验研究;中科院微生物研究所高福教授实验室在免疫分子和病原体组分的结构生物学前沿领域也开展了令国际同行关注的工作。

在我国本土免疫学研究取得长足进步的过程中,我们不得不感谢那些虽身在海外但一直关心和扶持国内免疫学发展的一大批杰出华裔免疫学家,他们为缩短中国免疫学研究与国际先进水平的差距起到了桥梁作用,为提高华人在国际免疫学领域的学术影响力起了重要作用。例如,MDAnderson 癌症中心的免疫学系主任、pDC 的发现者刘永军教授;共刺激因子的国际权威、霍普金斯大学医学院皮肤病免疫学系主任陈列平教授;免疫调节与免疫病理专家、芝加哥大学傅阳心教授;免疫识别与干扰素信号转导专家、加州大学洛杉矶分校程根宏教授;细胞因子与 Th17 专家、MD Anderson 癌症中心的免疫学系董晨教授;TNF 家族分子的功能与信号转导专家、滨州大学陈有海教授;淋巴细胞分化发育专家、奥克哈姆医学中心孙晓红教授;肿瘤免疫学专家、贝勒医学院王荣福教授;分子免疫学与肿瘤免疫学专家、密执安大学肿瘤免疫中心主任刘阳教授;细胞因子信号转导专家、克利夫兰医学研究中心李晓霞教授;树突状细胞专家、澳大利亚 WEHI 研究所吴力教授;T 细胞与免疫调节专家、加拿大多伦多大学张丽教授;HIV 与 CTL 专家、英国牛津大学徐小宁教授;移植免疫学专家、日本国立儿童健康研究所李晓康教授等等。他们多次回国举办免疫学前沿进展报告会,或者合作成立联合实验室、研究组,为我国免疫学近年来的进步起了推动作用。例如,刘永军、陈列平、傅阳心、程根宏等"海外团队"与中科院生物物理研究所唐宏教授等一起成立了"感染与免疫"研究中心，将国际先进的技术与理念与国内实验研究相结合，在免疫调节机制与病毒感染的免疫应答机制研究方面取得了显著进展，已经在 Nature Medicine、PNAS 等发表论文，产生了很好的合作效果。此外，我国香港地区与台湾地区的免疫学研究也取得了进展，并且与内地免疫学界的交流与合作正日益加强。

四、我国免疫学研究的未来

我国免疫学研究近年来进步很快、生长点很多、技术平台已经建立、研究队伍已经基本形成、研究方向逐步明确，研究目标进一步凝练，有理由相信我国的免疫学研究将在未来的 10 年或者 20 年内实现跨越式发展，达到国际先进水平。以 2008 年我国学者在国际免疫学研究领域的顶尖杂志 Nature Immunology 连续发表 5 篇论文（分别由中科院上海生命科学院孙兵实验室、刘晓龙实验室和葛宝学实验室、军事医学科学院张学敏实验室、第二军医大学曹雪涛实验室发表）和 1 篇述评（第二军医大学曹雪涛）为例，可以看出我国免疫学基础理论研究的强劲势头；从 2008 年 11 月在西安召开的第六届全国免疫学大会的 1000 人参会规模、大会和分会场学术报告的水平创历史新高以及中国免疫学会及各分会的学术纽带作用越来越大来看，我国免疫学研究的人才基础与创新性学术交流环境、氛围已经成熟；从结题的国家自然科学基金免疫学重大项目以及刚刚获得资助的国家自然科学基金免疫学重大项目和 973 计划、863 项目、国家创新药物/传染性疾病两个重大专项的资助以及国家"211""985"工程对于某些免疫学重点实验室的支持来看，我国免疫学研究的国家资助体系正在显著加强，为免疫学实验室平台体系的建设与课题研究提供了保障；从近年来大量海外免疫学家回归创办实验室或者与国内合作者共同创办免疫学研究中心或者共同申请基金项目以及国际间免疫学学术会议的广泛交流，为我国免疫学研究的国际前沿化提供了技术与智力支撑，特别是一流海外免疫学家例如 T 细胞免疫学专家、美国新泽西州医科大学时玉坊教授和分子免疫学家、美国 Scripps 研究所韩家淮教授近期全职回国（分别回到中科院上海健康研究所和厦门大学），为我国免疫学界增加了新的重要力量；这些软硬件条件的改善与提高为我国免疫学研究的腾飞奠定了雄厚的基础。

但是，在充满希望和信心的同时，我们应该清醒地认识到与免疫学学科本身在整个医学与生命科学中重要性相比，我国免疫学研究在国家科技创新体系甚至医学与生命科学领域中的地位尚不够凸显，我们与发达国家免疫学研究水平尚存在较大的差距和不足，例如，虽然研究内容比较广泛，但是山多峰少、亮点不多，尚缺乏受到或者有可能将受到国际同行认可的免疫学研究的独特性技术体系、突破性学术观点或者原创性免疫学学术思想，尚缺乏特色系统理论的积累以及能够冲击传统免疫学观点的挑战性工作，几乎没有开创性的能够让国际同行追踪的研究方向与新研究领域的工作，也几乎没有我国学者首先发现而令国际同行追随的"明星免疫分子"或者"明星免疫细胞"，尚没有在国际免疫学领域受到国际同行公认的领军型的一流免疫学家（不能与美国国际一流免疫学家相比，即使与日本相比，我国本土还没有像发现调节性 T 细胞的 Shimon Sakaguchi（东京大学）、TLR/RIG-I 研究权威 Shizuo Akria（大阪大学）、率先克隆 IRF 和 IL-2 等细胞因子信号转导权威 Tada Taniguchi（东京大学）、IL-6/gp130 的发现者 Tadamitsu Kishimoto（大阪大学）、AID 的发现者与 B 细胞抗体产生分子机制研究的权威 Tasuku Honjo（京都大学）等有国际影响力的免疫学家），还没有任何一项在本土完成的研究工作能够写入国际认可的权威性免疫学教科书。此外，受到 IUIS 大会邀请作 Symposium 层次发言的我国学者极少、担任国外免疫学相关杂志的编委的我国学者也很少；此外，缺乏成熟的实验动物模型特别是独特性的疾病动物模型，条件性基因剔除小鼠模型制备体系尚不完善。这些不足限制了我国免疫学研究的发展。当然，我们应该坦然面对这些不足之处，迎难而上，以积极的心态去克服和弥补这些不足之处，可以想象，克服和弥补这些不足的过程就是发展我国免疫学研究的过程，这些不足与困难一旦被跨越，就是我国免疫学研究腾飞于世界免疫学领域未来之时。

（资料来源：曹雪涛．免疫学研究的发展趋势及我国免疫学研究的现状与展望［J］．中国免疫学杂志，2009，25（1）：10－23）

研究热点

目前免疫学研究的热点很多，本文仅简要介绍十方面的前沿热点，前五方面热点涉及免疫学基本性关键科学问题，后五方面热点涉及学科交叉中的免疫学研究。

1. 免疫识别的结构基础与相关机制：免疫识别是诱导和触发机体产生免疫应答反应或者决定免疫系统处于耐受状态的重要免疫过程，是免疫学研究中的一个关键科学问题。

2. 免疫系统发生与免疫应答中的免疫细胞及其新型亚群的研究：淋巴细胞的分化发育与成熟机制，长期以来一直是基础免疫学的重要研究内容，包括 T 细胞的胸腺内发育（也包括胸腺外发育）、B 细胞的形成过程不同阶段的特征与抗体产生及类别转换等等，此外，有关髓系免疫细胞的分化发育的机制研究近年来又有了很大的突破，包括 DC、巨噬细胞及其亚群形成等。T 细胞亚群的区分与功能特征研究也一直是免疫学的研究热点。

3. 免疫调节的细胞与分子机制研究：在多数情况下机体能够在免疫调控机制的精密控制下，通过适度的免疫应答防止病原微生物的入侵、监视并清除机体内恶变的细胞同时保持内环境的稳定，但是，一旦这样的调控机制出现异常，将会导致免疫病理反应从而对机体造成伤害，如自身免疫性疾病等。长期以来，对于增强免疫应答效应的免疫调控机制即正相免疫调控机制的研究较多且较为深入，而对于免疫负相调控的机制则认识不足，因此近年来免疫学领域有关免疫负相调控机制的研究很热门，其中最大的热点是 CD_4^+、CD_{25}^+、$Foxp3^+$ 调节性 T 细胞 Treg 的基础与应用研究。

4. 免疫治疗：医学免疫学基础理论研究的根本目的是为人类健康服务，是希望能够研制出对于重大疾病例如恶性肿瘤、传染性疾病等的有效治疗方法，也为自身免疫性疾病等难治性疾病的治疗带来曙光。通过增强或者抑制免疫功能的免疫治疗方法很多，其中，单抗、疫苗、基因工程细胞因子等的临床应用已经显示出良好疗效。

5. 免疫记忆：免疫记忆是获得性免疫的一大特征，是疫苗研究的理论基础。关于免疫记忆形成的机制研究一直是免疫学研究的一大热点。

6. MicroRNA 与免疫细胞分化发育及免疫应答的调控：MicroRNA（miRNA）是细胞内长度为 18～25 个碱基的寡聚核苷酸。miRNA 通常能够作用于 mRNA 的 3' 非翻译区，进而在转录后水平上调控基因的表达。目前在哺乳动物中发现 miRNA 的数目已超过 800 个，其中绝大部分功能未知，是目前众多科学工作者追逐的热点。

7. 炎性复合体与炎症和天然免疫调控的研究：炎性复合体是新近提出来的概念，它本质上是由 NLRs（NOD2like receptors）、炎性 Caspases 以及接头蛋白组成的分子复合物。对炎性复合体的活化、调控机制的研究将是有关炎症、固有免疫学领域研究的新生长点和突破点。

8. 表观遗传学与免疫细胞分化以及在自身免疫病发病机制中的研究：表观遗传学研究在过去的十几年中取得了重大进展，尤其是肿瘤和各种先天性疾病的研究已为表观遗传学积累了大量的有用数据，利用这些研究成果分析总结出受表观遗传调控的基因类型和序列，得出了表观遗传修饰的某些分子机制，丰富了表观遗传研究的内容。

9. 系统生物学与免疫学研究的拓展与深入：随着人类基因组计划基本完成，标志着生命科学研究进入了"后基因组"时代，以基因组学为代表的各种组学研究的开展，生命科学新的大科学运作方式的出现以及工程学科的渗透、交叉，把生物学（包括免疫学）带入了系统科学的时代。系统生物学（Systems biology）是在细胞、组织、器官和生物体整体水平研究结构和功能各异的各种分子及其相互作用，并通过计算生物学来定量描述和预测生物功能、表型和行为。系统生物学不同于以往的实验生物学——仅关心个别的基因和蛋白质，它要研究所有的基因、所有的蛋白质、组分间的所有相互关系。显然，系统生物学是以整体性研究为特征的一种大科学，其最大的特点就是整合，系统生物学主要研究实体系统（如生物个体、器官、组织和细胞）的建模与仿真、生化代谢途径的动态分析、各种信号转导途径的相互作用、基因调控网络以及疾病机制等。系统生物学的技术平台主要为各种组学研究，包括基因组学、转录组学、蛋白质组学、代谢组学、相互作用组学、表型组学和计算生物学。这些高通量的组学实验构成了系统生物学的技术平台，提供建立模型所需的数据，并辨识出系统的结构，通过建模和理论探索，可以为生物系统的阐明和定量预测提供强有力的基础。

10. 免疫系统与免疫应答过程的可视化研究：近年来实时动态成像技术（MRI、PET、激光共聚焦显微镜技术、活细胞动态观察工作站等）在免疫学研究中应用越来越广泛，也为免疫学家进一步深入认识免疫系统和免疫应答过程中参与的细胞与分子提供了新的手段。

（资料来源：曹雪涛.免疫学研究的发展趋势及我国免疫学研究的现状与展望[J].中国免疫学杂志，2009,25(1):10—23)

Niels K. Jerne

Niels K. Jerne，丹麦免疫学家，1984年获诺贝尔生理学及医学奖。1911年出生于英国伦敦。1928年，他从荷兰鹿特丹一所大学毕业，获学士学位。1928年—1930年，在莱顿大学攻读物理学。1938年—1943年，入哥本哈根大学攻读医学。1947年，获得哥本哈根大学医学博士学位。1943年—1956年，在丹麦国家血清研究所生物标准局兼职工作。1951年成为该研究所副教授。1956年，加入世界健康组织。1960年—1962年，担任日内瓦大学生物物理学教授。1962年—1966年，担任匹兹堡大学微生物学教授。1966年—1971年，应邀担任法兰克福大学实验疗法教授，同时领导了保罗·埃利希研究所。1971年—1980年，创建并领导了巴塞尔免疫学研究所。1980年退休。退休后曾受聘于法国帕斯托研究所。

关于抗体多样性发生的机理，他提出淋巴细胞内只存在一套种系基因，这套基因专门用来编码针对某些自身抗原的抗体。一般情况下表达这些基因的细胞处于抑制状态。但是如果由于淋巴细胞受体分子上的氨基酸发生变化，在细胞表面出现具有新的结合抗原位点的抗体分子时，这些细胞就会成为突变细胞，这样，大量的不同的突变细胞就能识别大量外来抗原而产生大量抗体。1974年，他提出了在独持型决定簇与抗独特型决定簇之间相互识别、相互作用基础上的免疫反应调节的网络学说。该学说认为抗原刺激产生抗体，抗体上面独特型决定簇能引起抗独特型抗体的产生，而抗独特型抗体又相继引起抗抗独特型抗体的产生——如此下去，免疫系统的各个组成部分（抗体和淋巴细胞），通过独特型和抗独特型相互识别和相互作用而连接成网络。网络的主要作用是抑制抗体的产生。因为只有抑制才能保持机体的免疫自稳状态，使抗体维持在一定水平上。否则，抗体无休止地产生，反而会使机体患免疫病。他的免疫系统网络学说已经被实验所证明，并且有力地促进和指导了基础免疫学的研究和发展。

　　由于他对免疫系统特性理论的研究，开创了现代的细胞免疫学，因而荣获 1984 年诺贝尔生理学及医学奖。1975 年成为英国艺术与科学研究院外籍荣誉院士。他曾被哥伦比亚大学、芝加哥大学、哥本哈根大学、巴塞尔大学和鹿特丹大学授予荣誉博士学位。主要著作：《亲和力的研究》(1951)；《抗体形成的自然选择理论》(1955)；《免疫学思考》(1960)，《抗体形成的自然选择理论：最近 10 年》(1966)；《关于免疫系统的网络学说》(1974)。

（资料来源：http://bbs.easybizchina.com/showtopic-5391.aspx）

2012 年全球抗肿瘤药物市场销售总额将达到 800 亿美元

　　国际货币基金组织(IMF)负责人预测：今后几年，中国、印度、巴西和俄罗斯"金砖四国"将成为世界增长最快的抗肿瘤药物市场；全球抗癌药市场年增长率将达 15%，大大超过其他药物的增长率；到 2012 年，全球抗肿瘤药物市场销售总额将达到 800 亿美元左右。

　　事实上，在过去几年中，世界抗肿瘤药物市场一直都在增长。据美国医药咨询公司 Frost & Sullivan 的统计数据，2004 年全球抗肿瘤药物市场总销售额为 240 亿美元，2007 年猛增至 396 亿美元，今年预计将达到 480 亿美元，2009 年将达到 550 亿美元或更高。以抗乳腺癌药物为例，预计到 2012 年，世界抗乳腺癌药物市场销售总额将达 60 亿美元，而 2002 年仅为 27 亿美元，平均年增长率高达 20% 以上。迄今为止，世界各国临床医学界使用最多的治疗晚期乳腺癌的药物为紫杉烷类注射液（如紫杉醇与"泰索帝"注射液等制剂）。但长期大剂量使用紫杉烷类注射液已造成病人耐药现象并导致疗效下降，因此，瑞士和美国等西方国家的制药公司已在几年前开发上市了几个单克隆抗体类抗乳腺癌新药，如 Herceptin、Glivec 等。此外，目前正处于临床试验中、可能将在近年上市的抗乳腺癌新药还有 epothilones 类，如施贵宝的 BMS-247550、默克公司的 EPO-906 和强生公司的 Epothilone-D 等，它们在临床试验中均显示出强大的抑瘤效果。

　　美国在过去 30 年里已建立起世界最大规模的生物工程制药产业，所以其开发上市的蛋白质/多肽类抗癌药不仅数量居世界第一，销售额亦居全球首位，如单克隆抗体类抗癌新药 Herceptin 和 Avastin，上市几年销售额即达 16 亿美元和 13 亿美元。据悉，美国还有十几个蛋白质/多肽类抗癌新药正处在临床试验阶段。此外，美国一些制药公司还在积极开发抗癌疫苗，包括预防前列腺癌的疫苗、预防"人乳头样病毒"所引起的宫颈癌疫苗、预防病毒性肝癌的疫苗等。据国外媒体报道，目前美国正在研制的预防癌症的生物工程疫苗至少有二三十种之多，它们一旦投放市场，必将大大提升全球肿瘤药物市场的销售额。

　　在国际市场上，除两个畅销的"细胞激动剂抑制剂"类抗癌新药 Herceptin 和 Glivec 外，近年来上市的生物工程新药还有：治疗非何杰金氏症的 Revlimid，治疗乳腺癌、结肠癌和多发性胶质瘤的 Abastin，治疗晚期结肠癌的 Erbitux，治疗恶性肉瘤的 Deforolimus，治疗非小细胞肺癌的 Eloxatin，等等。这些生物工程抗癌药都将有巨大的市场增长空间。有业内人士预测：蛋白质/多肽类生物工程抗癌药物将成为未来几年国际抗癌药物市场上的主流产品。这是因为，与传统化学合成抗癌药（化疗药）相比，蛋白质/多肽类抗癌药对人体毒副作用较小，故病人更能坚持完成药物治疗过程。

　　除蛋白质/多肽类生物工程抗癌药外，植物抗癌药也将成为未来国际抗癌药物市场上一大类主导产品。最能说明问题的是，紫杉醇注射液自开发上市至今一直畅销国际医药市场，累计销售额已超过 200 亿美元。除紫杉醇注射液外，国际医药市场上还有多种植物来源的畅销抗癌药物制剂，如喜树碱系列产品（托扑替康和伊立替康等）、经典老药"长春花碱"系列、足叶乙甙（伊托泊甙）和新开发的中国植物来源的抗癌新药如"雷公腾甲素"（南蛇藤素）、冬凌草甲素、乙素、丙素等等。相信随着开发力度的不断加大，今后将会有更多疗效好、毒性小的植物抗癌新药上市。

　　　　　　　　　　（资料来源：http://www.chem17.com/st154761/news_72136.html）

第二章　免疫系统

【知识体系】

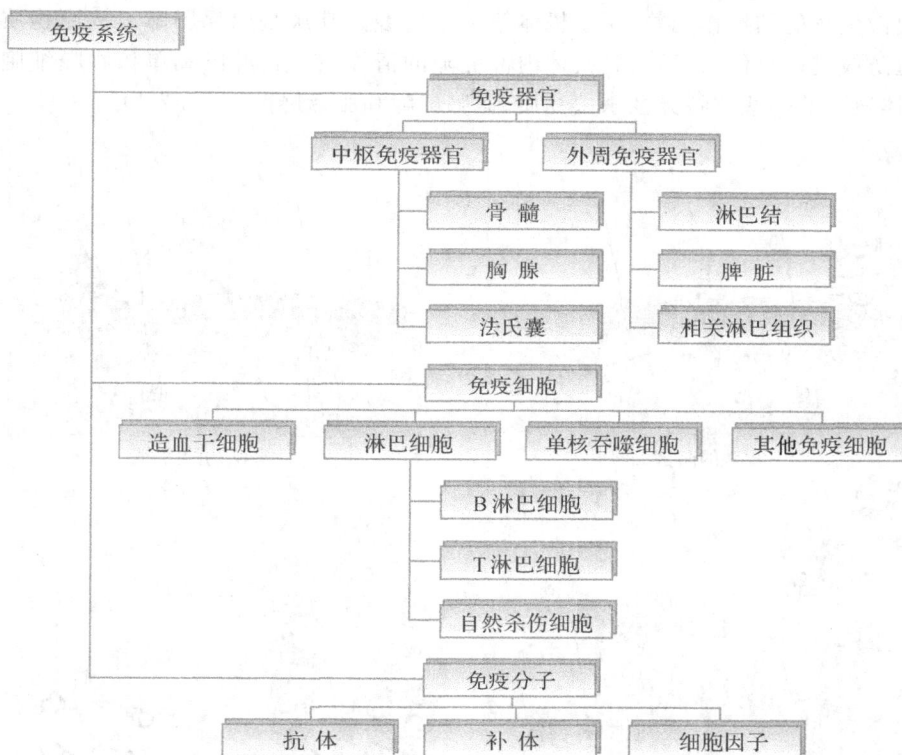

【课前思考】

　　与机体的其他组织系统一样，免疫系统由哪些组织、器官、细胞组成？各种器官、细胞有何特征？在维护我们机体健康中各自起到怎样的作用？当有病原微生物入侵时，机体的各种免疫细胞是怎样各司其职又相互协调的？机体的免疫系统与国家的防御体系有何相似之处？

【本章重点】

　　1. 免疫系统的构成；
　　2. 免疫器官、免疫细胞的功能。

【教学目标】

1. 掌握免疫系统组成:免疫器官(中枢免疫器官、外周免疫器官)、免疫细胞、免疫分子;
2. 掌握中枢免疫器官的组成:骨髓、胸腺的主要免疫功能;
3. 掌握外周免疫器官与组织的组成:淋巴结、脾脏的主要免疫功能。

机体抵御外界病原微生物的入侵有三道防卫系统:

1. 皮肤、黏膜及其分泌物

皮肤黏膜的机械阻挡作用和附属物(如纤毛)的清除作用,皮肤黏膜分泌物(如汗腺分泌的乳酸、胃黏膜分泌的胃酸等)的杀菌作用,体表和与外界相通的腔道中寄居的正常微生物丛对入侵微生物的拮抗作用等,属于机体第一道防线。其次是内部屏障。抗原物质一旦突破第一道防线进入机体后,即遭到机体内部屏障的清除,包括:淋巴和单核吞噬细胞系统屏障、正常体液中的一些非特异性杀菌物质、血脑屏障和胎盘屏障等(图 2-1)。

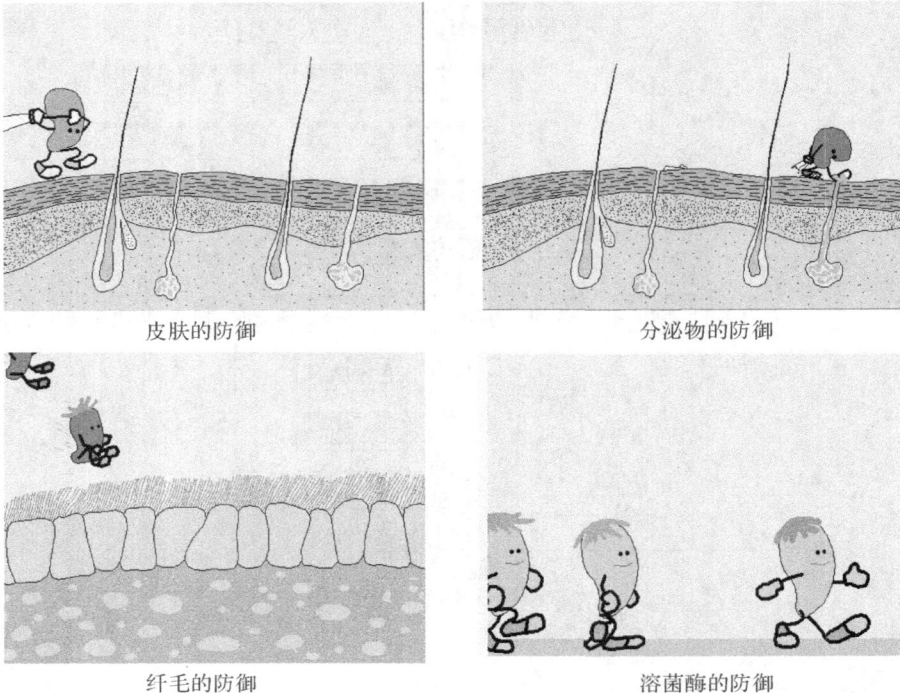

皮肤的防御　　　　　　　　　　　　分泌物的防御

纤毛的防御　　　　　　　　　　　　溶菌酶的防御

图 2-1　机体第一道防线

2. 吞噬细胞、NK 细胞、抗菌蛋白、炎症应答——淋巴系统

微生物进入机体组织以后,多数沿组织细胞间隙的淋巴液经淋巴管到达淋巴结,但淋巴结内的巨噬细胞会消灭它们,阻止它们在机体内扩散,这就是淋巴屏障作用。如果微生物数量大、毒力强,就有可能冲破淋巴屏障,进入血液循环,扩散到组织器官中去。这时,它们会受到单核吞噬细胞系统屏障的阻挡。这是一类大的吞噬细胞。机体内还有一类较小的吞噬细胞,其中主要的是中性粒细胞和嗜酸性粒细胞。它们不属于单核吞噬细胞系统,但与单核吞噬细胞系统一样,分布于全身,对入侵的微生物和大分子物质有吞噬、消化和消除的作用。

在正常体液中的一些非特异性杀菌物质,如补体、调理素、溶菌酶、干扰素、乙型溶素、吞噬细胞杀菌素等,也与淋巴和单核吞噬细胞系统屏障一样,是机体的第二道防线,有助于消灭入侵的微生物(图 2-2)。

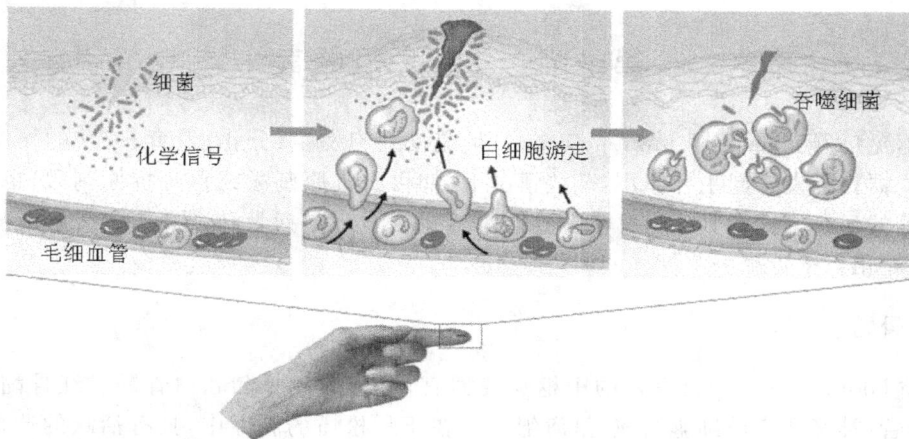

图 2-2 机体的第二道防线

3.免疫系统:淋巴细胞、抗体;特点:特异性、多样性、记忆性、识别自我与非我(图 2-3)。

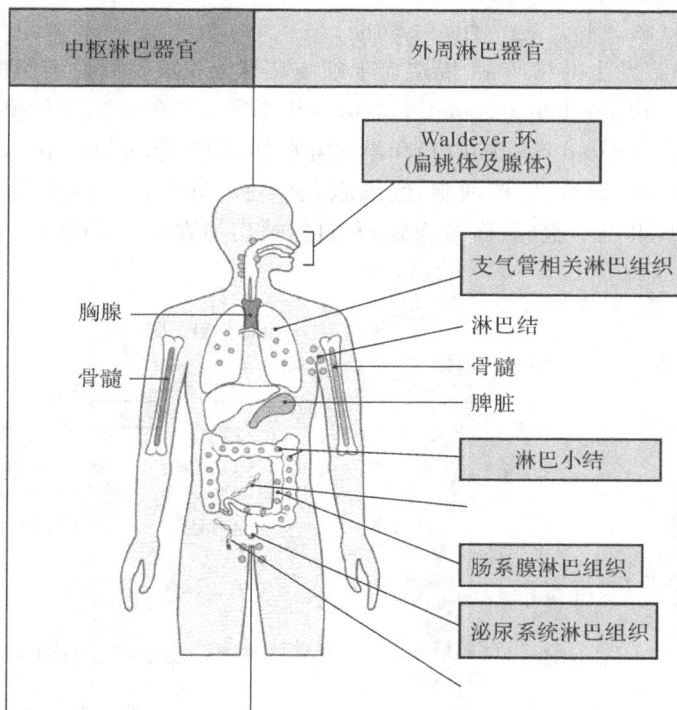

图 2-3 机体的第三道防线——免疫系统

我们主要讲授免疫系统。

免疫系统(immune system)乃承担免疫功能的组织系统,是机体对抗原刺激产生应答、执行免疫效应的物质基础。从宏观至微观进行描述,免疫系统包括免疫器官(中枢免疫器官和外周免疫器官)、免疫细胞(造血干细胞、淋巴细胞、单核吞噬细胞及其他免疫细胞)和免疫分子(抗体、补体、细胞因子)。

第一节 中枢免疫器官

中枢免疫器官(central immune organ)是免疫细胞发生、分化、发育、成熟的场所,并对外周免疫器官的发育起主导作用,某些情况下(如再次抗原刺激或自身抗原刺激)也是产生免疫应答的场所。人和其他哺乳类动物的中枢免疫器官包括骨髓、胸腺,鸟类腔上囊(法氏囊)的功能相当于骨髓。

一、骨髓

骨髓(bone marrow)是重要的中枢免疫器官,可分为红骨髓和白骨髓。红骨髓由结缔组织、血管、神经和实质细胞组成,呈海绵样存在于骨松质的腔隙中,具有活跃的造血功能。骨髓功能的发挥与其微环境有密切关系。骨髓微环境指造血细胞周围的微血管系统、末梢神经、网状细胞、基质细胞以及它们所表达的表面分子和所分泌的细胞因子。这些微环境组分是介导造血干细胞黏附、分化发育、参与淋巴细胞迁移和成熟的必需条件。骨髓是人和哺乳动物的造血器官(图 2-4)。它具有如下功能:

1. 各类免疫细胞发生的场所:骨髓造血干细胞具有分化成不同血细胞的能力,故被称为多能造血干细胞(multiple hematopoietic stem cell,HSC)。在骨髓微环境中,HSC 首先分化为髓样前体细胞(myeloid progenitor)和淋巴样前体细胞(lymphoid progenitor)。髓样前体细胞最终分化成为粒细胞、单核细胞、红细胞、血小板;淋巴样前体细胞分化为 T 淋巴细胞(简称 T 细胞)、B 淋巴细胞(简称 B 细胞)和自然杀伤细胞(NK 细胞)。

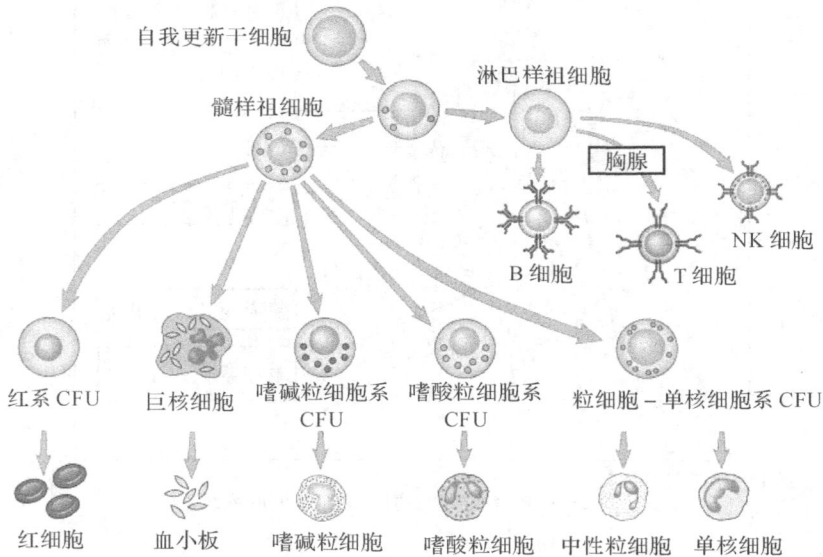

图 2-4 血细胞发育示意图

2.B细胞分化成熟的场所：骨髓中产生的淋巴样前体细胞循不同的途径分化发育：一部分经血液迁入胸腺，发育成熟为成熟的 T 细胞；另一部分则在骨髓内继续分化为成熟 B 细胞。与 T 细胞在胸腺中分化的过程类似，B 细胞在骨髓中也发生抗原受体（B cell receptor，BCR）等表面标志的表达、选择性发育或凋亡等。成熟的 B 细胞进入血循环，最终也定居在外周免疫器官。

3.发生 B 细胞应答的场所：骨髓是发生再次体液免疫应答的主要部位，外周免疫器官中的记忆性 B 细胞在抗原刺激下被活化，经淋巴液和血液进入骨髓后分化成熟为浆细胞，并产生大量抗体释放至血液循环。外周免疫器官中所发生的再次应答，其产生抗体的速度快 但持续时间短；而骨髓中所发生的再次应答，其产生抗体的速度慢，但可缓慢、持久地产生大量抗体，从而成为血清抗体的主要来源。

最新研究成果表明：在一定的微环境中，骨髓中的造血干细胞和基质干细胞还可分化为其他组织的多能干细胞（如神经干细胞、心肌干细胞等），这一突破性的进展开拓了骨髓生物学作用的全新领域，并可望在组织工程和临床医学中得到广泛应用。

二、胸腺

人的胸腺（thymus）随年龄不同而有明显差别（图 2-5）。新生期胸腺重量约 15～20g；以后逐渐增大，青春期可达 30～40g，其后随年龄增长而逐渐萎缩退化；老年期胸腺明显缩小，大部分被脂肪组织所取代。胸腺是 T 细胞分化、成熟的场所，其功能状态直接决定机体细胞免疫功能，并间接影响体液免疫功能。

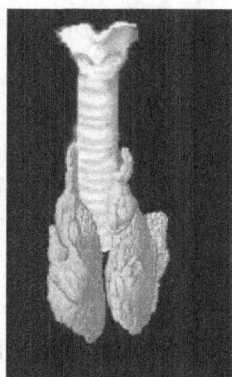

图 2-5 人的胸腺

（一）胸腺的解剖结构

胸腺的结构如图 2-6 所示。一结缔组织被膜覆盖胸腺表面，并深入胸腺实质将其分隔成许多小叶。小叶的外层为皮质（cortex），内层为髓质（medulla），皮髓质交界处含大量血管，皮质内 85%～90% 的细胞为未成熟 T 细胞（即胸腺细胞），也存在少量上皮细胞、巨噬细胞（macrophage，Mφ）和树突状细胞（dendritic cell，DC）等。胸腺浅皮质内发育早期的胸腺上皮细胞也称抚育细胞（nurse cell），其在胸腺细胞分化中发挥重要作用。髓质内含大量上皮细胞和疏散分布的胸腺组织、Mφ 和 DC。

（二）胸腺的细胞组成：主要由胸腺基质细胞和胸腺细胞组成

1.胸腺基质细胞（thymic stromal cell，TSC）：TSC 以胸腺上皮细胞（thymus epithelial cell，TEC）为主，还包括巨噬细胞、DC 及成纤维细胞等。TSC 互相连接成网，并表达多种表面分子和分泌多种胸腺激素，从而构成重要的胸腺内环境。其中，抚育细胞与胸腺细胞通过各自表达的黏附分子密切接触，为胸腺细胞的发育提供必需的信号。

2.胸腺细胞：骨髓产生的前 T 细胞经血循环进入胸腺，即成为胸腺细胞。不同分化阶段的胸腺细胞其形态学、表面标志等各异，并可按其 CD4、CD8 表达情况分为 4 个亚群，即：$CD4^- CD8^-$、$CD4^+ CD8^+$、$CD4^+ CD8^-$、$CD4^- CD8^+$。

（三）胸腺微环境

胸腺微环境由 TSC、细胞外基质及局部活性物质组成，其在胸腺细胞分化过程的不同环节均发挥重要作用。胸腺上皮细胞是胸腺微环境的最重要组分，其参与胸腺细胞分化的

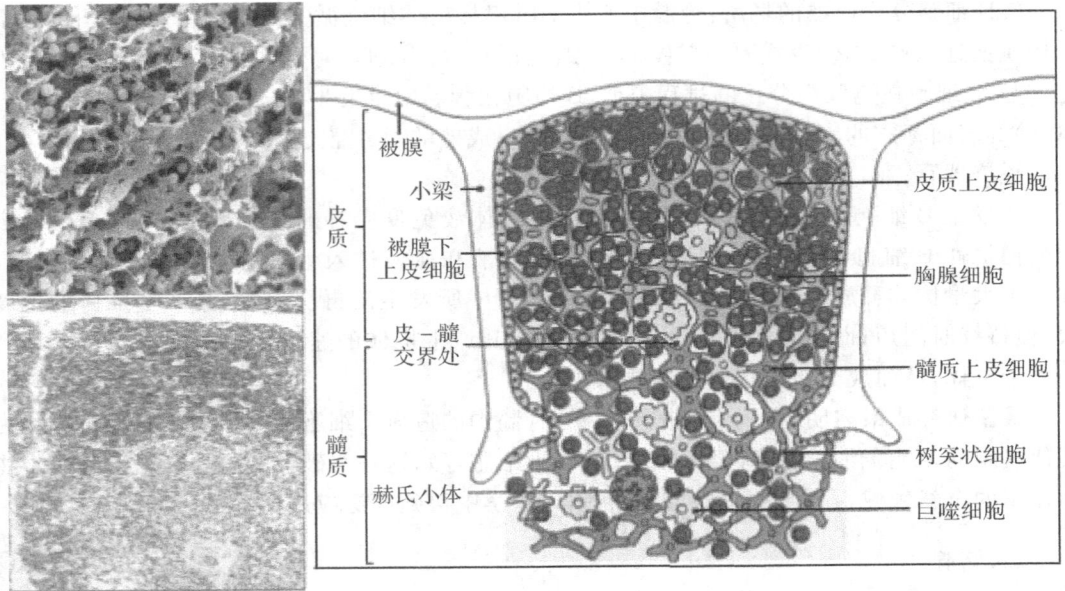

图 2-6 胸腺结构示意图

机制为:

1. 分泌胸腺激素和细胞因子:主要的胸腺激素有胸腺素(thymosin)、胸腺刺激素(thymulin)、胸腺体液因子(thymic humoral factor)、胸腺生成素(thymopoietin,TP)、血清胸腺因子(serum thymic factor)等。它们分别具有促进胸腺细胞增殖和分化、发育等功能。胸腺基质细胞还可产生多种细胞因子,它们通过与胸腺细胞表面相应受体结合,调节胸腺细胞发育和细胞间相互作用。上述胸腺激素和细胞因子是诱导胸腺细胞分化为成熟 T 细胞的必要条件。

2. 与胸腺细胞相互接触:此乃通过上皮细胞与胸腺细胞间表面黏附分子及其配体、细胞因子及其受体、抗原肽-MHC 分子复合物与 TCR 等相互作用而实现。

细胞外基质(extracellular matrix)也是胸腺微环境的重要组成部分,它们可促进上皮细胞与胸腺细胞接触,并参与胸腺细胞在胸腺内移行成熟。

(四)胸腺的功能

1. T 细胞分化、成熟的场所:胸腺是 T 细胞发育的主要场所。在胸腺产生的某些细胞因子作用下,来源于骨髓的前 T 细胞被吸引至胸腺内成为胸腺细胞。胸腺细胞循被膜下转移到皮质再向髓质移行,并经历十分复杂的选择性发育。在此过程中,约 95% 的胸腺细胞发生以凋亡(apoptosis)为主的死亡而被淘汰,仅不足 5% 的细胞分化为成熟 T 细胞。其特征为:表达成熟抗原受体(TCR)的 CD4 或 CD8 单阳性细胞;获得 MHC 限制性的抗原识别能力;获得自身耐受性。发育成熟的 T 细胞进入血循环,最终定居于外周免疫器官。

近期研究证实,胸腺并非 T 细胞分化发育的唯一场所。例如 T 细胞可在胸腺外组织(如肠道黏膜上皮、皮肤组织及泌尿生殖道黏膜组织等)中发育成熟。另外,肝脏也可能是某些 T 细胞分化发育的场所。

2. 免疫调节功能:胸腺基质细胞可产生多种肽类激素,它们不仅促进胸腺细胞的分化成熟,也参与调节外周成熟 T 细胞。

3.屏障作用:皮质内毛细血管及其周围结构具有屏障作用,阻止血液中大分子物质进入,此为血-胸腺屏障(blood-thymus barrier)。

三、腔上囊

腔上囊又称法氏囊(bursa of fabricius),是鸟类动物特有的淋巴器官,位于胃肠道末端泄殖腔的后上方(图 2-7)。与胸腺不同,腔上囊训化 B 细胞成熟,主导机体的体液免疫功能。将孵出的雏鸡去掉腔上囊,会使血中 γ 球蛋白缺乏,且没有浆细胞,注射疫苗亦不能产生抗体。人类和哺乳动物没有法氏囊,其功能由相似的组织器官代替,称为法氏囊同功器官。曾一度认为同功器官是阑尾、扁桃体和肠集结淋巴结,现在已证明是骨髓。

图 2-7　鸡的胸腺和法氏囊

第二节　外周免疫器官

外周免疫器官(peripheral immune organ)包括脾、淋巴结、淋巴样小结、扁桃体、阑尾等,这些器官内富含能捕捉和处理抗原的巨噬细胞和树突状细胞,以及能介导免疫反应的 T 细胞和 B 细胞。

一、淋巴结

淋巴结(lymph node)广泛分布于全身非黏膜部位的淋巴通道上。

(一)淋巴结的结构

淋巴结的结构如图 2-8 所示,淋巴结表面覆盖有结缔组织被膜,后者深入实质形成小梁。淋巴结分为皮质和髓质两部分,彼此通过淋巴窦相通。被膜下为皮质,包括浅皮质区、副皮质区和皮质淋巴窦。

浅皮质区又称为非胸腺依赖区(thymus-independent area),是 B 细胞定居的场所,该区内有淋巴滤泡(或称淋巴小结)。未受抗原刺激的淋巴小结无生发中心,称为初级滤泡(primary follicle),主要含静止的成熟 B 细胞;受抗原刺激的淋巴小结内出现生发中心(germinal center),称为次级滤泡(secondary follicle),内含大量增殖分化的 B 淋巴母细胞,此细胞向内转移至淋巴结中心部髓质,即转化为可产生抗体的浆细胞。

副皮质区又称胸腺依赖区(thymus-dependent area),位于浅皮质区和髓质之间,为深皮质区,是 T 细胞(主要是 CD4+ T 细胞)定居的场所。该区有许多由内皮细胞组成的毛细血管后微静脉,也称高内皮细胞小静脉(high endothelial venule,HEV),在淋巴细胞再循环中起重要作用。

髓质由髓索和髓窦组成。髓索内含有 B 细胞、T 细胞、浆细胞、肥大细胞及 Mφ。髓窦内 Mφ 较多,有较强滤过作用。

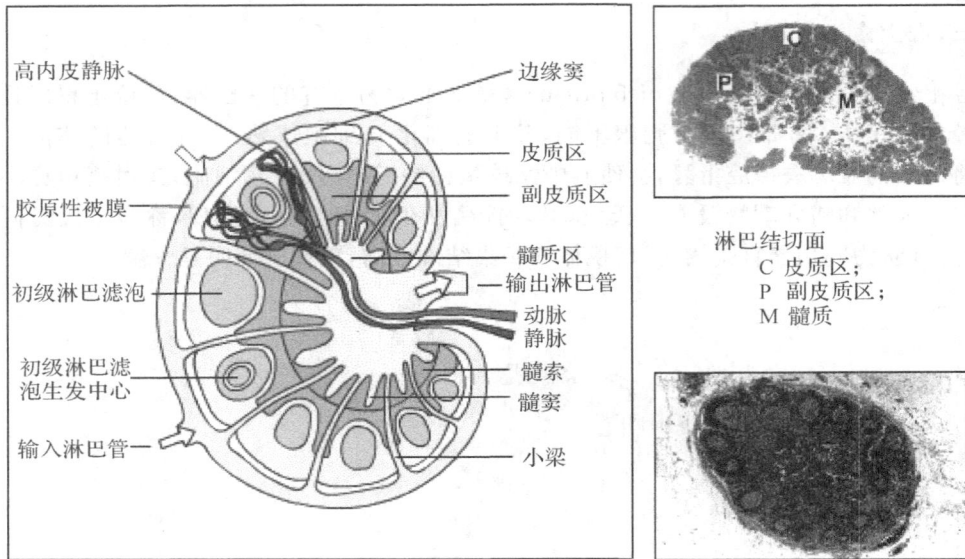

图 2-8 淋巴结的结构

(二)淋巴结的功能

1. T 细胞及 B 细胞定居的场所:分别在胸腺和骨髓中分化成熟的 T、B 细胞,均可定居于淋巴结。其中,T 细胞占淋巴结内淋巴细胞总数的 75%,B 细胞占 25%。

2. 免疫应答发生的场所:抗原递呈细胞携带所摄取的抗原进入淋巴结,将已被加工、处理的抗原递呈给淋巴结内的 T 细胞和 B 细胞,使之活化、增殖、分化,故淋巴结是发生细胞免疫和体液免疫应答的主要场所。

3. 参与淋巴细胞再循环:淋巴结深皮质区的 HEV 在淋巴细胞再循环中发挥重要作用,血循环中的淋巴细胞穿越 HEV 壁进入淋巴结实质,然后通过输出淋巴管进入胸导管或右淋巴管,再回到血液循环。

4. 过滤作用:组织中的病原微生物及毒素等进入淋巴液,其缓慢流经淋巴结时,可被 Mφ 吞噬或通过其他机制被清除。因此,淋巴结具有重要的滤过作用。

二、脾脏

(一)脾脏的结构

脾脏的结构如图 2-9 所示,脾脏(spleen)是人体最大的淋巴器官,可分为白髓、红髓和边缘区三部分。白髓由密集的淋巴组织构成,包括动脉周围淋巴鞘和淋巴小结。动脉周围淋巴鞘为 T 细胞居住区;鞘内的淋巴小结为 B 细胞居住区,未受抗原刺激为初级滤泡,受抗原刺激后出现生发中心,为次级滤泡。红髓分布于白髓周围,包括髓索和髓窦:前者主要为 B 细胞居留区,也含 Mφ 和 DC;髓窦内为循环的血液。白髓与红髓交界处为边缘区(marginal zone),是血液及淋巴细胞进出的重要通道。

(二)脾脏的功能

脾脏是重要的外周免疫器官,脾切除的个体其免疫防御功能可发生障碍。

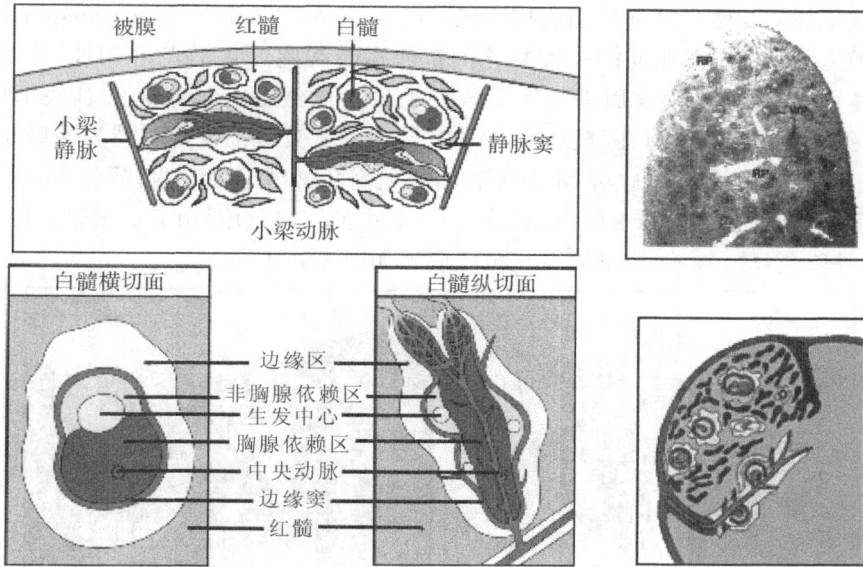

图 2-9　脾脏的结构

1. 免疫细胞定居的场所：成熟的淋巴细胞可定居于脾脏。B 细胞约占脾脏中淋巴细胞总数的 60%，T 细胞约占 40%。

2. 免疫应答的场所：脾脏也是淋巴细胞接受抗原刺激并发生免疫应答的重要部位。同为外周免疫器官，脾脏与淋巴结的差别在于：脾脏是对血源性抗原产生应答的主要场所。

3. 合成生物活性物质：脾脏可合成并分泌如补体、干扰素等生物活性物质。

4. 滤过作用：脾脏可清除血液中的病原体、衰老死亡的自身血细胞、某些蜕变细胞及免疫复合物等，从而使血液得到净化。

此外，脾脏也是机体贮存红细胞的血库。

三、黏膜相关淋巴组织

黏膜相关淋巴组织（mucosal-associated lymphoid tissue，MALT）亦称黏膜免疫系统（mucosal lymphoid system，MIS），主要指呼吸道、肠道及泌尿生殖道黏膜固有层和上皮细胞下散在的无被膜淋巴组织以及某些带有生发中心的器官化淋巴组织，如扁桃体、小肠的派氏集合淋巴结（Peyer patch）、阑尾等。

黏膜系统在机体免疫防疫机制中的重要作用表现为：①人体黏膜的表面积约 400 平方米，乃阻止病原微生物等入侵机体的主要物理屏障；②机体近一半的淋巴组织存在于黏膜系统，故 MALT 被视为执行局部特异性免疫功能的主要部位。

（一）MALT 的组成

1. 鼻相关淋巴组织（nasal-associated lymphoid tissue，NALT）：包括咽扁桃体、腭扁桃体、舌扁桃体及鼻后部其他淋巴组织，其主要作用是抵御经空气传播的微生物感染。

2. 肠相关淋巴组织（gut-associated lymphoid tissue，GALT）：GALT 包括集合淋巴结、淋巴滤泡和固有层淋巴组织等，其主要作用是抵御侵入肠道的病原微生物感染（图 2-10）。肠道黏膜上皮间还散布一种扁平上皮细胞，即 M 细胞（membranous cell or microfold cell，膜性细胞或微皱褶细胞），又称特化的抗原转运细胞（specialized antigen transporting cell），是散布于肠道黏膜上皮细胞间的一种特化的抗原运转细胞。它不表达 MHC Ⅱ 类分子，胞质内溶毛体很少，在肠黏膜表面有短小不规则毛刷样微绒毛。M 细胞的基底部凹陷成小袋，其中容纳 T 细胞、B 细胞、巨噬细胞、DC 等。M 细胞具有高度的非特异性脂酶活性，病原菌等外来抗原性物质可通过对 M 细胞表面的毛刷状微绒毛的吸附，或经 M 细胞表面蛋白酶作用后被摄取，并将未降解的抗原转运给小袋中的巨噬细胞，由后者携带抗原至集合淋巴结，引发黏膜免疫应答，肠道淋巴系统免疫应答如图 2-11 所示。

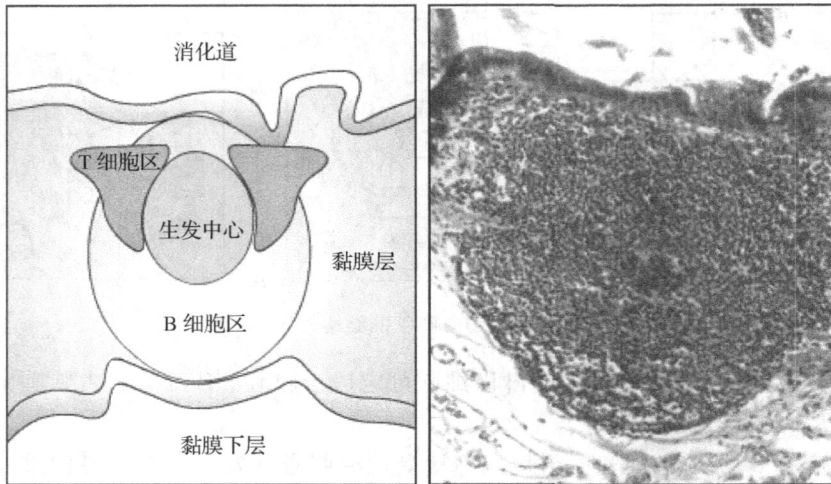

图 2-10　消化道集合淋巴滤泡

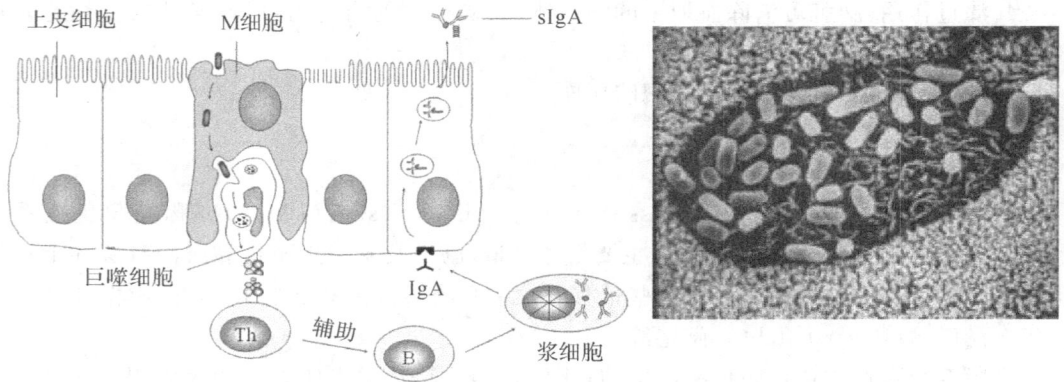

图 2-11　肠道 M 细胞的转运功能及 M 细胞包围住大肠杆菌

　　黏膜免疫系统在保护黏膜表面不受病原体侵害、促进与共生微生物群落共生中都起主要作用。要激发黏膜免疫反应，黏膜表面上的抗原必须首先穿过不可透的上皮障碍，进入"派伊尔小结"这样的淋巴结构。这一功能（被称为"转胞吞作用"）被认为主要由 M 细胞调控，它们是"派伊尔小结"中专门的上皮细胞。对由 M-细胞调控的抗原"转胞吞作用"的机制所做的一项研究表明，在小肠 M 细胞顶面表达的糖蛋白-2 是表达 FimH 抗原的细菌的转胞吞受体。由于 M-细胞被认为是各种口服免疫药物的一个很有希望的目标，所以这项工作表明,依赖于糖蛋白-2 的"转胞吞作用"是一个可能的免疫目标。

3.支气管相关淋巴组织(bronchial-associated tissue,BALT):主要分布于各肺叶的支气管上皮下,其结构与派氏集合淋巴结相似,滤泡中淋巴细胞受抗原刺激常增生成生发中心,其中主要是 B 细胞。

（二）MALT 的功能及其特点

1.参与局部免疫应答:分布在不同部位的 MALT 均是参与局部特异性免疫应答的主要场所,从而在消化道、呼吸道和泌尿生殖道的局部免疫防御中发挥关键作用。

2.分泌型 IgA(secretory IgA,SIgA):以消化道黏膜为例,口服抗原被吸收进入集合淋巴结后,可引发 B 细胞应答,使之转化为产生抗体的浆细胞,其中可分泌 SIgA 的浆细胞主要定居于集合淋巴结或迁移至固有层。SIgA 在抵御病原体侵袭消化道、呼吸道和泌尿生殖道中发挥重要作用。

3.参与口服抗原介导的免疫耐受:口服蛋白抗原刺激黏膜免疫系统后,常可导致免疫耐受,其机制尚未阐明。口服抗原诱导耐受的生物学意义在于:①可阻止机体对肠腔内共栖的正常菌群产生免疫应答,而这些菌群的存在乃正常消化和吸收功能所必需;②通过口服抗原诱导机体对该抗原形成特异性无反应性,可能为治疗自身免疫病提供新途径。

附:淋巴细胞再循环

各种免疫器官中的淋巴细胞并不是定居不动的群体,而是通过血液和淋巴液的循环进行有规律的迁移,这种规律性的迁移为淋巴细胞再循环(lymphocyterecirculation)。通过再循环,可以增加淋巴细胞与抗原接触的机会,更有效地激发免疫应答,并不断更新和补充循环池的淋巴细胞。

1.再循环的细胞淋巴干细胞从骨髓迁移至胸腺和腔上囊或其功能器官,分化成熟后进入血液循环的定向移动过程不属于再循环范围。再循环是成熟淋巴细胞通过循环途径实现淋巴细胞不断重新分布的过程。再循环中的细胞多是静止期细胞和记忆细胞,其中80%以上是 T 细胞。这些细胞最初来源于胸腺和骨髓;成年以后,主要靠外周免疫器官进行补充。受抗原刺激而活化的淋巴细胞很快定居于外周免疫器官,不再参加再循环。

2.再循环的途径血液中的淋巴细胞在流经外周免疫器官(以淋巴结为例)时,在副皮质区与皮质区的连接处穿过高内皮毛细血管后静脉(HEV)进入淋巴结;T 细胞定位于副皮质,B 细胞主要定位于皮质区;以后均通过淋巴结髓窦迁移至输出淋巴管,进入高一级淋巴结;经过类似的路径,所有外周免疫器官输出的细胞最后都汇集于淋巴导管;身体下部和左上部的汇集到胸导管,从左锁骨下静脉角返回血循环;右侧上部的汇集到右淋巴管,从右锁骨下静脉返回血循环。再循环一周约需24～48 小时。

3.细胞定居选择淋巴细胞从血循环进入淋巴组织具有高度的选择性,这是因为淋巴细胞上具有特殊的受体分子,称为归巢受体(homingreceptor)。现已发现的归巢受体包括CD44、LFA-1、VLA-4 和 MEL-14/LAM-1 等;其中 MEL-14/LAM-1 是定居淋巴结的受体,识别淋巴结内的高内皮细胞;VLA-4 的 α 亚单位是定居 MALT 的受体,识别黏膜表面的配体。

淋巴细胞再循环的意义:带有不同特异性抗原受体的各种淋巴细胞不断在体内各处巡游,增加了与抗原以及抗原递呈细胞接触的机会;许多免疫记忆细胞也参与淋巴细胞再循环,一旦接触到相应抗原,可立即进入淋巴组织发生增殖反应,产生免疫应答。淋巴细胞再循环如图 2-12 所示。

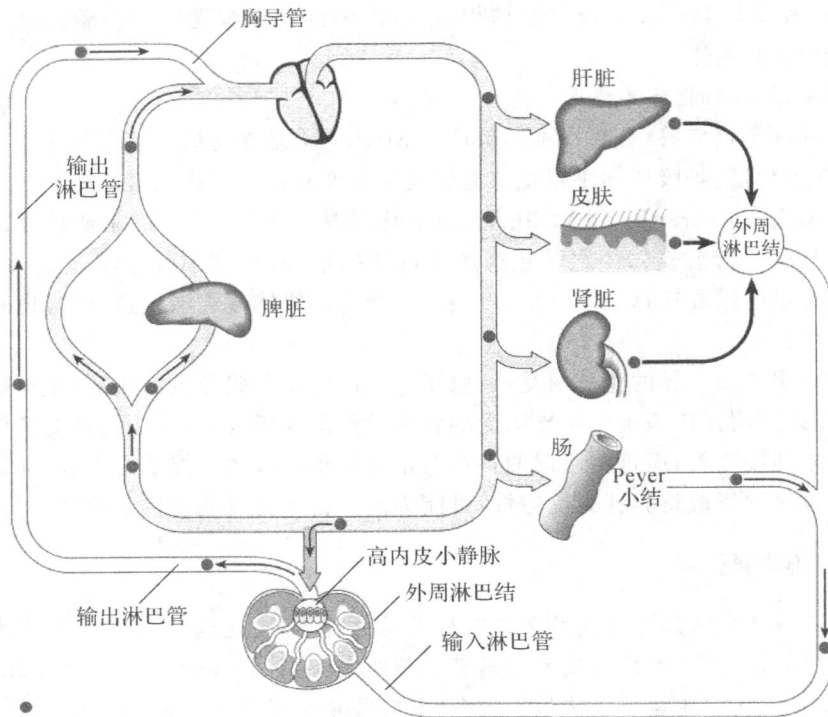

图 2-12 淋巴细胞再循环示意图

第三节 免疫细胞

免疫细胞乃泛指所有参与免疫应答或与免疫应答有关的细胞及其前体,包括造血干细胞、淋巴细胞、专职抗原递呈细胞(树突状细胞、单核-巨噬细胞)及其他抗原递呈细胞、粒细胞、肥大细胞和红细胞等,如图 2-13 所示。

一、造血干细胞

造血干细胞(hemopoietic stem cell,HSC)又称多能干细胞,是存在于造血组织中的一群原始造血细胞。也可以说,它是一切血细胞(其中大多数是免疫细胞)的原始细胞。由造血干细胞定向分化、增殖为不同的血细胞系,并进一步生成血细胞。人类造血干细胞首先出现于胚龄第 2~3 周的卵黄囊,在胚胎早期(第 2~3 月)迁至肝、脾,第 5 个月又从肝、脾迁至骨髓。在胚胎末期一直到出生后,骨髓成为造血干细胞的主要来源,具有多潜能性,即具有自身复制和分化两种功能。

二、淋巴细胞

淋巴细胞(lymphocyte)是构成免疫系统的主要细胞类别,占外周血白细胞总数的

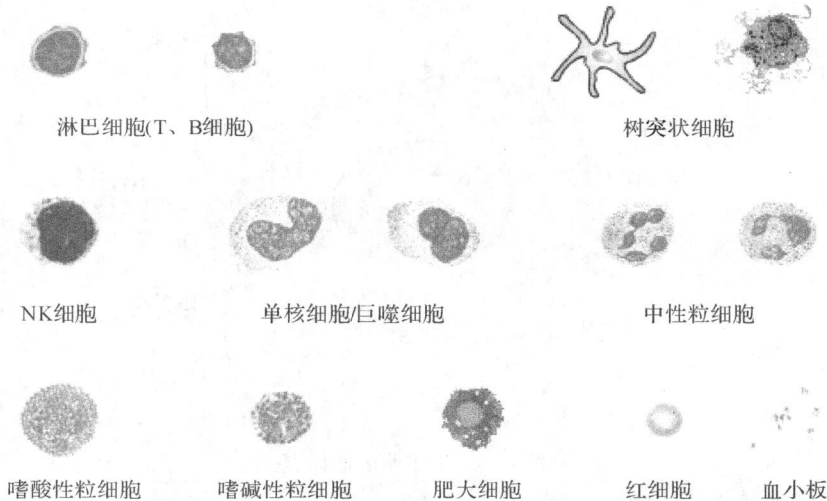

图 2-13 各种免疫细胞

$20\% \sim 45\%$，成年人体内约有 10^{12} 个淋巴细胞。淋巴细胞可分为许多表型与功能均不同的群体，如 T 细胞、B 细胞、NK 细胞等；T 细胞和 B 细胞还可进一步分为若干亚群。这些淋巴细胞及其亚群在免疫应答过程中相互协作、相互制约，共同完成对抗原物质的识别、应答和清除，从而维持机体内环境的稳定。

其特点是：未活化淋巴细胞在抗原的刺激下转变为淋巴母细胞，再进一步转变为效应 T 细胞与记忆细胞。

分群：

T 细胞：细胞膜上表达 CD3 分子和 TCR

B 细胞：细胞膜上表达 BCR

NK 细胞：细胞膜上表达 CD56 和 CD16

（一）T 淋巴细胞

T 淋巴细胞（T lymphocyte）简称 T 细胞，其介导细胞免疫应答，并在机体针对 TD 抗原的体液免疫应答中发挥重要的辅助作用。骨髓中的淋巴样前体细胞（lymphoid precursor）进入胸腺，经历一系列有序的分化过程，才能发育为成熟 T 细胞。T 细胞乃高度异质性的细胞群，依据其表面标志及功能特征，可分为若干亚群。在免疫应答过程中，各亚群 T 细胞相互协作，共同发挥重要的免疫学功能。

1. T 细胞的表面标志

T 细胞表面标志即其膜分子（如图 2-14 所示），是 T 细胞识别抗原、与其他免疫细胞相互作用、接受信号刺激并产生应答的物质基础，亦是鉴别和分离 T 细胞的重要依据。在诸多表面标志中，TCR、CD3 分子是外周血成熟 T 细胞各亚群的共有标志。

（1）T 细胞表面受体（surface antigen）：T 细胞抗原受体（T cell antigen receptor，TCR）、细胞因子受体（cytokine receptor，CKR）、丝裂原受体。

（2）T 细胞表面抗原（surface antigen）：MHC 抗原、分化抗原（CD 分子）等。

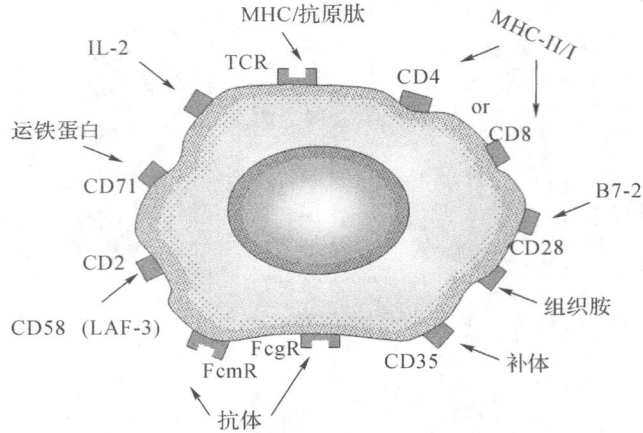

图 2-14　T 细胞表面标志

2. T 细胞亚群及其功能

人类的 T 细胞不是均一的群体,根据表面标志和功能可为五个亚群:

CD4⁺T(初始 T 细胞,Th1 细胞,Th2 细胞):占 T 细胞的 65%左右,它的重要标志是表面有 CD4 抗原。Th 细胞能识别抗原,分泌多种淋巴因子,它既能辅助 B 细胞产生体液免疫应答,又能辅助 T 细胞产生细胞免疫应答,是扩大免疫应答的主要成分,它还具有某些细胞免疫功能。

CD8⁺T(杀伤性 T 细胞,抑制性 T 细胞):杀伤性 T 细胞占 T 细胞的 20%～30%,表面也有 CD8 抗原。杀伤性 T 细胞能识别结合在 MHC-Ⅰ 类抗原上的异抗原,在异抗原的刺激下可增殖形成大量效应性杀伤性 T 细胞,能特异性地杀伤靶细胞,是细胞免疫应答的主要成分。抑制性 T 细胞占 T 细胞的 10%左右,表面有 CD8 抗原。抑制性 T 细胞常在免疫应答的后期增多,它分泌的抑制因子可减弱或抑制免疫应答。

(1)初始 T 细胞(naive T cell):指未完全分化的 Th 细胞,是 Th1、Th2 细胞的前体,分泌低水平的 IL-4 和 IFN-γ。

功能:调节体液免疫应答和细胞免疫应答,分化产生 Th1、Th2 细胞,T 细胞的分化如图 2-15 所示。

按分泌的细胞因子不同可将 Th 细胞分为两个不同的亚群:分泌 IFN-γ、IL-2 的称为TH1 细胞,分泌 IL-4、IL-5 的称为 Th2 细胞。

(2)Th1 细胞:初始 T 细胞在 IL-12 作用下转变为 Th1 细胞。

Th1 细胞功能:释放 IL-2、IFN-γ 和 TNF,引起炎症反应或迟发型超敏反应,称为炎症性 T 细胞。参与细胞免疫应答及迟发型超敏反应。在抗胞内病原微生物等感染中起重要作用。Th1 细胞持续性强应答,可能与器官特异性自身免疫病、接触性皮炎、不明原因的慢性炎症性疾病、迟发型超敏反应性疾病、急性同种异体移植排斥反应等的发生有关。

(3)Th2 细胞:初始 T 细胞在 IL-4 作用下转变为 Th2 细胞。

释放 IL-4、5、6、10,诱导 B 细胞增殖分化、合成并分泌抗体,引起体液免疫应答或速发型超敏反应(图 2-16)。

(4)杀伤性 T 细胞(CTL):也叫细胞毒性 T 细胞,是效应 T 细胞,经抗原致敏后,CTL的 TCR 特异性识别靶细胞(如病毒感染细胞、肿瘤细胞、同种异体移植物细胞等)表面的抗

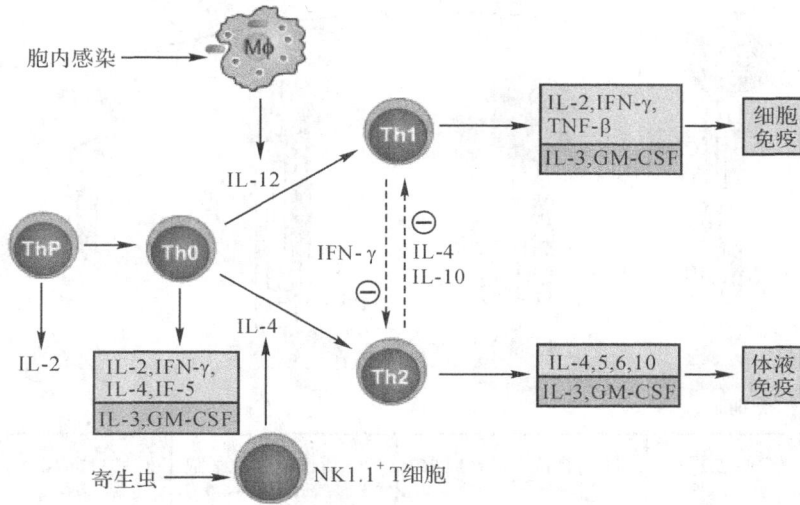

图 2-15　T 细胞的分化

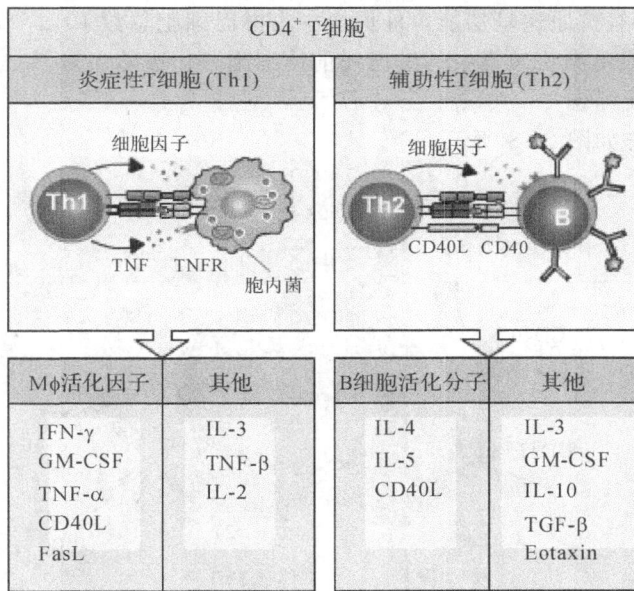

图 2-16　Th1、Th2 淋巴细胞的功能

原肽/MHC-I 类分子复合物。活化 CTL 杀伤效应的主要机制为：①分泌穿孔素（perforin）、颗粒酶（granzyme）或淋巴毒素等直接杀伤靶细胞；②通过高表达 FasL 导致 Fas 阳性的靶细胞凋亡。CTL 参与的免疫效应为抗病毒感染、抗肿瘤和介导同种异体移植排斥反应等（图 2-17）。

（5）Ts 细胞（suppressor T cell，Ts）：具有抑制体液免疫和细胞免疫的功能。

（二）B 淋巴细胞

B 淋巴细胞（B lymphocyte）是始祖 B 淋巴细胞在骨髓（人、动物）、法氏囊（禽）中发育、分化、成熟，产生抗体，也称骨髓或囊依赖性细胞，是体内唯一能产生抗体（Ig）的细胞，主要

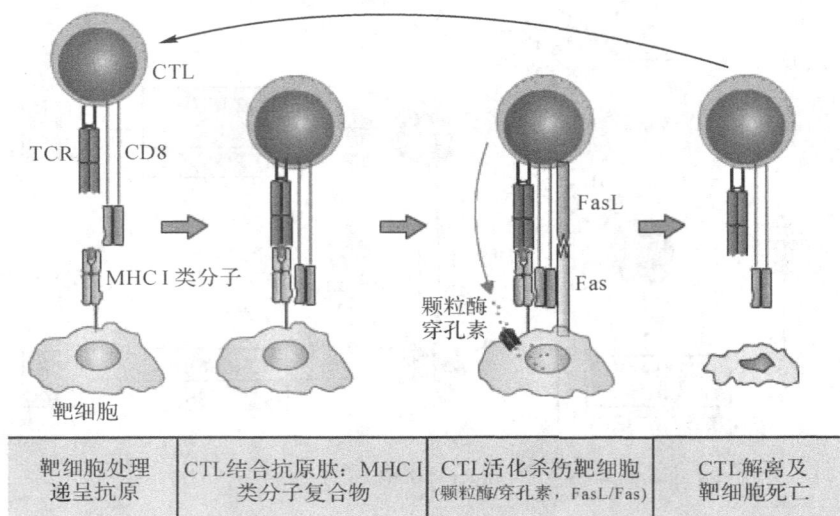

图 2-17　CTL 的免疫效应

执行体液免疫,也具有抗原递呈功能。外周血中占淋巴细胞总数 $10\%\sim15\%$,简称 B 细胞,是由哺乳动物骨髓或鸟类法氏囊中的淋巴样前体细胞分化成熟而来。

1. B 细胞的表面标志

B 细胞表面标志如图 2-18 所示。

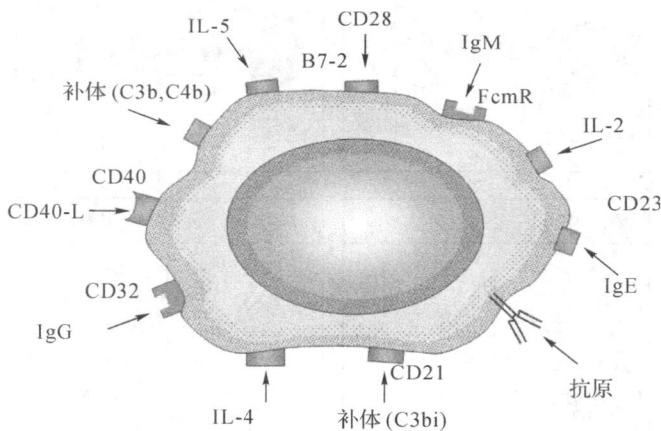

图 2-18　B 细胞表面标志

（1）B 细胞抗原受体（B-cell antigen receptor,BCR）：BCR 是嵌入细胞膜类脂分子中的膜表面免疫球蛋白(mIg),乃 B 细胞的特征性表面标志,也是 B 细胞特异性识别不同抗原表位的分子基础。

（2）细胞因子受体：B 细胞表面表达 IL-1R、IL-2R、IL-4R、IL-5R、IL-6R、IL-7R 及 IFN-γR 等多种细胞因子受体。细胞因子通过与 B 细胞表面相应受体结合而参与或调节 B 细胞活化、增殖和分化。

（3）补体受体（CR）：多数 B 细胞表面表达 CR1 和 CR2（即 CD35 和 CD21）。CR1 主要见于成熟 B 细胞,其在 B 细胞活化后表达增高。CR1 与相应配体结合可促进 B 细胞活化。

CR2(CD21)是 EB 病毒受体,在体外应用 EB 病毒感染 B 细胞可使之转化为 B 淋巴母细胞系,从而达到永生化(immortalized)。

(4)Fc 受体:多数 B 细胞表达 IgG Fc 受体Ⅱ(FcγRⅡ),可与免疫复合物中的 IgG Fc 段结合,有利于 B 细胞捕获和结合抗原,并促进 B 细胞活化和抗体产生。

(5)丝裂原受体:某些丝裂原通过与 B 细胞表面相应受体结合,使其被激活并增殖分化为淋巴母细胞,可用于检测 B 细胞功能状态。美洲商陆(PWM)对 T 细胞和 B 细胞均有致有丝分裂作用;脂多糖(LPS)是常用的小鼠 B 细胞丝裂原。

2. 细胞表面抗原

(1)MHC 抗原:B 细胞可表达 MHC-Ⅰ类和 MHC-Ⅱ类抗原。MHC-Ⅱ类抗原可与 Th 细胞表面 CD4 结合,增强 B 细胞与 Th 细胞间的黏附作用,并参与抗原递呈和淋巴细胞激活。

(2)CD 抗原:B 细胞分化发育的不同阶段,其 CD 抗原的表达各异,有 CD19、CD20、CD21、CD40/CD40L、CD80(B7-1)/CD86(B7-2)。

3. B 细胞亚群及功能

根据是否表达 CD5 分子,可将人 B 细胞分为 B1(CD_5^+)和 B2(CD_5^-)细胞。

(1)B1 细胞亚群:B1 细胞在个体发育过程中出现较早,是由胚胎期或出生后早期的前体组细胞分化而来,其发生不依赖于骨髓细胞。B1 细胞产生后,成为具有自我更新(self-renewal)能力的长寿细胞,主要分布于胸腔、腹腔和肠壁固有层中。B1 细胞的抗原识别谱较窄,主要针对属于 TI-2 抗原的多糖类物质,尤其是某些菌体表面共有的多糖抗原(如肺炎球菌荚膜多糖等)。B1 细胞的功能特点是:主要产生 IgM 类的低亲和力抗体;不发生抗体类别转换;无免疫记忆。

(2)B2 细胞亚群:B2 细胞即通常所称的 B 细胞,是参与体液免疫应答的主要细胞类别。它是由骨髓中多能造血干细胞分化而来,属形态较小、比较成熟的 B 细胞,在体内出现较晚,定位于外周淋巴器官。B2 细胞的主要生物学功能为:参与体液免疫应答、抗原递呈、免疫调节。

（三）自然杀伤细胞

自然杀伤细胞(natural killer,NK)是一类独立的淋巴细胞群,其不同于 T 细胞和 B 细胞,不表达特异性抗原识别受体(图 2-19)。NK 细胞胞浆内有许多嗜苯胺颗粒,故又称为大颗粒淋巴细胞(large granular lymphocyte)。NK 细胞无须抗原预先致敏即可直接杀伤某些靶细胞,包括肿瘤细胞、病毒或细菌感染的细胞以及机体某些正常细胞(图 2-20)。

1. 来源及分布

NK 细胞是由骨髓中的共同淋巴样祖细胞(commen lymphoid progenitor,CLP)分化而来,其发育、成熟可能循骨髓途径或胸腺途径。人类和小鼠 NK 细胞主要分布于脾脏(占脾细胞总数 3%～4%)和外周血(占淋巴细胞总数 5%～7%),在淋巴结以及其他组织内(如肺脏等)也有少量 NK 细胞存在。近年发现,肝脏中 NK 细胞占淋巴细胞总数 50% 以上,其生物学意义有待阐明。

2. 功能

(1)能非特异性杀伤某些肿瘤细胞和病毒感染的靶细胞,具有抗肿瘤、抗感染的功能。

(2)NK 细胞可产生 IL-1、IFN-r、TNF 等,有免疫调节作用。

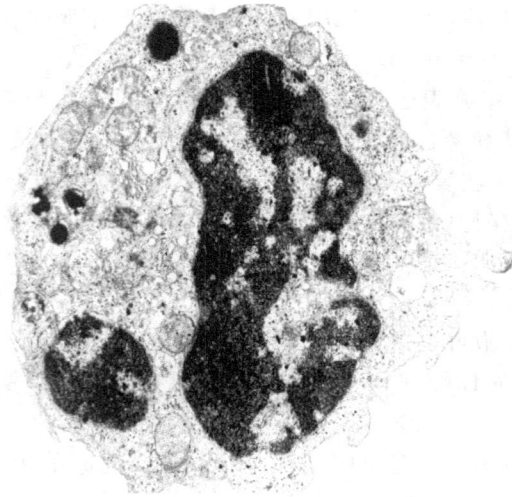

图 2-19　自然杀伤细胞

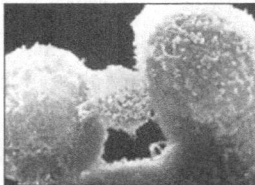

两旁为癌细胞，中间为自然杀伤细胞，它是癌细胞的克星

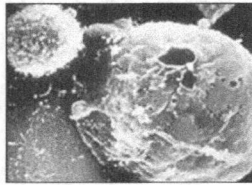

它在癌细胞上穿破一个洞，癌细胞将在很短的时间内死亡

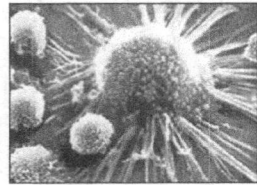

抵抗各种各样的癌细胞，可以快速消灭癌细胞

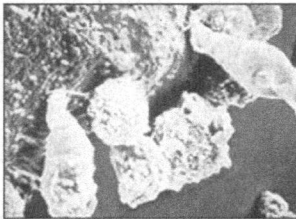

癌细胞死亡后化为纤维，而自然杀伤细胞则恢复原状继续寻找敌人。自然杀伤细胞有独特的识别功能，因此只会杀死癌细胞，而不像电疗，好的细胞坏的细胞一起摧毁。这种功能是任何药物都比不上的，而且不会有任何副作用

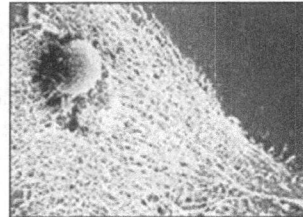

图 2-20　NK 细胞杀死癌细胞

（3）参与移植排斥反应、自身免疫病、超敏反应的发生。

三、单核吞噬细胞系统

单核吞噬细胞系统（mononuclear phagovyte system，MPS）包括单核细胞、巨噬细胞，是体内具有最活跃生物学功能的细胞类型之一（图 2-21）。

1. 表面标志：表达多种表面标志，并借此发挥各种生物学功能，如 MHC 分子、黏附分子等。这些表面标志不仅参与细胞黏附及对颗粒抗原的摄取、递呈，也介导相应配体触发的跨膜信号转导，并影响细胞分化和发育等。

2. 产生多种酶及分泌产物：单核吞噬细胞能产生各种溶酶体酶、溶菌酶、髓过氧化物酶等，还能产生和分泌近百种生物活性物质，如细胞因子（IL-1、IL-6、IL-12 等）、补体成分（C1、

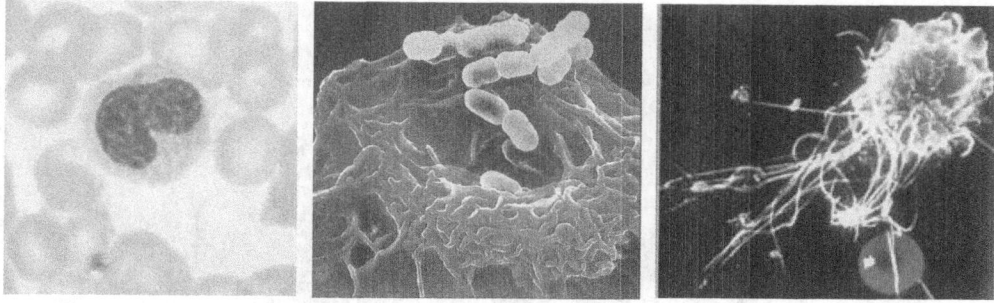

图 2-21 单核吞噬细胞

P 因子等)、凝血因子,以及前列腺素、白三烯、血小板活化因子、ACTH、内啡肽等活性产物。

3.功能:具有抗感染、抗肿瘤、免疫调节的作用。

四、其他免疫细胞

(一)中性粒细胞

中性粒细胞表面具有 IgFc 受体和 C3b 受体,具有高度趋化性和非特异性功能,有抗感染作用(图 2-22)。

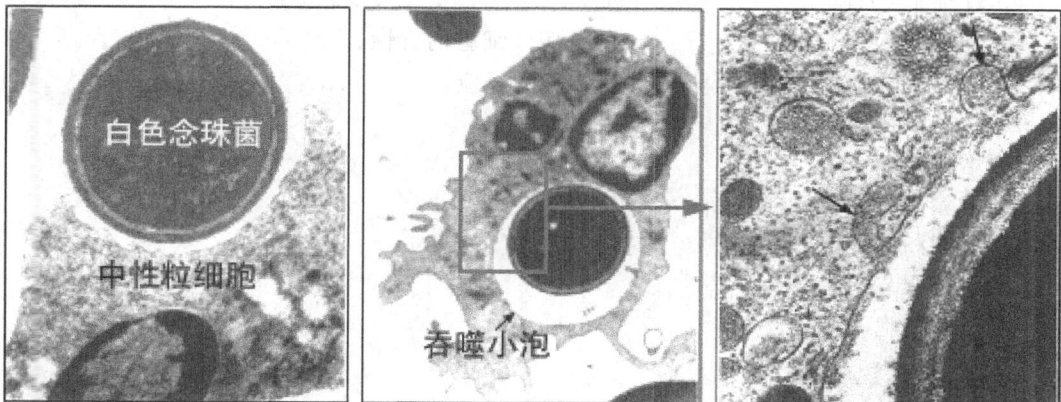

(A)白色念珠菌粘附于 (B)形成吞噬小体,吞噬30分钟后, (C)高倍放大(×33,000),溶酶体
中性粒细胞表面   溶酶体与吞噬小泡融合   向吞噬小泡内释放内含物

图 2-22 中性粒细胞的吞噬作用

(二)嗜酸性粒细胞

嗜酸性粒细胞具有 IgFc 受体,参与 IgE 介导的 ADCC 效应;具有吞噬作用,抗寄生虫和对 I 型超敏反应的负调节作用。

(三)嗜碱性粒细胞与肥大细胞

嗜碱性粒细胞与肥大细胞表面具有 IgE 的 Fc 受体,能参与 I 型超敏反应、抗肿瘤作用(图 2-23)。

(四)红细胞

1.红细胞免疫的物质基础

① 红细胞 CR1 分子——结合 C3b/C4b;

② 红细胞 CD58 分子——即 LFA-3,与 CD2 互为配体和受体;

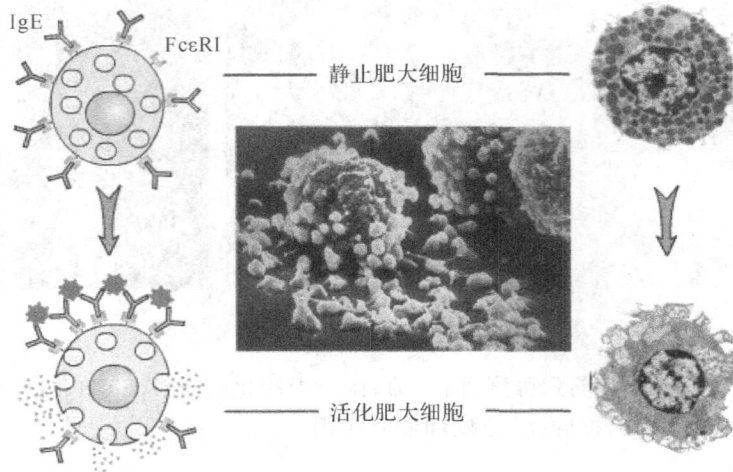

图 2-23　肥大细胞参与 I 型超敏反应

③ 红细胞 CD59 分子——阻止 C9 与 C5B678 结合,促进 T 细胞有丝分裂;

④ 红细胞 CD55 分子——即衰变加速因子 DAF;

⑤ 红细胞 CD44 分子——参与 T、B 的分化、成熟、活化,细胞黏附;

⑥ 红细胞 NK 细胞增强因子——增强 NK 细胞的毒性;

⑦ 红细胞趋化因子受体——参与调控炎症反应。

2.红细胞在整体免疫反应中的作用

① 增强吞噬作用;

② 清除循环免疫复合物;

③ 识别和携带抗原;

④ 免疫调节作用;

⑤ 效应细胞的作用。

【理解与思考】

1. 你能向一位没有免疫学知识的人,形象地解说机体免疫系统的构成及其作用吗?

2. 你能描绘出体内淋巴细胞的一生历程吗?

3. 如果你是一病原微生物,进入机体后你能遭遇哪些危险?

4. 如果你是一免疫细胞,你又是如何保证机体健康的?

5. 以红细胞的口气,向别人叙述一下你在人体内的贡献。

【课外拓展】

1. 白血病中,为何某一种白细胞数量过度增加? 其分化机理如何?

2. 淋巴细胞的阴性选择、阳性选择是如何进行的? 有何意义?

3. 造血干细胞的分化过程如何? 在哪些因素作用下发生的?

4. 与红细胞等比较,为何白细胞类都是"短命细胞"?

5. 自然杀伤细胞在肿瘤防治中有哪些作用? 目前用免疫的方法治疗肿瘤有哪些方法?

【课程实验与研究】

1. 设计一个检测淋巴细胞活性的实验。要求分类定量。

2. 设计一种诱导造血干细胞分化为 NK 细胞的实验方法。

3. 白血病的种类有哪些？设计一种通过阻断细胞的分化途径来预防某种类型的白血病方案，并分析可行性。

4. 设计一种方案，检测免疫细胞能释放哪些生物活性物质，并实施实验，完成实验报告。

5. 设计检测饲喂蜂蜜对小鼠机体免疫力影响的三种以上指标，并设计实验方案，完成实验，写出小论文。

6. Nature 最近报道发现"自然杀伤(NK)细胞的一个新亚类"，请问如何鉴别其为新的发现？

【课程研讨】

1. 为何机体免疫细胞对自身的成分不产生排斥？

2. 整个免疫系统与一个国家的防御力量有什么相似之处？请加以比较说明。

3. 免疫系统与机体别的系统一样，各自负起使命，你认为机体是如何抵御病原微生物入侵的？如果病原微生物进入机体，机体又是如何清除的？

4. 如何区别不同的淋巴细胞？

5. 查阅资料，阐述淋巴细胞当今的研究进展。

【课后思考】

1. 详细叙述免疫系统的构成及其作用。

2. 骨髓、胸腺、淋巴结、脾脏的主要免疫功能。

3. T、B 淋巴细胞的分类及其作用。

【课外阅读】

红细胞免疫发展史

红细胞免疫和其他自然科学一样，它的发展也经历着三个阶段，即经验、实验、理论阶段。在发展中各阶段难以截然分开，反复循环，不断深入，不断提高。

一、经验阶段

我国劳动人民在长期与疾病的斗争中体会到血液的重要，往往将血与生命联系在一起，事实上血液特别是红细胞是机体生命活动的物质基础。祖国医学云："气血是人体生命活动的物质基础"，"离开了气血，则整体不能联系，人身无有依附"。在 20 世纪初，Landsteiner 用免疫学方法在人类红细胞与血液混合实验中，观察到凝聚现象，后来通过多次反复试验观察，发现了人类 ABO 血型系统，认识了红细胞表面存在许多能与血清中相应抗体凝集的抗原，如 Mn、P 型、Rn、Lutheran、Lewis、Kell、Duffy、Kidd 等。除目前已知的数十种血型抗原外,发现红细胞还含有其他抗原。20世纪30年代,杜克(L．H．Duke)首先发现锥虫在抗血清及补体存在时可黏附到人类红细胞上,推测在人的红细胞膜上存在有一种与免疫有关的物质。在临床上,人们对某些疑难病、原因不明性疾病等患者,采用输新鲜血液的办法,往往可得到满意的治疗效果。但究其原因,过去人们并不很清楚,自红细胞免疫问世以来,人们对上述现象的解释有了理论依据。如G-BS现已证实属红细胞免疫缺陷症;有些疾病,由于输注红细胞后,机体免疫功能得到了改善,即给了机体以"气血","气血相依,循环不已","防治百病莫不以气血为本"。

二、实验阶段

实验阶段即将人们观察到的现象,进行科学实验的过程。1953年,R．A．Nelson用正常人的红细胞、白细胞与相应抗体致敏的I型肺炎双球菌进行培养,发现肺炎双球菌可黏附于正常人的红细胞表面并被白细胞吞噬,其吞噬率可达60%,远远高于未加相应抗体组和未加相应红细胞组,作者推测红细胞膜存在免疫黏附受体,将此命名为免疫黏附现象。1963年,Nishioka证实红细胞这种免疫黏附现象是通过红细胞膜C3受体实现的。1980年,Fearon从红细胞膜分离到这一受体,并详细研究了CR1的性质,是分子量190 000~250 000的多态性膜糖蛋白。1986年,郭峰通过体外对比实验证明红细胞可黏附补体调理过的各种肿瘤细胞,并发现红细胞可黏附未经调理过的肿瘤细胞,其机理不明。1992年,刘景田等证实这种直接免疫黏附的机理与红细胞上CR1和肿瘤细胞上C3b分子有关。

三、理论阶段

1981年,美国生殖免疫学家Siegel在前人研究的基础上发现红细胞有多种免疫功能,红细胞可黏附胸腺细胞,并发现血清中存在有红细胞免疫黏附抑制因子,预见了血清中存在有红细胞免疫调节系统,推测红细胞在阻止肿瘤细胞血行转移中有作用。他综合看待以往对红细胞免疫的研究成果,提出了"红细胞免疫系统"的新概念,冲破了传统上划分血细胞功能的"界限",更新了人们对红细胞功能的认识。20世纪80年代,我国学者郭峰教授在红细胞免疫的基础理论和应用研究方面取得了许多突破性进展,如发现血清中存在有红细胞免疫黏附促进因子、红细胞有增强各类免疫细胞的免疫功能,建立了许多红细胞免疫功能的监测方法等,大大推动了我国红细胞免疫的发展。1994年,刘景田在证实血清中确实存在有正负两种红细胞调节因子的基础上,发现了这两种因子对粒细胞、淋巴细胞(主要指B淋巴细胞)都有相同调节作用,推测这种因子对具有CR1的细胞都有调节作用,故将这种因子称为CR1免疫调节因子(Complement recepor 1 immuneregalation factors,CR1FR)。其中具有正调节作用者称为CR1免疫黏附促进因子(Complement recepor 1 immune regalation enhance factors,CR1FER);具有负调节作用者称为CR1免疫黏附抑制因子(Complement recepor 1 immune regalation inhibitor factors,CR1FIR)。

(资料来源:刘景田,党小军.红细胞作为免疫细胞的事实及意义[J].深圳中西医结合杂志,2002,12(1):10—12)

红细胞免疫功能研究进展

红细胞是血液中最主要的细胞成分。传统认为,红细胞结构简单,功能单一,仅运输氧和二氧化碳。随着科技的发展,人们对红细胞免疫功能的认识不断深入。1930年,Duck发现人类红细胞膜上存在与免疫有关的物质;1953年,Nelson首次提出红细胞不仅具有免疫黏附功能还能促进白细胞的吞噬作用;1963年,Nishioka证实红细胞免疫黏附的物质基础是红细胞膜上补体C3b受体(C3breceptor,C3bR);1980年,Fearon进一步从红细胞膜上分离出受体CR1(complementreceptor1,CR1)。1981年,Siegel在前人研究的基础上提出了"红细胞免疫系统(redcellimmunesystem,RCIS)"新概念,成为红细胞免疫研究的里程碑,促进了红细胞免疫研究工作的迅速发展。医学工作者研究发现,红细胞具有很多与免疫有关的物质,包括补体受体CR1、CR3、淋巴细胞功能相关抗原-3(CD58)、CD44、人类补体膜辅助因子蛋白(MCP)、降解加速因子(DAF)、过氧化物歧化酶(SOD)、阿片肽受体、NK细胞激活因子(NKAF)以及红细胞趋化因子受体等。红细胞不仅具有识别、存储、递呈抗原,清除免疫复合物,促进吞噬细胞功能等作用,自身还存在完整的自我调节控制系统,是机体免疫系统的重要组成部分。

一、红细胞免疫功能的分子学基础

1981年,Siegel提出了"红细胞免疫系统"概念,并指出红细胞免疫黏附(redcellimmuneadhesion,RCIA)是红细胞发挥免疫功能的主要手段,RCIA的分子基础则是红细胞膜上的补体受体(complementreceptor,CR)。目前,已明确红细胞膜上的补体受体有 I 型(CR1)和 II 型(CR3),主要为CR1,其基因结构、分子结构及生物学功能已部分明确。CR1属于补体调控蛋白,分子量为160~260kd,是一种单链膜结合蛋白,能与补体系统中C3b、C4b高亲和性地结合。就单个红细胞而言,膜上CR1受体密度仅为白细胞110~150,但红细胞数量庞大,在体内约90%C3b受体存于红细胞膜上。CR1与血液循环中带有C3b的免疫复合物(immnunecomplex,IC)结合,并运送至肝脏及脾脏内皮系统予以清除,即为红细胞免疫黏附(RCIA)机制。随着国内外研究的深入,发现CR1参与机体免疫功能的机制远比上述复杂得多。红细胞能携带抗原抗体复合物,还能主动地将抗原抗体复合物传递给单核巨噬细胞并使之激活,增强单核巨噬细胞对抗原抗体复合物的摄取并加工递呈给T细胞。此外红细胞在类孢子病、溶血性贫血、病毒性肝炎、系统性红斑狼疮、肾病、疟疾等疾病中的作用也得到证实。红细胞上CR1表达降低或红细胞黏附功能下降会引起机体免疫功能低下,研究红细胞CR1介导的免疫黏附功能对评价机体天然免疫功能状况乃至特异性细胞或体液免疫可能都具有十分重要的意义。目前,CR应用热点是对双特异性单抗异聚体(heteropolymer,HP)的研究。Taylor以红细胞CR1分子为桥梁,建立了抗CR1单抗与抗致病原单抗交叉连接的HP清除循环中致病原的方法,引起了广泛关注。HP结合红细胞时,还可结合循环中病原体,形成异聚体复合物(E-HP-Ag),并迅速将EHPAg移至肝脏彻底销毁,红细胞本身数量却无减少。此外可溶性CR的应用也有所突破,Yazdanhakhsh等报道使用基因重组的可溶性CR1在动物实验中成功阻断了补体活化。

二、红细胞免疫功能

(一)清除循环免疫复合物

研究表明,红细胞膜上补体受体具有免疫黏附、携带及清除循环液相中抗原异物的功能,清除循环免疫复合物(circleimmunecomplex,CIC)是红细胞主要的免疫功能。目前认为,大多数 C3b-免疫复合物(C3b-IC)通过 CR1 连接。CR1 存在于红细胞、多形核白细胞、巨噬细胞及淋巴细胞的膜表面。红细胞膜上 CR1 分布有两种形式:散在和集簇分布。约 50% 红细胞膜上 CR1 呈集簇分布,多形核白细胞上 CR1 集簇分布率小于 15%。CR1 集簇分布方式使它与 C3b-IC 的结合位点呈多价性,连接更牢固。实验证明,单个白细胞表面 CR1 受体较红细胞多,但在细胞浓度相同时,两种细胞的免疫复合物结合率相同。血液中红细胞总数远远超过白细胞,循环系统中约 95% C3b 受体位于红细胞上,与 CIC 结合机会为白细胞的 500～1000 倍。因此,体内清除 CIC 起主要作用的是红细胞,不是白细胞。Nedaf 体外实验结果证明了这一推测。红细胞清除免疫复合物的机理是:红细胞通过表面 CR1 受体与循环中 C3b-IC 结合(即发生黏附),形成的复合物被血流带到肝、脾等器官,这些器官的固定吞噬系统捕获红细胞结合的 IC,通过巨噬细胞膜表面的 Fc 受体与 IC 中的抗体 Fc 段结合,此时红细胞从 IC 上解离,再度进入循环,而捕获 IC 的巨噬细胞则通过膜表面 CR1 受体再与 IC 补体 C3b 结合,Fc 受体与 CR1 受体的协同作用使巨噬细胞的吞噬作用加强,而将 IC 吞噬并清除到体外。Sherwood 实验研究发现:红细胞表面所黏附的循环免疫复合物被转运到吞噬细胞,吞噬细胞所接受 CIC 的多少与红细胞 CIC 的浓度呈平行关系,红细胞无任何损伤或被吞噬。有实验证明,肝脏内巨噬细胞表面的 Fc 受体和 CR1 受体密度较高,且 Fc 受体比红细胞膜上 CR1 受体活性强,致使肝、脾内巨噬细胞对免疫复合物(IC)有更强的作用,可以从 CR1 密度低的红细胞上夺取 IC。

(二)增强吞噬细胞的吞噬功能

1953 年,Nelson 将经抗体、补体调理过的肺类球菌复合物注入猴体,发现球菌几乎全部黏附于红细胞上。实验证明,血浆中被红细胞黏附的复合物(IC)较未被黏附的更容易被吞噬。1982 年,Forslod 进一步证实了上述现象作用机理,用 C3b 及 IgG(兔抗酵母菌 IgG)调理过的酵母菌与吞噬细胞一起孵育,加入红细胞后,吞噬细胞对酵母菌的吞噬率比未加入红细胞组增加了 34%;给予红细胞溶解产物后,吞噬率增加 75%。用过氧化氢酶及超氧化物歧化酶代替红细胞后,吞噬率增加程度相似。可能是红细胞首先黏附酵母菌,然后红细胞酵母菌复合物与吞噬细胞作用,红细胞内含有高浓度的过氧化氢酶(Cat)及超氧化物歧化酶(SOD),并具有强力的抗氧化作用,清除吞噬过程中产生的氧化代谢产物(ROM),促进吞噬作用。近年来,人们将红细胞作为 SOD 的载体以延长其在体内的存活时间,提高血液相容性,防治缺氧、缺血过程中活性氧造成的组织损伤,取得了良好的效果。

(三)对 T 淋巴细胞和淋巴因子的调控作用

实验表明,红细胞通过 CD58、CD59 与 T 辅助细胞 CD2 的黏附激活 T 淋巴细胞免疫功能,与 B 细胞作用亦能促使增殖、分化产生免疫球蛋白。红细胞还可调控淋巴细胞产生 γ-干扰素,增加淋巴细胞转化率和培养液中 IgG、IgA 的含量。CD58 分子即淋巴细胞功能相关抗原 23(LFA-3),是一种分子量为 55～70kd 的糖蛋白,属于免疫球蛋白超家族成员,广泛表达于人体内各种免疫细胞和红细胞上,结构与 CD2(LFA-2)相似,故 CD58 与 CD2 分子可以相互结合。表达 CD58 抗原递呈细胞(APC)或靶细胞通过与表达 CD2 分子的 T 细胞相互黏附,促进 T 细胞识别抗原,CD58 与 CD2 结合后又参与细胞信号转导,此信号为 T 细胞活化的一种重要协同(辅助)刺激信号。相对于 T 细胞活化时 TCR 识别性结合 MHC—抗原肽复合物的 T 细胞活化第一信号,CD58 与 CD2 的结合又被称为 T 细胞活化第二信号。有证据表明,结合抗原抗体复合物(IC)的红细胞通过膜表面 CR 分子介导的免疫黏附作月将免疫复合物传递给巨噬细胞，又经膜表面 CD58 分子与辅助性 T 细胞膜表面 CD2 分子结合间接起到类似于抗原递呈细胞（antigenpresentingcell，APC）的递呈抗原作用，促进外周血 T 细胞活化与细胞周期改变，从而间接调控免疫应答。CD59 分子即攻膜复合体（membraneattackcomplex，MAC）抑制物，是一种分子量为 18~20kd 的糖蛋白。CD59 可阻碍 C7、C8 与 C5b~6 复合物结合，抑制 MAC 形成。CD59 除广泛参与补体调节，还能与 CD2 分子结合，是继 CD58 之后发现的又一 CD2 配体。CD59 与 CD2 结合也能发挥类似 CD58 与 CD2 结合的协同刺激信号的作用，CD58 和 CD59 与 T 细胞黏附时具有协同作用，同时表达 CD58 与 CD59 的靶细胞更有利于 T 细胞的激活。近年来的研究发现，CD59 缺陷还常伴随 CD55 缺陷，提示其功能可能为一种广泛参与红细胞免疫调节的协同蛋白。

（四）识别、储存和递呈抗原

红细胞对自我和非我抗原具有识别功能，且具有储存抗原的能力。1982 年 Garvey 将 ^{3}H 标记的牛血清清蛋白（BSA）注入新生兔，放射自显影发现外周血液和肝血管内红细胞表面均黏附有 ^{3}HBSA，并持续存在 4~6 周以上。若将兔血清清蛋白注入新生兔体内，则不出现上述现象，由此证实了上述观点。红细胞的抗原递呈能力表现为红细胞免疫黏附特性具有双重性，即红细胞上 CR1 与 IC 相黏附时，可同时黏附自身胸腺细胞和 T 细胞，形成自身玫瑰花环，IC 中抗原与 T 淋巴细胞紧密靠拢，红细胞将抗原递呈给 T 淋巴细胞，使其俘获抗原能力增强，从而增强了免疫应答。

（资料来源：夏佐中. 红细胞免疫功能研究进展[J]. 重庆医学，2008，37（20）：2365－2367）

天然免疫反应需要 T 细胞参与

先天性免疫和获得性免疫虽是不同的概念，具有不同机制，但在对付入侵的病原体时，它们并不各自为政或分庭抗礼，而是互相配合协同作战的。例如，当伤寒杆菌侵入后，首先由先天性免疫（如补体、吞噬细胞等）对付，等到体内产生抗伤寒抗体和免疫淋巴细胞（获得性免疫因素），就与补体和吞噬细胞（先天免疫因素）协同作用，清除体内伤寒杆菌。

2009 年 1 月，中科院生物物理所感染免疫中心唐宏研究员和傅阳心教授在《免疫学趋势》Trends in Immunology）杂志上以《Do adaptive immune cells suppress or activate innate immunity》为题，系统阐述了他们近来提出的"天然免疫反应需要 T 细胞参与"的新理论。经典的免疫学理论认为，天然免疫反应启动获得性免疫，而获得性免疫随后进一步放大天然免疫效应，二者的合作与平衡才能清除入侵病原，起到免疫保护的作用。该实验室近期的研究结果表明（原文见 Nature Medicine，2007；Nature Reviews in Immunology，2007；Nature China，2008），原先关于区分天然免疫和获得性免疫的界限可能并不那么清楚，T 细胞其实也参与天然免疫反应并维持其稳态。经典理论认为天然免疫和获得性免疫反应的双重低下是早产儿容易死于急性感染的主要原因。该实验室的研究发现，实际上，在感染早期获得性免疫细胞对于天然免疫反应具有负调控的作用，从而有效地将天然免疫反应的强度控制在一定的水平内而不至于对机体造成免疫损伤。新生鼠或早产儿由于获得性免疫低下，天然免疫炎性反应无法得到有效控制，这种"炎性因子风暴"才是致死原因。因此，获得性免疫一方面抑制感染早期的炎症反应，另一方面在感染后期行使病原特异性清除功能，两者缺一不可。

　　这个新理论对于深入了解病毒性感染的炎症反应和病毒清除机理,控制免疫低下病人(新生儿、老年人、放化疗癌症病人、器官移植患者或艾滋病人)机会性感染具有极高的指导价值。　　　　　（资料来源:http://www.bioon.com/biology/Immunology/383575.shtml）

Immunity:嗜中性粒细胞通过群集抵抗寄生物

　　嗜中性粒细胞在抵抗病原体的免疫响应中扮演了一个重要角色,但是它们调节自身保护效应的机制却一直没有搞清。最近发表在《免疫学》上的一项研究显示,在嗜中性粒细胞转移到淋巴结的过程中——它们在这里形成了动态分子团,就像蜂群一样,这些细胞扮演了抵抗胞内寄生物的一个重要角色。

　　为了研究嗜中性粒细胞与淋巴结之间的关系,美国加利福尼亚大学伯克利分校的Tatyana Chtanova 等使用了嗜中性粒细胞表达绿色荧光蛋白质的小鼠,并使它们传染上胞内寄生物——弓形虫,同时利用荧光显微镜方法检测淋巴结组织切片。研究人员观察到,在感染后,嗜中性粒细胞迅速转移到淋巴结中,并且这一过程依赖于它们的适应物蛋白质MyD88(骨髓差别主要响应基因88)的表达。此外,渗透的嗜中性粒细胞被发现形成了群集,并且这些群集与寄生虫在淋巴结中所处的位置相符合。

　　利用完整无损的淋巴结的双光子激光扫描显微镜,研究人员随后调查了嗜中性粒细胞群集形成的动力学原因。他们观察到,在被弓形虫感染后,嗜中性粒细胞形成两种群集:瞬时群集,即规模较小且溶解迅速;持久群集,即规模较大(由于嗜中性粒细胞的连续转移和与附近群集的合并)且在成像期间内持续存在。基于这些,研究人员推断,一旦一个群集达到一定的规模,由嗜中性粒细胞产生的信号将会压倒周围群集的信号,形成一个稳定的群集中心。嗜中性粒细胞同时被发现以直接的方式以及一连串地向这些群集迁移,这意味着这里的细胞之间可能存在着信息传递。

　　研究人员继续研究了群集如何在感染后被组合起来,并且观察到它们能够被嗜中性粒细胞与从淋巴结被感染的细胞中溢出的寄生虫之间的合作行为所激活。更特别的是,小分子团最初是由少数"先驱"嗜中性粒细胞所形成的,并且这些分子团诱导其他细胞向群集中迁移。

　　一个嗜中性粒细胞已知能够通过分泌酶使组织退化,研究人员随后调查了是否群集的出现与淋巴结中被感染细胞的破坏相一致。实际上,他们观察到,CD_{169}^+巨噬细胞的连续层——通常被发现在淋巴结的囊下窦——在被弓形虫传染后被破坏,这一区域的缺口与嗜中性粒细胞群集的位置相一致。这意味着,随着寄生虫的传染,嗜中性粒细胞群集通过除去囊下窦巨噬细胞从而破坏了淋巴结的结构。

　　研究人员认为,这些数据表明,寄生虫在从被感染的细胞中游出的过程中所释放的信号,以及由先驱嗜中性粒细胞导致的动态群集的形成,去除了淋巴结囊下窦中被感染的巨噬细胞。　　　　（资料来源:Immunity, 19 September 2008 doi:10.1016/j.immuni.2008.07.012）

Nature:发现 NK 细胞新特征

　　加州大学微生物免疫系与癌症研究中心的研究人员发现自然杀伤细胞的一种新的特征,这一成果公布在 1 月 11 日 Nature 在线版上。

　　自然杀伤细胞(natural killer cell,NK)是机体重要的免疫细胞,不仅与抗肿瘤、抗病毒感染和免疫调节有关,而且在某些情况下参与超敏反应和自身免疫性疾病的发生。由于NK细胞的杀伤活性无MHC限制,不依赖抗体,因此称为自然杀伤活性。NK细胞胞浆丰富,含有较大的嗜天青颗粒,颗粒的含量与NK细胞的杀伤活性呈正相关。NK细胞作用于靶细胞后杀伤作用出现早,在体外1小时、体内4小时即可见到杀伤效应。NK细胞的靶细胞主要有某些肿瘤细胞(包括部分细胞系)、病毒感染细胞、某些自身组织细胞(如血细胞)、寄生虫等,因此NK细胞是机体抗肿瘤、抗感染的重要免疫因素,也参与第Ⅱ型超敏反应和移植物抗宿主反应。

在获得性免疫应答机制中,感染发生后未致敏的T细胞会开始复制增殖,免疫系统会生成具有长期记忆性的细胞,在经历第二次相同病毒的感染时,免疫细胞就能迅速地调动起来,发挥免疫功能。

在现在的理论中,自然杀伤细胞被归为天然免疫细胞,它与细胞毒性T细胞具有诸多相似的特点。研究者以小鼠为模型,让其感染巨细胞病毒,与细胞毒性T细胞相似的特性出现了,脾脏中表达病毒特异性的Ly49H受体的自然杀伤细胞数量增高100倍,在肝脏中高达1000倍。经历收缩期后,Ly49H阳性的自然杀伤细胞定居在淋巴组织或是非淋巴器官中长达数月之久。这些能自我更新的有记忆性的自然杀伤细胞再次遭遇相同的病原后能迅速反应,脱颗粒,释放细胞因子发挥免疫功能。如果将这些有记忆性的自然杀伤细胞转移到年幼的动物体内,自然杀伤细胞能在年幼动物首次遭遇相应病原的时候发挥杀伤作用,也就是说这些记忆性的自然杀伤细胞能拿来即用。

这些研究结果证明,自然杀伤细胞其实不仅是天然免疫系统中的重要作用成分,它同样具有获得性免疫细胞的一些特征(有记忆性)。

研究者认为,在免疫系统中,NK细胞反应的速度比T细胞或B细胞要快,因此,NK细胞的这种记忆性能可能有助于设计更有效、反应更迅速的疫苗。

(资料来源:Nature advance online publication 11 January 2009 | doi:10.1038/nature07665)

发现嗜酸性粒细胞对免疫系统发育有重要作用

澳大利亚Alberta大学研究人员发现在免疫发育过程中,嗜酸性粒细胞(eosinophil)有重要的作用。这项研究结果发表在11月版的《American Journal of Pathology》杂志上。

当免疫系统对环境中无害的物质如花粉或霉菌产生不正常应答时,常常导致哮喘或过敏性疾病发生。常见的过敏性疾病有湿疹、荨麻疹、花粉热、哮喘、食物过敏等。

根据接受刺激后产生炎症的类型和分泌物,可以将免疫应答分为Th1型和Th2型。Th1免疫应答一般针对细胞内感染,如细菌或病毒感染。而Th2免疫应答则针对较大的寄生虫,如线虫感染。而哮喘和过敏性疾病通常是由于产生了不正常的Th2免疫应答。

虽然嗜酸性粒细胞作为一种免疫细胞,一直被认为可以调节过敏反应以及哮喘Th2免疫应答,同时也可能是控制Th1和Th2免疫应答的重要开关。因此,研究人员对儿童胸腺中嗜酸性粒细胞发育进行研究。胸腺是人体的免疫器官,也是早期Th1/Th2分化的场所,随着年龄的增长会逐渐萎缩。研究表明,胸腺IDO⁺嗜酸性粒细胞(Thymic Indoleamine 2,3-Dioxygenase Positive Eosinophils)在人类婴儿期或许对Th2免疫应答具有免疫调节作用。(资料来源:http://www.med66.com/new/27a562a2009/20091111dongni9540.shtml)

T 细胞记忆机制

澳大利亚国立大学医学研究所、化学研究所的科学家发现新的免疫理论，相关成果公布在最新一期的 Immunity 上，并列为封面文章。

众所周知，B 细胞具有记忆性，一般来说 B 细胞的记忆性的形成与 DNA 序列的改变有联系，B 细胞通过改变 DNA 序列来维持细胞的记忆性。但是，免疫细胞的记忆性机制研究比较多的是 B 细胞，相比之下，T 细胞研究比较少。

研究小组发现，记忆性 T 细胞的分化过程中，RNA 重排起重要作用。研究小组以小鼠的研究模型，通过沉默一个记忆性 T 细胞分化的关键基因 ptprc（是产生记忆性 T 细胞 CD45RO 的重要基因），结果发现记忆性 T 细胞的比例发生改变，并且 RNA 结合蛋白 hnR-NALL 发生改变，会导致 RNA 的识别区域变得不稳定。

研究者发现，hnrpll 突变会导致 T 细胞不在外周淋巴结聚集，但不影响增殖。对这些突变细胞进行外显子检测分析，结果发现记忆性 T 细胞的 mRNA 连接过程发生广泛的改变，并且相同的变化还出现在神经组织中，这可能是引发记忆性 T 细胞发生变化的原因。

（资料来源：Immunity，19 December 2008 doi：10. 1016/j. immuni. 2008. 11. 004）

发现参与免疫细胞形成的关键因子 MAZR

奥地利研究人员日前报告说，他们发现了参与免疫细胞——T 细胞形成的一种关键因子。这一研究成果刊登在新一期英国《自然·免疫学》杂志上。

T 细胞是淋巴细胞的一种，在免疫反应中扮演着重要角色。按照功能的不同，T 细胞可以分成细胞毒 T 细胞和辅助 T 细胞等很多种类。其中细胞毒 T 细胞能够消灭感染细胞，而辅助 T 细胞可通过增生扩散来激活其他可产生直接免疫反应的免疫细胞。细胞毒 T 细胞和辅助 T 细胞都产生于共同先驱细胞，即双阳性胸腺细胞。

维也纳医科大学病理生理学专家维尔弗里德·艾梅尔领导的研究小组发现，一种名为 MAZR 的转录因子参与了双阳性胸腺细胞、细胞毒 T 细胞以及辅助 T 细胞的形成过程。

艾梅尔说，如果 MAZR 缺失，双阳性胸腺细胞就会转化成辅助 T 细胞，反之就会形成细胞毒 T 细胞。

（资料来源：Nature Immunology doi：10. 1038/ni. 1860）

NK 细胞敌我识别机制

人体中的 NK（Natural killer）细胞可自行识别并杀死发生病变的细胞，英国一项最新研究揭示了这种免疫细胞的敌我识别机制，解答了长期以来人们对其作用机制的疑惑。

英国帝国理工学院的研究人员在新一期美国《公共科学图书馆·生物卷》月刊上报告说，他们使用高速显微镜成像技术，观测到 NK 细胞对所捕获细胞作出"杀与不杀"抉择的全过程。

报告说，NK 细胞表面有许多受体感应器，这些受体分为"激活"和"抑制"两种。当它在人体内捕获一个可疑细胞后，两种受体将传回不同的信号，如果是病变细胞，"激活"信号大大增强，免疫细胞的"杀手本能"将被激活，从而杀死病变细胞；反之，如果捕获的是一个健康细胞，"抑制"信号将占主导地位，该细胞将会被释放。

NK 细胞在杀伤靶细胞时不需要抗体参加，也不需要抗原预先致敏。此前人们已经知道它能够在病变细胞和健康细胞之间作出"杀与不杀"的抉择,但并不了解其作用机制。

(资料来源:PLoS Biol 7(7): e1000159. doi:10.1371/journal.pbio.1000159)

Th17 细胞在免疫反应中的作用

来自上海葛兰素史克研究中心与美国 Baylor 医学院的科学家最近在 Th17 的研究方面取得新的进展,相关成果文章公布在最新一期的《Nature Medicine》上。

2005 年,Th17 概念提出,由于其表达的细胞因子和生物学功能、分化过程完全不同于 Th1、Th2 细胞,且 Th17 在慢性感染和自体免疫疾病过程中发挥重要的作用,因此,一经发现 Th17 就引起了研究者们浓厚的兴趣。

Th17 细胞能够分泌产生 IL-17A、IL-17F、IL-6 以及肿瘤坏死因子 α(tumor necrosis factor α,TNF-α)等,其功能主要体现在它分泌的这些细胞因子集体动员、募集及活化中性粒细胞的能力上。Th17 细胞产生的最重要的效应因子是 IL-17,其受体在体内广泛表达。虽然 Th17 细胞在自身免疫病中的病理性作用得到了证实,但研究者们认为这并不是它们的主要的原始功能。当出现感染或炎症等严重伤害的早期,机体都需要中性粒细胞参与阻止组织坏死或者脓血症。而 Th17 细胞产生的 IL-17 能有效地介导中性粒细胞动员的兴奋过程,从而有效地介导了前炎症反应。

研究发现,过量的 Th17 细胞会引发严重的自体免疫疾病,比如多发性硬化症(multiple sclerosis)。了解 Th17 在自体免疫疾病的发生发展过程中的作用机制对治疗自体免疫疾病具有重要的意义。

Jingwu Zhang 等人发现,一种关键的细胞因子 IL-7 是维持 Th17 细胞存活与扩散的关键因子。他们研究发现,用 IL-7 受体拮抗剂可有效地抑制多发性硬化症的发病过程,经过 IL-7 受体拮抗剂的应用,过量的 Th17 细胞更易进入凋亡状态,有助于减少有害的 Th17 细胞。

研究人员深入地分析 IL-7 与 IL-7R(IL-7 receptor)对 Th17 发育的关键机制。他们发现,患有实验性自身免疫性脑脊髓炎的小鼠与患有多发性硬化症的人类在接受 IL-7 后 Th17 细胞的数量显著增多。

而,对小鼠或是人类给予 IL-7R 拮抗剂治疗后,分化后的 Th17 细胞变得更易进入细胞凋亡程序,这可以有效地缓解自体免疫疾病的发展过程。

研究者还发现 IL-7 对其他类型的辅助性 T 细胞和调节性 T 细胞没有类似的功效。

研究者认为,IL-7 可能是治疗多发性硬化症的一个潜在靶位。

(资料来源:*Nature Medicine* 10 January 2010 | doi:10.1038/nm.2077)

第三章　抗　　原

【知识体系】

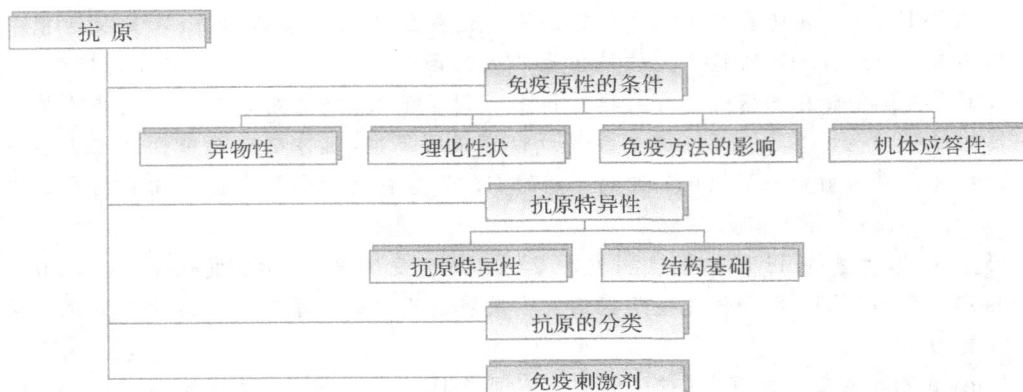

【课前思考】

　　哪些物质进入机体(或体内病变的成分)能被机体识别并排除? 为什么静脉注射生理盐水、食物进入机体没有异样,而将蛋白质(如蛋清)注射入体内则引起机体反应? 机体为什么能识别有细微差别的异物? 这细微差别是什么?

【本章重点】

　　1. 决定免疫原性的条件;

　　2. 抗原特异性与抗原决定簇的关系;

　　3. TD 抗原,TI 抗原、免疫佐剂的概念。

【教学目标】

　　1. 掌握决定免疫原性的条件;

　　2. 掌握抗原的特异性与抗原决定簇的关系;

　　3. 熟悉抗原的分类;

　　4. 了解免疫佐剂的种类、作用及应用。

　　抗原(antigen)是指那些能够诱导机体免疫系统产生免疫应答,又能与相应抗体或致敏淋巴细胞在体内外发生特异性反应的物质。因此,抗原具有两个重要特性:

（1）免疫原性（immunogenicity）：即抗原能够刺激机体产生抗体或致敏淋巴细胞的能力；

（2）免疫反应性（immunoreactivity）或反应原性：即抗原能够与其所诱生的抗体或致敏淋巴细胞特异性结合的能力。

具备上述两种特性的物质为完全抗原，一般而言，具有免疫原性的物质均具免疫反应性，即均属完全抗原，如：微生物、异种蛋白；仅具备免疫反应性（即抗原性）的物质被称为半抗原（hapten），如：某些多糖、类脂、药物。半抗原与载体蛋白结合成为半抗原—载体复合物（完全抗原）。半抗原可作为抗原决定基研究其特异性。

第一节 决定免疫原性的条件

免疫原性是判断一种物质是否为抗原的关键。免疫原性主要取决于物质本身的性质及其与机体的应答性。

一、异物性

异物性的程度取决于其与机体的亲缘关系：亲缘关系（即种属关系）越远，则异物性越强，即免疫原性越强。例如：鸡卵蛋白对鸭是弱抗原，对哺乳动物则是强抗原；灵长类（猴或猩猩）的组织成分对人是弱抗原，而病原微生物对人则多为强抗原；临床上选择同种器官移植物时，供者与受者的亲缘关系越近（例如有血缘关系），则排斥反应的程度越轻。

1. 异种物质：如微生物及其代谢产物、异种血清蛋白、组织细胞等。

2. 同种异体物质：同种不同个体间，如血型。

3. 改变和隐蔽的自身物质：在外伤、感染、电离辐射等作用下，结构改变，成为"非己"抗原，产生应答。

二、理化性状

1. 大分子物质：天然抗原多为大分子有机物，多数蛋白质为良好的抗原，多糖及多肽也具一定的免疫原性，此与其化学性质有关。

分子量＞10000——免疫原性好，如：异种蛋白、多糖。

10000＞分子量＞4000——弱免疫原性。

分子量＜4000——不具有免疫原性，如：小分子多肽、核酸。

大分子物质成为抗原的原因：

（1）表面抗原决定簇多。

（2）组成复杂，结构稳定，不易被破坏和清除。在体内停留的时间长，可持续刺激。

分子量并非决定免疫原性的唯一和绝对因素，免疫原性物质还须具备复杂的化学组成与特殊的化学基团。例如：简单重复的有机大分子不具免疫原性（如磺化聚苯乙烯）；明胶的分子量逾 100kD，但其仅由直链氨基酸组成，故免疫原性很弱；胰岛素分子量仅为 5.7kD，但其序列中含芳香族氨基酸，故具免疫原性。

化学性质相同的抗原物质可因其物理性状不同而影响免疫原性。例如：颗粒抗原的免疫原性强于可溶性抗原；多聚体的免疫原性强于单体。

2.化学结构:结构越复杂,其免疫原性越强。

三、免疫方法的影响

1.抗原的剂量太低或太高都不行,纯化的抗原每次要达到 ug 或 mg 水平。

2.免疫途径:同一物质经不同途径进入机体,其刺激免疫系统产生应答的强度各异,依次为皮内＞皮下＞肌肉＞腹腔(仅限于动物)＞静脉。一般而言,抗原物质从非经口途径进入机体可显示较强的免疫原性。经口服给予的蛋白质类抗原物质(如鸡蛋、牛奶等),可在消化道内被降解为氨基酸,从而丧失其免疫原性。

四、机体应答性

1.同种但不同品系的动物,其对同一抗原产生应答的强度或性质各异。如:纯化多糖在人、鼠是强抗原,在豚鼠是弱抗原。

2.同一品系有个体差异:如:疫苗对有的人有保护力,对有的人是弱保护力。

第二节　抗原特异性

一、抗原特异性

抗原特异性指抗原诱导机体产生应答及与应答产物发生反应所显示的专一性。特定抗原只能刺激机体产生特异性抗体或致敏淋巴细胞,且仅能与该特异性抗体或淋巴细胞结合并相互作用。例如:接种破伤风类毒素仅能诱导机体产生针对该毒素的抗体,且这种抗体仅与破伤风毒素结合,而不与白喉毒素结合;接种乙肝疫苗仅能预防乙肝,而不能预防痢疾。

二、决定抗原特异性的分子结构基础

1.抗原决定簇:决定抗原特异性的基本结构或化学基团称为表位(epitope),亦称为抗原决定簇(Antigen Determinant AD)(图 3-1)。通常 5～15 个氨基酸残基、5～7 个多糖残基或核苷酸即可构成一个表位。表位结构的性质与位置可影响抗原的特异性。

抗原的特异性决定于抗原决定簇的性质、氨基酸或碳水化合物的种类、序列及空间立体构型。

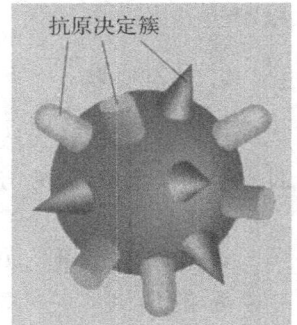

图 3-1　抗原决定簇示意图

2.抗原价:抗原分子表面能够与抗体结合的表位数量称为抗原价(图 3-2),完全抗原一般均为多价抗原。如:牛血清白蛋白有 18 个 AD。有的只有一个 AD 即单价抗原(半抗原),如:肺炎球菌荚膜多糖水解产物。

3.功能决定簇和隐蔽决定簇:

功能性决定簇:暴露在抗原分子表面,启动参与应答有决定意义。

隐蔽决定簇:在抗原的内部,无法触发免疫应答,只有经理化处理暴露后,才起作用。

4.表位结构的性质与位置可影响抗原的特异性。抗原决定簇性质对抗原特异性的影响:对苯胺、对氨苯甲酸、对氨苯磺酸和对氨苯砷酸 4 种半抗原分子间仅存在一个有机酸基

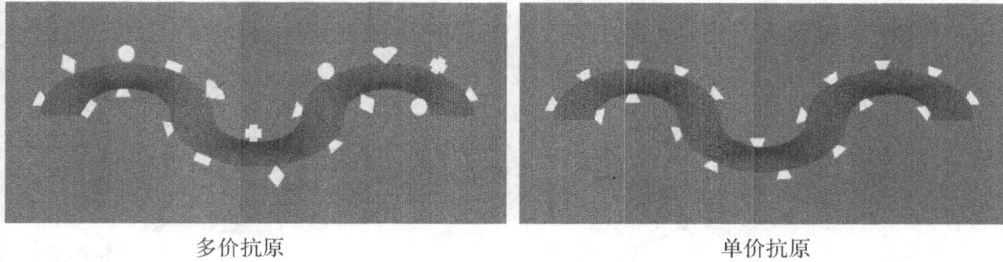

多价抗原　　　　　　　　　　　　　　　　单价抗原

图 3-2 抗原价

团的差异,分别与载体结合后(成为完全抗原)可诱导机体产生相应抗体,后者仅能与对应的半抗原结合(图 3-3)。

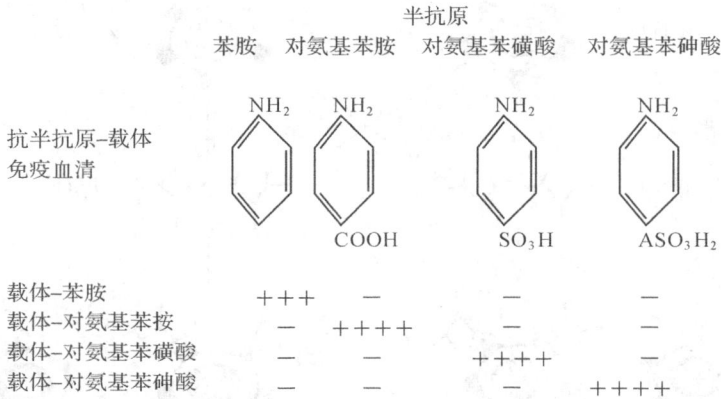

图 3-3 抗原决定簇的性质决定抗原特异性

此外,多糖残基乃至单糖的微细差别也可导致抗原性的不同。例如:A 型血和 B 型血红细胞表面抗原的区别仅在于前者是 N-乙酰氨基半乳糖,而后者为 L-岩藻糖。

5.顺序决定簇和构象决定簇:

依表位的结构特点可将表位分为两类:

(1)顺序表位(即连续性表位):主要由一段序列相连的氨基酸片段形成,多在抗原分子内。

(2)构象性表位(即非连续性表位):短肽、多糖残基或核苷酸并非简单的线性排列,而是形成特定的空间构象。

T 细胞仅识别由抗原递呈细胞加工递呈的顺序表位,而 B 细胞可识别线性或构象性表位(图 3-4)。

6.交叉反应和共有决定簇:

免疫系统可识别不同表位间的细微区别,从而显示免疫应答的特异性。但在实践中已发现,某些特定抗原不仅可与其诱导产生的抗体/致敏淋巴细胞结合或相互作用,还可与其他亢原诱生的抗体/致敏淋巴细胞发生反应被称为交叉反应(cross reaction)(图 3-5)。交叉抗原的存在和交叉反应现象的发生并非否定抗原的特异性,而是由于复杂抗原具有多个抗原决定簇,不同抗原之间存在相同或相似的抗原决定簇。如:流产布氏杆菌与肠耶尔森氏菌有交叉反应。

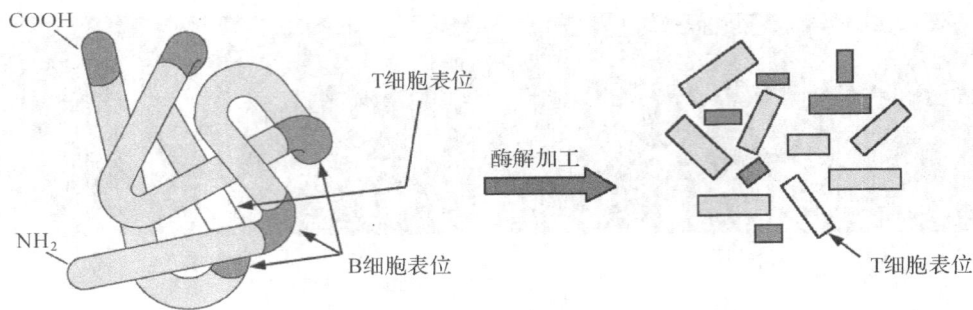

图 3-4　抗原的表位示意图

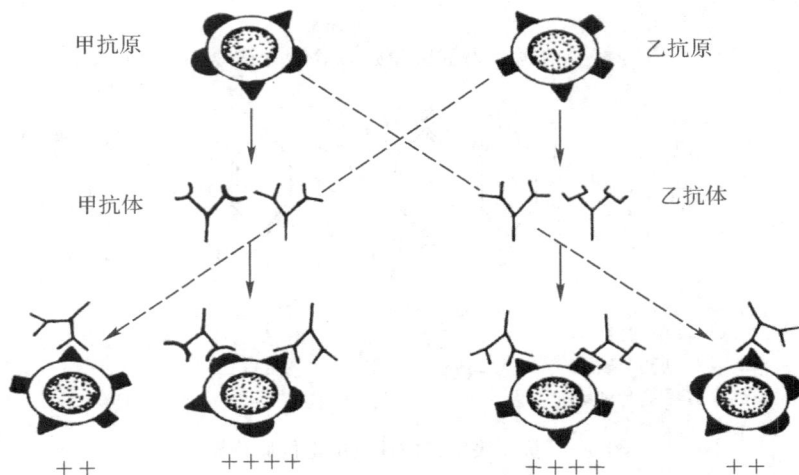

图 3-5　交叉反应

不同种属(如人、动物和微生物)间可存在共有决定簇,其生物学意义在于:

(1)某些情况下,针对病原微生物的免疫应答可导致对人体的免疫损伤。

(2)在进行特异性诊断或鉴定时,须排除交叉抗原可能产生的干扰。

(3)应用交叉抗原可能诱导出针对难于制备的抗原的免疫应答。例如近年报道,斑疹伤寒立克次氏体可诱导机体产生针对 HIV 的免疫应答。

第三节　抗原的分类及其医学意义

一、依据抗原诱生抗体时对 T 细胞的依赖性

依据抗原诱生抗体时对 T 细胞的依赖性将抗原分为胸腺依赖性抗原和非胸腺依赖性抗原(图 3-6)。

1. 胸腺依赖性抗原(thymus dependent antigen, TD antigen):TD 抗原亦称 T 细胞依赖抗原,其刺激机体产生抗体依赖于 T 细胞辅助,绝大多数蛋白质抗原及细胞抗原属 TD 抗原。先天性胸腺缺陷和后天性 T 细胞功能缺陷的个体,TD 抗原诱导其产生抗体的能力明显低下。

2.非胸腺依赖抗原（thymus independent antigen，TI antigen）：TI 抗原亦称 T 细胞非依赖性抗原，其刺激机体产生抗体无需 T 细胞辅助。TI 抗原可分为两类：①TI-1 抗原具多克隆 B 细胞激活作用，如细菌脂多糖（LPS）即为典型的 TI-1 抗原，成熟或未成熟 B 细胞均可对其产生应答；②TI-2 抗原表面含多个重复表位，如肺炎荚膜多糖、聚合鞭毛素等，它们只能刺激成熟 B 细胞。

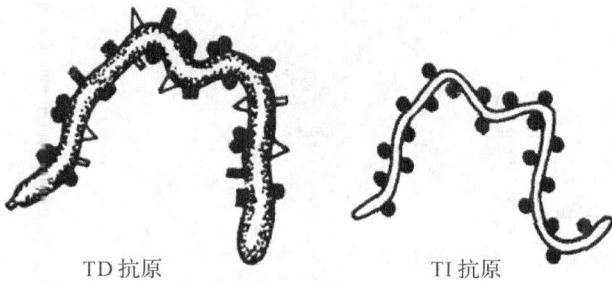

图 3-6　TD 抗原与 TI 抗原结构示意图

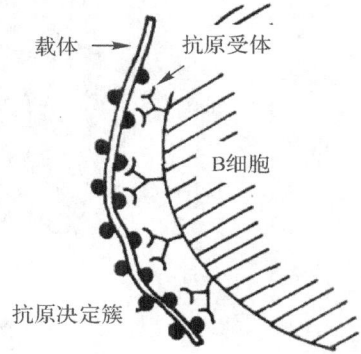

图 3-7　TI 抗原激活 B 细胞示意图

二、根据抗原与机体的亲缘关系

1. 异种抗原（xenogenic antigen）：指来自不同种属的抗原。对人类而言，病原微生物及其产物、植物蛋白、用于治疗目的的动物抗血清及异种器官移植物等均为重要的异种抗原。

2. 同种异型抗原（allogenic antigen）：亦称同种抗原（或人类的同种异体抗原），指同一种属不同个体所具有的特异性抗原。重要的人类同种异型抗原包括：①红细胞血型抗原，包括 ABO、Rh 等 40 余个抗原系统，其对安全输血极为重要；②人类主要组织相容性抗原，即人白细胞抗原（HLA），是具有高度多态性的抗原系统。另外，同一种属不同个体的同类免疫球蛋白也存在抗原性的差异，即免疫球蛋白的同种异型（allotype）。

3. 自身抗原（autoantigen）：正常情况下，机体免疫系统不对自身正常组织或细胞产生免疫应答，即处于自身耐受状态。在某些病理情况下（如隐蔽抗原或隔离抗原释放；自身抗原发生改变或被修饰等），自身抗原成分可诱导机体产生自身免疫应答。

4. 异嗜性抗原（heterophilic antigen）：是一类与种属无关，存在于人、动物及微生物之间的共同抗原，又称 Forssman 抗原。例如，A 族溶血性链球菌表面成分与人肾小球基底膜及心肌自身组织具有共同抗原，故溶血性链球菌感染后，其刺激机体产生的抗体可能与具有共同抗原的心、肾组织发生交叉反应，导致肾小球肾炎或心肌炎。

三、根据（TD）抗原是否由抗原递呈细胞所合成

1. 外源性抗原（exogenous antigen）：来源于抗原递呈细胞之外、不由其合成的抗原称为外源性抗原，如被抗原递呈细胞吞噬的细胞或细菌等。此类抗原由抗原递呈细胞摄取、加工为抗原肽，进而与 MHC-Ⅱ类分子结合为复合物，由 CD_4^+ T 细胞的 TCR 识别。

2. 内源性抗原（endogenous antigen）：由抗原递呈细胞在其胞内合成的抗原称为内源性抗原（如病毒感染细胞合成的病毒蛋白、肿瘤细胞内合成的肿瘤抗原等）。此类抗原被加工为抗原肽并与 MHC-Ⅰ类分子结合成复合物,由 CD_8^+ T 细胞的 TCR 识别。

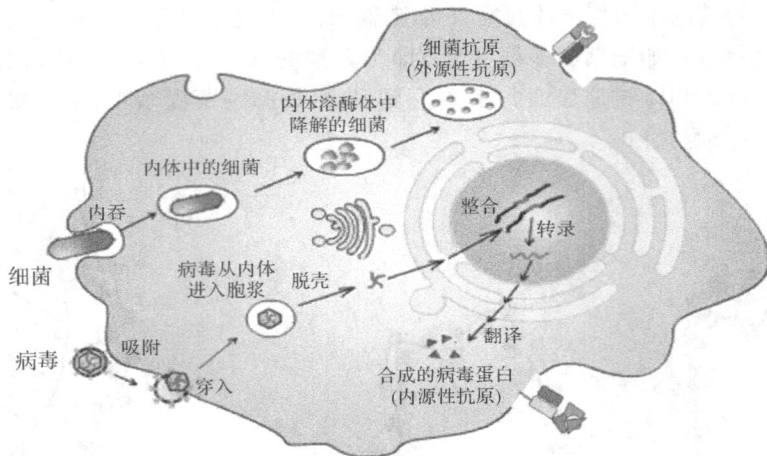

图 3-8 外源性抗原与内源性抗原

四、根据来源

(一)细菌的抗原

(1)表面抗原:细胞壁外的抗原物质,如 K 抗原(大肠杆菌)、Vi 抗原(伤寒杆菌)。

(2)菌体抗原:细胞壁中的抗原物质:O 抗原。

(3)鞭毛抗原:鞭毛中的抗原物质:H 抗原。

(4)菌毛抗原。

细菌结构如图 3-9 所示。

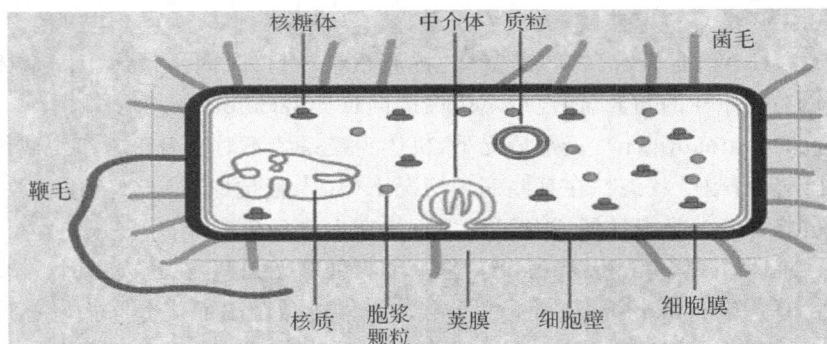

图 3-9 细菌结构示意图

(5)类毒素:经 0.3%～0.4%甲醛处理过的失去毒性保留免疫原性的外毒素。如:白喉类毒素、破伤风类毒素。

(二)肿瘤抗原

肿瘤抗原是指细胞癌变过程中出现的新抗原及过度表达的抗原物质的总称。

1.肿瘤特异性抗原(tumor specific antigen TSA):肿瘤细胞特有的或只存在于某种肿瘤细胞而不存在于正常细胞的新抗原。

如:前列腺特异性抗原(PSA):正常情况下小于 $4.0\mu g/L$。

2.肿瘤相关抗原(tumor associated antigen TAA)：非肿瘤细胞所特有的、正常细胞和组织也存在的抗原，只是其含量在细胞癌变时明显增加。

如：甲胎蛋白(AFP)：正常成人血清中的 AFP 小于 $20\mu g/L$；肝癌患者的 AFP 大于 $50C\mu g/L$。癌胚抗原(CEA)：正常血清中的 CEA 小于 $2-5\mu g/L$。

五、其他分类

根据抗原的理化性质，可分为颗粒抗原(细菌性、细胞性等)、可溶性抗原(牛血清白蛋白、菌脂多糖等)、蛋白抗原、多糖抗原及多肽抗原等。

第四节　非特异性免疫刺激剂

除了抗原可以诱导特异性免疫应答，还存在非特异性激活 B 细胞、T 细胞的物质。

一、免疫佐剂

免疫佐剂是指那些与抗原一起或先于抗原注入机体后可增强抗原的免疫原性，即辅佐抗原的作用。此类物质被称为佐剂(adjuvant)。本质上，佐剂可视为一种非特异性免疫增强剂，可增强体液免疫与细胞免疫应答。

(一)佐剂的种类

1.化合物：包括氢氧化铝、明矾、矿物油及吐温 80、弗氏不完全佐剂(羊毛脂与石蜡油的混合物)，以及人工合成的多聚肌苷酸，如胞苷酸(Poly I:C)、脂质体等。

2.生物制剂：①经处理或改造的细菌及其代谢产物，如卡介苗、短小棒状杆菌、百日咳杆菌，以及霍乱毒素 B 亚单位(CTB)、革兰阴性菌细胞壁成分脂多糖(LPS)和类脂 A、源于分支杆菌的胞壁酰二肽等；②细胞因子及热休克蛋白等。

迄今能安全用于人体的佐剂仅限于氢氧化铝、明矾、PolyI:C、胞壁酰二肽、细胞因子及热休克蛋白等。最常用于动物实验的佐剂是弗氏完全佐剂(弗氏不完全佐剂加卡介苗)和弗氏不完全佐剂。

(二)佐剂的作用机制

1.改变抗原的物理性状，延缓抗原降解和排除，从而更有效地刺激免疫系统；

2.刺激单核/巨噬细胞系统，增强其处理和递呈抗原的能力；

3.刺激淋巴细胞增殖与分化。

(三)佐剂的应用

1.增强特异性免疫应答，用于预防接种及制备动物抗血清；

2.作为非特异性免疫增强剂，用于抗肿瘤与抗感染的辅助治疗。

二、超抗原

由 White 于 1989 年提出，是一类由细菌外毒素和逆转录病毒蛋白构成的抗原性物质，只需极低浓度($1-10\mu g/L$)即能激活 T 细胞产生很强的免疫应答。迄今已发现的超抗原包括金黄色葡萄球菌肠毒素 A～E(SEA～E)、表皮剥脱毒素(EXT)、关节炎支原体丝裂原(MAM)、小肠结肠耶氏菌膜蛋白及小鼠逆转录病毒的蛋白产物等。

1. 超抗原的作用特点

超抗原的作用特点如图 3-10 所示。

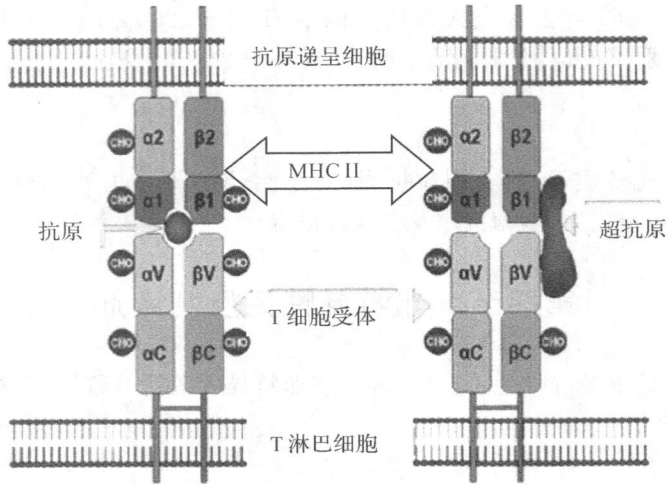

图 3-10　超抗原作用示意图

（1）无须抗原加工与递呈，可直接与 MHC-Ⅱ类分子结合。

（2）形成 TCR Vβ-超抗原-MHC-Ⅱ类分子复合物，而非普通抗原的 TCR-抗原肽-MHC-Ⅱ类分子复合物。

（3）尽管超抗原发挥作用有赖于与 MHC 分子结合，但其作用无 MHC 限制性。

（4）所诱导的 T 细胞应答，其效应并非针对超抗原自身，而是通过分泌大量细胞因子而参与某些病理生理过程的发生与发展。依据上述功能特点，超抗原也被视为一类多克隆激活剂。此外，近年还发现了作用于 B 细胞的超抗原。

2. 超抗原的生物学意义在于：

（1）毒性作用及诱导炎症反应：由于超抗原多为病原微生物代谢产物，可大量激活 T 细胞并诱导炎性细胞与促炎细胞因子产生，从而引起休克等严重反应（如食物中毒时金葡菌肠毒素所致休克等严重临床表现）。

（2）自身免疫病：超抗原可通过激活体内残存的自身反应性 T 细胞而导致自身免疫病。

（3）免疫抑制：受超抗原刺激而过度增殖的大量 T 细胞，可被清除或功能上出现超限抑制，从而导致微生物感染后的免疫抑制。

3. 超抗原与普通抗原的比较

超抗原与普通抗原的比较归纳如表 3-1。

表 3-1　超抗原与普通抗原的比较

特　点	普　通　抗　原	超　抗　原
物质属性	蛋白质、多糖	细菌外毒素、逆转录病毒蛋白
应答特点	由 APC 处理后被 T 细胞识别	直接刺激 T 细胞
反应细胞	T 细胞、B 细胞	CD_4^+ T 细胞
T 细胞反应频率	$1/10^6 - 10^4$	$1/20 - 15$
与 MHC 分子结合部分	多态区肽结合槽	非多态区
MHC 限制性	＋	－

三、丝裂原

丝裂原(mitogen)亦称有丝分裂原,可致细胞发生有丝分裂,进而增殖。体外实验中,特定丝裂原可使静止的淋巴细胞体积增大、胞浆增多、DNA 合成增加,出现淋巴母细胞化即淋巴细胞转化(lymphocyte transformation)和有丝分裂。

如前所述,一种特定的抗原仅特异性激活表达相应抗原受体的淋巴细胞,而丝裂原可激活其一类淋巴细胞的全部克隆,故可将丝裂原视为非特异性多克隆激活剂。T、B 淋巴细胞表面表达多种丝裂原受体,故均可对丝裂原刺激产生增殖反应,这一性质已被用于在体外检测淋巴细胞的应答能力(如淋巴细胞转化试验),并以此评价机体的免疫功能。表 3-2 所列出的是作用于人和小鼠 T、B 细胞的重要丝裂原。

表 3-2 作用于人和小鼠 T、B 细胞的重要丝裂原

丝 裂 原	对 T、B 细胞的促增殖作用			
	人 T 细胞	人 B 细胞	小鼠 T 细胞	小鼠 B 细胞
刀豆蛋白 A	+	−	+	−
植物血凝素	+	−	+	−
脂 多 糖	−	−	−	+
葡萄球菌 A 蛋白	−	+	−	−

【理解与思考】

1. 什么样的人与事对你印象特别深?满足哪些条件的物质对机体的免疫原性强?
2. 你能形象地描绘抗原的特异性与抗原决定簇、抗原表位性质与位置的关系吗?
3. 结合生产与生活实际,描述共有决定簇与特异性抗原决定簇的应用。
4. 你能将免疫佐剂的作用形象描绘一下吗?
5. 你能辩证说明抗原与免疫细胞的关系吗?

【课外拓展】

1. 抗原在临床实践中有什么应用?
2. 自身抗原会导致机体处于什么状态?
3. 癌变细胞为什么会表达肿瘤抗原?
4. 超抗原在医学上有何意义?

【课程实验与研究】

1. 从抗原的角度出发,请设计一种方案来增强机体的免疫力。
2. 选择某种免疫佐剂,研究其在体内的作用机理。
3. 如何去鉴定某种抗原物质具有多少抗原决定簇?
4. 如何检测某种物质是否是超抗原?
5. 请设计一方案,研究异嗜性抗原对机体的影响。
6. Sci Transl Med 在 2010 年 1 月 20 日报道称"佐剂可大大增强流感疫苗功效"。请你设计一方案,证明其功效。

【课程研讨】

1. 基因工程疫苗与传统的疫苗相比有何区别？如何增强基因工程类疫苗的免疫原性？
2. 细菌中有哪些成分可以成为抗原物质？在细菌分类与鉴别上有什么意义？
3. 细菌性抗原、病毒性抗原有什么不同？引起机体免疫应答有何差异？
4. 不同的免疫佐剂在医学上各有何应用？请比较其不同特点。
5. 超抗原在目前的应用进展如何？

【课后思考】

1. 什么是抗原？其特性是什么？
2. 决定免疫原性的因素有哪些？
3. 抗原的特异性与抗原决定簇有何关系？
4. 名词解释:异嗜性抗原;TD-Ag;TI-Ag;超抗原;免疫佐剂。

【课外阅读】

超抗原及其应用前景

早在 20 世纪 70 年代,金黄色葡萄球菌能大量激活外周血细胞而造成休克、发热、脱水、皮疹及多器官衰竭的毒素休克征的现象已被人们熟知。但直至 1989 年,White 博士才首次提了超抗原(Superantigen,SAg)的概念。超抗原是一类特殊的抗原,是功能非常活跃的蛋白质分子,主要由一些细菌、病毒、支原体及寄生虫等微生物的分泌物或代谢产物组成。与普通抗原相比,它不需要抗原递呈细胞加工处理可直接与 MHC 类分子结合形成配体,然后该配体进一步与 TCR VB 区结合形成三聚体激活多克隆 T 细胞,具极高的 T 细胞激活频率。超抗原具有独特的特点:①强大的刺激能力;②无须抗原递呈细胞的处理;③无 MHC 的限制;④广泛的 T 细胞识别特性;⑤选择性结合 T 细胞受体(T cell recepter,TCR)β 链 V 区。

一、SAg 作用的分子机制

超抗原分子按其作用的细胞种类,可分为 T 细胞超抗原及 B 细胞超抗原。T 细胞超抗原即我们通常意义上的超抗原概念,B 细胞超抗原则为一类新型超抗原分子,与 T 细胞超抗原特性一致,但作用方式不尽相同,它能刺激 B 细胞产生大量免疫球蛋白,激活体液免疫反应和补体级联反应。

（一）T 细胞超抗原

T 细胞超抗原能非特异激活大量 T 细胞,它不遵循传统的抗原递呈途径,不经抗原递呈细胞胞内加工处理而是以完整的蛋白质分子直接结合到 MHC 类分子上。结合部位不在抗原肽结合的沟槽内,而在沟槽外侧。SAg 与 MHC 分子的相互作用对于激活 T 细胞是很重要的。SAg 通过与 MHC 类分子和 TCR 形成一个三元复合物来激活 T 细胞,对 T 细胞的激活频率在 $5\%\sim30\%$ 左右,比普通抗原高 $10^3\sim10^5$ 倍。所以极微量超抗原(pMol)就能诱导机体产生免疫应答。SAg 的另一特点是能同等激活 CD4$^+$ 和 CD8$^+$ 两个亚群的 T 细胞，而普通抗原仅激活 CD4$^+$T 细胞。近年来对超抗原结构和功能关系的研究很多，以葡萄球菌肠毒素为例，通过分析毒素多肽片段、毒素缺失和点突变体的活性，已测定出肠毒素激活 T 细胞的功能区域。在此基础上，通过 X 射线晶体衍射测定出肠毒素分子、肠毒素与 MHC 类分子（HLD-DR）以及 TCR 复合物的三维结构。

（二）B 细胞超抗原

B 细胞超抗原能刺激 B 细胞产生大量免疫球蛋白，激活体液免疫和补体级联反应。目前认为 B 细胞超抗原对 VH 基因家族成员的特异性与 T2SAg 对 TCRVB 的特异性相类似，它具有与血清中及 B 细胞上相应受体（Ig）相互作用的能力，其中最具代表性的是 42KD 的金黄色葡萄球菌蛋白 SpA。不到 0.01％ 的 B 细胞能接受普通抗原特异性刺激，而 SpA 能结合约 40％ 的人多克隆 IgM。正常细胞上有大量 SpA 受体，人外周 B 细胞约 30％ 能通过 Ig-Fab 介导结合 SpA。

二、超抗原与疾病

超抗原的生物学活性与其致病机制密切相关，激活 T 细胞分泌 TNF、IFN-γ、IL-2、IL-6、IL-10 等过量的细胞因子是引起中毒性休克症状的主要原因。微量的 SAg 就能诱导机体产生最大免疫应答，引起病情快、多器官损伤的系统性疾病。SAg 与有些疾病的直接关系还没有证明，但诸如 SAg 在食物中毒、中毒性休克和自身免疫病中的作用已比较清楚。

（一）中毒性休克和食物中毒

SAg 在人和鼠等许多动物内引起休克，体内注射 SAg 导致 T 细胞和 APC 细胞激活，很快刺激产生 IL-2、TNF、IL-6 和 IFN-γ 等细胞因子，导致体重下降和休克症状。对人多引起毛细血管渗漏，导致致死性休克。T 细胞激活与超抗原介导的中毒性休克有关，已在动物和临床实验中得到证明。体外用 TSST-1 刺激人 T 细胞表现出 VB2 的优势表达，在中毒性休克病人的外周血中可检测到递呈 VB2$^+$T 细胞。

（二）自身免疫性疾病

健康人的 T、B 外周血淋巴细胞不与自身抗原反应，但 SAg 可以激活自身反应性 T 细胞并介导 T、B 细胞相互作用引起自身免疫病。SAg 激活的自身抗原特异性 T 细胞是引起自身免疫病的主要原因。通过单克隆抗体等方法封闭 TCR 位点，部位消除和抑制这些 T 细胞的作用可使病人的症状明显改善。SAg 刺激产生的细胞因子引起非特异性损伤也与自身免疫疾病有关。另有说法认为，细菌 SAg 和热休克蛋白（HSP）有同源序列，而对 HSP 的免疫应答与自身免疫病的病理生理有关。类风湿关节炎患者血清中存在能产生自身抗体的 B 细胞，主要是 CD5$^+$B 细胞亚群，类风湿因子是一种自身抗体，它能结合 SpA 和 pFv，在关节炎患者关节液和循环体液中，VH3 基因产物占 85％ 以上，说明至少有一种呈 VH3 结合特异性 B 细胞超抗原启动了自身免疫过程，或者能与产生类风湿因子的 B 细胞系共同选择配体。SpA 结合 VH3 基因表达的 Ig 后可诱导产生类风湿因子。

（三）感染性疾病

SAg 与多种感染性疾病有着直接或间接的关系，如 MMTV、Rabies 病毒、EB 病毒和结核杆菌等引起的感染均与超抗原作用有关。近年研究发现，HIV 的感染也与 SAg 作用有关，HIV 并不直接杀死 CD4$^+$ 细胞，而是作用于 TCR 激活 T 细胞导致无反应性和细胞凋亡。这些事件导致 CD4$^+$ 细胞的消除。近年在正常人 B 细胞上还发现了 HIV-1 的超抗原结合位点,gp120 包膜蛋白与人正常 Ig 结合,导致 VH3 免疫球蛋白基因家族 B 细胞的激活。由于该家族所占比重很大,所以对宿主带来极大的危害,引起 B 细胞的进行性下降,引起 AIDS。另外还发现了具超抗原活性的 Nef 蛋白,它是一种 HIV 调节蛋白,研究证实它存在于受病毒感染的 T 细胞膜上,其影响 HIV 的发病机制可能是因其通过 APC 细胞 HLA-DR 的协助递呈,以 TCRVB 特异性方式激活大量 T 细胞,引起 T 细胞大量增殖,从而一方面增强 HIV 的复制,另一方面可遵循超抗原的一般规律,引起 CD4$^+$ T 细胞活化、增殖以及最终的清除、死亡或无能,从而引起 CD4$^+$ 细胞的耗竭。再则,可由于激活大量自身反应性 T、B 细胞活化,引起自身免疫性疾病的发生。

三、超抗原疫苗

为有效防治 SAg 的毒性效应,近年从 SAg 和 TCR、MHC2 作用的分子机制提出了超抗原疫苗(Superantigen vaccine)设计的新思路:即诱变或修饰超抗原分子,降低其与 MHC 类分子和 TCRVB 区的亲和力,使获得的突变体失去超抗原的毒性作用,但能刺激产生与天然超抗原结合并具有保护作用的特异抗体。这类减毒分子可以作为有效的疫苗用于防治超抗原介导和引起的疾病。超抗原疫苗改变了对 T 细胞的刺激效应,消除、失活或脱敏一个或多个带有 VB 区的 T 细胞亚群,不再以超抗原而以普遍抗原的方式诱导对 T、B 细胞的刺激,并产生抗体。

目前 SAg 疫苗的研究对象主要为细菌外毒素,其作用机制相对简单,研究得比较透彻。国外很重视 SAg 疫苗的研究,对 SPE、TSST-1 和 SE 等外毒素 SAg 均进行了大量诱变试验,试图获得理想的减毒突变体用于超抗原疫苗的研究。现以葡萄球菌肠毒素为例,介绍超抗原疫苗目前取得的一些研究进展。Bavari S 等通过位点定向诱变获得一系列与 TCR 或 MHC 结合减弱的 SEA 突变体,两类突变体用作疫苗时均诱导高水平的抗 SEA 抗体。用天然毒素攻击时,免疫动物获完全保护。然而第一类突变体在大剂量下仍能致死动物,认为第二类突变体有可能成为有效的疫苗。寻找理想的减毒突变体仍是发展 SEB 超抗原疫苗的关键。Briggs C 等通过 PCR 定向诱导来改变 SEB 的超抗原活性,发现 169 位 val 残基对超抗原活性有重要意义,该位置的氨基酸替换可以降低 T 细胞的刺激作用,该分子进一步作为超抗原疫苗的实验研究尚未进行。目前,国外已有甲醛化的 SEB 类毒素疫苗,但这种疫苗会造成毒素蛋白变性,免疫原性降低或改变,使蛋白质结构发生了不可预测的变化,导致一个或多个抗原决定基有构象修饰。

四、结语

超抗原作为一种新型的抗原分子,由于其与普通抗原不同的激活 T、B 细胞以及诱导免疫耐受的特殊方式而备受众多科学家的关注。超抗原免疫识别及免疫耐受机制的研究不仅可揭示超抗原的本质,同时可作为普通抗原作用于 T 细胞的补充及对照模型,能完善人们对 T 细胞活化及耐受机制的认识。SAg 对机体的免疫系统可产生深远的影响,与众多疾病有着极其密切的关系。研究 SAg 在这些疾病中的关键作用,对于该类疾病的防治有重要意义。根据超抗原的作用机制,国外最近提出超抗原疫苗的研究思路,用于预防和治疗 SAg 介导和引起的疾病。该类工作的进一步开展必将为某些传染病、肿瘤和自身免疫病等的防治开辟一条新的道路。

（资料来源：鄢敏,肖婷芳. 超抗原及其应用前景.科技信息[J],2009(24):97—99)

新型免疫佐剂

免疫佐剂又称非特异性免疫增生剂,本身不具抗原性,但同抗原一起或预先注射到机体内能增强免疫原性或改变免疫反应类型。传统佐剂虽然副反应低,对许多抗原具有促进免疫反应的作用,但对某些抗原不表现或仅有很低的免疫增强作用。因此,研制和开发新型佐剂,已成为新疫苗研究中的一个重要领域。与传统的灭活或活体疫苗相比,由基因工程重组抗原或化学合成多肽组成的现代疫苗往往存在免疫原性弱等问题,需要新型的免疫佐剂来增强其作用。尤其是安全无毒、能够刺激较强细胞免疫应答的佐剂,以及适合黏膜疫苗、DNA疫苗和癌症疫苗的免疫佐剂。新型佐剂主要有脂质体、MF59佐剂、免疫刺激复合物佐剂和油佐剂。免疫增强剂的来源有:微生物类、生物因子类、人工合成类、天然物质类及微量因子类。

一、纳米粒子佐剂

纳米粒子一般是指粒径在 $1\sim100nm$ 范围内的超微粒子。纳米技术是指在 $1\sim100$ nm 的量度范围内研究原子、分子的结构及相互作用并加以应用的技术。物质用纳米技术细化之后,具有比表面积大、表面活性中心多、反应活性高、吸附和催化能力强的特点,从而表现出新颖的理化和生物学特性,因此会产生体积效应、表面效应、量子尺寸效应、宏观量子隧道效应。目前关于纳米材料用作疫苗佐剂,已受到极大重视。纳米粒子能穿透组织间隙,也可通过机体最小的毛细血管,且分布面极广,易被消化和吸收,从而可最大限度地提高利用率。而且包裹或表面结合抗原的纳米粒子能使蛋白抗原的表面充分暴露,同时使抗原结构更稳定,能促进淋巴集结的摄取,在体内能引起强烈的特异性免疫反应。

大量的实验都表明,纳米粒子佐剂可有效提高细胞免疫、体液免疫和黏膜免疫。美国密歇根州大学生物纳米科技中心,将小鼠免疫流感病毒 A 和纳米乳剂的混合物免疫小鼠,20天后用致死剂量的流感病毒感染小鼠,结果免疫动物受到了完全的保护,而接种了甲醛灭活病毒或纳米乳剂的小鼠,则发展为病毒性肺炎,6天后死亡。Stieneker 等发现聚甲基丙烯酸甲酯纳米粒子对大鼠体内的 AIDS 疫苗起辅助作用时,与氢氧化铝辅助作用相比,抗体的滴度要高出 $100\sim1\ 000$ 倍。

在国内,何萍等人通过自制纳米铝佐剂,研究其对乙型肝炎病毒和狂犬病毒体液免疫应答的影响。结果纳米铝佐剂在诱导 HBsAg 和 Rabies 疫苗体液免疫应答的早期优于常规铝佐剂,能够快速地激活和提高小鼠和豚鼠的免疫应答和应答水平。

汤承等发现纳米铝佐剂能诱导小鸡产生有效免疫保护抗体的时间较常规油佐剂疫苗提前4天且无副反应,这对禽流感等重大传染病的紧急预防接种具有潜在的应用价值。钟石根等将钙纳米粒子与 NP30 制备成 Ca-NP30 结合物,免疫小鼠后发现钙纳米粒子可增强NP30 对宿主的保护性作用,减虫率明显提高。柴家前等通过专门技术制备纳米蜂胶颗粒(NPP),发现 NPP 使雏鸡血液中的 T 淋巴细胞比率和 RBC-C3bR 花环率都极显著增加,而RBC-IC 花环率显著降低。

纳米佐剂是目前研究的热点,它可避免传统疫苗的载体效应发生,还可提高生物利用度,提高制剂的均匀性、分散性和吸收性,具有较理想的免疫增强作用。

二、分子佐剂

(一)CpG 序列(CpG motifs)

CpG 序列是指一类以非甲基化的胞嘧啶和鸟嘌呤核苷酸为核心的寡聚脱氧核糖核苷酸。CpG 序列可激活 T 细胞、B 细胞、NK 细胞等免疫活性细胞,产生大量的多种细胞因子,增强机体的特异性和非特异性免疫效应。CpG 引起的免疫反应以 Th1 型为主,因此可以很好地激发黏膜免疫反应。CpG 序列作为免疫佐剂有如下特点:(1)与常用的氢氧化铝佐剂具有协同作用;(2)一些不能与铝混合的减毒活疫苗或多价疫苗则可单独使用 CpG - DNA 增强其免疫原性;(3)应用范围广。虽然 CpG-DNA 具有安全、有效等优点,但是还是有许多的问题有待于解决,如它的免疫激活机制、免疫剂量(高剂量 CpG - DNA 及重复给药可能导致毒性效应)和最适免疫途径还需要进一步研究。目前 CpG 作为人乙肝疫苗佐剂已进入临床试验。

近年来,针对病毒和细菌抗原,对 CpG-ODN 的佐剂效应进行了大量的研究。Sato 首次报道 CpG-ODN 对 DNA 疫苗免疫活性的产生是必不可缺的,可以保证 DNA 疫苗在机体内只通过微量抗原蛋白表达就能激发机体产生强烈的免疫应答。Klinman 研究发现,无论是将 CpG 序列插入 DNA 重组载体或是与 DNA 疫苗共同注射,均可以显著提高疫苗的免疫效果。Kojima 发现含有多个 CpG 的 HIV-1 DNA 疫苗与单独接种 DNA 疫苗相比,HIV 特异性 DTH 反应明显增强,CTL 活性由约 20% 上升到约 70%,差异显著。以 CpG-ODN 联合猪繁殖障碍与呼吸道综合征灭活疫苗免疫仔猪,能显著提高仔猪的特异性抗体浓度、淋巴细胞 IL-2 诱生活性以及 CD4$^+$、CD8$^+$ 等淋巴细胞增殖。以 CpG DNA 与新城疫病毒弱毒苗共同免疫新生小鸡,发现 IL-2 和 NDV 特异性抗体的分泌在时间和数量上都明显优于 NDV 疫苗单独免疫组,并检测到 PBMC 的 ConA 刺激指数显著升高。以 CpG DNA 与牛血清白蛋白(BSA)共同免疫,可以显著地增强鸡血清对 BSA 的特异性反应,且使用 CpGDNA 可使机体仅经 1 次免疫,并提前 1 周达到不用 CpGDNA 而进行 2 次免疫后所能达到的特异性抗体滴度,而且诱导的免疫效果更持久。以构建的传染性法氏囊病病毒 VP2 蛋白基因的表达质粒作为 DNA 疫苗,与 CpG DNA 共同免疫 SPF 鸡,其抗体水平显著高于质粒苗单独免疫组,并高于 IBD 弱毒苗免疫组,对 IBDV 超强毒株的攻毒保护效果也有极大的提高。张玲华等将 CpG DNA 同猪伪狂犬疫苗联合免疫接种初生仔猪,结果表明 CpG DNA 能显著增强仔猪对常规疫苗的细胞和体液免疫反应。以 CPG-ODN 为佐剂与重组 HBsAg 疫苗合用,可以增强疫苗诱导 HBV 转基因小鼠产生抗病毒免疫应答,提高抗体中和水平,促进抗原特异性 IgG2a 的产生,同时能明显刺激小鼠胸腺及脾脏淋巴细胞增殖反应,不仅能诱导细胞免疫应答同时也诱导体液免疫应答,显示出强而有效的免疫佐剂效应。最近,美国 CpG 免疫药剂公司研制的一种 CpG 佐剂作为乙肝表面抗原疫苗的免疫佐剂,开始了在 48 个健康人中进行 I 期临床试验,主要目的是研究 CpG 佐剂的安全性及人体耐受剂量。

(二)补体分子佐剂

补体 C3 分子是连接机体天然免疫和获得性免疫的桥梁之一。最近有人用 C3d 分子作为佐剂来增强 DNA 免疫应答。C3d 与特异性受体 CR2 结合后,能提供共刺激信号,促进 B 细胞活化,促进抗体的亲和性成熟,维持免疫记忆,对机体的免疫反应有很强的正调控作用。

Dempsey 等将鸡卵溶菌酶(HEL)与小鼠 C3d 分子串联在一起,以此免疫小鼠。结果显示,C3d 分子偶连的 HEL 的免疫原性比单纯 HEL 增强 1 000 倍,大大降低了 B 细胞激活的活化阈,而且明显强于弗氏佐剂。Ross 等将禽流感病毒 HA 的胞外段与 3 个 C3d 融合起来构建成 sHA23C3d,免疫小鼠后发现抗体滴度和抗体亲和力增加,用病毒攻击后,肺部的病毒量比单独注射 HA 减少了 10 倍。将麻疹病毒血凝素基因 H 和 3 个 C3d 基因融合构建成质粒 sH23C3d,免疫小鼠后,发现抗体滴度提高,明显地抑制了麻疹病毒噬斑的形成。Suradhat 等将 1~2 个 C3d 编码基因与 2 种不同抗原编码基因——牛轮状病毒 VP7 或牛 1 型疱疹病毒糖蛋白(gD)基因重组,免疫小鼠后发现 1 个拷贝 C3d 抑制了特异性抗体水平,2 个拷贝的 C3d 分子效果更加明显,脾细胞中抗原特异性 IFN-r、IL-4 分泌细胞的频率也有明显的降低。李大金等对分子佐剂 C32d3 的研究表明 C32d3 与 hCGβ 基因融合后能显著增强 hCGβ 基因避孕疫苗的免疫原性、体液免疫应答及抗体类型转换。

随着科技进步,研究的不断深入,将有更多的佐剂用于人类疫苗免疫接种,佐剂系统的有效应用会在人类疾病预防等领域发挥更大的作用。但是随着分子免疫学等基础理论的快速发展,特别是细胞对抗原识别的分子基础和控制、细胞活化和功能专职应答的研究进展,使免疫佐剂的作用不再局限于增强免疫应答,而更着重于其诱导机体选择性地产生有效防御相应病原体感染的特异性的免疫应答,减少抗原物质的副作用。因此,佐剂的研究又将接受新的挑战。

(资料来源:徐爱平,黎晓敏. 新型免疫佐剂的研究现状及应用[J]. 畜牧业,2009,(241):10—13)

第四章　免疫球蛋白

【知识体系】

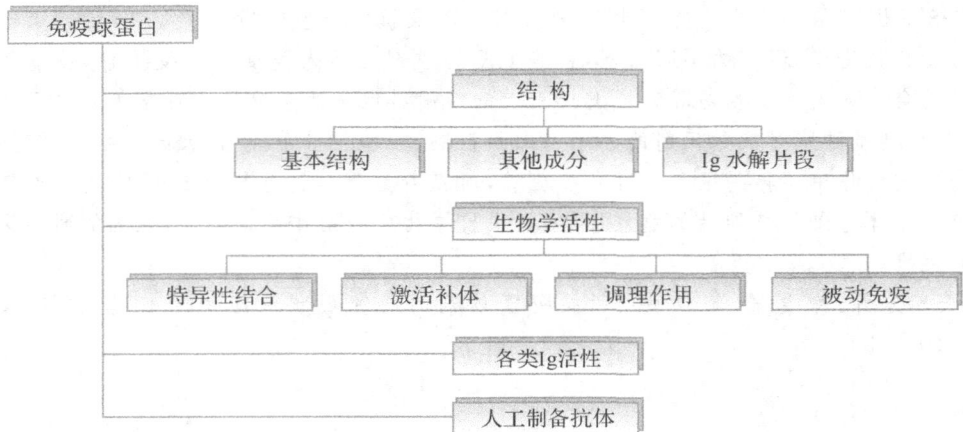

【课前思考】

　　机体注射疫苗后,体内的哪些成分增加? 老弱病人要补充什么药物来增强其抵抗力? 这是一种什么成分? 是怎么产生的? 有什么结构? 有多少种类? 在机体中起到什么样的作用? 人工如何制备? 医学上有何应用?

【本章重点】

　　1. 免疫球蛋白的概念、结构、功能、种类;
　　2. 五类免疫球蛋白的生物学活性;
　　3. 单克隆抗体的概念、特点和医学意义。

【教学目标】

　　1. 掌握免疫球蛋白的概念、结构、功能、种类;
　　2. 掌握各类免疫球蛋白的生物学活性;
　　3. 熟悉单克隆抗体的特点和医学意义。

　　抗体(antibody,Ab)是介导体液免疫的重要效应分子,是 B 细胞接受抗原刺激后增殖、分化为浆细胞所产生的糖蛋白。早在 19 世纪后期,从 Behring 及 Kitasato 对白喉和破伤风抗毒素(antitoxin)的研究开始,人们陆续发现一大类可与病原体结合并引起凝集、沉淀或中和反应的体液因子,将它们命名为抗体。1939年,Tiselius 和 Kabat 在对血清蛋白自由电泳时,根据它们不同的迁移率,将其分为白蛋白及 α、β、γ 球蛋白 4 个主要部分,并发现抗体活性存在于从 α 到 γ 的这一广泛区域,但主要存在于 γ 区,故曾片面地认为抗体即是 γ 球蛋白。1968 年和 1972 年,世界卫生组织和国际免疫学会联合会的专门委员会先后决定,将具有抗体活性或化学结构与抗体相似的球蛋白统称为免疫球蛋白(immunoglobulin,Ig)。近年研究证实,免疫球蛋白和抗体在结构及功能上完全一致,因此可认为二者的概念等同。免疫球蛋白可分为分泌型(secreted Ig, SIg)和膜型(membrane Ig, mIg),前者主要存在于血液及组织液中,发挥各种免疫功能;后者构成 B 细胞表面的抗原受体,图 4-1 为正常人血清电泳分离图。

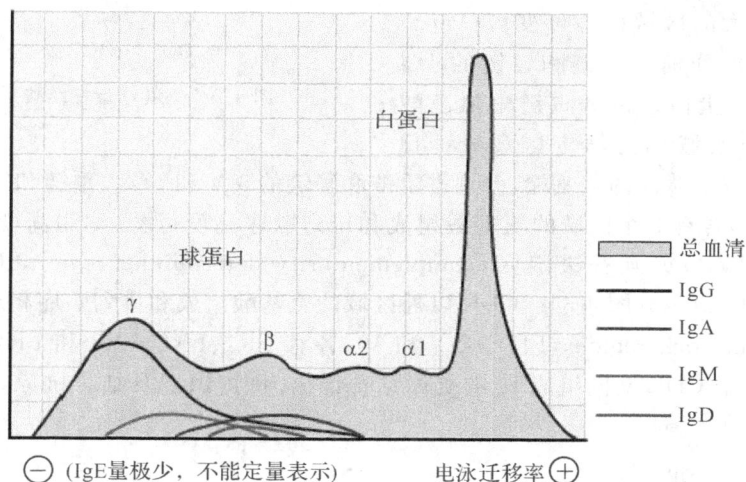

图 4-1　正常人血清电泳分离图

第一节　免疫球蛋白的结构

一、基本结构

免疫球蛋白分子的基本结构是一"Y"字形的四肽链结构,由两条完全相同的重链(heavy chain, H)和两条完全相同的轻链(light chain, L)以二硫键连接而成,如图 4-2 所示。

(一)重链和轻链

免疫球蛋白重链由 450~550 个氨基酸残基组成,分子量约 50~75 kD。重链可分为 μ、δ、γ、α 和 ε 链,据此可将免疫球蛋白分为 5 类(class)或 5 个同种型(isotype),即 IgM、IgD、IgG、IgA 和 IgE。每类 Ig 根据其绞链区氨基酸残基的组成和二硫键数目、位置的不同,又可分为不同亚类(subclass)。

免疫球蛋白轻链含约 210 个氨基酸残基,分子量约 25 kD。轻链分为 κ 和 λ 链两种,据此可将 Ig 分为 κ 和 λ 两型(type)。一个天然 Ig 分子两条轻链的型别总是相同的,但同一个体内可存在分别带有 κ 或 λ 链的抗体分子。正常人血清中 κ 型和 λ 型免疫球蛋白浓度之比约为 2:1。根据 l 链恒定区个别氨基酸残基的差异,又可将 λ 分为 λ1、λ2、λ3 和 λ4 四个亚型。

(二)可变区和恒定区

比较不同 Ig 重链和轻链的氨基酸序列时发现,重链和轻链近 N 端约 110 个氨基酸序列的变化很大,其他部分氨基酸序列则相对恒定。免疫球蛋白轻链和重链中氨基酸序列变化较大的区域称为可变区(variable region,V),分别占重链和轻链的 1/4 和 1/2。免疫球蛋白轻链和重链中氨基酸序列较保守的区域称为恒定区(constant region,C),其位于肽段的羧基端,分别占重链和轻链的 3/4 和 1/2。重链和轻链 V 区(分别称为 V_H 和 V_L)各有 3 个区域的氨基酸组成和排列顺序高度可变,称为高变区(hypervariable region,HVR)或互补决定区(complementarity determining region,CDR),分别为 CDR1、CDR2 和 CDR3(图 4-3)。CDR 以外区域的氨基酸组成和排列顺序相对不易变化,称为骨架区(framework region,FR)。V_H 和 V_L 各有 FR1、FR2、FR3 和 FR4 四个骨架区。V_H 和 V_L 的 3 个 CDR 共同组成 Ig 的抗原结合部位,负责识别及结合抗原,从而发挥免疫效应。

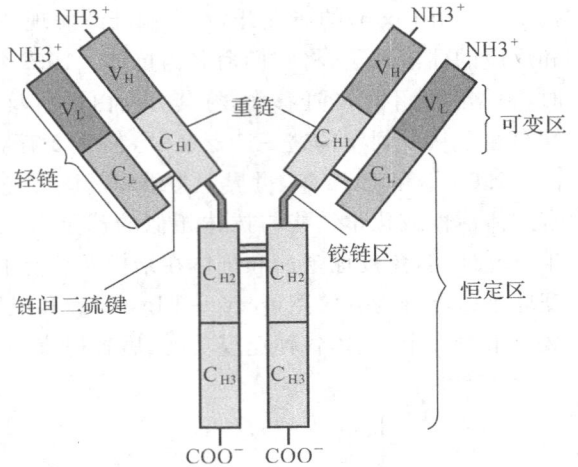

图 4-2　免疫球蛋白结构示意图

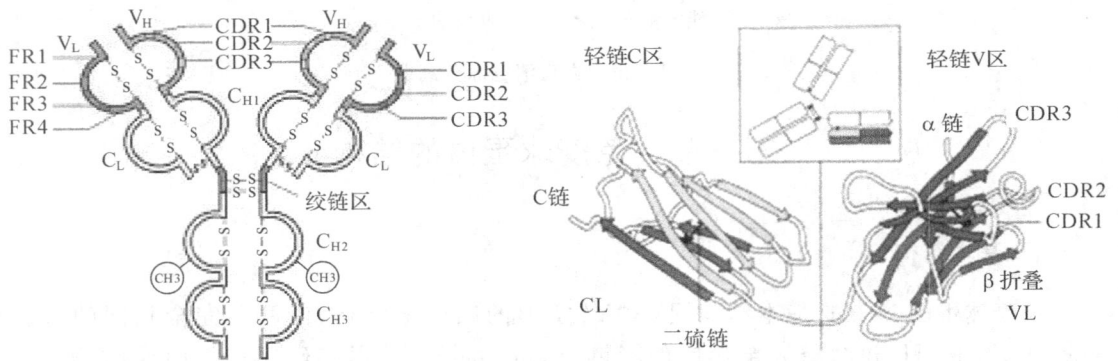

图 4-3　免疫球蛋白功能区

重链和轻链的 C 区分别称为 C_H 和 C_L,不同型(κ 或 λ)Ig 其 CL 的长度基本一致,但不同类 Ig 其 C_H 的长度不一,可包括 $C_H1 \sim C_H3$ 或 $C_H1 \sim C_H4$。同一种属的个体,所产生针对不同抗原的同一类别 Ig,其 C 区氨基酸组成和排列顺序比较恒定,即免疫原性相同,但 V 区各异。Ig C 区与抗体的生物学效应相关,如激活补体;穿过胎盘和黏膜屏障;结合细胞表面 Fc 受体从而介导调理作用;介导 ADCC 作用和 I 型超敏反应等。

(三)铰链区

铰链区位于 C_H1 与 C_H2 之间。该区富含脯氨酸而易伸展弯曲,能改变两个 Y 形臂之间的距离,有利于两臂同时结合两个不同的抗原表位。IgD、IgG、IgA 有绞链区,IgM 和 IgE 则无。

（四）功能区或结构域

免疫球蛋白分子的两条重链和两条轻链都可折叠为数个环形结构域。每个结构域一般具有其独特的功能,因此又称为功能区（domain）。每个功能区约含 110 个氨基酸残基,其二级结构是由几股多肽链折叠而成的两个反向平行的 β 片层（anti-parallel b sheet）,两个 β 片层中心的两个半胱氨酸残基由一个链内二硫键垂直连接,形成一"β 桶状（βbarrel）"结构,或称 β 三明治（βsandwich）结构。不仅免疫球蛋白,已发现许多膜型和分泌型分子含有这种独特的桶状结构,这类分子被称为免疫球蛋白超家族（immunoglobulin superfamily,IgSF）。

二、其他成分

除轻链和重链外,某些类别 Ig 还含有其他辅助成分,分别是 J 链（joining chain）和分泌片（secretory piece,SP）。J 链是一富含半胱氨酸的多肽链,由浆细胞合成,主要功能是将单体 Ig 分子连接为多聚体。IgA 二聚体和 IgM 五聚体均含 J 链;IgG、IgD 和 IgE 常为单体,无 J 链。SP 又称分泌成分（secretory component,SC）,为一含糖肽链,由黏膜上皮细胞合成和分泌,以非共价形式结合于 IgA 二聚体上,使其成为分泌型 IgA（SIgA）。SP 的作用是:使 IgA 分泌到黏膜表面,发挥黏膜免疫作用;可保护 SIgA 绞链区,使其免遭蛋白水解酶降解。

三、Ig 水解片段

在一定条件下,免疫球蛋白分子肽链的某些部分易被蛋白酶水解为各种片段（图 4-4）。

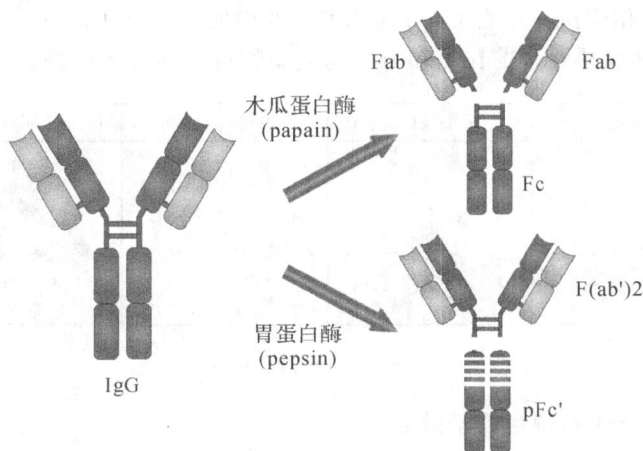

图 4-4　免疫球蛋白水解示意图

1. 木瓜蛋白酶（papain）作用于绞链区二硫键所连接的两条重链的近 N 端,将 Ig 裂解为两个完全相同的 Fab 段和一个 Fc 段。

（1）Fab 即抗原结合片段（fragment of antigen binding）,由一条完整的轻链和部分重链（V_F 和 C_H1）组成。一个 Fab 片段为单价,可与抗原结合但不形成凝集反应或沉淀反应;因 V 区的 Aa 种类、排列顺序、其空间结构具有高度可变性和复杂性,能充分适应 Ag 决定簇的多样性,也为 Ab 的多样性和特异性作出了圆满的解释(图 4-5)。

(2)Fc 片段即可结晶片段(fragment crystallizable),相当于 IgG 的 C_H2 和 C_H3 功能区,无抗原结合活性,是 Ig 与效应分子或细胞相互作用的部位,与 Ig 的生物学活性有关。如:激活补体,增强巨噬细胞的吞噬效果,激活 K 细胞的杀伤作用。

2.胃蛋白酶(pepsin)作用于绞链区二硫键所连接的两条重链的近 C 端,将 Ig 水解为一个大片段 F(ab')2 和一些小片段 pFc'。F(ab')2 是由两个 Fab 及绞链区组成,为双价,可同时结合两个抗原表位,故能形成凝集反应或沉淀反应。pFc'最终被降解,无生物学作用。

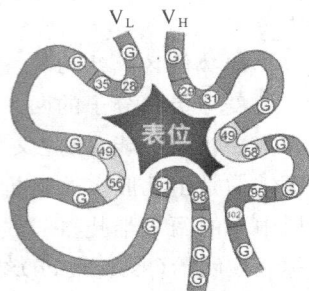

图 4-5　抗原结合片段

第二节　免疫球蛋白的生物学活性

一、与相应抗原特异性结合

1.IgV 区的氨基酸构型与相应决定簇的立体构型互相吻合。

2.Ig(负电荷)与 Ag(正电荷)相互吸引。

3.Ig 与 Ag 相互形成氢键。

二、激活补体

IgG 和 IgM 与相应抗原结合后,可因构型改变而使其 C_H2/C_H3 功能区内的补体结合点暴露,从而激活补体经典途径。IgA 和 IgE 的凝聚物可激活补体旁路途径(图 4-6)。

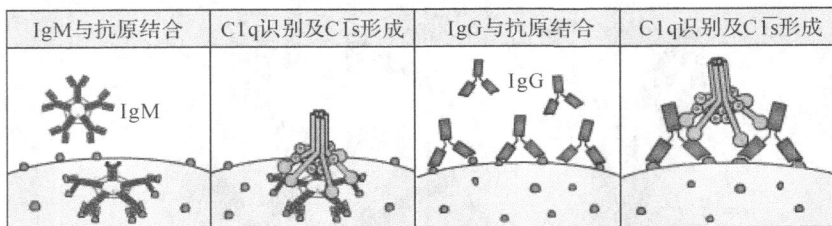

图 4-6　激活补体

三、结合细胞,产生多种生物学效应

1.调理作用:IgG 与细菌等颗粒性抗原结合后,可通过其 Fc 段与巨噬细胞和中性粒细胞表面相应 IgG Fc 受体结合,促进吞噬细胞对细菌等颗粒抗原的吞噬(图 4-7)。

2.抗体依赖细胞介导的细胞毒作用(antibody dependent cell-mediated cytotoxicity, ADCC):IgG 与肿瘤或病毒感染的靶细胞结合后,可通过其 Fc 段与 NK 细胞、巨噬细胞和中性粒细胞表面相应 IgG Fc 受体结合,增强 NK 细胞和触发吞噬细胞对靶细胞的杀伤作用(图 4-8)。

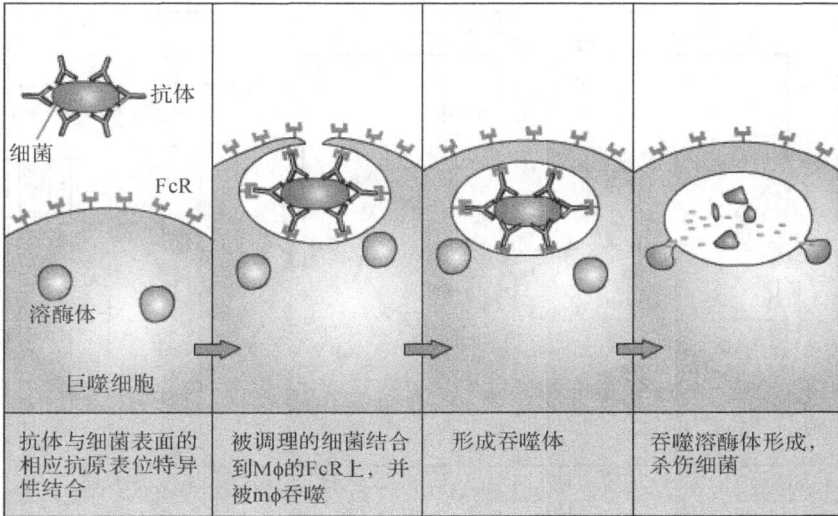

图 4-7　调理作用

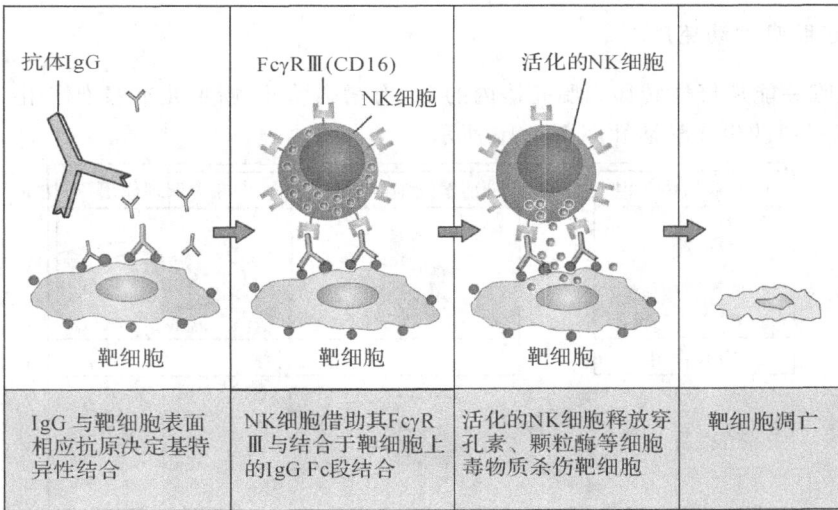

图 4-8　NK 细胞介导的 ADCC 作用

3.介导Ⅰ型超敏反应:IgE 为亲细胞抗体,可通过其 Fc 段与肥大细胞和嗜碱粒细胞表面相应 IgE Fc 受体结合,而使上述细胞致敏。若相同变应原再次进入机体与致敏靶细胞表面特异性 IgE 结合,即可使之脱颗粒,释放组胺等生物活性介质,引起Ⅰ型超敏反应(图 4-9)。

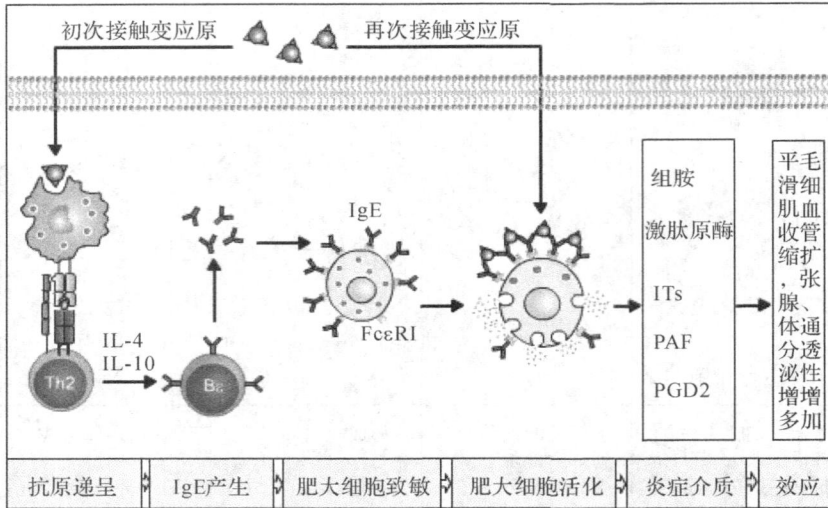

图 4-9　Ⅰ型超敏反应示意图

四、通过胎盘被动免疫

IgG 是唯一能从母体转移到胎儿体内的 Ig，有增强胎儿、新生儿抗感染作用。免疫球蛋白的生物学活性如图 4-10 所示。

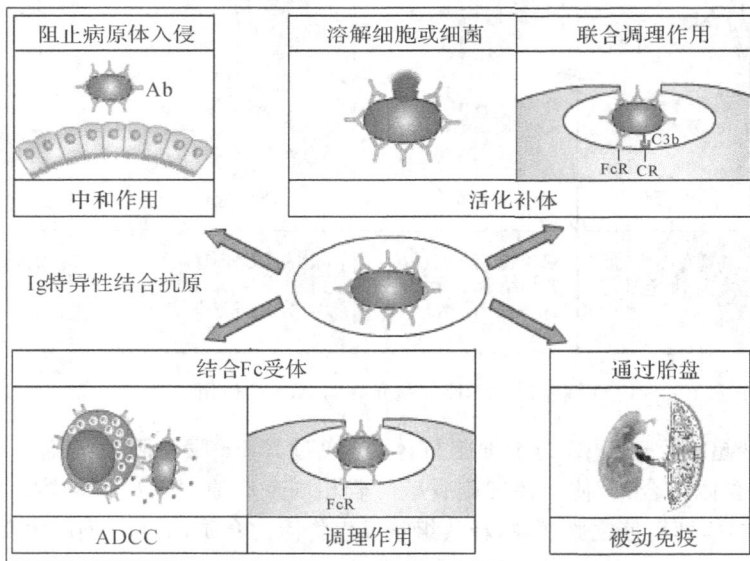

图 4-10　免疫球蛋白的生物学活性

第三节 各类免疫球蛋白的生物学活性

一、IgG

IgG 是血清和胞外液中主要的抗体成分,约占血清免疫球蛋白总量的 80%。按照其绞链区大小以及链内二硫键数目和位置的不同,可将人 IgG 分为 4 个亚类,依其在血清中浓度高低,分别为 IgG1、IgG2、IgG3、IgG4。IgG 自出生后 3 个月开始合成,3～5 岁接近成人水平。IgG 的半衰期为 20～23 天,是再次体液免疫应答产生的主要抗体,其亲和力高,在体内分布广泛,具有重要的免疫效应,是机体抗感染的"主力军"。IgG1、IgG3、IgG4 可穿过胎盘屏障,在新生儿抗感染免疫中起重要作用;IgG1、IgG2、IgG4 可通过其 Fc 段与葡萄球菌蛋白 A(SPA)结合,借此可纯化抗体,并用于免疫诊断;IgG1、IgG3 可高效激活补体,并可与巨噬细胞、NK 细胞表面 Fc 受体结合,发挥调理作用、ADCC 作用等;某些自身抗体和引起 II、III 型超敏反应的抗体也属 IgG。

二、IgM

IgM 占血清免疫球蛋白总量的 5%～10%,血清浓度约 1mg/ml。单体 IgM 以膜结合型(mIgM)表达于 B 细胞表面,构成 B 细胞抗原受体(BCR);分泌型 IgM 为五聚体,不能通过血管壁,主要存在于血清中。五聚体 IgM 含 10 个 Fab 段,具有很强的抗原结合能力;含 5 个 Fc 段,比 IgG 更易激活补体。天然血型抗体为 IgM,血型不符的输血可致严重溶血反应。IgM 是个体发育中最早合成的抗体,脐带血 IgM 升高提示胎儿宫内感染;IgM 也是初次体液免疫应答中最早出现的抗体,是机体抗感染的"先头部队";血清中检出 IgM,提示新近发生感染,可用于感染的早期诊断。

三、IgA

IgA 仅占血清免疫球蛋白总量的 10%～15%,但却是外分泌液中的主要抗体类别。IgA 分为两型:血清型为单体,主要存在于血清中;分泌型 IgA(secretory IgA,SIgA)为二聚体,由 J 链连接,含内皮细胞合成的 SP,经分泌性上皮细胞分泌至外分泌液中。

SP 的主要功能是介导 IgA 穿过上皮细胞腺体腔或黏膜表面,其机制为:SP 作为受体与 IgA 结合,形成永久性共价复合物 SIgA。SIgA 主要存在于乳汁、唾液、泪液和呼吸道、消化道、生殖道黏膜表面,参与局部的黏膜免疫。新生儿易患呼吸道、消化道感染,可能与其 SIgA 合成不足有关。婴儿可从母乳中获得 SIgA,属重要的自然被动免疫。

四、IgD

IgD 仅占血清免疫球蛋白总量的 0.2%,血清浓度约 30ug/ml。在五类 Ig 中,IgD 的绞链区较长,易被蛋白酶水解,故其半衰期较短(仅 3 天)。IgD 分为两型:血清 IgD 的生物学功能尚不清楚;膜结合型 IgD(mIgD)构成 BCR,是 B 细胞分化成熟的标志。未成熟 B 细胞仅表达 mIgM;成熟 B 细胞同时表达 mIgM 和 mIgD,被称为初始 B 细胞(Naive B cell);活化的 B 细胞或记忆 B 细胞其表面的 mIgD 逐渐消失。

五、IgE

正常人血清中含量最少的免疫球蛋白是 IgE,血清浓度仅为 0.3ug/ml,主要由黏膜下淋巴组织中的浆细胞分泌。IgE 相对分子量为 160kD,其重要特征为糖含量高达 12%。IgE 具有很强的亲细胞性,其 C_H2 和 C_H3 可与肥大细胞、嗜碱粒细胞表面高亲和力 FcεRI 结合,促使这些细胞脱颗粒并释放生物活性介质,引起 I 型超敏反应。此外,IgE 可能与机体抗寄生虫免疫有关。

图 4-11 所示为各类免疫球蛋白结构示意图。

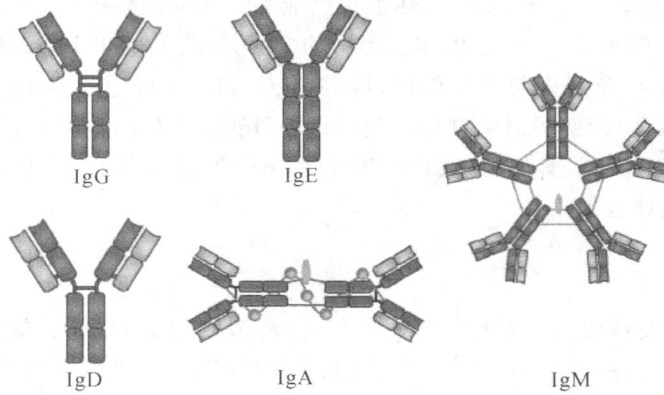

图 4-11 各类免疫球蛋白

第四节 人工制备抗体

抗体在疾病诊断和免疫防治中发挥重要作用,故对抗体的需求越来越大。人工制备抗体是大量获得抗体的重要途径。早年人工制备抗体的方法主要是以相应抗原免疫动物,获得抗血清。由于天然抗原常含多种不同抗原表位,同时抗血清也未经免疫纯化,故所获抗血清是含多种抗体的混合物,即多克隆抗体（polyclonal antibody）。用于制备抗血清的动物由早期的小鼠、大鼠、兔、羊等小动物发展到马等大动物,但所获抗体的质与量均不敷现代医学生物学实践之需。

1975 年,Kohler 和 Milstein 建立了体外细胞融合技术,获得免疫小鼠脾细胞与恶性浆细胞瘤细胞融合的杂交瘤细胞,从而使得规模化制备高特异性、均质性的单克隆抗体（monoclonal antibody,McAb)成为可能。

一、多克隆抗体

在含多种抗原表位的抗原物质刺激下,体内多个 B 细胞克隆被激活并产生针对多种不同抗原表位的抗体,其混合物即为多克隆抗体。多克隆抗体是机体发挥特异性体液免疫效应的关键分子,具有中和抗原、免疫调理、介导 CDC、ADCC 等重要作用。在体外,多克隆抗体主要来源于动物免疫血清、恢复期病人血清或免疫接种人群。其特点是来源广泛、制备容易。多克隆抗体是针对不同抗原表位的抗体的混合物,而并非仅针对某一特定表位,其缺点是：特异性不高、易发生交叉反应，也不易大量制备，从而应用受限，图 4-12 为多克隆抗体制备示意图。

二、单克隆抗体

制备单一表位特异性抗体的理想方法是获得仅针对单一表位的浆细胞克隆，使其在体外扩增并分泌抗体。然而，浆细胞在体外的寿命较短，也难以培养。为克服此缺点，Kohler 和 Milstein 将可产生特异性抗体但短寿的浆细胞与无抗原特异性但长寿的恶性浆细胞瘤细胞融合，建立了可产生单克隆抗体的杂交瘤细胞和单克隆抗体技术（图 4-13）。

单克隆抗体技术的基本原理是：哺乳类细胞的 DNA 合成分为从头（do novo）合成和补救（Salvage）合成两条途径。前者利用磷酸核糖焦磷酸和尿嘧啶，可被

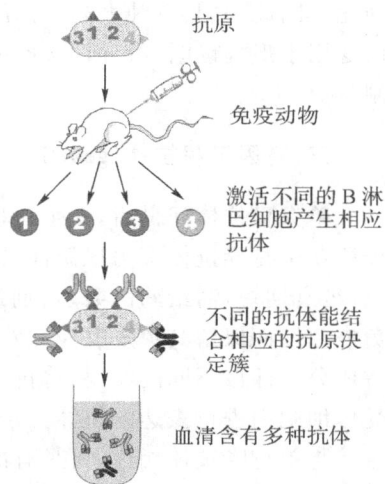

图 4-12　多克隆抗体制备示意图

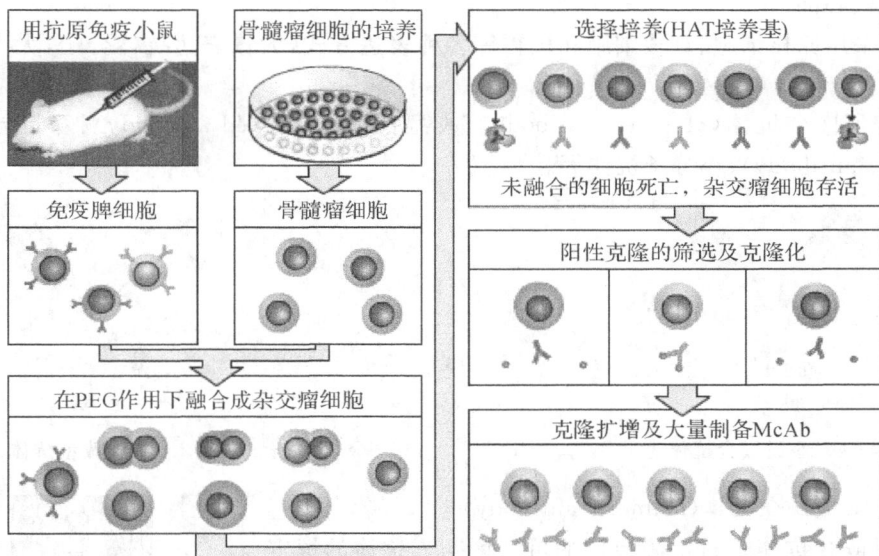

图 4-13　单克隆抗体的制备

氨基喋呤（A）阻断；后者则在次黄嘌呤磷酸核糖转化酶（HGPRT）存在下利用次黄嘌呤（H）和胸腺嘧啶（T）；脾细胞和骨髓瘤细胞在聚乙二醇（PEG）作用下可发生细胞融合；加入 HAT 选择培养基（含 H、A 和 T）后，未融合的骨髓瘤细胞因其从头合成途径被氨基喋呤阻断而又缺乏 HGPRT 不能利用补救途径合成 DNA，因而死亡；未融合的脾细胞因不能在体外培养而死亡；融合细胞因从脾细胞获得 HGPRT，故可在 HAT 选择培养基中存活和增殖。

融合形成的杂交细胞系称为杂交瘤（hybridoma），其既有骨髓瘤细胞大量扩增和永生的特性，又具有免疫 B 细胞合成和分泌特异性抗体的能力。

单克隆抗体在结构和组成上高度均一，抗原特异性及同种型一致，易于体外大量制备和

纯化。因此,其具有纯度高、特异性强、效价高、少或无血清交叉反应、制备成本低等优点,已广泛用于疾病诊断、特异性抗原或蛋白的检测和鉴定、疾病的被动免疫治疗和生物导向药物制备等。

三、基因工程抗体(genetic engineering antibody)

单克隆抗体问世后,在生命科学理论研究和临床实践中得到极为广泛的应用。但是,迄今所获单克隆抗体多为鼠源性,鼠免疫球蛋白会使机体产生人抗鼠抗体反应,导致被快速清除,半衰期短,需给药次数多、剂量大,鼠抗体可能引起严重过敏反应。如何去除 McAb 的免疫原性而保留其免疫反应性?理想的方案是 McAb 只包含人的氨基酸序列,无鼠的氨基酸成分。即按不同的需要,将抗体的基因进行加工、改造和重新装配,然后再导入到适当的受体细胞内进行表达的抗体分子,这也就是第三代抗体。

与单克隆抗体相比,所具有的优点有:

1.通过基因工程技术的改造,可降低甚至消除人体对抗体的排斥反应;

2.基因工程抗体的分子量较小,可部分降低抗体的鼠源性,更加有利于穿透血管壁,进入病灶的核心部位;

3.可采用原核细胞、真核细胞和植物等多种表达方式,大量表达抗体分子,大大降低生产成本。

如人-鼠嵌合抗体(chimeric antibody)、改型抗体(reshaped antibody)、双特异性抗体(bispecific antibody)、小分子抗体等。

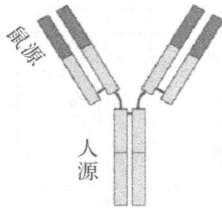

图 4-14　小鼠嵌合抗体

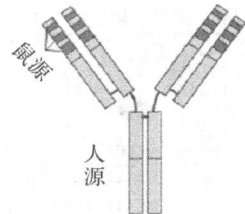

图 4-15　改型抗体

(一)人-鼠嵌合抗体(chimeric antibody)

人-鼠嵌合抗体是将鼠源单抗的可变区与人抗体的恒定区融合而得到的抗体(图 4-14)。构建嵌合抗体的大致过程是:将鼠源单抗的可变区基因克隆出来,连到包含有人抗体恒定区基因及表达所需的其他元件(如启动子、增强子、选择标记等)的表达载体上,在哺乳动物细胞(如骨髓瘤细胞、CHO 细胞)中表达。

图 4-16　双特异性抗体

(二)改型抗体或称 CDR 移植抗体

CDR 移植即把鼠抗体的 CDR 序列移植到人抗体的可变区内,所得到的抗体称 CDR 移植抗体或改型抗体,也就是人源化抗体(图 4-15)。美国正式上市的 11 种治疗性单抗中多数是改型抗体,优点:(1)特异性较强;(2)不易发生变态反应;(3)在人体内维持的时间较长。

（三）双特异性抗体

双特异性抗体是指能同时识别两种抗原的抗体（图4-16），一种为对应肿瘤相关抗原，另一种为对应效应成分。即既能结合靶肿瘤细胞又能结合高细胞毒性的效应细胞，将效应细胞富集在肿瘤周围，实现对肿瘤细胞的杀伤和裂解。特点：除了能特异性识别肿瘤细胞外，还能将循环血液中的免疫效应细胞再导向至肿瘤细胞处，从而使效应细胞的抗肿瘤活性增强，发挥免疫导向作用。

（四）小分子抗体

小分子抗体包括 Fab、Fv 或 ScFv、单域抗体及最小识别单位等（图4-17）。小分子抗体有很多优点：可以用细菌发酵生产，成本低；分子小，穿透力强；不含 Fc，没有 Fc 带来的效应；在体内循环的半衰期短，易清除，利于解毒排出；易于与毒素或酶基因连接，便于制备免疫毒素或酶标抗体。

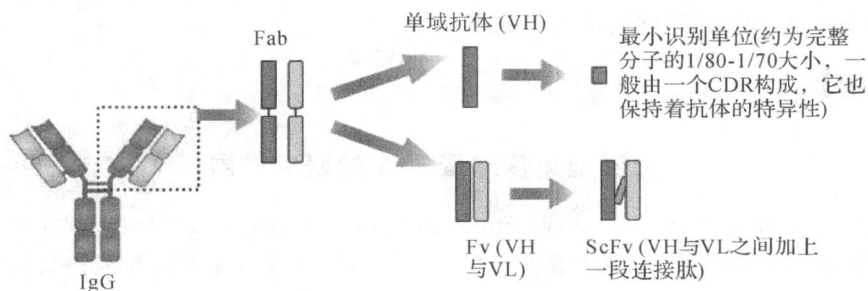

图 4-17 小分子抗体

【理解与思考】

1. 设想你是免疫球蛋白，向别人介绍你是如何产生的？

2. 当机体受到病原微生物入侵，你作为免疫球蛋白，能做什么？如何做？在管腔如消化道或是在血液中免疫球蛋白又有什么不同的作用？

3. 你是产生免疫球蛋白的浆细胞，请你将五种免疫球蛋白做一分工。

【课外拓展】

1. 免疫球蛋白有哪些血清型？

2. 基因工程抗体还有哪些种类？有何特点？各有何作用？

【课程实验与研究】

1. 设计一个检测不同免疫球蛋白的实验。

2. 设计一种检测机体受到抗原刺激后抗体产生含量的分布图。

3. 设计一个实验：检测 B 淋巴细胞的种类、数量及转化成浆细胞的能力。

4. 设计一种方案，检测抗体的调理作用。

【课程研讨】

1. 抗体有哪些结构能适应抗原的多样性？

2. 不同的抗原刺激机体产生的抗体一样吗？为何？

3. 单克隆抗体的研究进展与应用前景如何？

4. 就某一种人工制备的抗体在生物医学上的应用加以阐述。

5. 几种基因工程抗体的本质是什么？你认为人工制备的抗体有哪些进展？

6. 几种基因工程抗体一定比多克隆抗体具有优势吗？请比较其优劣。

【课后思考】

1. 什么是抗体和免疫球蛋白？二者有何关系？

2. 试述 Ig 的基本结构、功能区及其功能与水解片段。

3. 试述免疫球蛋白分子生物学活性。

4. 五类免疫球蛋白的生物学活性是什么？

5. 名词解释：多克隆抗体、单克隆抗体。

【课外阅读】

分泌型免疫球蛋白 A 的研究进展

分泌型免疫球蛋白 A（secretoryimmunoglobulinA，SIgA）是 20 世纪 60 年代初在外分泌液中发现的一种 IgA 抗体，主要存在于乳汁、胃肠液、呼吸道分泌液等外分泌液中。SIgA 分子是由 2 个 IgA 单体（每个单体含 2 条轻链和 2 条重链）、1 条 J 链和 1 条分泌片（secretorycomponent，SC，为多聚免疫球蛋白受体的胞外裂解片段）构成的异源十聚体，为了与血清 IgA 单体相区别而被命名为 SIgA。研究表明，SIgA 是外分泌液中存在的一种主要抗体，是呼吸道、消化道、泌尿生殖道等抵御病原体及有害物质的第一道免疫防线，是机体黏膜免疫最重要的抗体。

一、分泌型 IgA 合成的相关机制

二聚体 IgA（dIgA）或多聚体 IgA（pIgA）从浆细胞分泌出来后，在上皮细胞的嗜碱性侧与多聚免疫球蛋白受体（polyimmunoglobulinreceptor，pIgR）以共价健形成 dIgA-pIgR 或 pIgA-pIgR 复合物，然后通过内吞作用和转运被运输到黏膜外侧，此后完整的 SIgA 分子通过 pIgR 分裂（pIgRC 端跨膜部分和胞内部分在黏膜上皮细胞内降解）释放出来。SIgA 在保护机体免受黏膜表面的微生物侵袭方面起着非常重要的作用，其合成与抗原递呈、淋巴细胞归巢迁移（trafficking）及周围环境中的细胞因子均有很大关系。在黏膜免疫诱导部位，抗原加工、递呈后，形成针对抗原的 IgA 型 B 细胞。在此过程中，B 细胞的分化、增殖有赖 T 细胞的帮助。其中多种 Th2 样因子参与了诱导部位 B 细胞增殖、分化，相关因子包括 TGF-β、IL-4 等。前体 B 细胞在诱导部位内进行同种型转换（isotypeswitch），形成膜表面抗体 IgA 阳性的 B 细胞，同种型转换是形成 IgA 型浆细胞的关键之一。体外研究发现，在 TGF-β 作用下，B 细胞基因重排，使 Cα 基因得以表达，从而使其转型为 IgA 型 B 细胞。但有研究证实 IL-4 的作用远高于 TGF-β。在体内实验中，证实 IL-4 是调控 B 细胞在 PP（潘氏结）内分化的主要因子，IL-4$^{-/-}$ 小鼠失去合成 IgA 的功能，提示 IL-4 对于 IgA 的合成十分重要。

二、SIgA 的结构特征

IgA 在分泌物中主要以二聚体形式存在,SIgA 是由十肽组成的免疫球蛋白,来自 2 个不同的细胞系,沉降系数为 11S,它包含 2 个单体的 IgA、1 条 J 链和 1 个分泌片,它们通过共价结合就形成所谓的 SIgA 单体。IgA 主要存在于血清中,含量较低,其沉降系数为 7S,相对分子质量约为 $165×10^3$,是重链为 α 的免疫球蛋白。IgA 分子由 2 条 κ 链或 2 条 λ 链和 2 条 α 链构成,α 链稍大于 γ 链。IgA 经木瓜蛋白酶水解可以得到 3 个大小相当的片段,其中有 2 个相同的片段因具有抗原特异性结合能力,而被称为抗原结合片段(fragment antigen binding,Fab)。另一个片段是含有 Cα2 和 Cα3 的重链片段,它能从溶液中结晶出来,呈明显的均一性,故被称为结晶片段(fragment crystallizablc,Fc),Fc 不能结合抗原,但具有各类 Ig 的抗原决定簇及生物活性,Ig 的许多效应功能由 Fc 部分介导。Fab 和 Fc 之间有一个铰链区(hinge region),它的存在可以保证抗体分子的柔性,从而使抗体分子的许多结合位点在空间上能与抗原相互作用。人类的 IgA 包括 IgA1 和 IgA2 共 2 个亚型,它们由不同的基因表达。IgA1 和 IgA2 的最大不同之处在于 IgA1 的铰链区比 IgA2 多 13 个氨基酸残基。IgA2 有 3 种亚型,即 IgA2m(1)、IgA2m(2)和 IgA2n。

人类 J 链是相对分子质量约 $15×10^3$ 的多肽,与其他物种的 J 链高度同源。人 J 链基因有 4 个外显子,外显子 1 编码前导肽,外显子 2～4 编码含有 137 个氨基酸残基的成熟肽,J 链基因不是 Ig 基因簇的一部分,它定位于 15 号染色体。人类 J 链有 8 个半胱氨酸残基,Cys^{15} 和 Cys^{69} 通过二硫键与 IgA 的 α 链相连,其他 6 个半胱氨酸残基形成链内二硫键(Cys^{13}：Cys^{101},Cys^{72}：Cys^{92},Cys^{109}：Cys^{134})。Johansen 等发现,J 链 C 端对于 IgA 聚合体的形成并非必要,但对于保持与 SC 的亲和力有着重要的作用;同时他们也发现,2 个链内二硫键(Cys^{13}：Cys^{101} 和 Cys^{109}：Cys^{134})对于 SC 的结合是不可缺少的,但对于 IgA 聚合体形成则可有可无,仅 Cys15 或 Cys69 的存在就足够保持多聚体 IgA 的稳定性。J 链产生于合成 IgA 和 IgM 的浆细胞中,而且也产生于合成 IgG 的未成熟浆细胞,但它并不与 IgG 分子结合。用 J 链$^{-/-}$鼠实验发现,pIgA 不能与 SC 结合,也不能被表达 SC 的上皮细胞有效转运,这说明 J 链参与了 SC 介导的转运。J 链不仅是 SC 结合 IgA 的重要媒介,而且还在通过调节 IgA 结构而影响 IgA 在细胞内装配中起重要作用。

SC 是上皮细胞上的 pIgR 的一部分,pIgR 为免疫球蛋白超家族成员。pIgR 由上皮细胞产生,与 pIgA 特别是 dIgA 相结合,成为 IgA 聚合体的转运受体,是 SIgA 的重要组成部分。人 Fc 介导了 pIgA 和 pIgR 的相互作用,pIgR 细胞外部分包含 5 个与免疫球蛋白相似的功能域(D1～D5)。其中 D1 在与 dIgA 的 Cα3 功能域非共价结合过程中起了重要的作用,D5 与 IgA 的 Cα2 共价结合使复合物分子更加稳定。正是 SC 的存在,使 SIgA 对蛋白酶的敏感性下降,黏液更黏稠,增强了黏附作用及防御能力。在 SIgA 的运输过程中,pIgR 的细胞外部分与分泌性抗体结合成为固定 SC,即我们经常所指的 SC,可抵抗蛋白酶的降解,从而起到稳定 SIgA 的作用。有些未与 SIgA 结合的 pIgR 分子也被转运到黏膜外侧,并通过水解与细胞脱离,形成游离 SC,与固定 SC 相似,亦为相对分子质量为 $80×10^3$ 的蛋白。SC 是黏膜免疫系统的重要组分,参与 SIgA 形成和分泌,在 $SC^{-/-}$ 转基因小鼠中,由于 SC 基因的缺失,不能进行 pIgA 的选择性上皮运输,导致该小鼠完全没有黏膜免疫功能。

三、SIgA 的功能

与普通的抗体分子相比,SIgA 具有许多优良特性。SIgA 分子中的 J 链将 2 个 IgA 单体连接起来,由于每个 IgA 单体具有 2 个抗原结合部位,因此每个 SIgA 抗体即有 4 个抗原结合位点(四价),从而比普通抗体分子具有更高的亲和力。SIgA 具有很高的稳定性,其在黏膜表面的半衰期为 IgG 的 3 倍,其在人体外分泌道中的保护作用可以持续 4 个月以上。这种高稳定性主要是由以下几种因素所致:一是由于 SIgA 的铰链区较之其他抗体分子短,而铰链区是最容易受到蛋白酶攻击的部位,铰链区的缩短有利于抵抗蛋白酶的降解;二是由于 SIgA 的分泌片高度稳定,其多糖侧链具有防止蛋白酶降解的作用,分泌片对抗体分子的包裹使整个抗体分子变得十分稳。此外,分泌片还赋予 SIgA 特殊的免疫保护作用:首先,分泌片具有非特异性的病原微生物中和活性;其次,分泌片上的糖基黏附于黏膜上皮,更使 SIgA 整齐地排列在黏膜表面,形成隔离保护层,可有效地阻止病毒的入侵。

四、重组 SIgA

基因工程抗体药物是现代免疫学和生物工程技术的重要产物,已经发展成为一大类市场上热销的产品,约占整个生物类药品的 1/3。已经上市的抗体药物主要用于器官移植及肿瘤、免疫性疾病和心血管疾病等,仅有一种抗病毒感染的抗体药物。但是,处于临床前研究和临床研究的抗病毒感染抗体药物数量却很多,抗病毒基因工程抗体已经成为一个研究热点。

目前已上市和处于研发阶段的抗体多为 IgG 类型,还没有 IgA 或 SIgA 抗体产品上市,国外有一些研究小组在进行基因工程 SIgA 研究,而国内尚未见到 SIgA 基因工程抗体的报道。天然的 SIgA 是由 2 种不同细胞产生的,IgA 单体和 J 链由浆细胞产生,分泌片则由黏膜上皮细胞合成。SIgA 的相对分子质量比较大,约为 400×10^3 (单体 IgA 约为 165×10^3,SC 约为 80×10^3,J 链约为 15×10^3),组装起来相当困难,尽管如此还是有许多 SIgA 的表达和组装系统被建立。Ma 等利用转基因烟草表达了鼠源 SIgA 抗体的 κ 链、重链、J 链及兔的 SC,且在植物中组装成分泌型抗体。而 Johansen 等证明,经共转染的哺乳动物细胞(CHO)也能够组装完整的 SIgA 分子。Berdoz 等也利用 CHO 细胞共转染建立了稳定转染的细胞株,该细胞株能高效表达人鼠嵌合 IgA 抗体的重链和轻链、人 J 链和人 SC,并能产生高浓度的、具有抗原特异性的人鼠嵌合单体 IgA、dIgA 和 SIgA 抗体。Chintalacharuvu 等分别在 CHO 细胞和淋巴瘤细胞中表达和组装了不同形式的 IgA 分子,并发现二者的表达产物在不同形式的 IgA 组分(单体、二聚体和分泌型)上有所区别。上述一系列实验说明,利用抗体工程的手段,在单个非免疫细胞中表达 SIgA 的 4 种多肽链,并组装成具有天然结构和功能的 SIgA 分子是完全可能的。CHO 细胞作为目前最常用的抗体工程的表达系统,其发酵和纯化工艺成熟,且与其他常用的表达系统相比与人类细胞最为接近,表达的抗体在糖基化和构象等特性方面与人体内的天然抗体最为接近,因此用 CHO 细胞作为 SIgA 表达的宿主细胞是一种较好的选择。

五、结语

与普通的非分泌型抗体相比,SIgA 局部用于呼吸道或消化道,使用方便,使用剂量小,无须进入血液,其纯度要求不必过高,因此非常适合于在特定条件下的紧急生产制备。而重组 SIgA 作为基因工程抗体产品,对于进一步研究 SIgA 阻断细菌和病毒的黏附机制有着重要的意义。

(资料来源:张宝中. 分泌型免疫球蛋白 A 的研究进展[J]. 生物技术通讯,2009,20(2):263-265)

单克隆抗体研究进展

一、临床治疗

◆2006 年研制出的 α-抗肿瘤坏死因子是一种抗炎单克隆抗体。

一项新的研究试验证实,接受了 α-抗肿瘤坏死因子治疗的具有中等哮喘症状的患者与服用空白安慰剂的个体相比,疾病的恶化明显较轻。伦敦皇家 Brompton 医院心脏和肺脏研究中心的研究人员将这些发现发表在 10 月的 American Journal of Repiratory and Critical Care Medicine 杂志上。负责这项研究的 Trevor T. Hansel 博士和 11 名同事将一种叫做 nflixmab 的单克隆抗体注射给 14 名患者。这种单抗能够结合并中和肿瘤的 α 坏死因子(TNF-α)。另外,有 18 名患者在 8 周的双盲试验中接受了安慰剂,以作为对照组。研究人员指出,哮喘的结构性和炎性细胞都能释放 TNF-α———一种细胞内的信使蛋白质,由白细胞制造。试验结果表明,抗 TNF-α 疗法对风湿性关节炎、僵直性脊椎炎、克隆氏症和牛皮癣具有治疗效果,但是对慢性阻塞性肺疾病(chronic obstructive pulmonary disease,COPD)患者却无效。该抗体对患有伴随性风湿性关节炎的哮喘患者具有明显的疗效。在 18 名接受安慰剂处理的患者中,13 人病情发生了恶化,而在 14 个接受 inflixibmab 抗体治疗的患者中只有 4 人发生恶化。研究人员还指出,在试验中没有发现与使用单克隆抗体相关的副作用。相反,患者对 infliximab 治疗表现出了良好的耐受性,患者的哮喘恶化发生率明显降低。接下来,研究人员将会对严重哮喘患者进行这种抗体的更大规模的临床试验。

从临床试验的适应症来看,单抗主要用于癌症治疗,如结肠癌、直肠癌、乳腺癌、卵巢癌、肺癌、黑色素瘤、白血病、前列腺癌和胰腺癌等。还有治疗感染性休克和脓毒血症的单抗,个别也有治疗类风湿性关节炎、Ⅰ型糖尿病和肠炎的单抗。此外,还有临床试用于预防器官移植抗排异反应、抗血小板凝集和艾滋病的单抗。

美国临床试用的单抗药物剂型种类繁多,除单独使用单抗外,还有同位素标记的单抗、毒素—单抗耦联物、药物—单抗耦联物。在体外补体非依赖性细胞毒试验、免疫组织化学试验、CFU—GM 集落形成的实验显示,单抗—柔红霉素耦联物对 T 源性淋巴瘤有较强的亲和力,并能特异地杀伤白血病 T 淋巴细胞,但不损伤骨髓干细胞。

◆狂犬病病毒(RV)特异性 McAbs 中和作用

McAbs 中和作用的机制研究和应用研究相辅相成。针对 RV 糖蛋白特异性 McAbs 中和 RV 的作用机制研究也在不断开展,但是所获成果不大。

早在 1987 年,Bernhard 等人就对识别糖蛋白的特异性 McAbs 中和 RV 的作用机制进行了研究,细胞(BHK-21)实验证明,具有中和活性的 McAbs 与放射性标记的 RV 体外孵育后,可以完全抑制病毒对细胞的感染,但是,中和抗体对于那些已经病毒内化感染了的细胞只能部分抑制。一些具有中和活性的 McAbs 能够阻止病毒吸附细胞后的感染作用,将

McAbs 同已经包含或吸附有病毒的细胞在 4℃下作用,30%的病毒可以重新释放出来,这表明,吸附在细胞上的病毒,只能部分因为病毒与 McAbs 的中和作用而被释放出来。为了研究吸附病毒细胞的中和机制,他们进行了温度变化试验,在 37℃用病毒感染细胞,然后进行治疗。结果表明,对 37℃下吸附病毒的细胞,任何一种 McAb 都没有效果,McAbs 与病毒都被细胞的内摄作用内吞了。但是,各种 McAbs 中和吸附在细胞上病毒的能力,与体外孵育抑制病毒的活性在比例上是一致的。根据实验数据,该研究组推测,这些 McAbs 中和RV 是通过抑制内核内涵体的酸催化溶合作用,从而导致病毒的脱衣壳而实现的。

1992 年,Schumacher 等做了深一步的机制研究,他们使用鼠源 McAbs 进行鸡尾酒疗法(cocktail of murine anti-rabies monoclonal antibodies,McAb-C)的小鼠治疗试验。研究发现:小鼠体内具有某种封闭狂犬病疫苗免疫所产生的病毒中和性抗体的能力,使用McAb-C 治疗实验小鼠,可以抑制小鼠体内的这种封闭能力。McAbs 介导的抑制作用可能是由于体内形成的抗原-抗体复合物所引起,该复合物对于早期 B 细胞具有负调节信号作用。同时,McAb-C 的使用也不影响 RV 特异性的 Th 细胞的诱导作用。

2001 年,Hanlon CA 等的一项以叙利亚地鼠为研究模型的实验也表明 McAb 具有很好的甚至是优于 RIG 的治疗作用。然而,他们又发现:7 株可以中和典型 RV 突变体的人源McAbs 以及 RIG 都不能中和一种来自欧洲蝙蝠的 RV;更有甚者,杜文黑基病毒(Duven-hage virus)能被 RIG 中和,而不能被 McAbs 中和;同时,Lagos 蝙蝠株以及狂犬相关病毒能被 McAb 中和,而不能被 RIG 中和。这也说明 McAb 以及 RIG 用于防治狂犬病还有许多不确定因素,有待于对其作用机制做更深入的研究来阐明。

◆蛋白质分离纯化

从发酵液、血清、组织或细胞匀浆上清液中分离纯化出来某些具有生物活性的蛋白质、多肽或酶类时,一般采用盐析、离子交换层析、凝胶过滤等方法,但这些方法的选择性都不理想,很难经一两步处理就能达到纯化的目的,所以既费时费力,又不能适应大规模工业化生产的需要。随着现代生物技术制药的发展,单抗免疫亲和层析作为高效的分离纯化方法已得到广泛的应用。Staehelin 等用? 一干扰素单抗进行免疫亲和层析,使大肠杆菌产生的干扰素,经进一步处理纯化达 1000 倍。

二、单抗靶向给药系统

随着杂交瘤技术的问世,人们已能筛选出特异性较高的单抗。这种抗体不仅有均一的特异性,而且免疫球蛋白的类、亚类、型也都是均一的,并具有高度的特异性,能从正常组织中识别肿瘤细胞。将药物联到单抗上,可提高药物的疗效,降低毒性,是靶向药物的理想载体。

◆免疫脂质体

脂质体本身具有靶向作用,但其特异性不强,要使脂质体分布到特异性靶器官,就需在脂双层接上特异性抗体,成为免疫脂质体。将抗癌细胞的单抗接到带药脂质体上,由于单抗能有效地识别肿瘤细胞上表达的抗原,具有高度的特异性,使脂质体与癌细胞特异性地结合,提高脂质体的靶向性,使药物特异性地输送到癌细胞,进而减少用药剂量,降低不良反应。又由于单抗对肿瘤细胞有较好的亲和力,使药物的抗癌活性专一,故能选择性地杀伤癌细胞,起到良好的治疗作用。

免疫脂质体作为药物载体,既具有载药量大、在体内滞留时间长,又具有靶细胞专一性等优点，是最有前途的单抗靶向给药系统。

◆免疫毫微粒

将单抗通过共价交联或吸附到毫微粒表面，形成具有免疫活性的毫微粒。免疫毫微粒具有双重靶向性，即被动靶向性和主动靶向性。一方面它属于毫微粒体系，可通过控制粒子大小，使其选择性被动滞留在特定的脏器；另一方面可通过改变粒子表面修饰的抗体而作用于具有相关抗原的靶细胞。

◆免疫毫微球与免疫微球

微球是药物分散或被吸附在高分子聚合物基质中而形成的微粒分散系统，粒径较小的微球也称毫微球。微球具有靶向性、缓释性和避免抗药性。免疫微球的应用很广，除了可用作抗癌药的靶向治疗外，还可以用于标记和分离细胞、疾病的诊断和治疗等。

◆免疫磁性载体

磁性药物制剂是将药物和铁磁性物质共包于或共分散于载体中，应用于人体后，利用体外磁场的效应使药物在体内定向移动和定位集中的靶向给药制剂。免疫磁性微球是将单抗偶联在磁性微球的表面，使其靶向性和专一性更强，从而达到高效、速效、低毒的新型药物制剂。

由于单抗靶向给药系统具有高度特异性和强大的杀伤力等优点，给广大肿瘤患者带来了福音，也预示了癌症化疗的一个新途径。但要将单抗靶向给药制剂作为临床上治疗肿瘤的常规制剂，目前还有许多亟待解决的问题，如提高单抗的特异性，减少与正常细胞的交叉反应；防止鼠源性单抗引起的抗鼠抗体反应；使用人源单抗、人鼠杂交抗体或去除 Fc 段的单抗；防止结合的药物在到达肿瘤细胞前即已释放，或受网状内皮系统吞噬而将药物释放，引起全身性毒性；增加到达靶部位的药物量等。

（资料来源：吴永强．人源化单克隆抗体研究进展［J］．微生物学免疫学进展，2008，36（2）73－76）

能与 2 种不同抗原结合的抗体

美国科学家近日通过研究，打破了一个古老的免疫学教条——一个抗体只能结合到一个抗原上。他们成功地使一个抗体紧密地结合到两个不同的抗原上。相关论文发表在 2009 年 3 月 20 日的《科学》杂志上。

这一抗体作用于 2 种蛋白——血管内皮生长因子（VEGF）和人类表皮生长因子受体 2（HER2），前者被认为会促进肿瘤的生长，而后者则在一些侵略性的乳腺肿瘤里高表达。

科学家以前经常发现一些抗体能够松散地结合到多个抗原上，但一直没有发现或通过操作实现单个抗体特异性地紧密结合到 2 个不同抗原上。

在此次研究中，美国加州基因技术公司（Genentech）的 Germaine Fuh 和同事突变了 HER2 的抗体，然后在突变体中筛选出了能够同时结合 HER2 和 VEGF 的变异。这是首次创造出能结合到 2 种无关联蛋白的抗体。Fuh 说："这将开启双重标靶型疗法之门。"

重点研发抗体疗法的 Genmab 生物技术公司副总裁 Paul Parren 表示，结果令人吃惊。他说："我们以前根本没有这样考虑过抗体，它让人不禁要猜测，这种分子是否也有可能在自然界中存在。"

（资料来源：Science 20 March 2009；DOI：10.1126/science.1165480）

美研究发现抗多种流感病毒人单克隆抗体

美国研究人员 2009 年 2 月 22 日发表报告说,他们发现了能中和多种流感病毒毒株的人单克隆抗体。这些抗体由单个 B 淋巴细胞分泌合成,可中和的流感病毒包括 H5N1 型高致病性禽流感病毒和季节性流感病毒,将来在此研究基础上有望开发出高效流感疫苗。

研究人员介绍说,组成流感病毒的血凝素蛋白共有 16 种亚型,他们发现的人单克隆抗体能中和其中 9 种,除了目前已知的 4 种禽流感病毒和季节性流感病毒,还包括造成 1918 年西班牙大流感的 H1N1 型流感病毒。

美国国家过敏和传染病研究所所长安东尼·福奇指出,这项研究意义重大,它表明在流感暴发而疫苗尚未生产出来之前,人单克隆抗体将是重要的抗病毒补充药物。

该研究报告的第一通讯作者、哈佛大学医学院旅美中国学者隋建华博士对记者说,人类患流感或接种流感疫苗后通常会产生抗体,但是这些抗体通常仅能中和以前接触过的相同病毒毒株。新发现的人单克隆抗体则具有广泛的中和活性,并且可在较短的时间内大量制备。这些抗体可与抗病毒药物联合使用以阻止病毒的传播,预防流感。

据研究人员 22 日发表在英国《自然—结构和分子生物学》(Nature Structural & Molecular Biology)杂志网络版的报告介绍,流感病毒有一个隐蔽且序列和结构保守的区域,该区域位于流感病毒的主要膜蛋白——血凝素蛋白的颈干部位,人体很少产生针对这一区域的抗体。而他们通过体外方法分离的人单克隆抗体能有效地与这一区域结合,阻止流感病毒变异,使其丧失感染人体细胞的能力。

领导这项研究的达纳—法伯癌症研究所副教授韦恩·马拉斯克说,这些单克隆抗体是人源抗体,目前已可用来实施更进一步的临床前及临床研究。他认为,这些人单克隆抗体可在流感季节用来治疗免疫能力低、高龄个体和医疗工作者等高危人群。

研究人员下一步的计划是,针对流感病毒所在的区域开发疫苗,这样的疫苗有望使人体获得长期的抗流感病毒能力。

据世界卫生组织统计,全世界每年有 25 万至 50 万人死于季节性流感。历史上曾发生多次流感大流行,1918 年发生的西班牙大流感曾导致上千万人死亡。

影响 B 细胞增殖的关键蛋白

美国研究人员最近鉴别出一种在 B 淋巴细胞分裂、增殖过程中所必需的关键蛋白。科学家说,这项发现将能帮助开发针对多发性骨髓瘤等疾病的新疗法。

大量、快速生成 B 淋巴细胞等免疫细胞是构建免疫系统的关键。但如果 B 淋巴细胞的分裂、增殖得不到控制,就可能引发多发性骨髓瘤等疾病;如果 B 淋巴细胞攻击目标错误,就可能引发自体免疫性疾病。

美国加州大学圣迭戈分校医学院的研究人员 8 日在《自然·免疫学》杂志网络版上说,他们发现一种名为 CD98hc 的蛋白可影响 B 淋巴细胞分裂、增殖,这种蛋白在几乎所有脊椎动物身体中都存在,但科学家一直不清楚它在免疫过程中的作用。

论文第一作者约瑟夫·坎托说,过去人们在静息淋巴细胞过程中发现这种蛋白的含量较低,因此用它做活化标记物。但现在发现,当 B 淋巴细胞受抗原刺激,比如在阻止细菌入侵机体时,CD98hc 蛋白的含量会激增。

进一步的实验发现,缺乏这种蛋白的小鼠对病原体不会产生正常的抗体反应。

坎托说,当缺乏 CD98hc 蛋白时,B 淋巴细胞就不能快速分裂。这表明,CD98hc 蛋白在大量增加 B 淋巴细胞、促发免疫反应过程中发挥着不可缺少的作用。

研究人员推测,人们将来也许可以通过抑制 CD98hc 蛋白,阻止 B 淋巴细胞异常增殖或阻止 B 淋巴细胞发生错误攻击,进而阻止多发性骨髓瘤等疾病的发生。

（资料来源：Nature Immunology 8 March 2009｜doi：10.1038/ni.1712)

第五章 补体系统

【知识体系】

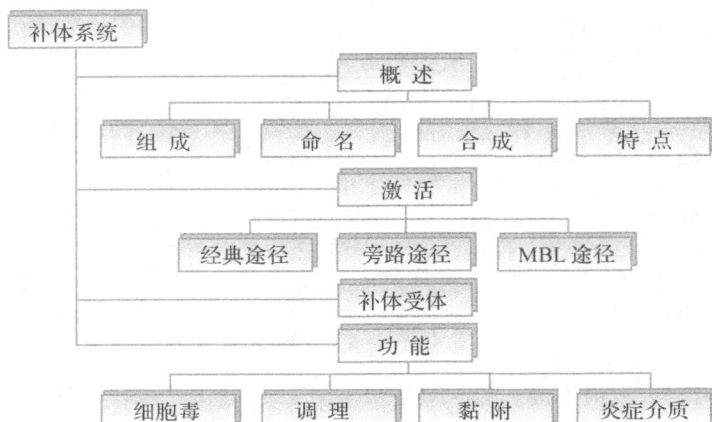

【课前思考】

机体中有哪种成分能辅助抗体的作用？能增强吞噬细胞的吞噬作用？能介导免疫细胞的游走？为什么机体健康时不会导致活化而在炎症时会产生活化作用？

【本章重点】

1. 补体的概念、组成、特点；
2. 补体激活的三条途径及生物学意义。

【教学目标】

1. 掌握补体的概念、组成、特点；
2. 掌握补体三条激活途径(经典途径、替代途径、MBL 途径)的主要异同点；
3. 掌握补体激活的生物学作用。

在血液或体液内除 Ig 分子外，还发现另一族参与免疫效应的大分子，称为补体分子。早在 19 世纪末，发现在新鲜免疫血清内加入相应细菌，无论进行体内或体外实验，均证明可以将细菌溶解，将这种现象称之为免疫溶菌现象。如将免疫血清加热 60℃、30min 则可丧失溶菌能力。进一步证明免疫血清中含有两种物质与溶菌现象有关，即对热稳定的组分称为杀菌素,即抗体。其后又证实了抗各种动物红细胞的抗体加入补体成分亦可引起红细胞的溶解现象。自此建立了早期的补体概念,即补体为正常血清中的单一组分,它可被抗原与抗体形成的复合物所活化,产生溶菌和溶细胞现象。而单独的抗体或补体均不能引起细胞溶解现象。

补体(complement,C)是存在于人和动物正常新鲜血浆中具有酶样活性的一组不耐热的球蛋白。补体系统是 30 余种广泛存在于血清、组织液和细胞膜表面蛋白质组成的、具有精密调控机制的蛋白质反应系统,其活化过程表现为一系列丝氨酸蛋白酶的级联酶解反应。多种微生物成分、抗原抗体复合物以及其他外源性或内源性物质可通过 3 条既独立又交叉的途径激活补体,活化的产物具有调理吞噬、杀伤细菌/细胞、溶解病毒、介导炎症、调节免疫应答和溶解清除免疫复合物等多种生物学功能。补体不仅是机体天然免疫防御的重要部分,也是抗体发挥免疫效应的主要机制之一,并对免疫系统的功能具有调节作用。补体缺陷、功能障碍或过度活化与多种疾病的发生和发展过程密切相关。

第一节 概　　述

一、补体系统的组成

补体系统由补体固有成分、补体受体、血浆及细胞膜补体调节蛋白等组成。

1. 补体固有成分:又称补体成分(complement component),是存在于血浆及体液中、构成补体基本组成的蛋白质,包括:经典激活途径的 C1q、C1r、C1s、C2、C4;旁路激活途径的 B 因子、D 因子和备解素(properdin,P 因子);甘露聚糖结合凝集素激活途径(MBL 途径)的 MBL、MBL 相关丝氨酸酶(MASP);补体活化的共同组分 C3、C5、C6、C7、C8、C9。

2. 补体受体(complement receptor):指存在于不同细胞膜表面、能与补体激活过程中形成的活性片段相结合、介导多种生物效应的受体分子。目前已发现的补体受体包括:CR1、CR2、CR3、CR4、CR5 及 C3aR、C4aR、C5aR、C1qR、C3eR、H 因子受体(HR)等。

3. 补体调节蛋白(complement regulatory proteins):指存在于血浆中和细胞膜表面,通过调节补体激活途径中关键酶而控制补体活化强度和范围的蛋白分子,包括:血浆中 H 因子、I 因子、C1-INH、C4bp、S 蛋白、Sp40/40、羧肽酶 N(过敏毒素灭活因子)、H 因子样蛋白(FHL)、H 因子相关蛋白(FHR);存在于细胞膜表面的衰变加速因子(DAF)、膜辅助蛋白(MCP)、CD59 等。

二、补体的命名

(一)补体成分的命名

补体经典激活途径和终末成分按照其发现先后,依次命名为 C1、C2、C3～C9,但其激活次序却为 C1-C4-C2-C3-C5-C6-C7-C8-C9。补体旁路途径成分称为因子(factor),并以字母相区别,如 B 因子、D 因子、H 因子、I 因子、P 因子。

(二)补体片段的命名

补体在活化过程中被裂解成多个片段,其中较小的片段为 a(如 C3a、C5a),较大者为 b(如 C3b),但 C2 例外,C2a 为较大片段。另外,失活的 C3b 和 C4b 还可继续裂解为较小片段，如 C3c、C3d 等。

（三）其他命名原则

此外，补体还有其他命名原则：①组成某一补体成分的肽链用希腊字母表示，如 C3α 链和 β 链等；②具有酶活性的分子，在其上以横线表示，如 C1 为无酶活性分子，而 C̄1 为有酶活性分子；③补体调节蛋白可按其功能命名，如衰变加速因子（DAF）、膜辅助蛋白（MCP）等。

三、补体的合成

约 90％血浆补体成分由肝脏合成，仅少数成分在肝脏以外的其他部位合成。例如：C1 由肠上皮细胞和单核/巨噬细胞产生；D 因子在脂肪组织中产生。此外，多种器官和细胞（如单核/巨噬细胞、内皮细胞、淋巴细胞、神经胶质细胞、肾脏上皮细胞、生殖器官等）也能合成补体成分。

IFN-γ、IL-1、TNF-α、IL-6、IL-11 等细胞因子可刺激补体基因转录和表达。感染部位浸润的单核/巨噬细胞可产生全部补体成分，从而及时补充和提高局部补体水平。因此，在组织损伤急性期以及炎症状态下，补体产生增多，血清补体水平升高。

四、补体的生物学特点

1. 含量相对稳定：约占血浆总球蛋白的 10％～15％，不因免疫而增强。

2. 对理化因素的作用敏感：61℃，2min，56℃、15～30 min 灭活；而抗体能耐受 56℃、30 min。保存在－20℃以下，0～10℃活性 3～4 天。对其他理化因素，如紫外线、震荡、酸、碱等都敏感。

3. 能与抗原抗体复合物结合并被激活。补体激活后，导致一系列生物活性反应，增强机体防御能力，协助抗体消灭病原微生物。

4. 不同种动物血清中补体含量不一致。豚鼠中补体含量最多，成分最强，活性最强。

5. 代谢率高。合成率：0.5～1.5mg/kg、h，半衰期58 小时。

第二节　补体系统的激活

血浆中非活化的补体成分无生物学功能，仅当补体级联酶促反应被激活后，才产生具有生物学活性的产物。多种外源性或内源性物质可通过三条途径激活补体：

①从 C1q-C1r2-C1s2 开始的经典途径（classic pathway），抗原-抗体复合物为主要激活物（图 5-1）；

②从 C3 开始的旁路途径（alternative pathway），其不依赖于抗体；

③通过甘露聚糖结合凝集素（mannan binding lectin, MBL）糖基识别的凝集素激活途径（MBL pathway）。此外，上述三条途径有共同的终末反应过程。

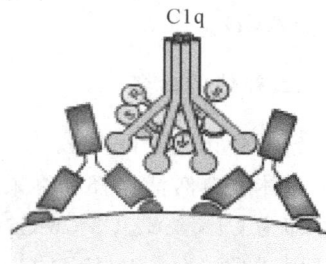

图 5-1　抗原抗体激活物激活 C1q

一、经典途径

1. 激活物：

（1）IgM 或 IgG 的抗原抗体复合物。

（2）核酸、酸性粘多糖、肝素、鱼精蛋白、C-反应蛋白、细菌脂多糖（LPS）、某些病毒蛋白（如 HIV 的 gp120 等）等。

2.其活化过程分为 3 个功能单位：

（1）识别单位：C1q、C1r、C1s

（2）活化单位：C4、C2、C3

（3）攻膜单位：C5～C9

（一）参与经典途径的补体成分

参与经典途径活化的补体成分依次为：C1、C4、C2、C3、C5、C6、C7、C8、C9。

血浆中 C1 通常以 C1q(C1r)2 (C1s)2 复合大分子形式存在，每个 C1s 和 C1r 分子均含一个丝氨酸蛋白酶结构域，如图 5-2 所示。

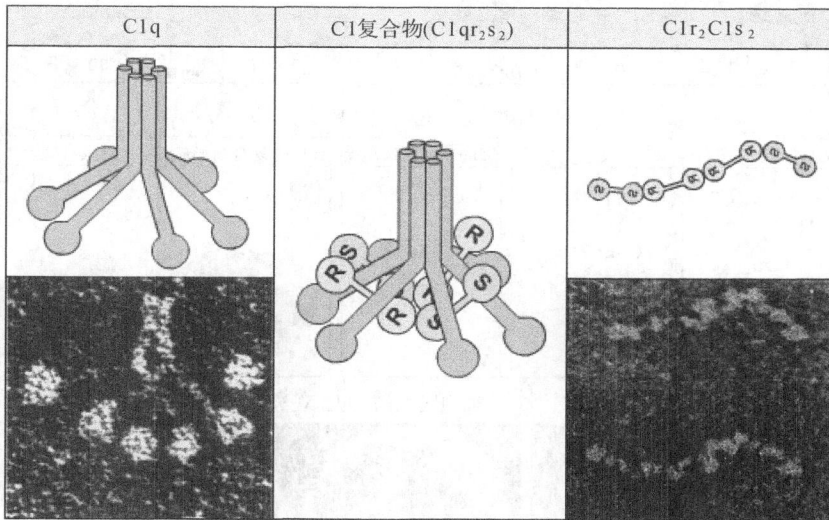

图 5-2　C1 分子结构模式图

C2 为丝氨酸蛋白酶原，其血浆浓度很低，是补体活化级联酶促反应的限速步骤。C3 是血浆中浓度最高的补体成分，是 3 条补体激活途径的共同组分。C3 分子由 α、β 两条多肽链组成。C4 由 α、β 和 γ 三条肽链组成，其分子结构与 C3 相似。

最终形成膜攻击复合物，造成靶细胞膜的损伤和靶细胞溶解。C5 转化酶裂解 C5 形成的 C5b 可依次结合 C6、C7，形成 C5b67 复合物并结合在细胞膜表面。C8 可结合该复合物中的 C7，进而通过构型改变插入细胞膜脂质双层，使形成的 C5b678 复合物牢固地附着在细胞表面，并使细胞膜出现轻微损伤，但其溶细胞能力有限。当附着在细胞膜表面的 C5b678 复合物与 C9 分子结合，聚合 12～15 个单链的 C9 分子形成 C5b～9 复合物，才可在细胞膜上形成孔道。因此，C5b～9 称为膜攻击复合物（MAC）。电镜下可见到这种聚合 C9 分子是一个中空的多聚体，插入靶细胞的脂质双层膜后可造成细胞膜上内径为 11nm 的小孔，导致细胞内容物外漏，最终导致靶细胞溶解破坏。

（二）经典途径活化过程

补体经典途径激活过程如图 5-3 所示。

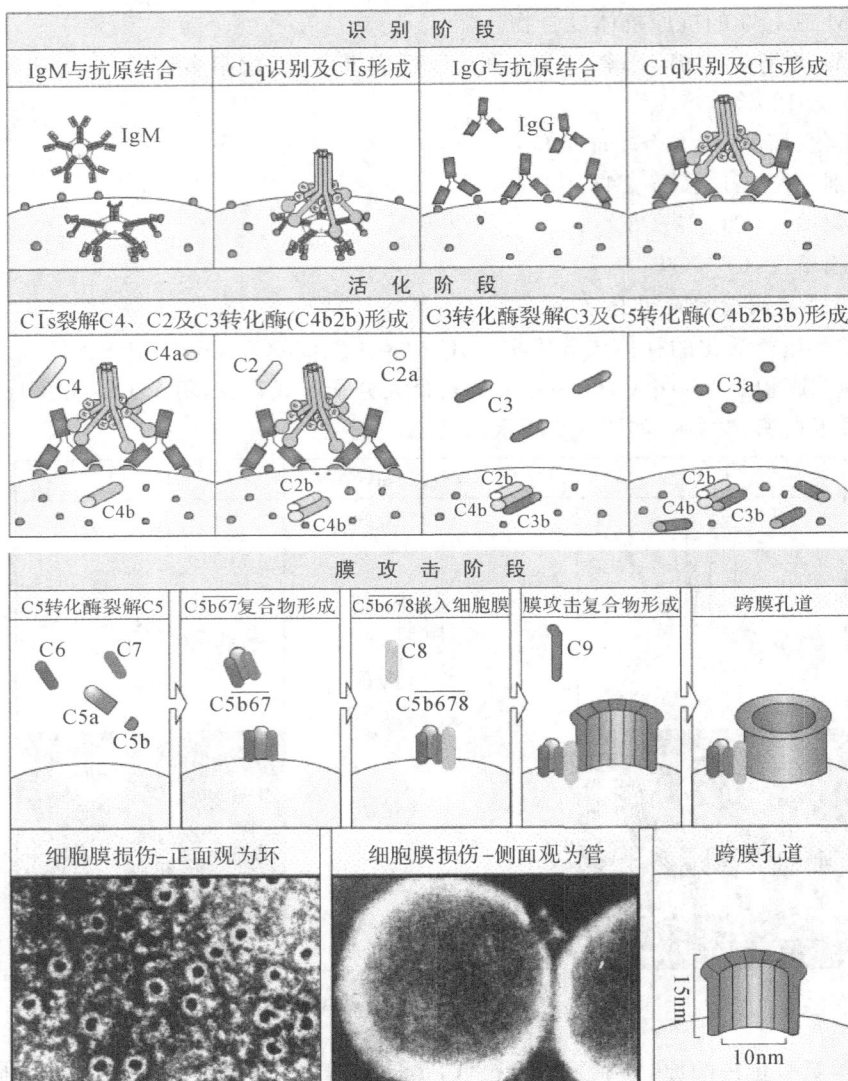

图 5-3　补体经典途径激活过程模式图

1.识别阶段:当抗体与抗原结合后,抗体构象发生改变,暴露出位于 Fc 段上的补体结合点,Clq 便与之结合。继而激活 Clr、Cls。

Clq 须与 2 个以上 Fc 段结合后才发生构型改变,使与 Clq 非共价结合的两分子 Clr 相互裂解而活化,活化的 Clr 激活 Cls 的丝氨酸蛋白酶活性。

Cls 的第一个底物是 C4 分子:在 Mg^{2+} 存在下,Cls 使 C4 裂解为 C4a 小片段和 C4b 大片段,大部分新生的 C4b 与 H_2O 反应而失活,仅 5% C4b 共价结合至紧邻细胞或颗粒表面。

Cls 的第二个底物是 C2 分子:C2 与 C4b 形成 Mg^{2+} 依赖性复合物,被 CIs 裂解后产生 C2b 大片段和 C2a 小片段。C2b 与 C4b 结合成 C4b2b 复合物(即 C3 转化酶)。丝氨酸蛋白酶活性存在于 C2b 片段,其活性仅在与 C4b 结合时显示。

2.活化阶段:活化的 Cls 依次裂解 C4 和 C2,形成具有酶活性的 C3 转化酶,后者进一步酶解 C3 并形成 C5 转化酶。此过程为经典途径的活化阶段。在活化阶段,补体 C4、C2、C3 和 C5 的级联酶解中,每一补体分子均裂解为 a、b 两个片段。a 片段为小分子,游离于体液中,发挥趋化作用、过敏毒素和免疫黏附、调理作用等;b 片段为大分子,结合在激活物颗粒(如细胞、细菌)表面,参与 C3 转化酶和 C5 转化酶的形成。

3、膜攻击阶段:C5 转化酶(C3bBb3b 或 C4b2a3b)将 C5 裂解为小片段 C5a 和大片段 C5b;C5a 游离于液相,是重要的炎症介质;C5b 可与 C6 稳定结合为 C5b6;C5b6 自发与 C7 结合成 C5b~7,暴露膜结合位点,与附近的细胞膜非特异性结合;结合在膜上的 C5b~7 可与 C8 结合,所形成的 C5b~8 可促进 C9 聚合,形成 C5b6789n 复合物,即膜攻击复合物(membrane attack complex,MAC)。插入膜上的 MAC 通过破坏局部磷脂双层而形成"渗漏斑",或形成穿膜的亲水性孔道,最终导致细胞崩解。

二、旁路途径

旁路途径又称替代激活途径(alternative pathway),指由 B 因子、D 因子和备解素参与,直接由微生物或外源异物激活 C3,形成 C3 与 C5 转化酶,激活补体级联酶促反应的活化途径。旁路途径是最早出现的补体活化途径(图 5-4),乃抵御微生物感染的非特异性防线。

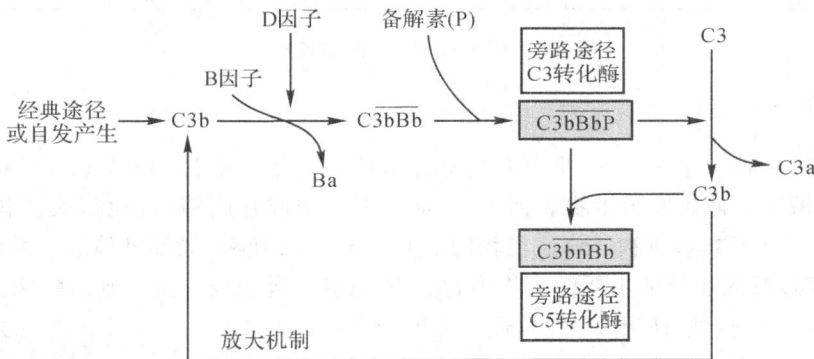

图 5-4 旁路途径示意图

(一)旁路途径的主要激活物

旁路途径的"激活物"乃为补体激活提供保护性环境和接触表面的成分,如某些细菌、内毒素、酵母多糖、葡聚糖等。

(二)旁路途径活化过程

1. 参与成分:C3、C5~C9、B 因子、D 因子、P 因子。

2. 激活过程:不需要 C1、C4、C2 参与,血浆中天然的 C3 能缓慢分裂成 C3b 是关键。

C3 有限裂解和 C3bB 形成。正常情况下,体内的蛋白水解酶可使 C3 有限微弱裂解,产生少量 C3b,使机体总保持着"箭在弦上,一触即发"的警觉状态。处于液相的 C3b 极不稳定,易被体液中的 I 因子、H 因子灭活。一旦有病原微生物入侵,细菌细胞壁的脂多糖和肽聚糖等激活物提供了补体分子可以接触的固相表面,使补体级联反应得以进行。C3b 结合在细菌表面后,可发生结构改变,结合 B 因子,形成稳定的 C3bB 复合物,并在 D 因子作用下,进一步裂解 B 因子形成替代途径的 C3 转化酶,触发替代途径的激活。

与激活物表面结合的 C3bBb 可裂解更多 C3 分子,其中部分新生的 C3b 又可与 Bb 结合,此即旁路激活的正反馈放大效应。少量 C3b 与 C3bBb 复合物中的 C3b 结合,形成 C5 转化酶 C3bnBb,其后为终末过程(图 5-5)。

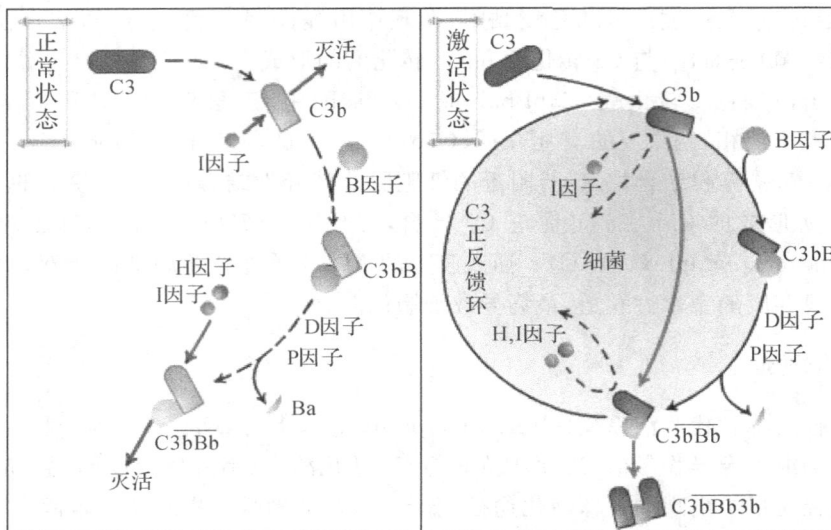

图 5-5 补体激活的旁路途径示意图

三、MBL 途径

MBL 途径(MBL pathway)指由血浆中甘露聚糖结合的凝集素(mannan binding lectin,MBL)直接识别多种病原微生物表面的 N-氨基半乳糖或甘露糖,进而依次活化 MASP-1、MASP-2、C4、C2、C3,形成和经典途径相同的 C3 与 C5 转化酶,激活补体级联酶促反应的活化途径。MBL 激活途径的主要激活物为含有 N-氨基半乳糖或甘露糖基的病原微生物。

MBL 分子结构类似于 C1q 分子。依赖于 Ca^{2+} 存在,MBL 可与多种病原微生物表面的 N-氨基半乳糖或甘露糖结合,并发生构型改变,导致 MBL 相关的丝氨酸蛋白酶(MBL-associated serine protease,MASP)活化(图 5-6)。

MASP 有两类:活化的 MASP-2 能以类似于 C1s 的方式裂解 C4 和 C2,生成类似经典途径的 C3 转化酶 C4b2a,进而激活后续的补体成分;MASP-1 能直接裂解 C3 生成 C3b,形成旁路途径 C3 转化酶 C3bBb,参与并加强旁路途径正反馈环路(图 5-7)。因此,凝集素途径对补体经典途径和旁路途径活化具有交叉促进作用。

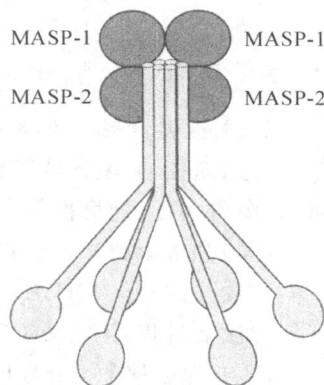

图 5-6 MASP 结构示意图

四、三条途径的比较

补体激活的经典途径、旁路途径、MBL 途径的区别见表 5-1。

C4a

C4 → C4b

MBL
+
病原体甘露糖残基 —丝氨酸蛋白酶→ MASP

C3

(C3转化酶)
C4b2b

C2 → C2b

C2a

C4b2b3b
(C5转化酶)

C3b C3a

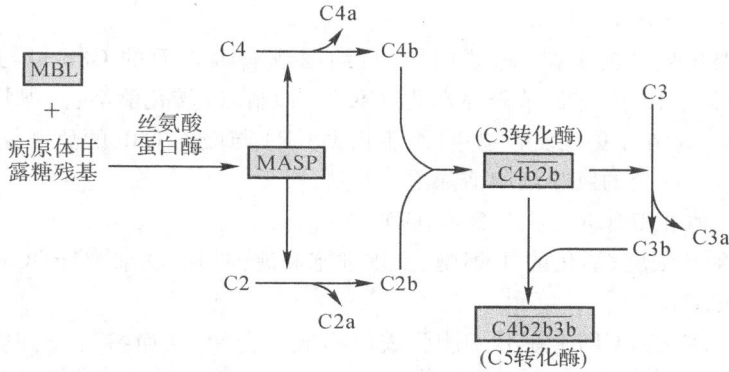

注：MBL甘露聚糖结合凝集素　MASP MBL相关的丝氨酸蛋白酶

图 5-7　补体激活的 MBL 途径

表 5-1　三条途径的区别

比较项目	经典途径	旁路途径	MBL 途径
激活物	抗原－抗体复合物	细菌脂多糖等	病原微生物表面甘露糖残基
补体成分	C1～C9	B、D、P 因子、C3、C5～C9	MBL、MASP－1，2、C2～C9
所需离子	Ca^{2+}，Mg^{2+}	Mg^{2+}	Ca^{2+}
C3 转化酶	C4b2b	C3bBb	C4b2b
C5 转化酶	C4b2b3b	C3nBb	C4b2b3b
作　用	在特异性体液免疫应答的效应阶段发挥作用	参与非特异性免疫，在感染早期发挥作用	参与非特异性免疫，在感染早期发挥作用

相同点：三条途径有共同的末端通路，即形成膜攻击复合物溶解细胞。三条激活途径全过程如图 5-8 所示。

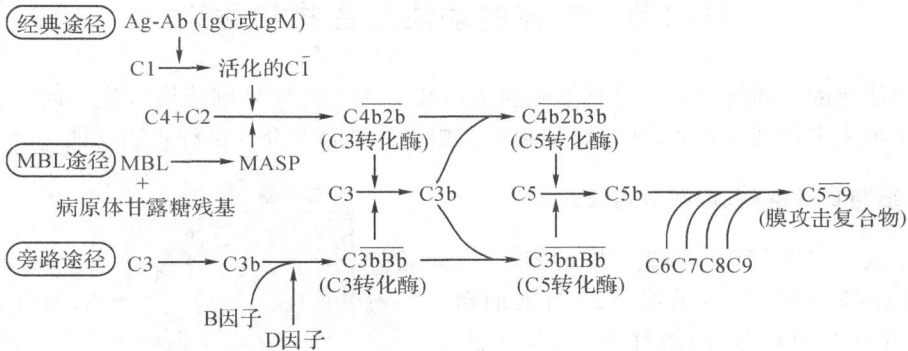

经典途径 Ag-Ab (IgG或IgM)

C1 → 活化的C1

C4+C2 → C4b2b (C3转化酶) → C4b2b3b (C5转化酶)

MBL途径 MBL + 病原体甘露糖残基 → MASP

C3 → C3b　C5 → C5b → C5~9 (膜攻击复合物)

旁路途径 C3 → C3b → C3bBb (C3转化酶) → C3nBb (C5转化酶)　C6C7C8C9

B因子　D因子

图 5-8　补体三条激活途径全过程示意图

第三节　补体受体

补体活化过程中产生多种活性片段，它们通过与相应受体结合而发挥生物学效应。

（一）补体Ⅰ型受体（CR1，C3b 受体，CD35）

CR1 广泛分布于多种免疫细胞表面，血液中约 85％CR1 表达于红细胞表面。CR1 的配体依其亲和力为 C3b、C4b、iC3b。

CR1 的主要免疫学功能是：①调理作用：细菌或病毒表面的 C3b 可与吞噬细胞表面 CR1 结合，发挥调理作用；②调节补体活化：CR1 可抑制 C3 转化酶活性，保护宿主细胞免受补体介导的损伤；③清除免疫复合物：红细胞借助 CR1 与吸附 C3b 的免疫复合物结合，将它们转移至肝、脾，由该处的巨噬细胞清除之。

（二）补体受体 II 型（CR2，C3b 受体，CD21）

CR2 表达在 B 细胞、活化的 T 细胞、上皮细胞和滤泡树突状细胞（FDC）表面，其配体是 iC3b、C3d、C3dg、C3b 等。

CR2 可与 CD19 和 CD81 在 B 细胞膜表面形成复合物，从而参与 B 细胞的激活。FDC 表面的 CR2 可参与 B 细胞记忆的形成。此外，CR2 可作为 EBV 进入 B 细胞或其他 CR2 阳性细胞的门户，从而参与某些疾病的发生和发展。

（三）补体受体 III 型（CR3，Mac-1，CDHb/CD18）

CR3 广泛分布于包括吞噬细胞在内的多种免疫细胞表面，其配体主要是 iC3b。CR3 可促进吞噬细胞吞噬 iC3b 包被的微生物颗粒。

（四）补体受体 IV 型（CR4，p150/95，CD11c/CD18）

CR4 高表达于吞噬细胞表面，其配基和组织分布均与 CR3 相同。

（五）C5aR（CD88）和 C3aR

C3aR 和 C5aR 广泛表达于肥大细胞、嗜碱粒细胞、中性粒细胞、单核/巨噬细胞、内皮细胞、平滑肌细胞和淋巴细胞表面。C3a 和 C5a 通过与相应受体结合而发挥作用。

（六）C1q 受体

C1q 受体可增强吞噬细胞对 C1q 调理的免疫复合物和 MBL 调理的细菌的吞噬作用，还可促进氧自由基产生、增强细胞介导的细胞毒作用等。

第四节　补体的功能及生物学意义

补体活化的共同终末效应是在细胞膜上组装 MAC，介导细胞溶解效应。同时，补体活化过程中生成多种裂解片段，通过与细胞膜相应受体结合而介导多种生物功能。

一、细胞毒及溶菌、溶解病毒作用

补体激活产生 MAC，形成穿膜的亲水性通道，破坏局部磷脂双层，最终导致细胞崩解。MAC 的生物学效应是：溶解红细胞、血小板和有核细胞；参与宿主抗细菌（革兰阴性菌）和抗病毒（如 HIV）防御机制。补体介导的细胞溶解如图 5-9 所示。

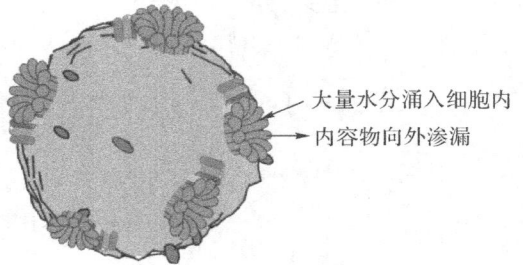

大量水分涌入细胞内
内容物向外渗漏

图 5-9　补体介导的细胞溶解

二、调理作用

C3b、C4b 和 iC3b 与细菌或其他颗粒结合，通过与吞噬细胞表面 CR1、CR3、CR4 结合而促进其吞噬作用，此为补体的调理作用。这种调理吞噬作用可能是机体抵抗全身性细菌和真菌感染的主要机制之一（图 5-10）。

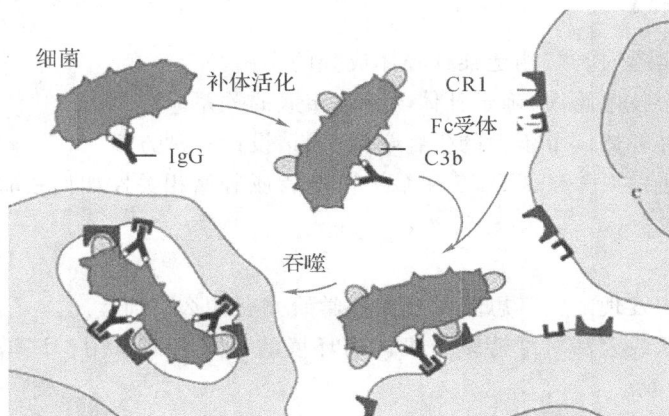

图 5-10　C3b/CR1 促进吞噬细胞的吞噬（调理）作用

三、免疫黏附作用

可溶性抗原-抗体复合物（如毒素-抗毒素复合物）活化补体后，产生的 C3b 可共价结合至复合物上，通过 C3b 与 CR1 阳性红细胞、血小板黏附，将免疫复合物转移至肝、脾脏内，被巨噬细胞清除，此为免疫黏附（immune adherent），是机体清除循环免疫复合物的重要机制（图 5-11）。

四、炎症介质作用

C3a 和 C5a 被称为过敏毒素（anaphylatoxin），它们可与肥大细胞或嗜碱粒细胞表面 C3aR 和 C5aR 结合，触发靶细胞脱颗粒，释放组胺和其他血管介质，介导局部炎症反应。此外，C5a 对中性粒细胞等有很强趋化活性；可诱导中性粒细胞表达黏附分子；刺激中性粒细胞产生氧自由基、前列腺素和花生四烯酸；引起血管扩张、毛细血管通透性增高、平滑肌收缩等。

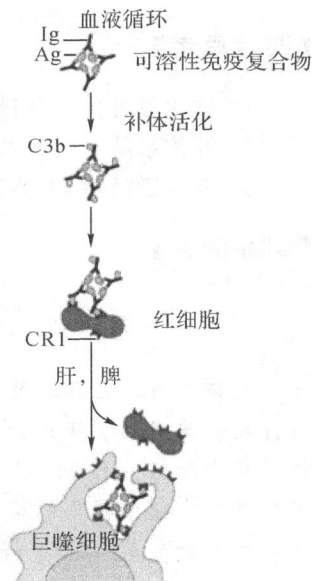

图 5-11　C3b/CR1 介导的
免疫黏附作用

【理解与思考】

1. 请你以拟人化的方式讲述补体系统的组成与作用。
2. 如果病原菌进入机体内，可能遭遇补体怎样的清理？
3. 炎症的症状是"红、肿、热、痛"，补体是如何参与其中的？
4. 请联系免疫球蛋白的生物学活性阐述补体的作用。

【课外拓展】

1. 补体调节因子如何参与对补体活化或抑制的调控？
2. 血清补体水平与疾病有关系吗？
3. 补体固有成分、补体受体、补体调节蛋白是如何协调、统一的？

【课程实验与研究】

1. 设计一种实验,检测、测定某种补体成分的作用。
2. 请设计一个技术路线,确定补体含量与疾病的关系。
3. 要研究某种补体调节蛋白的生物学活性,请设计一种方案。
4. 补体调节蛋白 CD 46、CD 55 和 CD 59 与胃肠肿瘤相关性如何去验证?

【课程研讨】

1. 补体是如何发现的?其思路对我们科学研究有什么启迪?
2. 补体的激活或灭活对维持整个机体内环境的稳定有何作用?试举例阐述机体内环境处于一种动态平衡。
3. 在整个非特异性免疫中补体的作用与地位如何?
4. 补体与糖尿病血管病变有何关系?

【课后思考】

1. 试比较补体三条激活途径的异同点。
2. 补体系统具有哪些生物学功能?
3. 补体激活后,可能产生哪些片段?有何生物学作用?

【课外阅读】

衰变加速因子(DAF)与肿瘤治疗

补体系统的活化过程存在精密的调控机制,主要为:①控制补体活化的启动;②补体活性片段的自发性衰变;③血浆中和细胞膜表面存在多种补体调节蛋白,通过控制级联酶促反应过程中酶活性和 MAC 组装等关键步骤而发挥调节作用。1993 年,Hansch 把调节人类补体并阻止组织损伤的蛋白命名为补体调节蛋白,将其分为可溶性及膜结合调节蛋白两大类。它们的主要作用是加速 C3/C5 转化酶降解和阻碍膜攻击复合物(Membrane attack complex,MAC)的形成。可溶性补体调节蛋白以可溶形式存在于血液中,如 C1 抑制物、H 因子、I 因子等,可从补体级联反应的多个位点限制补体的活化。膜结合调节蛋白主要表达于细胞膜上,主要包括衰变加速因子(DAF)、膜辅助蛋白(MCP)、同种限制因子等,这些蛋白可保护机体自身细胞免受补体的攻击。

1981 年,Weller 等从人和豚鼠红细胞基质中分离出了一种单链膜糖蛋白。因其具有促进 C3 转化酶复合物解离的特性,故命名为衰变加速因子(Decay accelerating factor,DAF)。DAF 是由 4 个 SCR 加上一个 S/T(Serine/Threonine)富含区组成,可通过连接一个糖基磷脂酰肌醇(GPI)锚定在细胞膜上,并通过其 SCR 区域与 C4b/C3b 结合,加速经典和替代途径 C3/C5 转化酶的衰变。DAF 的生物学活性及生理功能已得到充分证实。它可保护宿主细胞免遭补体介导的溶解破坏。DAF 可阻止三种补体激活途径 C3 和 C5 转化酶的装配,抑制补体活化过程中多种具有炎症介质作用的活性片段如 C3a 和 C5a 的形成,进一步减少中性粒细胞在特定组织器官内的聚集,使已形成的 C3、C5 转化酶失去稳定性从而减经免疫损伤。肝脏是合成补体的主要场所,特别是炎症急性期。此时人体如何避免局部高补体浓度的损伤? 有研究发现此期的 IL-6、IL-1β 和 TNF-α 可稳定提高 DAF 的转录水平,其蛋白水平的表达与 mRNA 结果相关,增高的 DAF 能减少细胞上 41% 的 C3 沉积。与此相似,TNF-α 和 IFN-γ 也可诱导内皮细胞上 DAF 的表达。进一步实施动物实验证明:体外 TNF-α 通过 PKCPI-3P38MAPK/NF-κB 依赖途径上调小鼠内皮细胞 DAF 转录水平,体内通过构建小鼠肾小球性肾炎模型,发现 DAF 在肾小球毛细血管的表达水平确实与 TNF-α 相关。人体能通过上述途径加强对补体激活的抑制作用,提高这些细胞对补体裂解作用的耐受,特别是急慢性炎症反应时,这种调节对维持细胞的完整性和内稳态的平衡起着更重要的作用。

DAF 作为一类非谱系的黏附分子在多种细胞上都有不同水平的表达。至今许多学者从转录和蛋白翻译两个水平证明结肠直肠癌、胃癌、卵巢癌、乳腺癌的细胞及甲状腺的髓质、食道癌的鳞状细胞上存在 DAF 过表达的现象,它的表达量可为正常细胞的 4~100 倍,而且与肿瘤不良的预后相关,同时在肿瘤的基质中,DAF 的沉积量与细胞表面 DAF 表达量成正比例。除实体瘤外,在血液系统肿瘤中表达 DAF 的量与正常细胞也有些不同,CML 和 CLL 患者高表达 DAF,而 ALL 患者的表达水平却显著低于正常细胞。

肿瘤细胞上过表达 DAF 不仅可以保护肿瘤细胞免于被补体裂解,而且它还可以抑制 C3b 在细胞表面沉积来阻止抗原递呈细胞的吞噬作用。通过 K562 细胞系进行实验也可以证明,肿瘤细胞上过表达 DAF 可以使肿瘤耐受 NK 细胞的杀伤作用。另外,Morgan 还提出 DAF 也许可作为肿瘤细胞上的一个信号分子,促进肿瘤细胞生长。有实验表明,CD97 作为 DAF 的配体在甲状腺肿瘤组织中高表达,它可能参与肿瘤细胞上 DAF 的信号转导,并与 DAF 协同作用促进肿瘤细胞黏附和转移。DAF 分子的这些作用使肿瘤细胞逃脱机体有效的免疫监视作用,降低抗肿瘤免疫应答,利于肿瘤的生长和转移播散。

基于 DAF 对肿瘤的作用,进行针对 DAF 的靶向免疫治疗方法现已备受瞩目。一种方法是构建抗 DAF 和抗肿瘤特异性抗原的双特异性抗体,但为了避免对正常组织的非特异性影响,肿瘤特异性抗原抗体要求较高的亲和性,而 DAF 抗体则要求低亲和力。Anti-Ep-CAM-anti-DAF 的双特异性抗体可以增加子宫颈癌和结肠癌肿瘤细胞表面的 C3 沉积。Anti-G250-anti-DAF 双特异抗体可提高 C5a 浓度趋化吞噬细胞,并随着抗体浓度增加最大可提高 4 倍量的 C3 沉积,吞噬细胞通过其上的 C3 受体与肾肿瘤细胞结合,来有效地杀伤肿瘤细胞。另外一种选择则可用抗独特性抗体模拟 DAF。来源于结肠癌患者的抗体 105AD7 不但可以识别抗体 791T/36(DAF 抗体),而且可以模拟 DAF。用 105AD7 免疫大鼠和小鼠都能产生针对 DAF 的抗体。近期研究还表明,在肿瘤切除前接受 105AD7 免疫的患者局部 CD4、CD8 和 CD56 细胞浸润增加并且肿瘤凋亡数量也增加。现已发现无 GPI 锚的 DAF 出现在结肠癌患者粪便中,并建议用粪便中 DAF 含量作为结肠癌诊断的指标。最近研究指出同一患者进行两次粪便样本检测,可以显著提高结肠癌疾病诊断的灵敏性而不降低特异性。

补体片段 C4d 病理学研究进展

补体片段 C4d 主要参与体液免疫反应。近年来,C4d 在病理学中应用研究方面取得了一些重要进展,并成为了一个新的研究热点,日益受到人们重视。现就 C4d 在器官移植排斥反应的诊断、指导治疗及判断预后,自身免疫性疾病、妊娠性肾病和淋巴瘤中的意义进行综述。

1 C4d概述

补体片段C4d是补体经典活化途径中C4裂解以后的产物,相对分子质量约为 42×10^3。C4是补体系统中含量较高的补体,仅次于C3。在体液排异中,抗原抗体结合使得补体经典途径被激活,抗原抗体复合物活化C4,被活化的C4水解为CD4一个大分子片段C4b和一个小分子片段C4a,后者释放入液相。C4b的 α 链断端上暴露的活性硫酯键高度不稳定,能与附近的含氨基酸或羟基的分子共价结合形成酰胺键或者酯键,而未结合的C4b很快被灭活。共价结合的C4b随后水解为C4c和C4d,小片段C4c释放入液相后被机体清除掉,而包含硫酯位点的C4d能与毛细血管基膜Ⅳ型胶原以及内皮细胞共价结合并较持久地存在,使得其容易得到检测。

2 C4d在器官移植中的应用

2.1 C4d与移植肾急性排斥反应

移植肾急性排斥反应可以由细胞介导的免疫引起,也可以由抗体介导的体液免疫引起。前者称为急性细胞性排斥,常发生在移植术后1个月内;后者称为急性体液性排斥,一般在移植后1～12周内出现。研究表明,移植肾急性体液性排斥可出现肾小管周围毛细血管的C4d沉积,借助C4d可以区分急性细胞性排斥和急性体液性排斥,且较以往的标准更特异、更敏感。移植肾排斥新分类已将C4d作为一项重要的诊断指标,甚至在缺乏形态学的依据时亦然。C4d亦可用于指导治疗及提示预后。有研究显示,C4d阳性组无论是在激素治疗抗药性还是移植肾丢失率都高于阴性组,因此可望作为一个有效的预后指标。Vargha等对36例移植肾患儿的回顾性研究发现,移植肾C4d阳性可能提示预后较差,且使用免疫抑制疗法效果欠佳。最近一项对C4d阳性移植肾急性体液性排斥免疫抑制治疗的研究结果显示,联合应用免疫吸附以及他克莫司和霉酚酸酯用于治疗C4d阳性激素抵抗型急性排斥反应,可能是比较安全和经济的治疗方案。

2.2 C4d与移植肾慢性排斥反应及慢性移植性肾病

慢性移植性肾病概念上有别于移植肾慢性排斥反应,前者更加强调了非免疫因素引起的肾功能损害,而后者则强调免疫因素所致移植肾功能减退。慢性排斥反应是术后6～12个月肾功能不全的常见原因,也是后期肾丢失的主要原因。由于形态学观察上的局限性,需要一种更加特异和可靠的方法鉴别慢性排斥反应和其他原因引起的移植肾慢性失功。以往的研究表明,一部分慢性排斥是抗体介导的,而且肾小管周围毛细血管C4d沉积可以区分慢性排斥反应与非特异性慢性移植性肾病。Regele等观察了213例慢性移植肾损伤的形态学特征,其中73例(34%)肾小管周围毛细血管有C4d沉积,进一步支持了部分慢性排斥反应是由抗体介导的这一观点。此外,不仅肾小管周围毛细血管有C4d沉积,而且肾小球毛细血管也有C4d沉积,但不具有特异性,可以看作是免疫介导损伤的一种表现。然而,最近研究表明,在慢性移植性肾病患者中有30%的病例有肾小管周围毛细血管C4d沉积,这使得C4d与慢性排斥反应和慢性移植性肾病之间的关系更加扑朔迷离,需要进一步深入研究。

2.3 C4d与肝移植急性排斥反应

和肾移植排斥反应一样,肝移植细胞排斥反应也会同时伴有体液排斥反应。有研究发现。在急性细胞排斥反应中,69.2%的肝移植标本在肝小叶汇管区小血管内皮细胞及肝血窦壁上有 C4d 的沉积,33.3%移植后乙肝复发的标本中仅汇管区小血管内皮细胞上有 C4d 的沉积,而无肝血窦壁上 C4d 的沉积。这说明 C4d 在肝血窦壁上的沉积可能是肝移植急性排斥反应的一个比较特异的免疫组化指标。以后的研究不仅进一步支持了以上的观点,并且提示 C4d 还可能用于肝移植急性排斥反应与丙型肝炎的鉴别诊断。

2.4　C4d 与心脏移植排斥反应

关于 C4d 与心脏移植排斥的报道要早于肝脏移植排斥中 C4d 的发现,但是 C4d 在心脏移植排斥中的应用价值目前研究还不够深入。心脏移植患者心内膜血管壁上有 C4d 沉积,说明体液性排斥也会参与心脏移植排斥反应。因此,配合使用 C4d、C3d、免疫球蛋白和 C1q 等抗体可以提高对心脏移植体液排斥反应的诊断率。但是,C4d 的沉积有时并不是很牢固,可以在几天至几周内出现沉积减少或被清除掉的现象,其具体原因还不清楚。

2.5　C4d 与肺移植排斥反应

移植后的排斥反应和闭塞性细支气管炎是器官丢失的常见原因。尽管补体系统的激活在排斥反应中起一定的作用,但是关于 C4d 在肺移植排斥反应中的作用目前还存在争论。有研究认为,C4d 在肺实质中的沉积可以是闭塞性细支气管炎的一个比较特异的表现,并可以作为慢性肺功能障碍的一个标志。小鼠移植肺动物模型中也观察到在急性排斥反应中有 C4d 的沉积。但是,Wallace 等提出,C4d 在移植肺活检标本中的沉积不具有特异性,不能够区分急、慢性细胞及体液性排斥反应。因此,C4d 在肺移植排斥反应的作用尚不是很明了,待进一步的研究。

2.6　C4d 在胰腺移植排斥反应中的应用

目前,关于抗体介导胰腺移植排斥反应的报道很少。Melcher 等首先报道 1 例患者在进行了胰腺、肾脏联合移植术后 1 个月出现抗体介导的细胞排斥反应。该患者血清淀粉酶和血糖升高,胰腺活检显示,腺泡间毛细血管壁 C4d 沉积。但这种沉积在病理学中意义以及在临床上的应用价值还没有相关报道。

3　C4d 在自身免疫性疾病中的应用

C4d 与自身免疫性疾病的研究目前主要集中在系统性红斑狼疮(systemiclupuserythematosus,SLE)和狼疮性肾炎方面。目前临床对于 SLE 的诊断、疾病活动度、病情进展、治疗效果以及预后的估计主要用血清学标记,如:抗 DNA 抗体、抗 C1q 抗体等,并具有较高的敏感性和特异性。有研究显示,抗 C1q 抗体与狼疮性肾炎的活动性有关,敏感度为 44%~100%,特异度为 70%~92%。但是单一的检测指标容易出现假阴性,需要多种指标联合应用,互相补充,减少假阴性。

为了寻找更具特异性和敏感性的检测指标,许多学者又进行了大量的研究。Manzi 等首先发现,SLE 患者较其他自身免疫疾病患者或健康组具有很高水平的红细胞和较低水平的补体受体 1。与健康组相比,红细胞 II 补体受体 1 检测的敏感度为 81%,特异度为 91%;与其他自身免疫疾病相比,检测的敏感度为 72%,特异度为 79%。而同期观察的 SLE 患者中只有 47%证实抗 DNA 抗体阳性。这些数据充分显示,红细胞 II 补体受体 1 水平对于 SLE 具有更高的敏感性和特异性,有可能成为狼疮新的诊断标志物。另一组研究人员应用流式细胞仪研究了网织红细胞 C4d,不仅明确检测到了网织红细胞 C4d,而且其敏感性和特异性均优于 SELENA2SLEDAI 和 SLAM 标准。他们推测,当网织红细胞从骨髓中产生,就立即与 C4d 结合,进行一定量的补体激活,进而可以反映 SLE 患者疾病活动度。SLE 患者不仅红细胞 C4d 表达具有相对特异性,而且血小板 C4d 的表达也同样具有特异性,甚至还要高于红细胞。Navratil 等发现,SLE 患者血小板 C4d 阳性明显,并均质性地沉积在血小板膜表面。与健康组相比,SLE 患者血小板 C4d 特异度为 100%,而和其他疾病患者相比,特异度为 98%。在横向比较分析中发现,血小板 C4d 与狼疮抗凝物、IgG、IgM 以及抗心磷脂抗体具有相关性。此外,血小板 C4d 还与低血清 C4、血沉升高以及红细胞具有相关性。以上结果均表明,血小板 C4d 与 SLE 疾病活动度相关,并有可能成为 SLE 活动度有效的监测指标之一。

4　C4d 与淋巴瘤

早在 1989 年就发现淋巴滤泡生发中心形成过程中有大量补体成分沉积。近年来的研究证明,淋巴滤泡生发中心补体成分的沉积与滤泡树突细胞密切相关,补体成分中 C4d 的表达最强,因此可以用 C4d 作为代表性的标志,观察淋巴生发中心补体激活的状态。在滤泡性淋巴瘤中,C4d 沉积围绕在瘤性滤泡中的滤泡树突状细胞周围,而在黏膜相关淋巴瘤中,C4d 沉积主要在部分植入滤泡的周边区域。而在其他类型的淋巴瘤(如弥漫大 B 细胞淋巴瘤、套细胞淋巴瘤、小 B 细胞性淋巴瘤、T 细胞性淋巴瘤、外周 T 细胞性淋巴瘤)中,则没有 C4d 的沉积。因此,C4d 可能作为一种特异性的生物学标志用于淋巴瘤的鉴别诊断。

5　C4d 与妊娠性肾病

Joyama 等曾报道 1 例先兆子痫患者在肾小球毛细血管内皮下上有 C4d 和 C4b 结合蛋白的沉积,同时,免疫组织化学还显示有 C3d 和 S 蛋白的沉积。提示补体 C4 的激活过程与 C4b 结合蛋白和 S 蛋白参与的补体调节过程在先兆子痫发病过程中可能起一定的作用。宋屿娜等也发现,14 例临床诊断为先兆子痫的妊娠性肾病患者除肾小球血管壁 C4d 均呈强阳性,系膜区未见表达,C4c 也呈强阳性,免疫球蛋白沉积少或缺乏。而膜增殖性肾炎组的系膜区和血管壁均有 C4d 沉积,同时还伴有大量各种免疫球蛋白的沉积。借此可用于膜增殖性肾炎的鉴别诊断。但是这种特殊的免疫病理改变原因仍不清楚。这种 C4d 沿肾小球血管壁大量沉积的原因显然不能用免疫球蛋白沉积后激活补体系统来解释。由此推测,这些 C4d 和 C4c 可能是在血液中被激活后,再通过肾小球毛细血管壁过滤时沉积下来的。

6　问题与展望

综上所述,随着对补体片段 C4d 研究的深入,人们逐渐认识到 C4d 可以作为一种有用的生物学指标,用于对疾病的诊断、指导治疗、判断预后以及反映疾病的活动度。但是,其中仍然还有许多问题尚待解决和探索,如 C4d 在肾脏不同部位的沉积与肾脏损伤的关系,C4d 与其他自身免疫性疾病的关系以及补体与免疫细胞、免疫系统的关系等。

免疫过程中一种重要的补体受体

枯否细胞(Kupffer cells,KC)是一种肝脏巨噬细胞,具有很强的吞噬功能,可以降解已经衰败的蛋白质和脂质,在清理循环系统中补体包裹的微粒(complement-coated particles)方面作用重大,但是一直以来研究人员都没有发现这个过程中的补体受体(complement receptors)。来自加州旧金山南部(South San Francisco,CA)的 Genentech 基因科技公司的研究人员发现并确认了一组免疫球蛋白超家族补体受体 CRIg,为研究免疫学疾病提供了重要信息。

　　在血液或体液内除 Ig 分子外,还发现另一组参与免疫效应的大分子,称为补体分子。早在 19 世纪末,发现在新鲜免疫血清内加入相应细菌,无论进行体内或体外实验,均证明可以将细菌溶解,将这种现象称之为免疫溶菌现象。进一步证明免疫血清中含有两种物质与溶菌现象有关,即对热稳定的组分称为杀菌素,即抗体。其后又证实了抗各种动物红细胞的抗体加入补体成分亦可引起红细胞的溶解现象。自此建立了早期的补体概念。即补体为正常血清中的单一组分,它可被抗原与抗体形成的复合物所活化,产生溶菌和溶细胞现象——单独的抗体或补体均不能引起细胞溶解现象。

　　补体系统在清除病原菌、免疫复合物以及循环系统中的凋亡细胞等方面都起着重要作用,这一作用主要是通过在噬菌细胞(phagocytic cells)表面的补体受体靶定包裹在上述这些微粒外面的补体片段来完成的。虽然目前已经了解 KC 这种巨噬细胞可以参与这个过程,但是具体补体受体并未被发现。Genentech 的研究人员发现免疫球蛋白超家族补体受体 CRIg 可以结合 C3b 和 iC3b(C3b 配体)补体,并且 KC 细胞结合 C3 微粒的噬菌作用需要有 CRIg 的表达。反过来,研究人员也发现 CRIg 缺陷型小鼠不能进行有效的 C3 补体结合的微粒清除,从而导致小鼠的感染和致死。这些都说明了 CRIg 在 C3 补体介导的噬菌过程中的重要作用,也为进一步研究补体系统以及相关免疫学疾病提供了重要信息。

第六章　细胞因子

【知识体系】

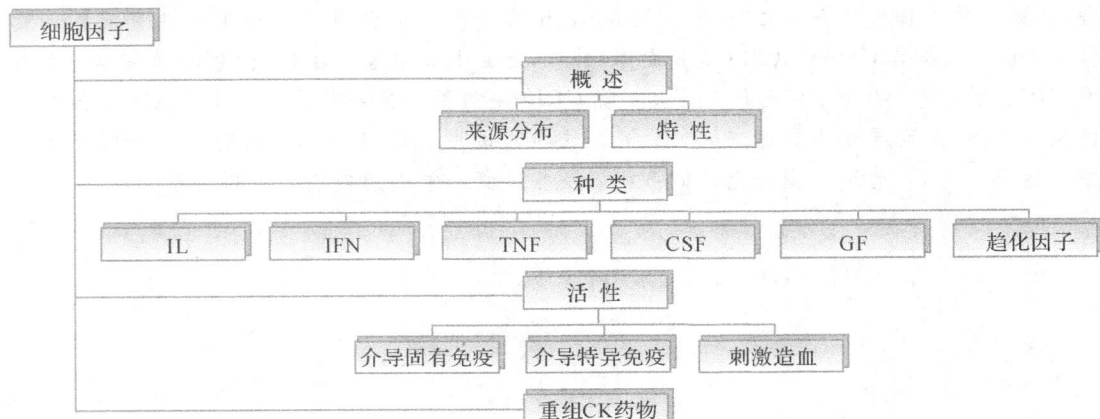

【课前思考】

为什么造血干细胞能分化为不同的细胞？B淋巴细胞为什么能分化为浆细胞分泌抗体？病毒入侵细胞时，细胞分泌什么物质抵御或抑制病毒？在免疫细胞分化发育、免疫调节、炎症反应、造血等功能中发挥调节作用的免疫分子是什么？有哪些特性？有多少种类？有什么生物学意义？

【本章重点】

1. 细胞因子的概念、特性、种类；
2. 细胞因子的生物学活性。

【教学目标】

1. 掌握细胞因子的概念、共同特征，分泌方式；
2. 掌握细胞因子分类（白细胞介素、干扰素、肿瘤坏死因子-α、集落刺激因子、生长因子、趋化性细胞因子）；
3. 熟悉细胞因子的生物学意义（抗菌、抗病毒、介导炎症反应，参与免疫应答和免疫调节，刺激造血等）。

细胞因子(cytokine)是由多种细胞,特别是免疫细胞所产生、具有广泛生物学活性的小分子蛋白(分子量约 8～80kD)。细胞因子在免疫细胞分化发育、免疫调节、炎症反应、造血功能中均发挥重要作用,并参与人体多种生理和病理过程的发生和发展。目前,已发现 200 余种人类细胞因子,随着人类基因组计划的完成,新的细胞因子家族及其成员将不断被发现。

第一节 概 述

一、细胞因子的来源和分布

体内多种免疫细胞(如 T 细胞、B 细胞、单核/巨噬细胞、NK 细胞等)和非免疫细胞(如血管内皮细胞、表皮细胞、成纤维细胞等)均可产生细胞因子。此外,某些肿瘤细胞也可产生某些种类的细胞因子。多数细胞因子以单体形式存在,少数细胞因子如 IL-10、IL-12、M-CSF、TGF-β 等以双体形式存在,TNF 可形成三聚体(图 6-1)。

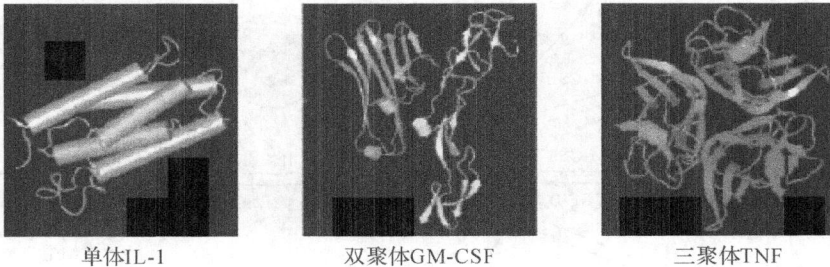

| 单体IL-1 | 双聚体GM-CSF | 三聚体TNF |

图 6-1 细胞因子的存在类型

一般情况下,免疫细胞是细胞因子的主要来源,尤其是激活的淋巴细胞和单核/巨噬细胞可产生多种细胞因子。据此,可根据细胞因子的来源将其分为淋巴因子(lymphokine)和单核因子(monokine)。前者包括 IL-2、IL-4、IL-5、IFN 等;后者包括 TNF-a、IL-1、IL-6、IL-8等。

多数细胞因子是以可溶性蛋白的形式分布于组织间质和体液中,但某些细胞因子(如TNF 等)可以跨膜分子形式表达于产生细胞的表面。

二、细胞因子的一般特性

1.均为低分子量的多肽或糖蛋白。分子量约 6～60 KD,少于 200 氨基酸。

2.细胞因子的产生具有:

多向性:一种淋巴细胞产生多种 CKs。

多源性:多种细胞产生一种 CKs。

3.与相应受体特异性结合才能发挥作用。细胞因子可以旁分泌、自分泌或内分泌的方式发挥作用(图 6-2)。

4.具有高效性、多效性、网络性。

(1)高效性:在 $10^{-10} \sim 10^{-15}$ mol 就能发挥作用。

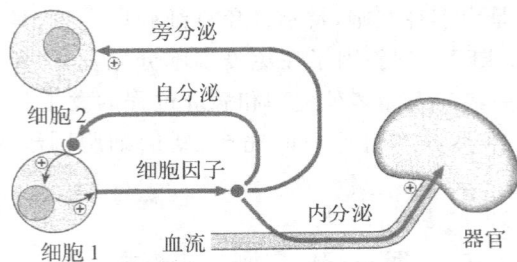

图 6-2　细胞因子的作用方式

（2）多效性：一种 CKs 产生多种生物学效应。

（3）网络性：CKs 相互渗透，调节细胞的活化与分化，表现增强或抑制，具有免疫调节作用（图 6-3）。

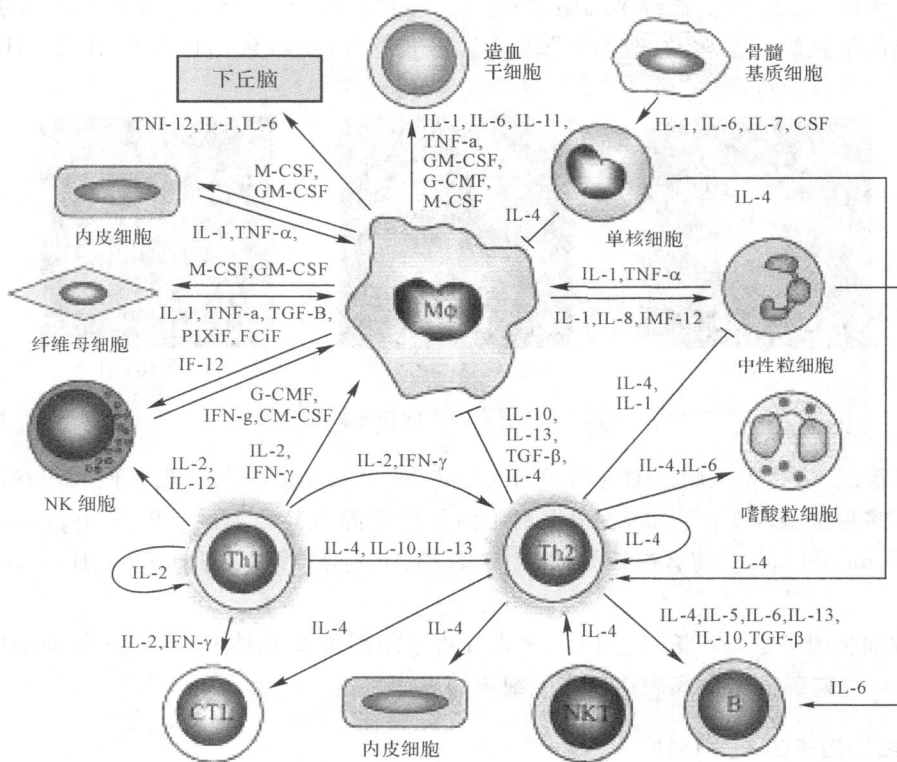

图 6-3　细胞因子的网络性

5.细胞因子作用具有两面性。

（1）生理条件下：发挥免疫调节，抗感染、抗肿瘤。如 IL-1 局部低浓度参与免疫调节：协同刺激 APC 和 T 细胞活化，促进 B 细胞增殖和分泌抗体。

（2）大量产生引起病理现象。如 IL-1 大量分泌引起内分泌效应：诱导肝脏急性期，蛋白合成；引起发热和恶病质。

第二节　细胞因子种类

细胞因子的种类繁多,功能各异。其分类可按照细胞因子来源、作用的靶细胞不同或按其主要生物学功能来命名并进行归类。

一、白细胞介素(interleukin,IL)

IL 是一组由淋巴细胞、单核吞噬细胞和其他免疫细胞产生的能介导白细胞和其他细胞间相互作用的细胞因子,如图 6-4 所示。自上世纪 80 年代起,鉴于陆续发现的多数细胞因子均来源于白细胞,并参与白细胞间的信息交通,故将它们统称为白细胞介素。目前已证实,白细胞以外的其他某些细胞也可产生 IL,但仍沿用此命名。IL 的主要作用:调节细胞生长、分化,参与免疫应答和介导炎症反应。IL 有 33 种以上:IL1～IL33。

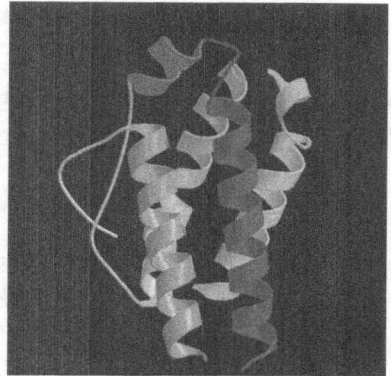

图 6-4　白细胞介素-2

二、干扰素(interferon,IFN)

IFN 具有干扰病毒复制的作用,故得名。现已证实,干扰素具有十分广泛的生物学活性,在免疫应答和免疫调节中发挥重要作用,也是主要的促炎细胞因子之一。

根据干扰素的来源、生物学性质及活性,可将其分为 IFN-α、IFN-β 和 IFN-γ。其中,IFN-α 主要由单核/巨噬细胞(及 B 细胞、成纤维细胞)产生,至少有 15 个成员;IFN-β 主要由成纤维细胞产生。二者又称 I 型干扰素,主要的生物学活性是抑制病毒复制、抑制多种细胞增殖、参与免疫调节及抗肿瘤等。IFN-γ 又称 II 型干扰素,主要由活化的 T 细胞和 NK 细胞产生,生物学活性为:抗病毒、抑制细胞增殖、激活巨噬细胞、促进多种细胞表达 MHC 抗原、促进 Th1 细胞分化、参与炎症反应等。

三、肿瘤坏死因子(tumor necrosis factor,TNF)

此因子由于其在体内外均可直接杀伤肿瘤细胞而得名。其家族成员约有 30 个,其中:TNF-α 主要由单核/巨噬细胞及其他多种细胞产生,具有极为广泛的生物学活性,例如:参与免疫应答、抗肿瘤、介导炎症反应、参与内毒素休克、引起恶液质等。

TNF-β 又称为淋巴毒素(limphotoxin,LT),主要由淋巴细胞、NK 细胞等产生,其生物学活性与 TNF-α 类似。

四、集落刺激因子(colony stimulating factor,CSF)

CSF 是一组在体内外均可选择性刺激造血祖细胞增殖、分化并形成某一谱系细胞集落的细胞因子,包括巨噬细胞 CSF(macrophage-CSF,M-CSF)、粒细胞 CSF(granulocyte-CSF,G-CSF)和巨噬细胞/粒细胞 CSF(GM-CSF)等。此外,IL-3 可刺激多谱系细胞集落形成,又称为 multi-CSF;干细胞因子(stem cell factor,SCF)可刺激干细胞分化为不同谱系血细胞;

红细胞生成素(erythropoietin，EPO)可促进红细胞增生、分化和成熟。上述因子也可视为CSF家族成员。

五、生长因子(growth factor,GF)

GF乃一类可介导不同类型细胞生长和分化的细胞因子。根据其功能和作用的靶细胞不同,分别命名为转化生长因子β(transforming growth factor-β，TGF-β)、神经生长因子(nerve growth factor,NGF)、表皮生长因子(epithelial growth factor,EGF)、成纤维细胞生长因子(fibroblast growth factor,FGF)、血小板源生长因子(platelet-derived growth factor,PDGF)、血管内皮细胞生长因子(vascular endothelial cell growth factor,VEGF)等。

六、趋化因子(chemokine)

趋化因子是一类对不同靶细胞具有趋化效应的细胞因子家族,已发现50余个成员。该家族成员依据其分子N端半胱氨酸的数目及其间隔,可分为CC、CXC、C、CX3C四个亚家族。

CXC亚家族(如IL-8)主要对中性粒细胞具有趋化和激活作用(图6-5)。

CC亚家族,如单核细胞趋化蛋白(monocyte chemoattractant protei，MCP)和RAN-TES(reduced upon activation normal T expression and secretion),主要对中性粒细胞以外的白细胞,尤其是单核/巨噬细胞具有趋化和激活作用。

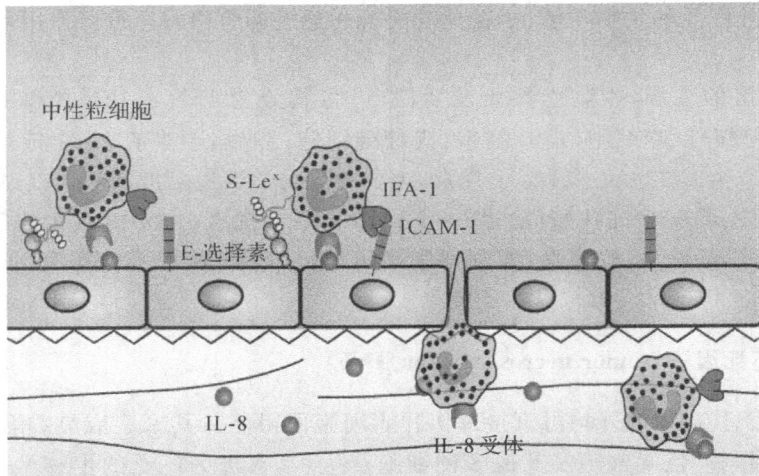

图 6-5 对中性粒细胞的趋化作用

第三节　细胞因子的生物学活性

细胞因子的生物学活性如图6-6所示。

一、介导和调节固有免疫

介导固有免疫的细胞因子主要由单核—巨噬细胞分泌,具有抗病毒、抗细菌感染的作用。

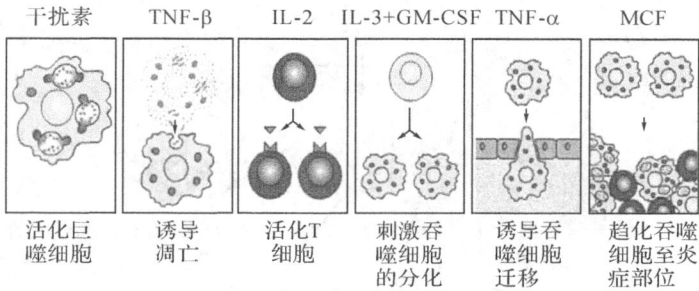

图 6-6 细胞因子的生物学活性

（一）抗病毒

Ⅰ型干扰素（IFN-α/β）、IL-15 和 IL-12 是三种重要的抗病毒细胞因子（图 6-7）。受到病毒感染的细胞可合成和分泌 IFN-α/β，刺激邻近的细胞合成抑制 RNA 及 DNA 病毒复制的酶类使其进入抗病毒状态。

IFN-α/β：具有增强 NK 细胞裂解病毒感染细胞的功能，增强 CTL 的活性。

IL-12：能增强激活的 NK 细胞和 $CD8^+$ T 细胞裂解靶细胞。

IL-15：能刺激 NK 细胞的增殖。抗病毒细胞因子的这些功能均有利于消除病毒的感染。

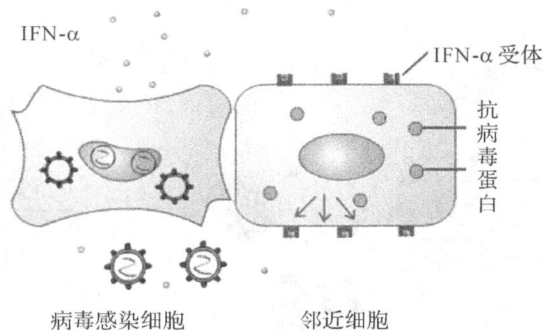

图 6-7 干扰素的抗病毒作用

（二）抗细菌感染

TNF、IL-1、IL-6 和趋化性细胞因子被称为促炎症细胞因子，是启动抗菌炎症反应的关键细胞因子，可促进肝脏产生急性期蛋白（acute phage protein），增强机体抵御致病微生物的侵袭；还是内源性致热原，可作用于体温调节中枢，引起发热。

TNF 的作用：（1）引起白细胞在炎症部位的聚集，（2）激活炎性白细胞去杀灭微生物。

IL-1 的作用：刺激单个核吞噬细胞和内皮细胞分泌趋化性细胞因子。

IL-6 的作用：刺激肝细胞分泌急性期蛋白，有利于抑制和排除细菌（图 6-8）。

二、介导和调节特异性免疫应答

特异性免疫应答主要由抗原活化的 T 淋巴细胞分泌，调节淋巴细胞的激活、生长、分化和发挥效应。在受到抗原的刺激后，淋巴细胞的活化受到细胞因子的正负调节（图 6-9）。如：IFN-γ 通过刺激抗原递呈细胞表达 MHC-Ⅱ类分子促进 $CD4^+$ T 细胞的活化；IL-2、IL-4、IL-5、IL-6 等可促进 T/B 细胞激活、增殖和分化；趋化因子可诱导不同免疫细胞的定向运

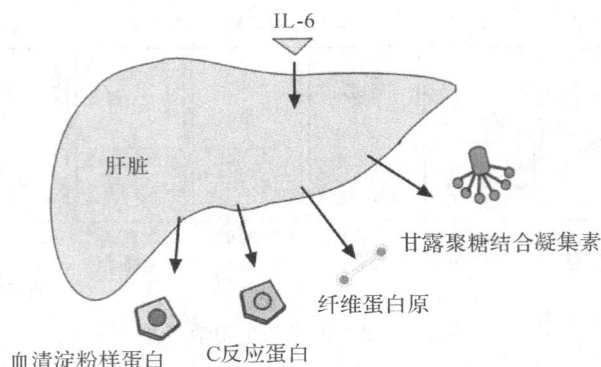

图 6-8　细胞因子诱导急性期蛋白的合成

动,并参与其激活;TNF 等参与免疫效应阶段的细胞毒作用;TGF-β 可抑制巨噬细胞的激活。

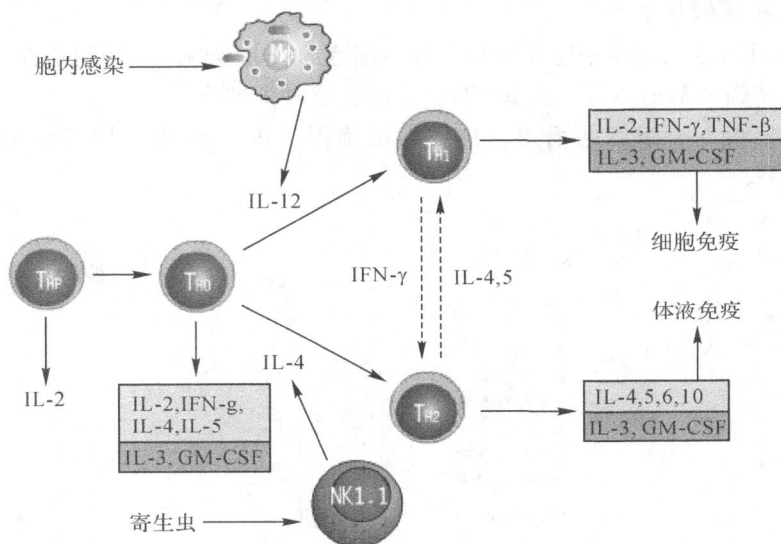

图 6-9　细胞因子对 Th1 和 Th2 细胞分化的调节作用

三、刺激造血

由骨髓基质细胞和 T 细胞等产生刺激造血的细胞因子在血细胞的生成方面起重要作用,其生成过程如图 6-10 所示。

第四节　重组细胞因子类药物

目前国内市场上主要的国产重组细胞因子类药物包括 IFN、IL-2、G-CSF、重组表皮生长因子(rEGF)、重组链激酶(rSK)等 15 种基因工程药物。组织溶纤原激活剂(T-PA)、IL3、重组人胰岛素、尿激酶等十几种多肽药物正处于临床 Ⅱ 期试验阶段,单克隆抗体的研制已从实验阶段进入临床阶段。正在开发研究中的项目包括采用新的高效表达系统生产重组凝乳酶等 40 多种基因工程新药。

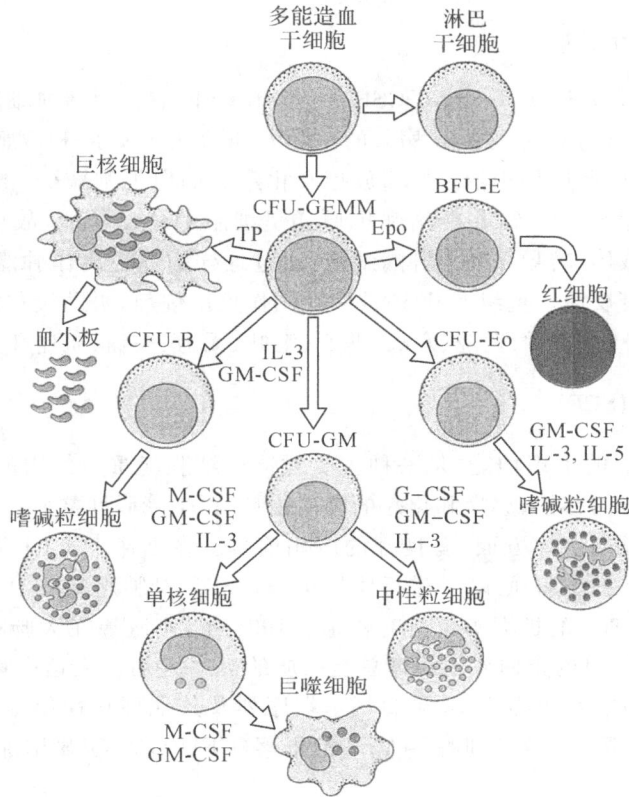

图 6-10 细胞因子刺激血细胞生成

在欧美市场上,对现有重组药物进行分子改造而开发的某些第二代基因药物已经上市,如重组新钠素、胞内多肽等。另外,重组细胞因子融合蛋白、人源单克隆抗体、反义核酸,以及基因治疗、新的抗原制备技术、转基因动物生产等,均取得了实质性的进展。国外生物医药的目前发展动向,主要反映在以下几方面。

一、与血管发生有关的细胞因子

肿瘤血管生长因子(tumor angiogenesis factors,TAF)包括研究较多的血管内皮生长因子(vascular endothelial growth factor,VEGF)、成纤维细胞生长因子(fibroblast growth factor,FGF)、血小板源生长因子(platelet-derived growth factor,PDGF)等,它们促进肿瘤新生微血管的生长。临床研究表明,阻断 VEGF 受体 2(VEGFR-2)和 PDGF 受体 β(PDGFR-β)等,可达到通过抗血管生成来治疗肿瘤的目的。1998 年,美国科研人员发现两种用于治疗癌症的血管发生抑制因子(即抗血管生长因子)和内皮抑制素,以及一种抗血管生长蛋白,即血管抑制素(vasculostatin),都有较好的疗效。另外,VEGF、FGF 和血管生长素(angiopoietin)等能够通过刺激动脉内壁的内皮细胞生长来促进形成新的血管,从而对冠状动脉疾病和局部缺血产生治疗作用。

二、集落刺激因子(CSF)

CSF 有四种:GM-CSF、G-CSF、M-CSF 和 Multi-CSF,它们对造血细胞的生长分化起介导作用。在临床上,重组 CSF 能提高病人的耐受力,增加化疗强度和敏感性,加速骨髓移植后造血功能的恢复,因此已用于治疗肿瘤放疗和化疗后的白细胞减少、再生障碍性贫血、白血病和粒细胞缺乏症等。因 CSF 能增强抗原递呈细胞的免疫功能,故可利用重组人 CSF 基因的反转录病毒载体,转导鼠和人肿瘤细胞,通过这样的途径制作肿瘤疫苗,诱导机体产生有效的抗肿瘤免疫反应。重组 CSF 还被广泛用作疫苗佐剂,协助接种疫苗。但在副作用方面,重组 CSF 可引起轻微的发烧、寒战、恶心、呕吐、无力、头痛、肌痛和关节痛等。

三、干细胞因子(SCF)

SCF 有多种重要的生理功能,是一种主要对造血细胞起重大作用的细胞因子,在自体外周血造血前体细胞的移植、放疗和化疗的辅助治疗、再生障碍性贫血等血液病的治疗及遗传性骨髓缺陷综合征的治疗方面,有良好的应用前景。在临床上,SCF 可用于建立体外造血前体细胞库,如骨髓库、脐血库,并进行体外扩增。SCF 对肿瘤免疫治疗中树突状细胞的扩增、基因治疗中靶细胞的扩大等也具有价值。1998 年,曹诚等在大肠杆菌中高效表达了可溶形式的人 SCFA,目的蛋白质占菌体总蛋白质的 40% 左右。表达产物复性后,经离子交换、凝胶过滤层析后测定,重组人 SCF 的氨基端序列及其他理化性质与天然人 SCF 相同,可刺激人骨髓细胞增殖,导致粒细胞-巨噬细胞集落(CFU-GM)明显增加,显示出天然 SCF 的生物功能活性。

四、肿瘤坏死因子(TNF)

TNF 是人体内对肿瘤有直接杀伤作用的一种细胞因子,可使瘤体缩小或消失,对多种肿瘤的中晚期患者有一定治疗作用,但在临床应用中发现有明显的毒副反应,如发热、寒战、恶心呕吐、头痛、肝肾功能改变等。20 世纪 80 年代,许多国际机构因没有很好地解决毒副作用问题而放弃了有关重组人 TNF 的研制。近年来,第二军医大学在国际上首创二轮基因扩增引物法,通过哺乳动物细胞的表达,成功地获得重组人 TNF。它能选择性地杀死癌细胞,毒性低、疗效高,目前已完成前期临床试验,即将作为国家一类新药广泛应用于临床。

五、白细胞介素(IL)

IL 是一组介导白细胞间相互作用的细胞因子,在免疫系统中发挥重要的生理功能。自 1979 年第一个 IL 被命名后,新的 IL 相继被发现和克隆。近期的发现均借助计算机克隆技术,即利用商业化的 EST 数据库,在同源性分析的基础上进行基因克隆、细胞表达和功能分析,最终确认新的 IL。这条技术路线实质上是从基因到蛋白质再到体内外功能的路线。

五个新的正式排序的 IL 包括 IL-19、IL-20、IL-21、IL-22 和 IL-23。它们目前虽未见诸临床报道,但均具备可观的药物开发前景。1999 年,美国 HGS 公司报道了 IL-19。它主要在活化的单核巨噬细胞中表达,对于抗原递呈细胞具有调节和促增殖的效应。2000 年 6 月,美国 HGS 公司报道了 IL-20 及其受体。IL-20 主要表达于脊髓、睾丸和小肠中。将重组 IL-20 注射入小鼠的腹腔,可明显刺激中性粒细胞的移动。2000 年 11 月,ZymoGenetics 公司发现含信号肽和跨膜区的 IL-21 受体。IL-21 能促进骨髓 NK 细胞的增殖和分化,与抗 CD40 抗体协同刺激 B 细胞的增殖,与抗 CD3 抗体协同刺激 T 细胞的增殖。2000 年 10 月, Genentech 公司通过检索和测试发现 IL-22,它能活化多种细胞系的 STAT1、STAT3 和 STAT5,主要表达于活化的 T 细胞中。该公司还通过细胞转染实验发现 IL-22 受体。2000 年 11 月,DNAX 研究所发现 IL-23。这种分子能促使活化的 T 细胞增殖并产生 γ 干扰素, 还可诱导记忆性 T 细胞增殖。

六、促红细胞生成素(EPO)

人 EPO 是一种高度糖基化的蛋白质类激素样物质,主要来自肾脏,极小部分来自肝脏, 能促进红细胞的生成。在临床上,EPO 主要用于治疗各种贫血,对慢性肾衰性贫血起补充 治疗作用,对于诸如类风湿引起的贫血也有较好的疗效。天然存在的 EPO 药源极为匮乏, 必须从贫血病人的尿中提取,不能满足医疗需求。1985 年,国外研究者成功地从胎儿肝中 克隆出 EPO 基因,通过基因工程手段大量生产重组 EPO 由此成为可能。

七、血小板生成素(thrombopoietin,TPO)

TPO 是一种作用于巨核细胞-血小板生成系统的造血细胞生长因子,能特异地刺激巨 核细胞增殖、分化、成熟和产生血小板,从而增加血循环中的血小板数量。在临床上,TPO 对血小板减少症有良好疗效,属特效药物。2003 年 8 月,重组人 TPO 由沈阳三生药业完成 Ⅱ、Ⅲ 期临床试验,是迄今研制成功的第三个具有自主专利权的国家一类新药。复旦大学中 山医院等的临床试验结果表明,该药适用于预防和治疗肿瘤化疗引起的血小板减少及原发 性血小板减少症,填补了骨髓三大血细胞系中缺乏调节巨核细胞特异性药物的空白。但该 药存在免疫原性强、制备成本高的缺点,仍有待改进。

八、白血病抑制因子(LIF)

LIF 是一类高度糖基化的多肽细胞因子,能抑制胚胎干细胞的体外分化,维持其传代和 多能性。20 世纪 60 年代末,曾发现一种诱导小鼠 M1 白血病细胞系分化为正常细胞的分 化诱导因子。此因子能促进白血病 M1 细胞的分化,并抑制其增殖,所以被命名为白血病抑 制因子(leukemia inhibitory factor,LIF)。在临床上,LIF 与子宫内着床、急性期反应等许 多过程及征象密切相关,还可抑制脂蛋白脂酶的活性,促进钙吸收,使血小板增加,刺激肝细 胞合成急性反应蛋白,并参与胚胎及造血系统的发育,还能促进神经肌肉的生长并维持垂体 的功能。1999 年,我国研究者根据人 LIF 基因的 cDNA 序列,通过合理的引物设计、链延伸 反应、PCR 反应和分子克隆等步骤,成功地合成了编码成熟 LIF 蛋白的基因片段,并将其克 隆至 pUC18 载体质粒上。这一成果有助于重组 LIF 药物的开发。

九、转化生长因子(TGF)

TGF 主要由肿瘤细胞产生,是一种小肽分子,包括目前已发现的 α、β 等五种亚型。

TGF-α 为分泌性蛋白质,在血液和尿液中均能检测到。它通过与细胞的表皮生长因子 受体(EGFR)结合而实现其生理作用,以自分泌和旁分泌的形式参与调节细胞的增殖和分 化。在正常组织中一般难以检测到 TGF-α,但在许多肿瘤和肿瘤细胞株里却有 TGF-α 的过量合成。因此,TGF-α 在肿瘤的诊断和预后、临床外伤的治疗等许多方面有应用价值。

TGF-β 是一类具备激素样活性的多肽生长因子,可刺激细胞的增殖和分化,对细胞进行双向调节。在临床应用方面,宾夕法尼亚大学的研究者研制出抗 TGF-β 抗体,能治疗糖尿病性肾病。此病的患者均有 TGF-β 过度表达的征象,采用抗 TGF-β 的中和抗体,可明显改善肾脏的结构与功能。另外还发现,TGF-β 在肿瘤治疗中能刺激并抑制新生血管的形成。我国研究者于 2001 年研究了在鼠肠黏膜不同状态下的 TGF 表达水平,发现 TGF-β 与肿瘤密切相关。

【理解与思考】

1. 综合机体的生理过程,你能表述细胞因子的作用吗?
2. 细胞因子在炎症中,是如何起作用的?

【课外拓展】

1. 细胞因子受体分类、特点。
2. 细胞因子的抑制性调节因素有哪些?
3. 细胞因子的效应机制如何?
4. 细胞因子产生的调节机理如何?
5. 重组细胞因子生产的主要工艺是什么?

【课程实验与研究】

1. 如何检测某种细胞因子的生物活性?
2. 请设计一种方案,检测免疫细胞能释放哪些细胞因子。
3. 请设计检测肿瘤坏死因子的医药效果的技术路线。
4. 体育项目兴奋剂检测项目有哪些? 如何去检测尿样中的细胞因子?

【课程研讨】

1. 以某种细胞因子为例,查阅资料阐述其最新的研究进展与应用前景。
2. 细胞因子的产业前景如何?
3. 请从正反两方面来阐述每种细胞因子在机体中的作用。
4. 目前细胞因子在临床医学上的应用前景如何?
5. 你认为机体中可能还有哪些待发现的细胞因子? 你的依据是什么?
6. 细胞因子产业化的主要瓶颈是什么? 破解的途径是什么?

【课后思考】

1. 细胞因子的概念,有哪些特性?
2. 细胞因子分为哪些种类? 其生物学活性有哪些?

【课外阅读】

肿瘤坏死因子的研究进展与应用前景

1975 年,Carswell 等发现接种 BCG 的小鼠注射 LPS 后,血清中含有一种能杀伤某些肿瘤细胞或使体内肿瘤组织发生血坏死的因子,称为肿瘤坏死因子。1985 年,Shalaby 把巨噬细胞产生的 TNF 命名为 TNF-α,把 T 淋巴细胞产生的淋巴毒素命名为 TNF-β。TNF-α 由细菌脂多糖活化的单核—巨噬细胞产生,可引起肿瘤组织出血坏死,也称恶病质素;TNF-β 由抗原或丝裂原刺激的淋巴细胞产生,具有肿瘤杀伤及免疫调节功能,又称淋巴毒素。尽管两型 TNF 有不同的细胞来源,DNA 水平上也仅有 28% 的核苷酸序列同源,但两者结合于相同的膜受体,并且具有非常相似的生物学功能。

人 TNF-α 和 TNF-β 的基因均位于第 6 号染色体。成熟 TNF-α 的分子量约为 17kD,而 TNF-β 略呈异质性,为 2025kD。TNF 受体存在于几乎所有的有核细胞表面,目前已发现两种 TNF 受体(TNFRI 和 TNFRII)。TNFRII 的亲和力比较强,TNFRI 的亲和力相对弱一些。两者与 TNF 结合后产生的效应有所不同,TNFRI 主要增强细胞毒细胞的活性和促进成纤维细胞生长,而 TNFRII 主要是增进 T 细胞增殖。

最初对 TNF 功能的认识仅限于对肿瘤的特异性杀伤作用,后来发现 TNF 也具有免疫调节作用,而且参与某些炎症反应的过程。TNF 的生物活性与 IL-1 十分相似,只是 TNF 的毒性较大,更易引起血管阻塞,抗肿瘤作用更强。低浓度的 TNF-α 主要在局部发挥作用,高浓度的 TNF-α 可以进入血流,引起全身性反应。近来的研究表明,人和小鼠 TNF-α 和 TNF-β 的基因都与 MHC 基因紧密连锁,暗示其可能参与免疫调节基因的表达调控。

TNF 在体内、体外均能杀死某些肿瘤细胞,或抑制增殖作用。肿瘤细胞株对 TNF-α 敏感性有很大的差异,TNF-α 对极少数肿瘤细胞甚至有刺激作用。用放线菌素 D、丝裂霉素 C、放线菌酮等处理肿瘤细胞(如小鼠成纤维细胞株 L929)可明显增强 TNF-α 杀伤肿瘤细胞活性。体内肿瘤对 TNF-α 的反应也有很大的差异,与其体外细胞株对 TNF-α 的敏感性并不平行。同一细胞系可能有敏感株和抵抗株如 L929-S 和 L929-R。此外,靶细胞内源性 TNF 的表达可能会使细胞抵抗外源性 TNF 的细胞毒作用,因此,通过诱导或抑制内源性 TNF 的表达可改变细胞对外源性 TNF 的敏感性。巨噬细胞膜结合型 TNF 可能参与对靶细胞的杀伤作用。

TNF 杀伤肿瘤的机理还不十分清楚,与补体或穿孔素杀伤细胞相比,TNF 杀伤细胞没有穿孔现象,而且杀伤过程相对比较缓慢。

由于 TNF 的抗肿瘤作用和多种免疫调节功能,TNF 疗法的临床研究已在许多国家开展。动物实验和临床实验均表明,TNF 对某些肿瘤具有明显的抑制作用;但是由于副作用较大,为 TNF 的临床应用造成困难。TNF 的副作用包括发热、头痛、恶心、呕吐、全身倦怠、肌肉酸痛等;高剂量时可导致休克、肾功能不全和 DIC 形成等。建立合理的用药方案及治疗措施,可望降低用量,减轻副作用,达到最佳治疗效果。

静脉注射 rhTNF 可使部分肿瘤缩小,但是副作用大,人体很难耐受。瘤内注射可在局部出现坏死,且副作用较轻,对某些肿瘤的治疗效果优于静脉注射。已报告的有效病例包括肾癌、胃癌、肝癌等,并使转移性大肠癌腹水减少。鉴于 TNF 可直接杀伤瘤细胞而不太损伤正常细胞,比化疗药物毒性小,rhTNF 可望较其他细胞因子更快地大量应用于临床。

　　根据以上综述,在临床上单独使用 TNF 用量大,不容易获得好的效果,患者常因不能耐受其副作用而中止用药。将其他具有肿瘤抑制作用的细胞因子(如 IL-2、IFN 等)或某些抗肿瘤药物与 TNF 联合应用,既可减少各种药物的用量、降低毒副作用,又可提高疗效,不失为肿瘤治疗的一种可行方法。此外,由于 TNF 对肺癌的杀伤能力有明显的温度依赖性,在 40℃条件下杀瘤活性最强,因此结合温热疗法可能有助于降低 TNF 用量,增加疗效。

第七章　主要组织相容性抗原

【知识体系】

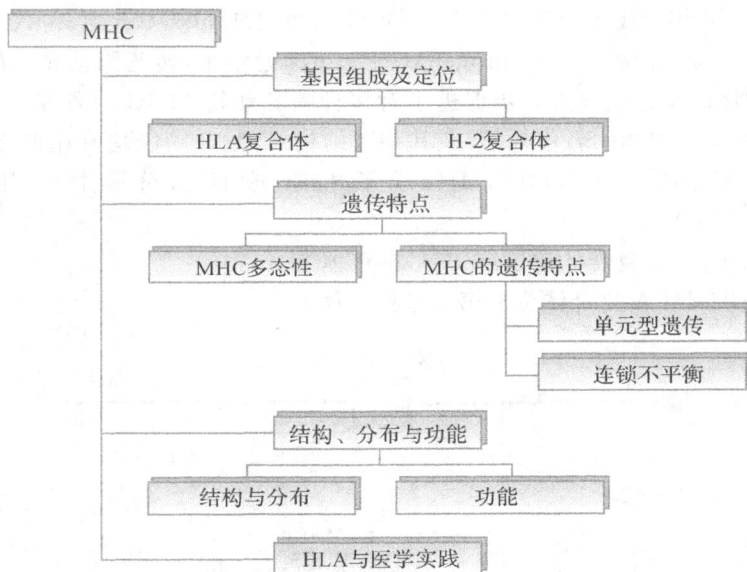

【课前思考】

每个个体独有、在器官移植及亲子鉴定中起主要作用的是什么成分？它有什么结构？为什么它有多样性？有哪些生物学功能？

【本章重点】

1. MHC 概念，MHC-Ⅰ类和Ⅱ类分子的结构、分布；
2. MHC 的生物学功能。

【教学目标】

1. 掌握 MHC/HLA 的概念、MHC-I、MHC-II 分子的分布及其生物学功能；
2. 熟悉 MHC 分子抗原递呈作用的分子机制。

主要组织相容性复合体(major histocompatibility complex，MHC)即编码主要组织相容性抗原的一组紧密连锁的基因群,定位于动物与人某对染色体的特定区域,呈高度多态性。MHC 的编码产物即 MHC 分子或 MHC 抗原,其表达于不同细胞表面,主要功能是参与抗原递呈、制约细胞间相互识别及诱导免疫应答。

在人或同种不同品系动物个体间进行组织移植时,可因二者组织细胞表面同种异型抗原存在差异而发生排斥反应。这种抗原称组织相容性 Ag 或移植 Ag。其中可诱导迅速而强烈排斥反应者被称为主要组织相容性抗原,其编码基因即主要组织相容性(基因)复合体(MHC);可诱导较弱排斥反应的被称为次要组织相容性抗原,其编码基因为次要组织相容性(基因)复合体(minor histocompatibility complex，mHC)。已证实,MHC 的生物学意义远超出移植免疫范畴,其编码产物是参与免疫应答的关键成分,但 MHC 的命名则沿用至今。

Gorer 于 1936 年发现了小鼠的 MHC,即 H-2,继之 Dausset 于 50 年代末确定了人类MHC,即 HLA(human leukocyte antigen)(图 7-1)。近年来,转基因动物、异种移植、克隆动物/器官等领域的飞速发展进一步促进了对多种哺乳动物 MHC 的研究。不同种类哺乳动物 MHC 及其编码产物的名称各异,但其基因结构、产物及功能均有相似之处。习惯上,MHC(或 HLA 复合体)一般指基因,MHC 分子/抗原(或 HLA 分子/抗原)则指编码产物,有不同的命名(表 7-1)。

小鼠的 MHC:H-2 复合体位于第 17 号染色体上。

人类的 MHC:HLA 复合体位于第 6 号染色体上。

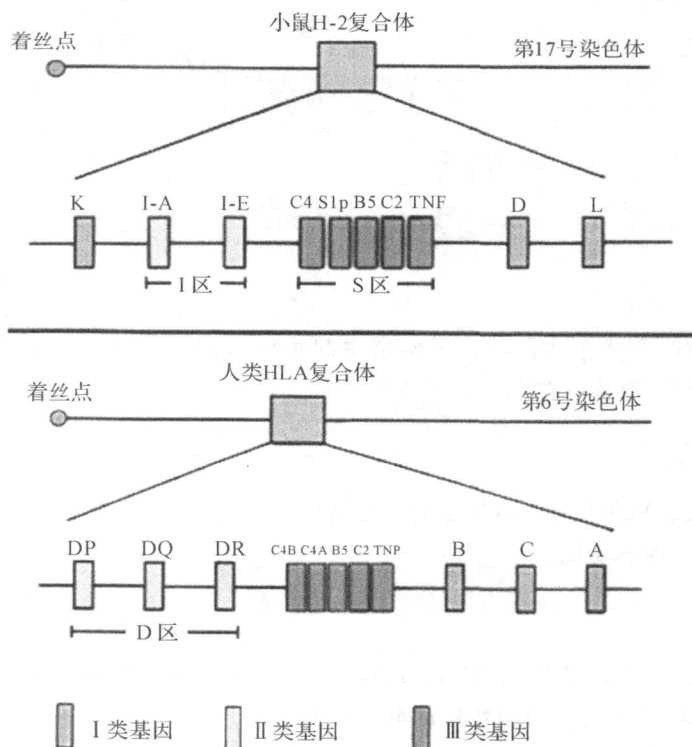

图 7-1 H-2 和 HLA 的结构示意图

表 7-1　不同动物的 MHC 名称

种属	人	小鼠	大鼠	黑猩猩	鸡
名称	HLA	H-2	H-1	ChLA	B

第一节　MHC 的基因组成及定位

MHC 基因复合体的特点之一为多基因性,即 HLA 复合体的基因数量和结构具有多样性。众多 MHC 基因依其编码分子的特性而分为 MHC-Ⅰ类、-Ⅱ类及-Ⅲ类基因。

一、人类 HLA 复合体

人类 MHC 亦称 HLA 复合体,位于第 6 号染色体短臂。HLA 复合体的特点之一是其多基因性,目前已鉴定出 100 余个基因座位。诸多 HLA 基因座按其定位和特点,可分为三类(图 7-2)。

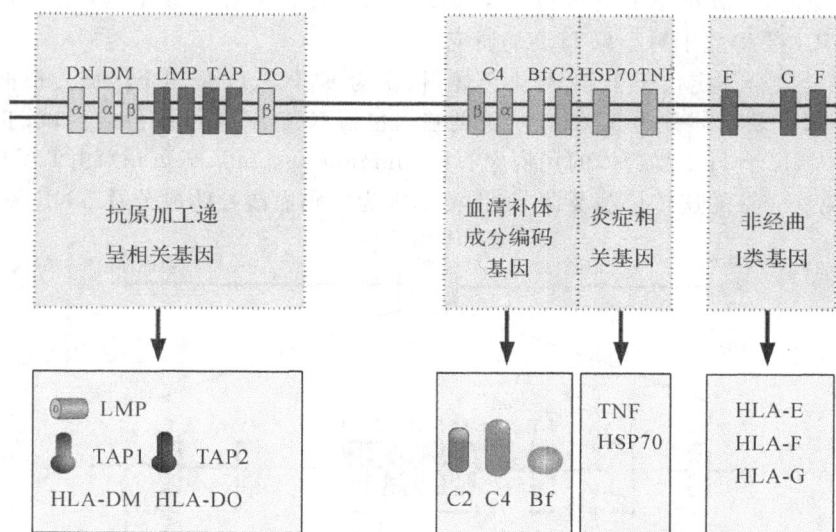

图 7-2　免疫功能相关基因及其相关编码产物

1. HLA-Ⅰ类基因:经典的 HLA-Ⅰ类基因包括 HLA-B、-C、-A,它们具有多态性,组织分布广泛,主要生物学功能是参与递呈内源性抗原。

非经典Ⅰ类基因包括 HLA-E、HLA-G 及 HLA-F 基因。这些基因多态性有限,选择性表达于机体某些组织,其生物学功能尚未完全阐明。

2. HLA-Ⅱ类基因:经典的 HLA-Ⅱ类基因包括 HLA-DP、-DQ 和-DR,它们也具有高度多态性,主要生物学功能是递呈外源性抗原。

非经典Ⅱ类基因包括低分子量多肽(low molecular-weight polypeptide,LMP)基因、抗原加工相关转运体(transporter associated with antigen processing,TAP)基因、TAP 相关蛋白(TAP-associated protein)基因(编码产物亦称为 tapasin)、HLA-DM 基因及 HLA-DO 基因等,这些基因编码产物的主要功能是参与抗原加工和转运。

低分子量多肽基因 LMP：包括 LMP2、LMP7 座位，蛋白酶体相关基因(proteasome-related gene)编码蛋白酶体相关成分，参与内源性抗原的酶解。

抗原加工相关转运体基因 TAP：包括 TAP1、TAP2 座位，编码产物 TAP(transporter of antigenic peptides)位于内质网膜上，参与对内源性抗原的转运，使其进入内质网腔。

HLA-DM 基因：包括 DMA、DMB 座位，产物参与 APC 对外源性抗原的加工递呈，帮助溶酶体中的抗原片段进入 MHC II 类分子的抗原结合槽。

HLA-DO 基因：包括 DOA、DOB 座位，编码的 DO 分子是 DM 功能的负向调节蛋白。

3. HLA-Ⅲ类基因：位于Ⅰ类与Ⅱ类基因之间，包括编码补体 C4b、C4a、C2 和 Bf 的基因，以及编码炎症相关分子、TNF、I-κB(转录调节分子)、热休克蛋白(heat shock protein 70，HSP70)等产物的基因。

二、小鼠 H-2 复合体

小鼠 H-2 复合体与人类 HLA 复合体在基因结构、编码产物分布及功能等方面均有诸多对应与相似之处，故小鼠成为研究人类 MHC 的最佳模型和有效工具(图 7-3)。迄今对 MHC 的认识主要得益于对小鼠 H-2 的研究。

小鼠 H-2 复合体定位于第 17 号染色体，依次为 K、I、S、D/L 四个区域。根据编码分子的特征可将 H-2 复合体分为 3 类基因：Ⅰ类基因包括 K、D、L 三个座位或区域；Ⅱ类基因又称为Ⅰ区基因，位于 H-2 复合体的免疫应答区(immune response region)，由 I-A 和 I-E 亚区组成，参与免疫应答的遗传控制及调节；Ⅲ类基因为编码血清补体成分及 TNF 等。

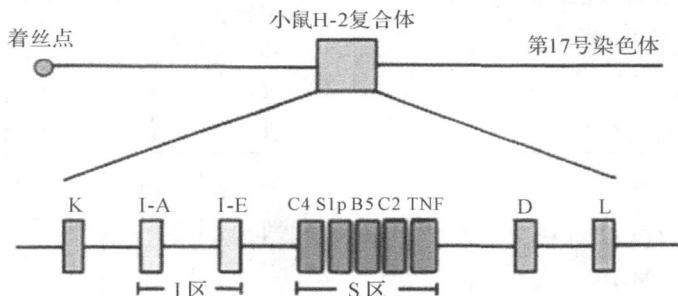

图 7-3　H-2 的结构示意图

第二节　MHC 的遗传特点

一、MHC 多态性

对同一个体而言，染色体上任一基因座位只能有两个等位基因，分别来自父、母的同源染色体。但在随机婚配的群体中，同一基因座位可能存在两个以上等位基因，此现象被称为多态性(polymorphism)。需强调的是：多态性乃群体的概念，指群体中不同个体同一基因座位上的基因存在差别。MHC 是哺乳动物体内具有最复杂多态性的基因系统。

（一）MHC 多态性的产生机制

MHC 的多态性的发生机制主要是 MHC 基因座存在复等位基因及其共显性表达。

1. 复等位基因（multiple allele）：在群体中，位于同一基因座的不同基因系列即为复等位基因。MHC 复合体的多数基因座均有复等位基因，此乃形成 MHC 基因多态性最根本的原因。目前，HLA 复合体中已发现的复等位基因达 1556 个，抗原特异性数为 164 个。

2. 共显性（co-dominant）表达：共显性即两条染色体同一基因座每一等位基因均为显性基因，均能编码特异性抗原。共显性表达极大增加了 MHC 抗原系统的复杂性，此乃 MHC 表型多态性的重要机制。

MHC 基因和编码分子的命名原则：星号（＊）前为基因座，星号后为等位基因。根据等位基因的结构，通常再分成若干主型。例如：MHC-A ＊ 0103 代表 MHC-Ⅰ类基因 A 座位第 1 主型的 3 号基因。该命名系统为有待发现的基因座和等位基因预留出了位置。

MHC 编码产物亦称为 MHC 分子或抗原。目前已鉴定出的 MHC 分子种类数少于等位基因的数目。Dw 代表激发同种异体淋巴细胞增殖的淋巴细胞激活决定簇（LAD），是 DR、DQ 等Ⅱ类基因产物效应的总和，但不存在单独的 Dw 基因座。

（二）MHC 多态性的意义

1. 赋予种群适应多变的环境条件：MHC 多态性使种群具有极大的基因储备，造就了对特定抗原（病原体）应答能力（易感性）各异的个体，保证在群体水平能应付多变的环境条件及各种病原体的侵袭，从而有利于种群的生存和延续。

2. 实现对机体免疫应答的遗传控制：MHC 基因多态性使其编码产物分子结构（主要是抗原结合槽）各异，从而决定其与特定抗原肽结合的选择性及亲和力。由此，个体的遗传背景决定了其对特定抗原是否产生应答，以及应答水平的强弱。

3. 使 MHC 成为个体的终生遗传标志：由于 MHC 的高度多态性，无亲缘关系的个体间出现 MHC 型别全相同者的几率极低，故 MHC 型别可视为个体的终生遗传标志。这一特征被用于疾病研究和法医学的个体识别。

4. 增加了寻找合适同种器官移植供者的难度：由于 MHC 基因型和表型均具有极为复杂的多态性，故在无血缘关系的人群中一般难以找到 MHC 型别完全相同的个体，从而极大增加了临床上寻找合适器官移植供者的难度，尤其成为开展造血干细胞移植的障碍。为此，目前国内外均已着手建立造血干细胞捐赠者资料库，以有助于筛选出 MHC 全相同的无关供者。

二、MHC 的遗传特点

（一）单元型遗传

连锁在一条染色体上的若干基因座，其等位基因的组合构成单元型（haplotype）。单元型是将 MHC 遗传信息传给子代的基本单位，在遗传过程中一般不发生同源染色体互换。人类细胞含两个同源单元型，组成两个单元型的全部等位基因构成 MHC 基因型（genotype），其编码产物为 MHC 表型（phenotype）。

粗略估算，人群中的单元型数目超过 5×10^8，而由两个单元型所决定的表型更是不计其数。人类细胞内的两个同源染色体分别来自父母，故比较两个同胞间单元型型别，存在三种可能性：两个单倍体型均相同，其几率为 25%；两个单元型均不同，其几率亦为 25%；有一个单元型相同，其几率为 50%。上述遗传规律在器官移植供者的选择及法医亲子鉴定中得到应用。

（二）连锁不平衡

MHC 等位基因的频率,指群体中携带某一等位基因的个体数目与携带该基因座各等位基因个体数目总和的比例。由于 MHC 复合体的各座位紧密连锁,若各座位的等位基因均随机组合构成单元型,则某一单元型的频率应等于组成该单元型各等位基因频率的乘积。但实际上,MHC 各等位基因并非完全随机组成单元型。已发现,某些等位基因比其他等位基因更多或更少地连锁在一起,即出现连锁不平衡(linkage disequilibrium)。例如,北欧白种人 HLA-A1 和 HLA-B8 的出现频率分别为 0.17 和 0.11,若随机组合,其单元型 A1-B8 连锁的预期频率应为 $0.17 \times 0.11 = 0.019$,而实测值为 0.088,二者的差额($0.088 - 0.019 = 0.069$)即为连锁不平衡参数。由于连锁不平衡,使得人群中实际存在的单元型数目少于理论值,且某些单元型在群体中可呈现较高频率(图 7-4)。

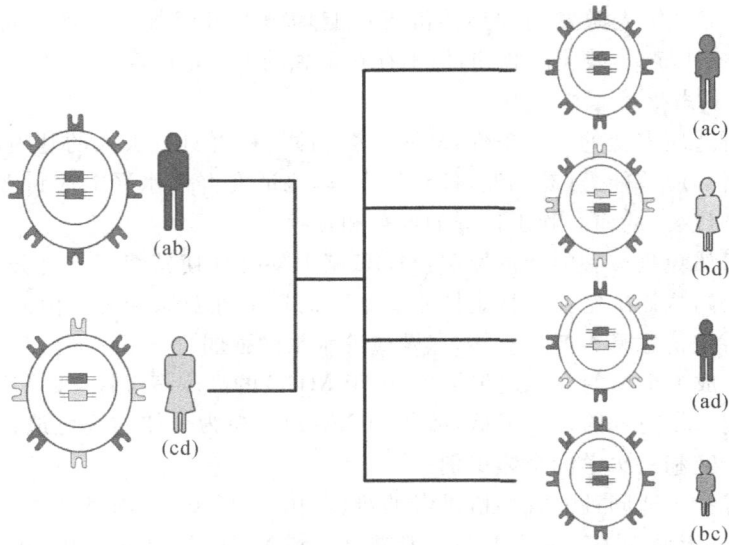

图 7-4 HLA 的单元型遗传示意图

第三节 MHC 分子结构、分布与功能

一、MHC 分子的结构与分布

（一）MHC-Ⅰ类分子的结构与分布

MHC-Ⅰ类分子属糖蛋白,由一条重链(跨膜成分,44kD 367 个 aa)和一条轻链(非跨膜成分,12kD 99 个 aa)以非共价键连接而成,其结构示意图如图 7-5 所示。具多态性的重链也称为 α 链,包括 α1、α2 与 α3 结构域,其中 α1、α2 结构域共同构成抗原(肽)结合槽;轻链即 β-2 微球蛋白(microglobulin,β2m),乃由位于第 15 号染色体的非 MHC 基因所编码,与重链的 α3 同属免疫球蛋白超家族。β2m 无多态性,其以非共价键与 α 链胞外段相互作用,有助于维持Ⅰ类分子天然构型的稳定性。

Ⅰ类分子分四个区:

(1)肽结合区:位于 N 端,有 α1、α2 两个功能区。含有与 Ag 结合的部位,是同种异型

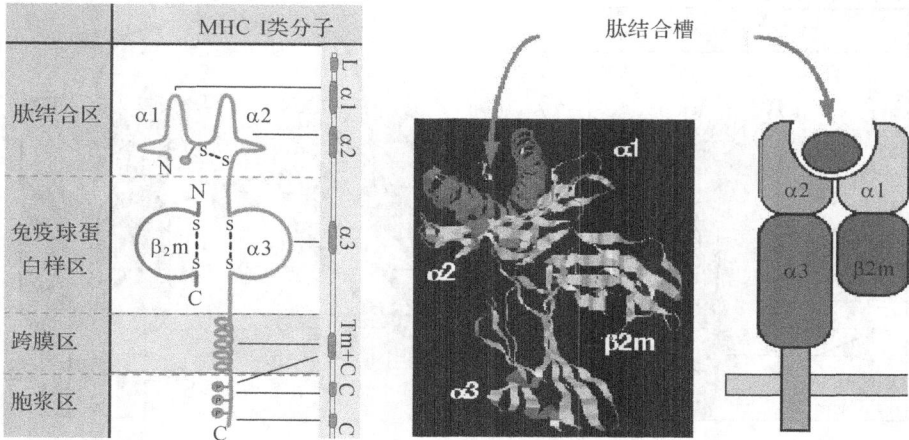

图 7-5　MHC-Ⅰ类分子结构示意图

Ag 决定簇存在的部位。

（2）Ig 样区：重链 $\alpha3$、$\beta2$　的微球蛋白，$\alpha3$ 有 90 个 aa 与 CD8 结合，起黏附作用。

（3）跨膜区：25 个氨基酸形成 α-螺旋，使Ⅰ类分子固定在细胞膜上。

（4）胞浆区：30 个氨基酸，含较多苏氨酸、酪氨酸、丝氨酸，发生磷酸化。

借助 X 光衍射技术分析Ⅰ类分子空间结构，发现其重链胞外段存在一底部由 8 条反向平行 β 片层、边缘由 2 个 α 螺旋构成的抗原结合槽，可容纳含 8～10 个氨基酸残基（或稍长）的多肽片段。抗原结合槽中关键位点的氨基酸残基不同，导致抗原结合槽精细结构、电荷分布各异，从而形成 MHC 的多态性，以及Ⅰ类分子与抗原肽结合的相对专一选择性和亲和力。

MHC-Ⅰ类分子主要分布于机体所有有核细胞表面（包括血小板和网织红细胞），以淋巴细胞表面Ⅰ类分子的密度最大，其次为肾、肝及心脏，密度最低的为肌肉和神经组织。此外，血清、初乳及尿液中还存在可溶性的Ⅰ类分子。

（二）MHC-Ⅱ类分子的结构与分布

MHC-Ⅱ类分子属糖蛋白，乃由 α（32－34kD）和 β（29－32 kD）两条肽链以非共价键连接而成，如图 7-6 所示。如同Ⅰ类分子，Ⅱ类分子也属免疫球蛋白超家族，但其两条链均为跨膜成分。Ⅱ类分子的抗原结合槽为开端结构，故可结合较长（约 13～17 个氨基酸残基）肽段。Ⅱ类分子分为四个区：

（1）肽结合区（$\alpha1$，$\beta1$）：两条螺旋末端开放，可结合 14－18 个氨基酸，最长可达 30 个氨基酸。

（2）Ig 样区（$\alpha2$，$\beta2$）：与 CD4 结合。

（3）跨膜区：25 个疏水性氨基酸。

（4）胞浆区：10－15 个氨基酸。

MHC-Ⅱ类分子仅表达于专职抗原递呈细胞（B 细胞、巨噬细胞、树突状细胞、朗格汉斯细胞）以及活化的 T 细胞和胸腺上皮细胞等表面。

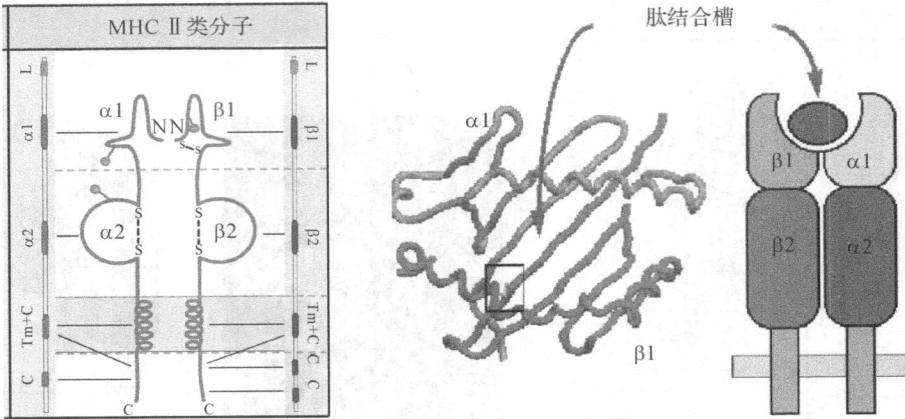

图 7-6　MHC-Ⅱ类分子结构示意图

二、MHC 分子的功能

(一)参与加工与递呈抗原

MHC-Ⅰ类分子和Ⅱ类分子分别参与对内源性和外源性抗原的加工和递呈,如图 7-7 所示。内源性或外源性抗原被加工成为肽段,嵌入 MHC-Ⅰ(或Ⅱ)类分子抗原结合槽中,形成抗原肽/MHC-Ⅰ(或Ⅱ)类分子复合物,进而表达于抗原递呈细胞表面供 $CD8^+$ T 或 $CD4^+$ T 细胞的 TCR 识别。

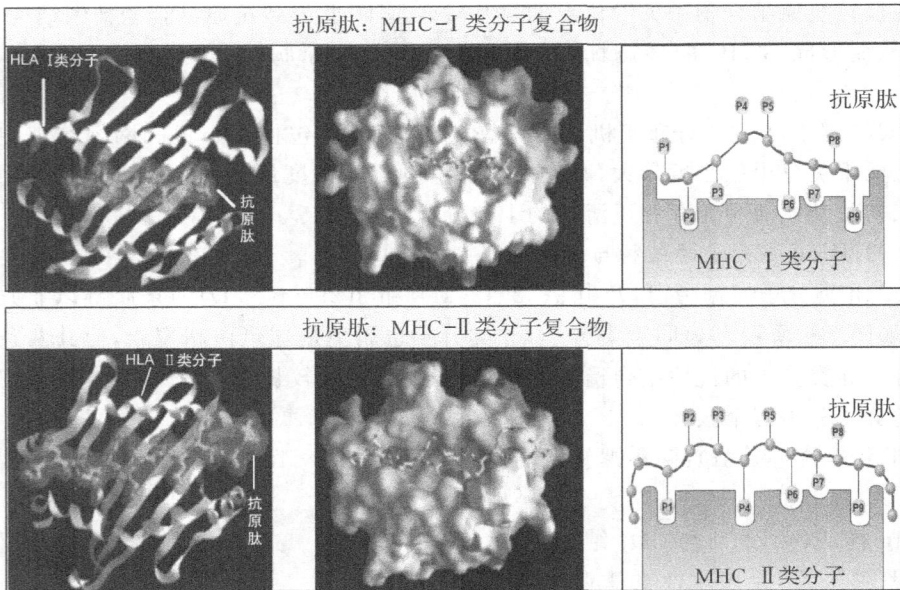

图 7-7　抗原肽与 MHC-Ⅰ、Ⅱ类分子结合示意图

在抗原肽-MHC 分子复合物中,抗原肽的两个或两个以上专司与 MHC 分子结合的氨基酸残基称为锚着残基(anchor residue),MHC 分子抗原结合槽与抗原肽锚着残基相对应的氨基酸残基称为锚着位(pocket)。

（二）参与 T 细胞限制性识别

TCR 在识别抗原肽的同时,还须识别与抗原肽结合的同基因型 MHC 分子,此即 MHC 限制性（MHC restriction）（图 7-8）。CD8$^+$T 细胞在识别抗原肽的同时,须识别 MHC-Ⅰ类分子,此为 MHC-Ⅰ类限制性;CD4$^+$T 细胞在识别抗原肽的同时,须识别 MHC-Ⅱ类分子,此即 MHC-Ⅱ类限制性。

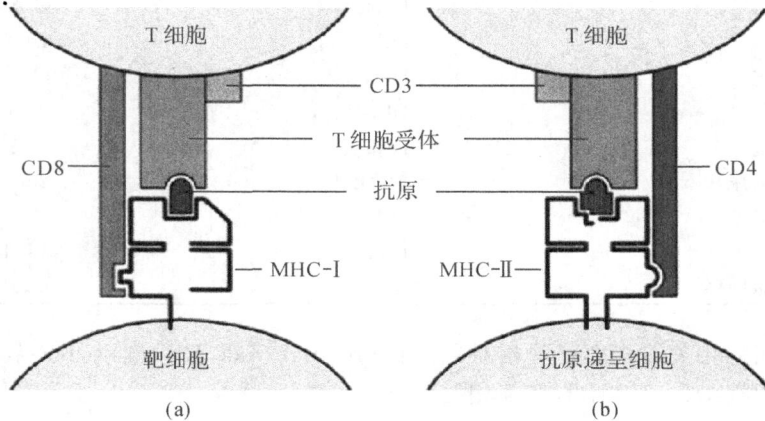

图 7-8　MHC 限制性

（三）参与 T 细胞在胸腺的发育

T 细胞在胸腺中的发育涉及复杂的选择过程,无论是阳性选择或阴性选择,均有赖于 MHC-Ⅰ类和Ⅱ类分子参与。

（四）诱导同种移植排斥反应

同种异型 MHC 分子是介导移植排斥反应的关键分子,供、受者间 MHC 不匹配可导致移植排斥反应。

第四节　HLA 与医学实践

一、HLA 与同种器官移植

同种异体间器官移植（尤其是造血干细胞移植）的成败在很大程度上取决于供、受者间 HLA 型别的差异,即组织相容程度。因此,移植术前进行 HLA 配型成为寻找合适供者的主要依据。另外,建立造血干细胞捐赠者资料库（或脐带血库）并在需要时从中筛选供者,有赖于 HLA 分型。

二、HLA 与疾病关联

迄今已发现 50 余种人类疾病（多为免疫相关性疾病）与 HLA 关联（association）,即携带某型 HLA 的个体比不携带此型别的个体易患（或不易患）特定疾病（表 7-2）。典型的例子是:约 90% 强直性脊柱炎患者携带 HLA-B27,而正常人群则仅为 9%。

表 7-2　　与 HLA 呈现强相关的一些自身免疫病

疾病	HLA 抗原	相对风险（%）
强直性脊柱炎	B27	59.8
急性前葡萄膜炎	B27	10.0
肾小球性肾炎咯血综合征	DR2	15.9
多发性硬化症	DR2	4.8
乳糜泻	DR3	10.8
甲状腺功能亢进	DR3	3.7
重症肌无力	DR3	2.5
系统性红斑狼疮	DR3	5.8
胰岛素依赖性糖尿病	DR3／DR4	25.0
类风湿性关节炎	DR4	4.2
寻常天疱疮	DR4	14.4
淋巴瘤性甲状腺肿	DR5	3.2

　　HLA 与疾病相关的程度可用相对危险性（relative risk，RR）表示，RR 数值越大，与疾病的相关性越强（RR＞3 表示有较强相关性）。

　　同一基因座上 HLA 等位基因的差别可导致个体对某些疾病具有易感性或抗性。与 HLA 关联的疾病多为自身免疫病，提示 HLA 等位基因的差别可导致免疫应答类型与效应的不同。HLA 与疾病关联的机制目前尚未完全阐明，多数证据提示此与 HLA 分子递呈致病性抗原肽或影响 T 细胞识别有关。

三、HLA 分子表达异常与疾病的发生

　　1. HLA-Ⅰ类分子表达降低与恶性肿瘤：肿瘤细胞所表达的 HLA-Ⅰ类分子在 $CD8^+$ CTL 应答中具有重要作用。目前已发现，许多恶性肿瘤细胞其 HLA-Ⅰ类分子表达减弱或缺失，导致 $CD8^+$ T 细胞的 MHC 限制性识别发生障碍，使肿瘤逃避免疫监视。实验研究证明，增强肿瘤细胞 HLA-Ⅰ类分子表达，可促进 CTL 杀瘤效应，从而有效遏制肿瘤生长和转移。

　　近年还发现，某些病毒（如 HIV）感染的宿主细胞，其 HLA-Ⅰ类分子的表达也降低，这可能是病毒逃避机体免疫攻击的机制之一。

　　2. HLA-Ⅱ类分子异常表达与自身免疫病：HLA-Ⅱ分子主要表达于抗原递呈细胞表面。已发现，某些自身免疫病靶器官的组织细胞可异常表达 HLA-Ⅱ类分子，从而有可能将自身抗原递呈给免疫细胞，使之激活，产生异常自身免疫应答，导致自身免疫病。

四、HLA 分型在法医学中的应用

　　由于 HLA 具有极为复杂的多态性，且 HLA 复合体中所有基因均为共显性表达并以单元型形式遗传，从而奠定了其应用于法医学实践的理论基础：①无亲缘关系的个体间，其 HLA 等位基因完全相同的几率几乎为零；②HLA 是伴随个体终生的遗传标志。据此，HLA 分型技术已成功地应用于法医学领域的亲子鉴定与个体识别。

【理解与思考】

1. 请你形象地述说经典的 HLA-Ⅰ、Ⅱ、Ⅲ类基因所编码的产物在整个机体防御体系中的作用。

2. 结合遗传学知识,说明不同个体同一基因座位上的基因存在差别所导致的多态性的机理。

【课外拓展】

1. 除了主要组织相容性抗原,还有哪些次要组织相容性抗原?

2. MHC 是如何发现的? 在参与抗原递呈加工中有哪些作用?

3. MHC-Ⅰ类和Ⅱ类分子是如何参与淋巴细胞阳性选择或阴性选择的?

【课程实验与研究】

1. 如何检测细胞表面 MHC 的种类及其活性?

2. 如何从基因的角度,研究 MHC 的表达与疾病的关联?

3. 检测与治疗免疫相关性疾病的主要原则是什么?

4. 提出一种假设与方案,使两个 HLA 差异很大的个体能进行器官移植。

【课程研讨】

1. HLA 与疾病有哪些关系?

2. 哪些因素会影响器官移植成功与否?

3. 如果细胞 MHC 表达过强或过弱会导致怎样的结果? 为何?

4. 你认为 MHC 的研究热点是什么? 要解决什么问题?

【课后思考】

1. MHC 的概念。

2. HLA-I、II 类抗原分子的结构、分布及其主要功能、特征。

3. MHC 的发现与研究,对免疫学的发展有何意义?

【课外阅读】

HLA-Ⅰ类分子异常表达与肿瘤免疫逃逸

一、肿瘤中 HLA-I 类分子缺失和下调的表型及其分子机制

肿瘤的早期发生常常存在于免疫功能正常的机体中。由于 HLA 基因控制着 T 细胞以及 NK 细胞介导的免疫应答中心分子的功能,肿瘤细胞往往"借用"各种 HLA-Ⅰ类分子下调或缺失的表型来逃避机体的免疫监视。针对各种类型提高其 HLA-I 类分子的表达从而恢复机体对肿瘤细胞的识别和杀伤的手段也各异。

1. HLA-Ⅰ类分子的完全缺失

HLA-Ⅰ类分子的完全缺失能使肿瘤细胞逃避 CTL 的攻击,但有可能被 NK 细胞所杀伤。因为 NK 细胞上存在一些抑制性受体(KIR)需要结合某些 HLA-I 类分子而抑制其活性,所以 HLA-Ⅰ类分子完全缺失的肿瘤细胞有可能使 NK 细胞活化而被杀伤,这就是"missing self"学说的主要观点:轻链 $\beta_2 M$ 基因缺陷是 HLA-Ⅰ类抗原完全缺失的主要原因。因为 $\beta_2 M$ 基因含有一些重复序列,在错配修复障碍的基因型个体中容易成为受影响的靶点,所以在微卫星不稳定(MMP)的结肠癌和胃癌中 $\beta_2 M$ 的基因突变最为常见。$\beta_2 M$ 基因缺陷包括表达缺失或功能缺陷。已在人类肿瘤中发现了 $\beta_2 M$ 基因的大片段缺失或是点突变,这大多会抑制 $\beta_2 M$ 基因 mRNA 的翻译,导致转录水平的表达缺失。而最近发现的 $\beta_2 M$ 基因一个点突变即改变了 $\beta_2 M$ 蛋白第 25 位氨基酸,破坏了 $\beta_2 M$ 蛋白天然结构中的二硫键,使之不能与 HLA-Ⅰ类重链结合而使表面 HLA-Ⅰ类复合物完全缺失。$\beta_2 M$ 基因中的突变热点是外显子 1 中的 CT 重复序列。据统计,肿瘤细胞存在 HLA-Ⅰ类抗原的完全缺失中有 75% 都存在这个区域的点突变。$\beta_2 M$ 基因缺陷通常不能被 IFN-γ 处理所恢复,只能转入野生型的 $\beta_2 M$ 基因使 HLA-Ⅰ类分子得以表达。这一类型的患者不适宜 T 细胞介导的免疫治疗。但是,由于 $\beta_2 M$ 基因突变导致 HLA-I 类抗原的完全缺失需要"二次突变",即一对等位基因中一个发生突变而另一个发生缺失使两者都失活,因此这种完全缺失类型的发生频率要比其他类型都低。

2. HLA-Ⅰ类分子表达下调

根据"Missing self"的学说,肿瘤细胞上的 HLA-Ⅰ类分子缺失能活化 NK 细胞的 KIR 受体而被其杀伤。但是 HLA-Ⅰ类分子的下调如果既能达到不激活 CTL,但同时仍能抑制 NK 细胞的量,反而有可能同时抑制 NK 和 CTL 的活性。这是最普遍的存在于各种肿瘤细胞中的类型,其分子机制也最为多样和复杂,也是人们研究的热点。

HLA-Ⅰ类分子的下调可由 TAP、LMP 分子表达减少或者功能异常造成。尽管存在非蛋白酶体的蛋白水解途径和非 TAP 依赖性的抗原递呈途径,这一类型细胞 HLA-Ⅰ类分子的表达仍然很低。到目前为止,蛋白酶体亚单位 LMP2、7、10 究竟是组成性表达还是 IFN-γ 诱导性表达以及它们对于抗原加工递呈过程来说是否必不可少仍有争论。但是,可以肯定的是,这些亚单位能增强一些特定的蛋白酶体的活性,这些蛋白酶降解产生的肽段更倾向于结合重、轻链以形成 HLA-Ⅰ类分子复合体。因此这些蛋白质的改变必定会影响到肿瘤细胞递呈 HLA-Ⅰ类分子的质与量,影响到肿瘤被机体免疫系统识别和杀伤的可能性。

HLA-Ⅰ类分子的总体下调和丢失还可由于重链基因的表达减少所至。HLA-Ⅰ类重链转录直接受转录起始点上游调节区 URR(Upstream Regulatory Region)调节,通过其中的顺式作用元件和反式作用因子的相互作用来实现。HLA-Ⅰ类基因重链在 5'启动子区含有 CpG 岛。首先在滋养层上皮起源的细胞系中发现了 HLA-Ⅰ类分子表达受到其重链甲基化程度的影响。近年来,由于重链启动子区的 DNA 甲基化、乙酰化等表遗传因素影响到启动子区的染色体结构导致 HLA-Ⅰ类重链转录减少已经在许多肿瘤的研究中被报道。这样的肿瘤细胞往往对 TNF-α 和 IFN-γ 等细胞因子的处理无反应,只有通过 5-杂氮胞苷的去甲基化处理才能使 HLA-Ⅰ类分子表达上调,恢复对 CTL 杀伤的敏感性。但由于这类药物的毒性和副作用太大,其临床应用受到很大程度的限制。

3. HLA-I 类分子单体型的缺失

如缺失一条染色体上连锁的 HLA-A2,B7,Cw7 基因。这种缺失往往发现于对 HLA

分子分型或对 HLA 基因区域进行杂合性丢失检测时。宫颈癌中约有 50％病例存在这种缺失，在其他肿瘤中也发现有不同程度的 HLA-Ⅰ类抗原单体型的缺失。在细胞分裂过程中染色体异常分离造成第 6 号染色体短臂中部分片段缺失是发生这种情况的主要原因。在肿瘤中已发现不同类型的染色体重组伴随各种 6P21.3 区片段的缺失。单体型的缺失同样不能被 IFN-γ 处理所恢复。

4. 位点特异性 HLA-Ⅰ类分子表达下调和缺失

可由位点特异性单抗检测出。在黑色素瘤组织及黑色素瘤细胞系中已经发现了明显的 HLA-B 位点的表达下调。随着位点特异性抗体的不断产生，这一类表型的检出率明显增加。

5. HLA-Ⅰ类分子等位基因选择性下调或丢失

如果 HLA-A2 分子缺失，这通常是因为编码 HLA 重链的基因缺失或突变抑制了其转录和翻译的效率造成。由于 HLA 重链基因的高度多态性，与 β2M 基因突变相比，这只须"一次突变"造成一种杂合性的等位基因背景即可。但与 β2M 基因突变不同的是在 HLA 重链基因中尚未找到发生突变的热点区域。

6. 复合型表型

通常由上述两种或两种以上的表型混合存在而形成，这使得肿瘤细胞表面 HLA-Ⅰ类分子异常表达的形式更为复杂多样。

7. 干扰素无反应性表型

有一些肿瘤细胞基础性的 HLA-Ⅰ类分子的表达是正常的，但经干扰素处理后无反应。这种类型的肿瘤往往存在干扰素信号传导通路上的缺陷，临床运用干扰素治疗往往无效。

8. 经典的 HLA-Ⅰ类分子缺失或下调，非经典的 HLA-Ⅰ类分子表达增加

在一个特定的肿瘤中活化 T 细胞和激活 NK 细胞的 HLA-Ⅰ类等位基因可能不同，因此在肿瘤细胞表面表达哪种 HLA-Ⅰ类分子，表达量的多少决定了它被 CTL 和 NK 识别杀伤的可能性。从这个角度来说，HLA-Ⅰ类抗原选择性下调和丢失较 HLA-Ⅰ类抗原总体改变更易于逃逸免疫监视。如 HIV-1 的 nef 蛋白可抑制 HLA-Ⅰ类分子 A 和 B 位点的表达，而不影响 NK 细胞的作用靶点 HLA-Ⅰ类分子 C 和 E 位点的表达。只要恢复 HLA-A 和 B 位点的表达就可以打破这种免疫耐受，使肿瘤细胞被机体免疫系统重新识别。因此，了解某一个体肿瘤细胞的 HLA-Ⅰ类分子具体表型及其分子机制，对于临床免疫治疗手段的选择是非常重要的。

二、T 细胞的克隆选择学说及其对肿瘤细胞 HLA-Ⅰ类分子改变的决定性作用

肿瘤中 HLA-Ⅰ类分子表达缺失或下调的表型复杂多样，具有肿瘤特异性和个体特异性。肿瘤细胞是如何获得这种多变的 HLA-Ⅰ类分子缺失表型的呢？在肿瘤发生的早期，往往机体的免疫功能还未得到破坏，肿瘤还处于机体的免疫监视下。由于肿瘤基因的不稳定，在原发癌中，往往突变产生很多具有不同 HLA-Ⅰ类分子表达类型的多个克隆。T 细胞识别杀伤一些 HLA-Ⅰ类表达正常的肿瘤克隆，而一些 HLA-Ⅰ类表达缺陷的克隆得以逃避免疫杀伤生存下来，而这些克隆往往出现于后期的复发或转移瘤中。肿瘤细胞的自身变化和 T 细胞对于肿瘤的选择压力使得 HLA-Ⅰ类分子的表达在肿瘤进程中处于动态变化。

三、肿瘤免疫

机体针对肿瘤的免疫监视学说很早就被人们提出,后来在临床与实践中有很多证据支持。如儿童和幼儿患肿瘤较少,而在免疫系统衰退的老年人中肿瘤发病率很高。在实体瘤中也可以看到大量的淋巴细胞浸润,这是机体的细胞免疫识别杀伤肿瘤细胞的证据。然而T细胞的克隆选择学说及其对肿瘤细胞 HLA-I 类分子改变所起的决定性作用却没有充足的实验证据。直到 2001 年,Garcia-Lora 小组才在小鼠实验中证实了这一假说的成立。实验者将 H-2(小鼠 HLA-I 类分子)阴性的纤维肉瘤局部注射在免疫监视功能正常的 BALB/C 小鼠和无免疫功能的裸鼠局部,发现在这两组老鼠的肺部转移癌中 H-2 分子的表达截然不同。免疫监视功能正常的 BALB/C 小鼠肺转移癌 H-2 表达阴性,其参与 HLA-I 类加工递呈的所有分子包括重链、轻链、TAP、LMP 等加工分子全部表达下调。这种下调是 IFN-γ 处理可逆的,说明其改变发生在转录水平。而裸鼠转移癌 H-2 表达阳性。将两种转移癌再次分别注射入免疫功能正常的小鼠,只有来源于免疫监视功能正常的 BALB/C 小鼠肺转移癌才能形成肿瘤。而裸鼠肺转移癌因 H-2 表达阳性会被体内的免疫系统识别杀伤而没有肿瘤产生。这组实验充分体现了 T 细胞选择对肿瘤细胞 HLA-I 类分子改变的决定性作用。

通过上述综述可以了解到在肿瘤细胞中 HLA-I 类分子的表达不仅形式复杂多样,机制各异,而且在肿瘤与机体的相互"斗争"中处于不断的动态变化中。要改变 HLA-I 类分子的异常表达,增强肿瘤的免疫原性使之被机体的免疫系统识别决非易事。但肿瘤细胞完整地表达 MHC-I 类分子是运用 T 细胞治疗肿瘤成功的先决条件,所以我们必须了解在不同的肿瘤中 HLA-I 类分子表达情况及其分子机制,进行个体分析和分子诊断,才能有效地指导临床运用免疫治疗,提高免疫治疗的效果及成功率。随着免疫学研究的高速发展及研究方法不断进步,人们愈来愈发现 HLA 分子在肿瘤发生发展过程的复杂性与多样性。此过程中聚集着免疫学理论研究中的难点、重点和热点课题。而本课题的研究正是集中于肝癌这种特殊的 HLA-I 类分子表达上调模型,着重于研究其分子机制。研究这一不同于其他肿瘤细胞 HLA-I 类分子表达情况模型的确切机制将对肿瘤免疫学的认识起着重要作用,并对临床肿瘤免疫治疗提供理论依据。

第八章　白细胞分化抗原和黏附分子

【知识体系】

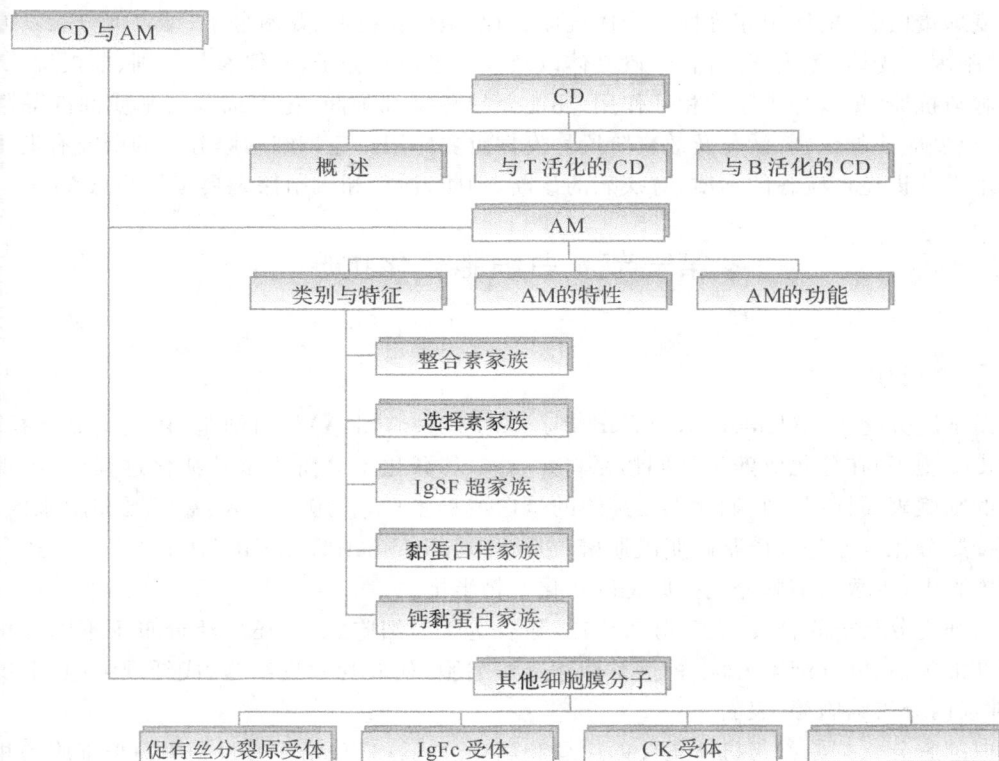

【课前思考】

如同一个人体表有许多结构,起到不同的作用,参与免疫应答的免疫细胞膜表面也有许多特殊的结构,其到底有哪些分子结构? 各有哪些作用? 如何介导、参与细胞免疫应答、体液免疫应答? 其他种类的免疫细胞膜分子还有哪些?

【本章重点】

1. 白细胞分化抗原和黏附分子的概念、种类与作用;
2. 参与 T、B 淋巴细胞分化的 CD 分子。

【教学目标】

1. 掌握白细胞分化抗原和黏附分子的概念、种类与作用；
2. 熟悉参与 T、B 淋巴细胞分化的 CD 分子。

机体免疫系统是由中枢淋巴器官、外周淋巴器官、免疫细胞和免疫分子所组成。免疫应答过程有赖于免疫系统中细胞间的相互作用，包括细胞间直接接触和通过释放细胞因子或其他介质的相互作用。免疫细胞间或细胞与介质间相互识别的物质基础是免疫细胞膜分子，包括细胞表面的多种抗原、受体和其他分子。细胞膜分子通常也称为细胞表面标记（cell surface marker）。免疫细胞膜分子的种类相当繁多，主要有 T 细胞受体、B 细胞识别抗原的膜免疫球蛋白、主要组织相容性复合体抗原、白细胞分化抗原、黏附分子、结合促分裂素的分子、细胞因子受体、免疫球蛋白 Fc 段受体以及其他受体和分子，不仅参与识别、捕捉抗原、免疫细胞与抗原、免疫分子间的相互作用，还能介导免疫细胞间、免疫细胞与基质间的黏附作用，在免疫应答的识别、活化及效应阶段均发挥重要作用。免疫细胞膜分子的研究有助于在分子水平认识免疫应答的本质，对疾病的诊断、预防、治疗和机制探讨具有重要意义。

第一节　白细胞分化抗原

一、概述

白细胞分化抗原（leukocyte differentiation antigen，LDA）是白细胞（还包括血小板、血管内皮细胞等）在分化成熟为不同谱系（lin-eage）和分化不同阶段以及活化过程中，出现或消失的细胞表面标记。它们大都是穿膜的蛋白或糖蛋白，含胞膜外区、穿膜区和胞浆区；有些白细胞分化抗原是以糖基磷脂酰肌醇（glyco-sylphosphatidylinositol，GPI）连接方式"锚"在细胞膜上，少数白细胞分化抗原是碳水化合物半抗原。

白细胞分化抗原种类繁多，分布广泛，除表达于白细胞之外，还广泛分布于不同分化阶段的红细胞系、巨核细胞/血小板谱系和非造血细胞（如血管内皮细胞、成纤维细胞、上皮细胞、神经内分泌细胞等）表面。

白细胞分化抗原参与机体重要的生理和病理过程：（1）免疫应答过程中免疫细胞的相互识别，免疫细胞抗原识别、活化、增殖和分化，免疫效应功能的发挥；（2）造血细胞的分化和造血过程的调控；（3）炎症发生；（4）细胞的迁移如肿瘤细胞的转移等。本章仅介绍参与免疫细胞识别、信号转导以及活化与效应的 CD 分子。

早期各实验室多借助自制的特异性抗体对白细胞分化抗原进行分析和鉴定，故同一分化抗原可能有不同命名。20 世纪 80 年代初以来，由于单克隆抗体，分子克隆、基因转染细胞系等技术在白细胞分化抗原研究中得到广泛深入的应用，有关白细胞分化抗原的研究和应用进展相当迅速。在世界卫生组织（WHO）和国际免疫学会联合会（IUIS）的组织下，自 1982 年至 1993 年已先后举行了五次有关人类白细胞分化抗原的国际协作组会议（International workshop on human leukocyte differentiation antigens），并应用以单克隆抗体鉴定为主的聚类分析法，将识别同一分化抗原的来自不同实验室的单克隆抗体归为一个分化群，简称 CD(cluster of differentiation),以 CD 代替以往的命名。迄今,人 CD 的序号已从 CD1 命名至 CD339。在许多场合下,抗体及其识别的相应抗原都用同一个 CD 序号。

二、参与 T 细胞抗原识别与活化的 CD 分子

T 细胞是一类重要的免疫活性细胞,除直接介导细胞免疫功能外,对机体免疫应答的调节起关键作用。T 淋巴细胞本身的识别活化及效应功能的发挥,不仅与外来抗原、丝裂原和多种细胞因子密切相关,而且有赖于 T 细胞相互之间、T 细胞与抗原递呈细胞(APC)之间以及 T 细胞与靶细胞之间的直接接触。T 淋巴细胞识别抗原的受体是 T 细胞受体(T cell receptor,TCR)与 CD3 所组成的复合物(TCR-CD3)。在识别过程中还有赖于抗原非特异性的其他细胞表面分子的辅助,这些辅助分子(accessory molecules)主要包括 CD4、CD8、CD2、CD28、CD40L、CD58、CD80、CD86 和 CD152 等(图 8-1)。

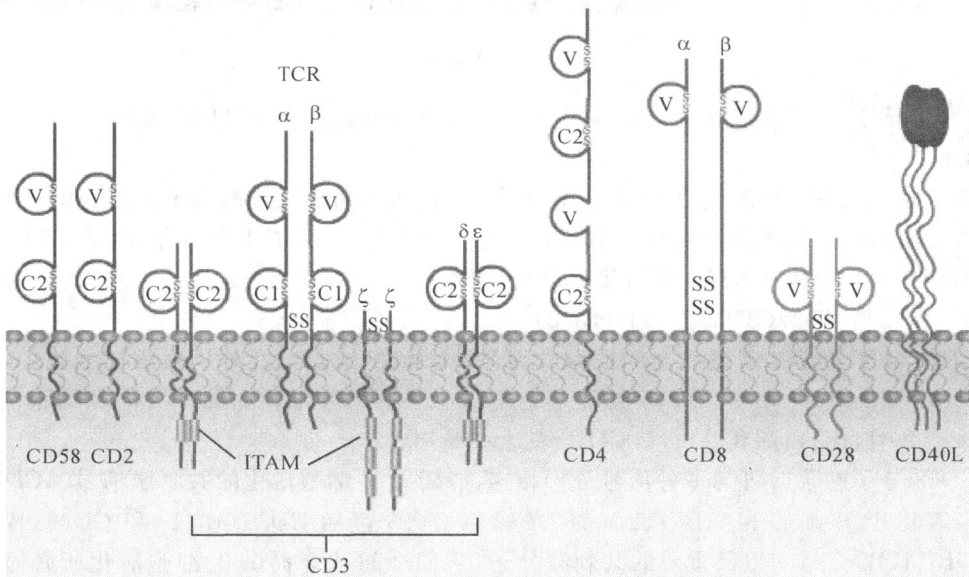

图 8-1　参与 T 细胞抗原识别与活化的 CD 分子

1. CD3

CD3 由 γ、δ、ε、ζ、η 五种肽链组成,通过盐桥与 T 细胞受体 TCR 形成 TCR-CD3 复合体,分布于所有成熟 T 细胞和部分胸腺细胞表面。

CD3 的主要功能是转导 TCR 特异性识别抗原所产生的活化信号,促进 T 细胞活化。CD3 分子胞浆区含免疫受体酪氨酸活化基序(immunoreceptor tyrosine-based activation motif,ITAM),TCR 识别或结合由 MHC 分子递呈的抗原肽后,导致 ITAM 所含酪氨酸磷酸化,通过活化相关激酶,将识别信号转入 T 细胞内(图 8-2)。CD3 是参与 TCR 信号转导的关键分子,CD3 肽链缺陷或缺失,可导致 T 细胞活化缺陷。

2. CD4

CD4 为单链跨膜糖蛋白,属免疫球蛋白超家族(IgSF)成员,分布于胸腺细胞和成熟 TH 细胞,也存在于巨噬细胞、脑细胞。在外周血和淋巴器官中,$CD4^+$ T 细胞主要为辅助性 T 细胞(helper T cell,Th)。功能:(1)作为 TH 与 APC 之间的黏附分子,CD4/MHC-II 类。

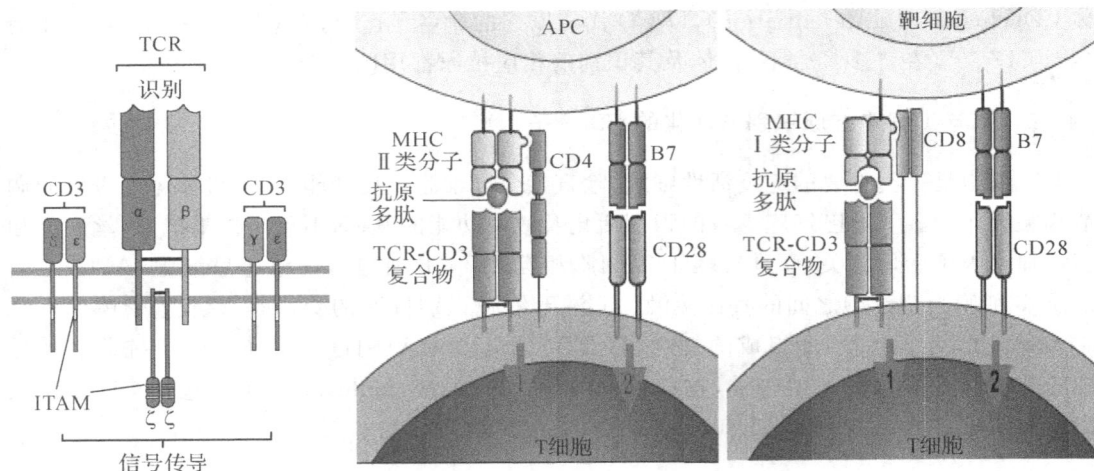

图 8-2　活化信号

（2）信号转导作用：细胞内传导。CD4 分子也是人类免疫缺陷病毒（HIV）受体。

3. CD8

CD8 也属 IgSF 成员，分布于部分 T 细胞、胸腺细胞和 NK 细胞表面，通常作为判别 T 细胞的表面标志。功能：（1）介导细胞间黏附作用：CD8 与 MHC-I 类结合，激活 CTL。（2）信号传导：CD8-MHC-I 结合，启动 T 细胞免疫应答。

4. CD28 与 CD80(B7-1)/CD86(B7-2)

CD28 分子乃借二硫键相连的同源二聚体，属 IgSF 成员。在外周血淋巴细胞中，几乎所有 $CD4^+$ T 细胞和 50% $CD8^+$ T 细胞表达 CD28。此外，浆细胞和部分活化 B 细胞也可表达 CD28。一般而言，活化 T 细胞 CD28 表达水平升高。

CD28 分子胞浆区可与多种信号分子相连，能转导 T 细胞活化的共刺激信号。CD28 的配体是表达于 B 细胞和 APC 表面的 B7 家族分子，包括 CD80(B7-1)和 CD86(B7-2)。CD28/B7-1、B7-2 是一组最重要的共刺激分子，它们之间结合提供 T 细胞活化所必需的共刺激信号，即第二信号。

5. CD2/CD58

CD2 又称淋巴细胞功能相关抗原 2(lymphocyte function associated antigen 2, LFA-2)或绵羊红细胞受体(sheep red cell receptor, SRBC)，表达于 T 细胞、胸腺细胞和 NK 细胞等。人 CD2 的配基是 CD58(LFA-3)分子，二者结构相似，且均属 IgSF 成员。

CD58 分布较广，包括多种血细胞和某些非造血细胞。CD2 与 CD58 结合能增强 T 细胞与 APC 或靶细胞间黏附，促进 T 细胞对抗原识别和 CD2 所介导的信号转导。此外，人 T 细胞还能通过 CD2 与 SRBC 表面的 CD58 类似物结合形成花环，称为 E 花环（图 8-3），可用于体外检测和分离 T 细胞。

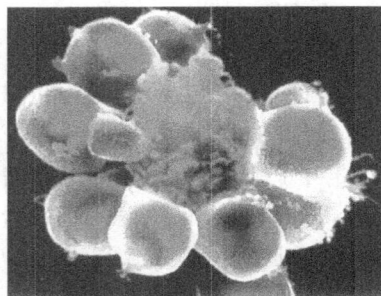

图 8-3　E 花环

三、参与 B 细胞识别 Ag 与活化的 CD 分子

B 细胞抗原受体(BCR、SmIg)、CD19/CD21/CD81、CD40 与 CD40L 等(图 8-4)。

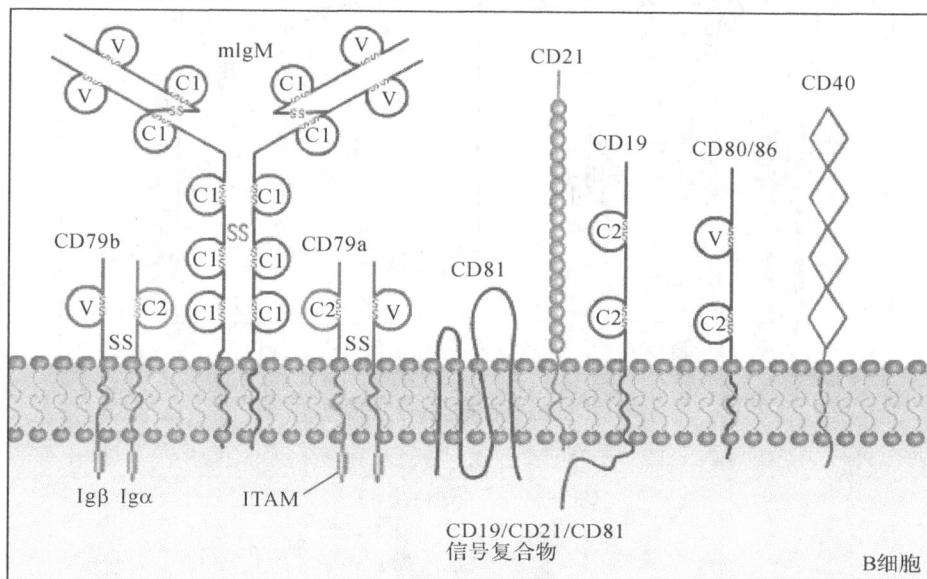

图 8-4　参与 B 细胞抗原识别与活化的 CD 分子

1. B 细胞抗原受体(BCR、SmIg)

B 细胞抗原受体是 B 细胞特异性应答的关键分子(图 8-5)。BCR 特异性识别并结合抗原。BCR 也有两种辅助成分,即 Ig-I(CD79a)和 Ig-I(CD79b)。在人类 B 细胞中,与 mIgM 相关的 Igα 和 Igβ 分别为 47kDa 和 37kDa 糖蛋白,属于免疫球蛋白超家族成员,通过非共价键成为 BCR-Igα/Igβ 复合体。Igα 和 Igβ 胞膜外区氨基端处均有一个 Ig 样结构域。Igα 和 Igβ 均可作为蛋白酪氨酸激酶的底物,可能与 BCR 信号转导有关,因为 mIgM 和 mIgD 胞浆区只有 3 个氨基酸(KVK),不可能单独把胞膜外的刺激信号传递到细胞内。

2. CD19/CD21/CD81

CD19、CD21、CD81 构成的复合物是 B 细胞活化的共受体,通过 CD19 分子胞浆区与多种激酶的结合,能加强跨膜信号转导,促进 B 细胞活化。CD19/CD21/CD81 信号复合物可调节 BCR 活化的阈值,其中 CD21(CR2)借助补体 C3 片段而介导 CD19 与 BCR 交联,从而促进 B 细胞活化,这对 B 细胞初次应答尤为重要(图 8-6)。

CD19 分布于除浆细胞外不同发育阶段的 B 细胞表面,是鉴定 B 细胞的重要标志之一。CD21 是 CR2、C3dR、EB 病毒的受体,仅表达于静止的成熟的 B 细胞表面,B 细胞一旦活化即消失,是 B 细胞的重要标志。CD81 广泛分布于 B 细胞、T 细胞、巨噬细胞、树突状细胞、NK 细胞和嗜酸粒细胞表面。CD81 是丙型肝炎病毒(HCV)受体,可能参与 HBV 感染。

3. CD40 与 CD40L

CD40 分子属肿瘤坏死因子超家族,主要分布于 B 细胞、树突状细胞以及某些上皮细胞、内皮细胞、成纤维细胞和活化的单核细胞表面。

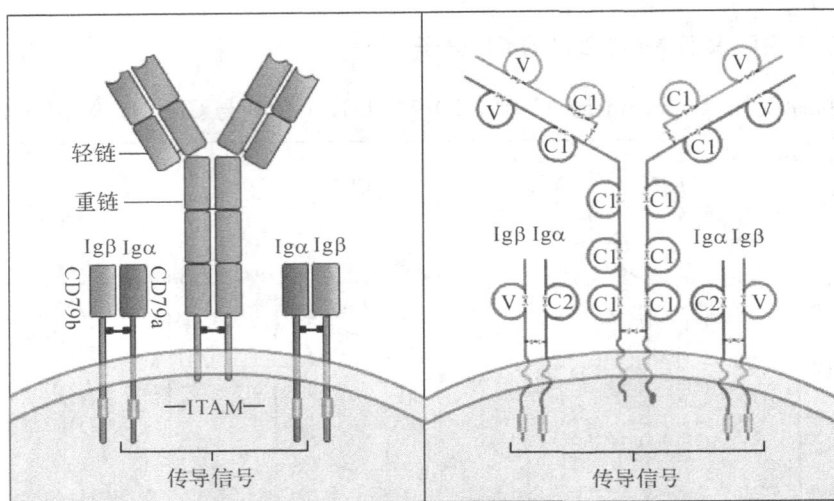

图 8-5 B 细胞抗原受体结构示意图

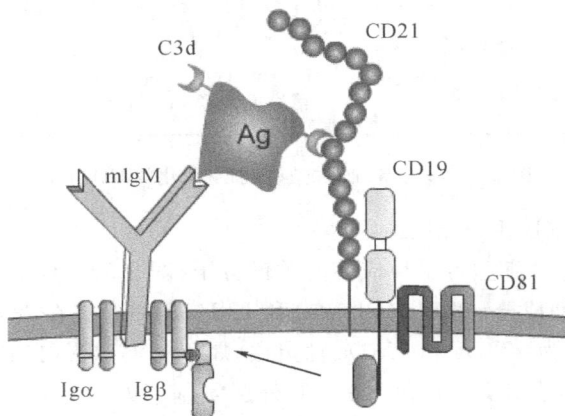

图 8-6 B 细胞信号复合物示意图

CD40L 即 CD40 配体,属 IgSF 家族成员。人 CD40L 主要表达在活化 CD4$^+$ T 细胞、部分 CD8$^+$ T 细胞和 γδT 细胞表面。CD40L 与 B 细胞表面 CD40 结合是 B 细胞再次免疫应答和生发中心形成的必要条件。T 细胞表面 CD40L 与 B 细胞表面 CD40 结合,能提供 B 细胞活化所需的共刺激信号,这是 B 细胞对 TD 抗原产生应答的重要条件。CD40L 也能激活单核/巨噬细胞。CD40 与 CD40L 的相互作用还参与淋巴细胞发育的阴性选择过程和外周免疫耐受的形成。此外,CD40L 还表达于活化的嗜碱粒细胞、肥大细胞、NK 细胞、单核细胞以及活化 B 细胞表面。

第二节 黏附分子

黏附分子(adhesion molecule,AM)是一类介导细胞与细胞间或细胞与细胞外基质(extracell matrix,ECM)间相互接触和结合的分子,多为跨膜糖蛋白。黏附分子广泛分布于几乎所有细胞表面,某些情况下也可从细胞表面脱落至体液中,成为可溶性黏附分子(soluble adhesion molecule)。黏附分子以配体-受体结合的形式发挥作用,参与细胞识别、信号转导以及细胞活化、增殖、分化与移动等,是免疫应答、炎症反应、凝血、创伤愈合以及肿瘤转移等一系列重要生理与病理过程的分子基础。

黏附分子与 CD 分子是根据不同角度命名的膜分子:黏附分子乃以黏附功能归类;CD 分子是借助单克隆抗体鉴定、归类而命名。一大类 CD 分子具有黏附作用,大部分黏附分子也属 CD 分子。

一、黏附分子的类别及其特征

根据黏附分子的结构特点可将其分为整合素、选择素、黏蛋白样、免疫球蛋白超家族及钙黏蛋白 5 个家族,此外还有一些尚未归类的黏附分子。

（一）整合素家族(integrin family)

整合素乃因其主要介导细胞与细胞外基质(ECM)的黏附,使细胞附着以形成整体而得名(图 8-7)。整合素参与细胞活化、增殖、分化、吞噬与炎症形成等多种功能。

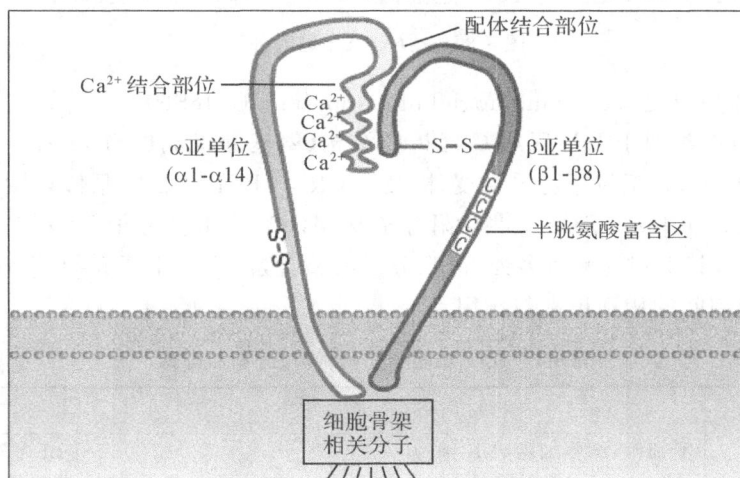

图 8-7　典型整合素分子结构示意图

整合素家族成员均为 α、β 两条多肽链(或亚单位)组成的异源二聚体。目前已知整合素家族中至少有 14 种 α 链亚单位和 8 种 β 链亚单位。迄今已发现 20 余个整合素家族成员,按 β 链亚单位的不同,可将其分为 β1～β8 共 8 个组。同一组成员的 β 链均相同,而 α 链各异。多数 α 链亚单位仅能与一种 β 链亚单位结合,而多数 β 链亚单位则可结合数种不同 α 链亚单位。

整合素家族是介导细胞与 ECM 相互黏附的重要分子,其配体主要是 ECM 蛋白(如纤连蛋白、血纤蛋白原、玻连蛋白等)。某些整合素配体是细胞表面分子,可介导细胞间相互作用。

（二）选择素家族(selectin family)

参与炎症发生、淋巴细胞归巢、凝血以及肿瘤转移等,包括 L-选择素(CD62L)、P-选择素(CD62P)和 E-选择素(CD62E)3 个成员,L、P、E 分别代表最初发现此 3 种选择素的白细胞、血小板和血管内皮细胞(图 8-8)。选择素分子的配体是一些寡糖基团,主要是唾液酸化的路易斯寡糖(sialyl Lweis,sLex 或 CD15s)或具有类似结构的分子。此类配体主要分布于白细胞、血管内皮细胞及某些肿瘤细胞表面。

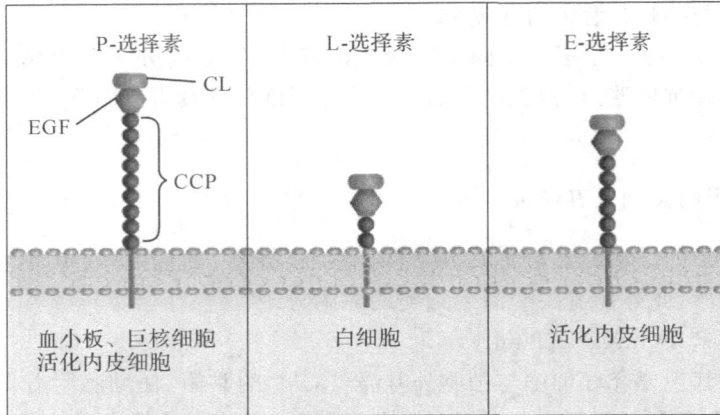

CL：C型凝集素结构域；EGF：表皮生长因子样结构域；CCP：补体调控结构域

图 8-8　选择素家族黏附分子

(三)免疫球蛋白超家族(immunoglobulin superfamily,IgSF)

这是一类具有类似于 IgV 区或 C 区折叠结构、氨基酸组成也与 Ig 有一定同源性的分子。IgSF 成员极多,包括抗原特异性受体(如 TCR 与 BCR)、非抗原特异性受体及其配体(如 CD2 与 LFA-3)、IgFc 受体、某些黏附分子及 MHC-Ⅰ、Ⅱ类分子等(表 8-1)。属于 IgSF 成员的黏附分子,其识别的配体多为 IgSF 分子或整合素分子,主要介导 T 细胞-APC/靶细胞、T 细胞-B 细胞间的相互识别与作用。

表 8-1　IgSF 黏附分子的种类、分布和配体

IgSF 黏附分子	分　　布	配　　体
LFA-2(CD2)	T 细胞、胸腺细胞、NK 细胞	LFA-3(IgSF)
LFA-3(CD58)	广泛	LFA-2(IgSF)
ICAM-1(CD54)	广泛	LFA-1(整合素家族)
ICAM-2(CD102)	内皮细胞、T 细胞、B 细胞、髓样细胞	LFA-1(整合素家族)
ICAM-3(CD50)	白细胞	LFA-1(整合素家族)
CD4	辅助性 T 细胞亚群	MHC-Ⅱ(IgSF)
CD8	杀伤性 T 细胞亚群	MHC-Ⅰ(IgSF)
MHC-Ⅰ	广泛	CD8(IgSF)
MHC-Ⅱ	B 细胞、活化 T 细胞、活化内皮细胞、巨噬细胞、树突状细胞	CD4(IgSF)
CD28	T 细胞、活化 B 细胞	B7-1(IgSF)
B7-1(CD80)	活化 B 细胞、活化单核细胞	CD28(IgSF)
NCAM-1(CD56)	NK 细胞、神经元	NCAM-1(IgSF)
VCAM-1(CD106)	内皮细胞、树突状细胞、巨噬细胞	VLA-4(整合素家族)
PECAM-1(CD31)	白细胞、血小板、内皮细胞	PECAM-1(IgSF)

(四)黏蛋白样家族(mucin-like family)

这是一组富含丝氨酸和苏氨酸的糖蛋白,为新归类的一类黏附分子。该家族包括

CD34、糖酰化依赖的细胞黏附分子-1（glycosylation-dependent cell adhesion molecule-1，GlyCAM-1）和 P 选择素糖蛋白配体（P-selectin glycoprotein ligand-1，PSGL-1）3 个成员。此类黏附分子膜外区均可为选择素提供唾液酸化的糖基配位，故可与选择素结合。

CD34 是 L-选择素的配体，主要分布于造血干细胞（HSC）、定向祖细胞、骨髓基质细胞和其些淋巴结的血管内皮细胞表面，参与早期造血的调控和淋巴细胞归巢。此外，部分急性非淋巴细胞白血病细胞、急性 B 细胞白血病细胞及血管来源的肿瘤细胞也表达 CD34。

（五）钙黏蛋白家族（Ca^{2+} dependent adhesion molecule family）

这是一类钙离子依赖的黏附分子家族。钙黏蛋白家族成员在体内有各自独特的组织分布，且可随细胞生长、发育状态不同而改变。钙黏蛋白为单链糖蛋白，多数钙黏蛋白膜外区结构相似，能介导相同分子的黏附，称同型黏附作用。

钙黏蛋白家族成员至少有 20 多个，其中与免疫学关系密切的主要是 E-Cadherin、N-Cadherin 和 P-Cadherin 三种，E、N、P 分别表示上皮、神经和胎盘。钙黏蛋白在调节胚胎形态发育和实体组织形成与维持中具有重要作用。此外，肿瘤细胞钙黏蛋白表达改变与肿瘤细胞浸润和转移有关。

除上述五类黏附分子家族外，还有一些尚未归类的黏附分子，如外周淋巴结地址素（PNAd）、皮肤淋巴细胞相关抗原（CLA）、CD36 和 CD44 等，它们分别具有介导炎症和淋巴细胞归巢等功能。

二、黏附分子的特性

1. 受体与配体的结合是可逆性，也非高度特异性，同一黏附分子可与不同配体结合，与抗原—抗体结合不同。

2. 同一种属不同个体的同类黏附分子基本相同，无多态性。

3. 同一细胞表面可表达多种不同类型黏附分子。

4. 黏附分子的作用往往通过多对受体-配体共同完成。

5. 同一黏附分子，在不同细胞表面其功能不一。

三、黏附分子的功能

黏附分子参与机体多种重要的生理功能和病理过程，主要有免疫细胞识别中的辅助受体和辅助活化信号、炎症过程中白细胞与血管内皮细胞黏附和淋巴细胞归巢等。

（一）淋巴细胞活化的辅助信号分子

辅助受体和辅助活化信号是指免疫细胞在接受抗原刺激的同时，还必须有辅助的受体接受辅助活化信号才能被活化。辅助受体的种类很多，在不同的环境中发挥的作用也不相同。最为常见的提供辅助刺激信号的 T 细胞上黏附分子结合抗原递呈细胞（APC）上相应黏附分子有：CD4/MHC-Ⅱ类分子、CD8/MHC-Ⅰ类分子、CD28/CD80 及 CD86、CD2/CD58、LFA-1/ICAM-1 等（图 8-9）。T 细胞识别 APC 细胞递呈的抗原后，如缺乏 CD80（或 CD86）提供的辅助刺激信号，则 T 细胞的应答处于无能状态。

（二）介导白细胞与血管内皮细胞黏附

炎症过程的重要特征之一是白细胞与血管内皮细胞的黏附、穿越血管内皮细胞并向炎症部位渗出。该过程的重要分子基础是白细胞与血管内皮细胞间黏附分子的相互作用（图

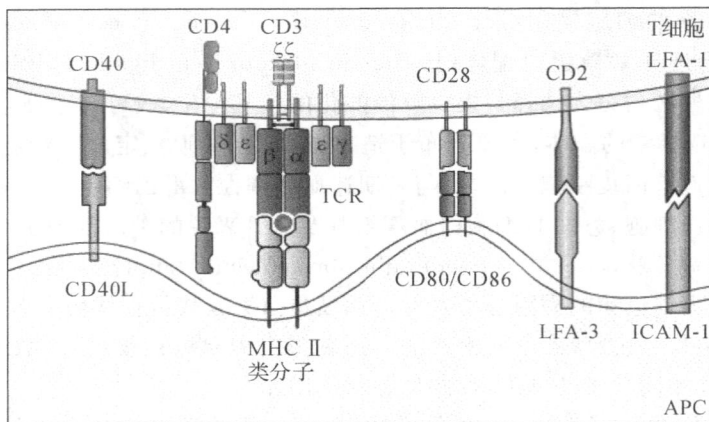

图 8-9 T 细胞与 APC 间的主要黏附分子

8-10)。不同白细胞的渗出过程或在渗出的不同阶段,其所涉及的黏附分子不尽相同。例如:炎症发生初期,中性粒细胞表面 CD15s(SLex)可与血管内皮细胞表面 E-选择素结合而黏附于管壁;随后,在血管内皮细胞表达的膜结合型 IL-8 诱导下,已黏附的中性粒细胞LFA-1 和 Mac-1 等整合素分子表达上调,同内皮细胞表面由促炎因子诱生的 ICAM-1 相互结合,对中性粒细胞与内皮细胞紧密黏附和穿越血管壁到炎症部位均发挥关键作用。淋巴细胞的黏附、渗出过程与中性粒细胞相似,但参与的黏附分子有所不同。

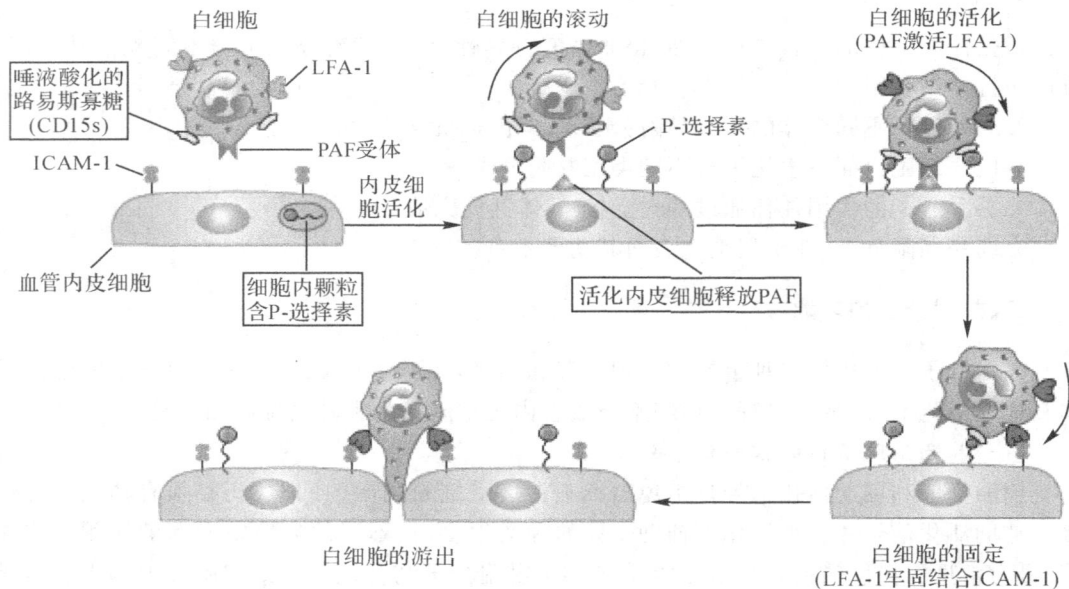

图 8-10 白细胞与血管内皮细胞黏附及渗出示意图

(三)参与淋巴细胞归巢

淋巴细胞可借助黏附分子从血液回归至淋巴组织,此为淋巴细胞归巢(lymphocyte homing)(图 8-11)。介导淋巴细胞归巢的黏附分子称为淋巴细胞归巢受体(lymphocyte homing receptor,LHR),包括 L-选择素、LFA-1、CD44 等。LHR 的配体称为地址素(addressin),主要表达于血管(尤其是淋巴结高内皮小静脉,HEV)内皮细胞表面,如外周淋巴结地址素(PNAd)、黏膜地址素细胞黏附分子(MadCAM-1)、ICAM-1、ICAM-2等。通过LFA-1/ICAM-1、L-选择素/PNAd、CD44/MadCAM-1等相互作用,介导淋巴细胞黏附并穿越 HEV 管壁回归至淋巴结中,继而再经淋巴管、胸导管进入血液,进行淋巴细胞再循环。

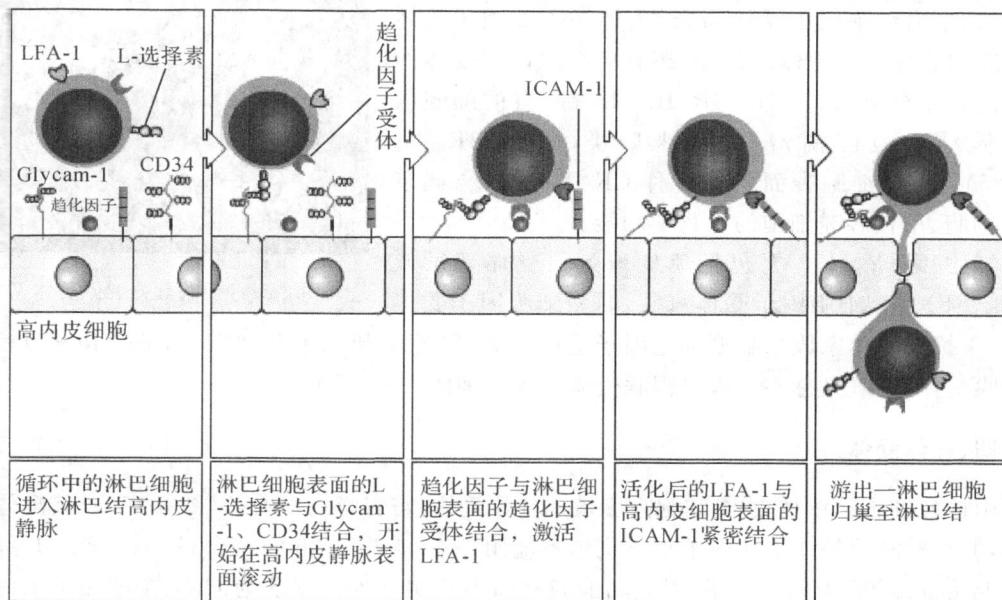

| 循环中的淋巴细胞进入淋巴结高内皮静脉 | 淋巴细胞表面的L-选择素与Glycam-1、CD34结合,开始在高内皮静脉表面滚动 | 趋化因子与淋巴细胞表面的趋化因子受体结合,激活LFA-1 | 活化后的LFA-1与高内皮细胞表面的ICAM-1紧密结合 | 游出—淋巴细胞归巢至淋巴结 |

图 8-11　参与淋巴细胞归巢

(四)其他作用

IgSF 等黏附分子参与诱导胸腺细胞分化与成熟;gpⅡb/Ⅲa、VNR-β3 等整合素分子参与凝血及伤口修复过程;胚胎发育过程中,Cadherin 等黏附分子参与细胞黏附及有序组合,对胚胎细胞发育形成组织和器官至关重要;黏附分子还参与细胞迁移和细胞凋亡的调节;等等。

第三节　其他免疫细胞膜分子

一、促有丝分裂原受体

有丝分裂原来自植物的糖蛋白或细菌产物,能与多种细胞膜糖类分子结合(受体)促进细胞活化、诱导分裂(图 8-12)。

二、IgFc 受体

体内多种细胞表面可表达 IgFc 受体,并通过二者结合,参与 Ig 的功能。属于 CD 分子的 Fc 受体包括 FcγR、FcαR 和 FcεR。其中 FcγR 分为 FcγRⅠ、FcγRⅡ和 FcγRⅢ三类;FcεR 分为 FcεRⅠ和 FcεRⅡ两类,受体是糖蛋白,胞外都有 Ig 样功能区,能与 IgFc 结合(图 8-13)。其功能为介导 Ag 识别,吞噬功能,Ag 递呈,免疫细胞活化等。

三、CK 受体

根据细胞因子受体 cDNA 序列以及受体胞膜外区氨基酸序列的同源性和其结构，可将细胞因子受体主要分为四种类型：免疫球蛋白超家族（IgSF）、造血细胞因子受体超家族、神经生长因子受体超家族和趋化因子受体。此外，还有些细胞因子受体的结构尚未完全搞清，如 IL-10R、IL-12R 等；有的细胞因子受体结构虽已搞清，但尚未归类，如 IL-2Rα 链（CD25）。免疫细胞表面表达多种 CK 受体，参与调节T、B 细胞、单核吞噬细胞的生物学功能。

细胞因子受体主要包括免疫球蛋白受体超家族（IgR—SF）、Ⅰ型细胞因子受体家族、Ⅱ型细胞因子受体

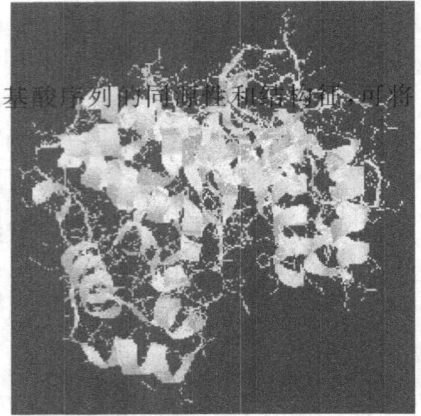

图 8-12　促有丝分裂原受体

家族（干扰素受体家族）、Ⅲ型细胞因子受体家族（肿瘤坏死因子受体家族，TNFR—F）和七次跨膜受体家族（又称 G—蛋白耦联受体家族），如图 8-14 所示。

四、补体受体

中性粒细胞和单核-巨噬细胞高度表达补体受体，与吞噬功能有关（图 8-15）。其配体为iC3b，但针对其他补体受体的单克隆抗体不能阻断 CR4 与 iC3b 的结合，证明 CR4 的存在。CR4 与 gp150/95 为同一分子，对其功能尚有诸多不明之处。据认为 CR4 在排除组织内与iC3b 结合的颗粒上起作用。它和 CR3 一样，与配体结合时需有二价离子的存在。

五、内分泌激素、神经递质、神经肽受体

免疫细胞表面可具有多种激素、神经递质和神经肽的受体，如雌激素、甲状腺素、肾上腺皮质激素、肾上腺素、前列腺素 E、生长激素、胰岛素等激素的受体，内啡肽、脑啡肽、P 物质

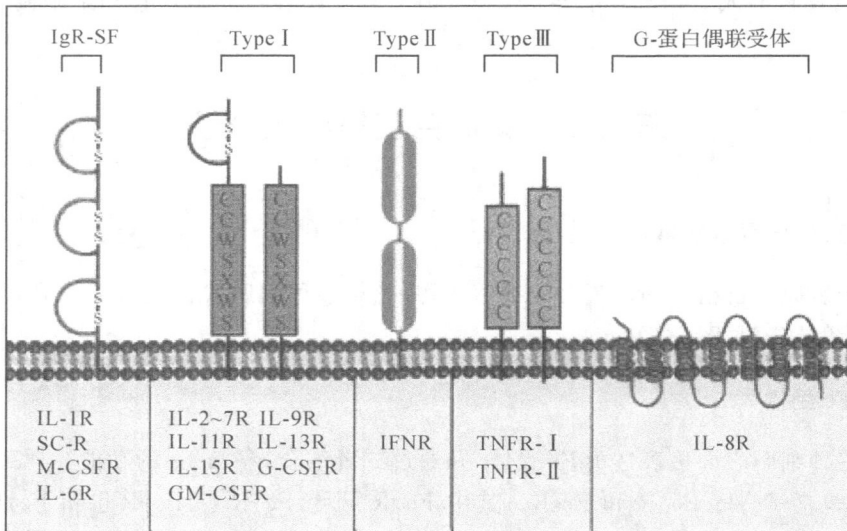

图 8-14　细胞因子受体超家族结构图

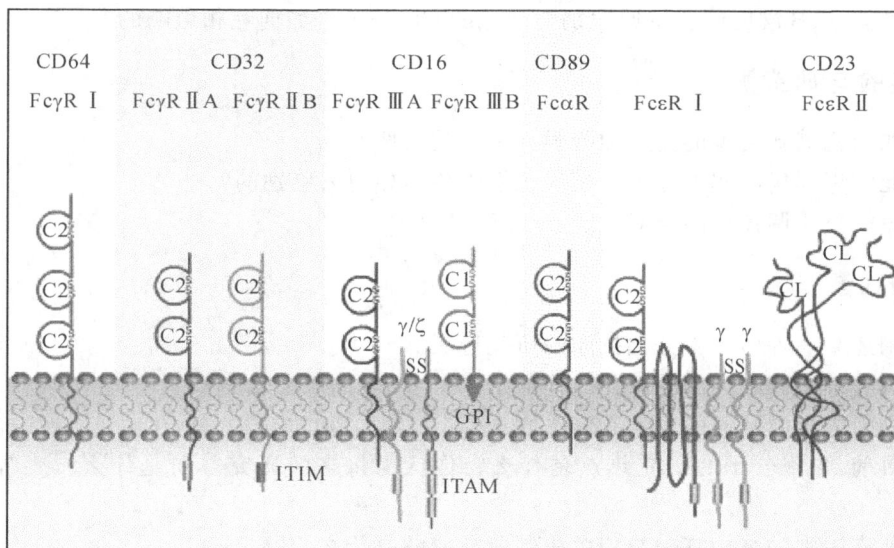

图 8-13 各类 Ig 的 Fc 受体

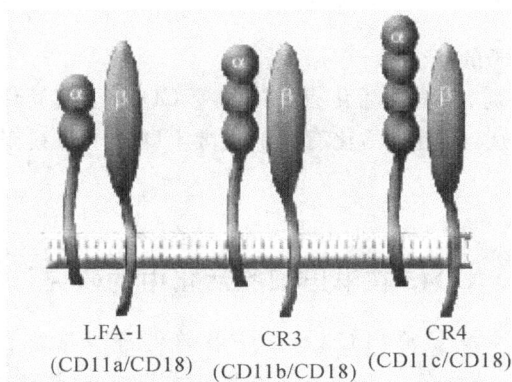

图 8-15 补体受体

等神经肽受体,组胺、乙酰胆碱、5-羟色胺、多巴胺等神经递质受体。免疫细胞表面的激素、神经肽和神经递质受体是机体神经内分泌免疫网络中的一个重要环节。

【理解与思考】

1. 你能形象地解说机体免疫细胞膜分子的构成及其作用吗?

2. 你就是一个免疫细胞,请从如何接受外界信号刺激,传递到内部产生作用作一表述。

3. 当某一局部受到病原微生物的侵袭,请形象地描述淋巴细胞是如何到达病原微生物入侵部位的。

【课外拓展】

1. 参与细胞凋亡的 CD 分子有哪些?

2. 黏附分子与疾病有何关系?

3. 黏附分子结合时,其结构有何变化?

4. 参与 T、B 淋巴细胞抗原识别与活化的 CD 分子是如何互相影响的?

【课程实验与研究】

1. 如何检测新出现的免疫细胞膜分子与其活性?
2. 能够识别病原相关分子的模式识别受体是如何去鉴别的?
3. 免疫负相调控机制与 CD 分子有何关联?

【课程研讨】

1. 阐述某一种白细胞分化抗原的研究进展。
2. 免疫细胞膜缺失会导致什么样的结果?
3. 黏附分子与肿瘤的发生有何关联?
4. 目前,黏附分子的研究热点是什么? 你认为将来的研究方向是什么? 要解决什么难题?
5. 免疫识别的结构基础与相关机制研究能解决什么问题?

【课后思考】

1. CD 分子、黏附分子的概念。
2. 简述与 T 细胞识别、黏附及活化有关的主要 CD 分子与其作用。
3. 简述与 B 细胞识别、黏附及活化有关的主要 CD 分子与其作用。

【课外阅读】

CD45 在淋巴细胞活化中的研究

CD45 又称为白细胞共同抗原(LCA),是一种单链跨膜糖蛋白,是蛋白酪氨酸磷酸酶(PTPase)家族成员,它广泛地存在于造血系细胞,如 T 细胞、B 细胞、自然杀伤细胞和巨噬细胞表面。CD45 通过对蛋白酪氨酸激酶(PTKs)的调节,在淋巴细胞的发育和活化中起重要作用。

CD45 至少有 9 个变构体(如 CD45RA、CD45RB、CD45RC、CD45RO 等),由 4～6 个外显子(常见的有 A、B、C 等)交替剪接而成。这些变构体的胞外结构不同,但有共同的胞浆结构。单个淋巴细胞可同时表达多个变构体。CD45 变构体在 T 细胞和 B 细胞上的表达有所不同,在 T 细胞各功能亚群上以及在 T 细胞发育和活化的各阶段也存在不同。

一、CD45 对 Src 家族蛋白酪氨酸激酶的调节作用

PTKs 是淋巴细胞活化信号传递过程中的重要介质,主要包括 3 个家族:Src 家族、Syr 家族和 Jak 家族。CD45 通过对 Src 家族 PTKs 的调节而在淋巴细胞活化中起重要作用。其分子结构上有两个关键的调节性酪氨酸磷酸化位点,一个位于激酶结构域,另一个位于 C 末端尾,前者的磷酸化可增强激酶的活性,称为活化位点;后者的磷酸化则抑制激酶活性,称为抑制位点。

CD45 可以同时使活化位点和抑制位点去磷酸化从而控制 Src 激酶的活性,因此 CD45

同时具备阴性调节和阳性调节作用。在静止细胞,CD45 可以和磷酸根竞争抑制位点同时使活化性位点去磷酸化,其综合效应是使 Src 激酶处于非活化状态。当受体和抗原结合后,膜蛋白的位置发生改变,Src 激酶向抗原受体方向位移,从而使 Src 激酶和 CD45 分离,活化位点磷酸化而使 Src 激酶活化,此时 CD45 是阳性调节。在整合素介导的细胞黏附过程中,Src 激酶和 CD45 同时向黏附位点位移,此时 CD45 仍使活化位点去磷酸化,从而发挥阴性调节作用。

二、CD45 对抗原-受体信号的调节作用

TCR 复合体包括一个异二聚体(TCRαβ 或 TCRγδ)、CD3 复合体和一个 ζ 链同二聚体。同样,BCR 复合体也包含多个亚单位。无论是 TCR 或 BCR,其信号传导均以 PTKs 的活化而开始。

研究显示,缺乏 CD45 的细胞接受抗原刺激后,不能产生有效的活化信号。通过分析发现,这种抗原-受体信号的传导异常是由于缺乏 Src 激酶的调节而引起的,缺乏 CD45 的 T 细胞,Src 激酶抑制性位点的磷酸化程度增高,故不能形成有效的信号传导,说明 CD45 在淋巴细胞的抗原-受体信号传导中起着关键作用。

三、CD45 在调节细胞黏附中的作用

抗原被抗原特异性受体识别以及 T 细胞和抗原递呈细胞之间的黏附是 T 细胞活化的两个同等重要的过程。由于 TCR 与抗原的亲合力较低,需要其他的蛋白质(如整合素)来稳定细胞间的接触才能有效地使 T 细胞活化。当整合素和配体结合后,Src 家族激酶和 CD45 分子均向黏附位点移位,Src 家族激酶由其高度亲和力的结合位点与黏附分子上的黏附位点结合而活化,此时尽管 CD45 仍使抑制位点去磷酸化,但其作用是次要的,不足以抑制激酶的活化,可见 CD45 对细胞间的黏附起阴性调节作用。

四、CD45 胞外结构在信号传导中的作用

Robert 等研究发现,在缺乏 CD45 跨膜和胞外结构的情况下,CD45 的胞内结构仍可以参与 TCR 的信号传导,提示 CD45 胞内结构的酶活性对 TCR 的信号传导是必要和充分的。那么,CD45 的胞外结构在信号传导中起什么作用呢?研究表明,某些 CD45 变构体的表达与淋巴细胞的成熟及活化存在密切联系,从而提示不同的 CD45 变构体可能与 T 细胞的功能有关。向 CD45 阴性细胞内转染不同的 CD45 变构体 cDNA,发现对 TCR 的信号传导的影响也不同。说明不同的变构体对 T 细胞活化的调节不同。Dianzani 等认为,这可能是由于不同的变构体与细胞表面上不同分子选择性结合的结果。也就是说,CD45 的胞外部分可能提供信号传导的特异性,胞内部分参与信号的传导。

五、CD45 分子在淋巴细胞发育中的作用

CD45 分子可能对 T 细胞在胸腺内的选择和发育起着非常重要的作用。Deans 等研究发现,CD45RA 阳性的胸腺细胞可以分化为 T 细胞,而 CD45RO 阳性的胸腺细胞则在胸腺内被清除。早期的研究显示,$CD4^+CD45RA^+$ T 细胞是抑制-诱导亚群,而 $CD4^+CD45RA^-$ T 细胞是辅助-诱导亚群。然而事实远比这复杂得多,因为有研究显示,活化 T 细胞仍保留

CD45RA$^+$,而且 CD45RA$^-$和 CD45RA$^+$T 细胞之间也可以相互转换。

敲除小鼠 CD45 基因后,发现其胸腺细胞的发育被严重阻断,从而使 CD4$^-$CD8$^-$胸腺细胞增多,CD4$^+$CD8$^+$胸腺细胞减少,结果外周 T 细胞急剧减少,T 细胞 TCR 对抗原刺激无反应,也不能产生细胞毒性反应。此时 B 细胞的数量虽然正常,但外周未成熟细胞明显增多。可见,CD45 对 T 细胞和 B 细胞的发育和功能都非常重要。

六、CD45 调节淋巴细胞的活性

研究显示,缺乏 CD45 的 CD4$^+$、CD8$^+$T 细胞,其抗原特异性增殖能力、分泌 IFN-γ 能力以及溶解靶细胞能力均降低。如果使 CD4$^+$、CD8$^+$T 细胞重新表达 CD45,则可恢复这些能力。但 Irie-Sasaki 等的研究发现,CD45 对细胞因子受体介导的信号传导起阴性调节作用,并且发现破坏 CD45 基因则可以增强细胞因子和 IFN-γ 受体介导的细胞活化。

淋巴细胞活化是一个复杂过程,包括 PTKs 的活化、某些细胞蛋白酪氨酸的磷酸化、细胞内 Ca^{2+}浓度的增加、磷酸肌醇的水解、蛋白激酶 C 和 Ras 的活化等。缺乏 CD45 分子的淋巴细胞在 TCR 受体抗原刺激后,酪氨酸激酶活性降低,磷酸肌醇及细胞内 Ca^{2+}代谢也降低,因而不能有效地传导活化信号。如通过转基因技术使 T 细胞重新表达 CD45 分子,则可恢复 TCR 的信号传导能力,说明 CD45 分子在 TCR 的信号传导中是非常重要的。

七、CD45 结合蛋白的作用

CD45 结合蛋白(CD45AP)又称为淋巴细胞磷酸酶结合蛋白(LPAP),是一个包含有198 个氨基酸的蛋白质。CD45AP 主要表达在 T 细胞和 B 细胞表面,CD45AP 的表达与CD45 的表达密切相关。在 CD45 阴性细胞,细胞表面检测不到 CD45AP 的表达,而CD45AP mRNA 仍有表达。研究发现,此时 CD45AP 仍有合成,但合成后很快降解。用CD45cDNA 转染 CD45 阴性细胞,结果可以恢复 CD45AP 的表达,提示 CD45AP 和 CD45结合可防止其降解。CD45AP 的功能尚不清楚,鉴于 CD45AP 的表达受 CD45 的严格调节,所以认为 CD45AP 在 CD45 介导的淋巴细胞信号传导中发挥重要作用。但也有学者发现,缺乏 CD45AP 的小鼠,其胸腺细胞及脾细胞的分化发育是正常的,而且这些细胞的 P56^{Lck}的活性与正常细胞没有区别,因而认为 CD45AP 在 CD45 对 Src 激酶活性的调节过程中并不是必需的。

CD45 是一个重要的跨膜分子,它以其蛋白酪氨酸磷酸酶活性使蛋白酪氨酸激酶的抑制位点的酪氨酸去磷酸化从而使其活化,进而在 T 细胞活化的信号传递中起重要作用。近年来,随着对 CD45 认识的不断深入,人们试图利用单克隆抗体或药物阻断 CD45 介导的信号传导来阻断淋巴细胞的活化,进而应用于诱导免疫耐受和逆转移植排斥反应的研究,并取得了较好的效果。但 CD45 及其结合蛋白在淋巴细胞的发育、增殖和活化过程中的确切作用机制仍不甚清楚,CD45 及其阻断措施在调节淋巴细胞活化中的作用,特别是在诱导免疫耐受及逆转排斥反应中的应用还需要进一步研究。

改造 T 细胞受体限制 HIV 扩散

通过基因改革工程,研究人员让"杀手"T 细胞更好地限制了 HIV 在培养液中的扩散。他们在日前在线出版的《自然—医学》期刊中说,这种能力升高的 T 细胞还能识别已经发生

变异并试图逃过免疫反应的病毒。

T 细胞受体(TCR)能够识别病毒蛋白质碎片,并在受感染细胞表面发出警告信息,T 细胞因此得知了 HIV 的出现。目前,分离这种能够识别 HIV 的特别 T 细胞的方法主要基于克隆取自 HIV 患者的细胞,这是一个缓慢而费力的过程,而且,这些细胞中的 TCR 鉴别受感染细胞的能力很弱。病毒能够通过变异而逃脱探测。

James Riley 和同事利用噬菌体表面展示技术,从取自 HIV 患者的 T 细胞分离出 TCR,这种 TCR 能很好地鉴别出 HIV 的存在。然后,他们通过基因工程改造这种 TCR,让它能更好地探寻病毒。将这种 TCR 置入 T 细胞中,结果产生出力量更大的"杀手"细胞,能够在培养液中更好地限制 HIV 的扩散。

（资料来源：Nature Medicine,doi:10. 1038/nm. 1779,Bent K Jakobsen,James L Riley)

第九章　免疫应答

【知识体系】

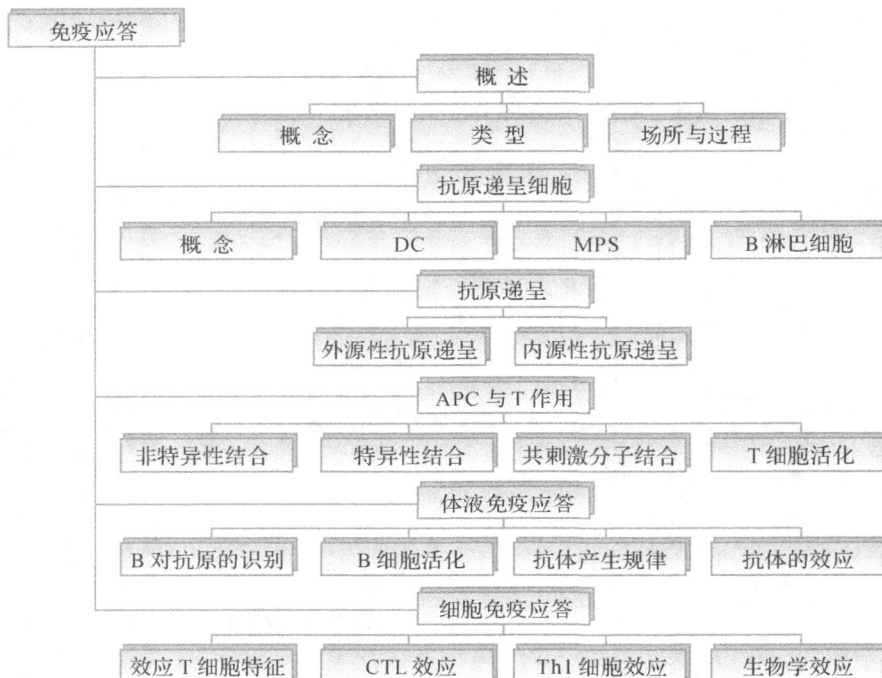

【课前思考】

当病原体入侵或体内细胞癌变时,机体产生什么样的反应? 机体是通过什么反应排除异物达到体内内环境稳定的? 整个应答过程如何? 针对不同抗原,机体是如何产生不同应答的? 体内抗体的产生有什么规律?

【本章重点】

1. 免疫应答的概念、类型、应答场所、过程;
2. T、B 细胞介导的免疫应答过程、特点、效应;
3. 抗体产生的规律及应用。

【教学目标】

1. 熟悉单核吞噬细胞系统、树突状细胞、B 细胞生物学特性、递呈抗原的基本特点;
2. 掌握免疫应答的概念、类型、应答场所、过程;
3. 掌握抗体产生的一般规律;
4. 熟悉 T、B 细胞介导的免疫应答过程、特点、效应。

第一节　概　　述

一、概念

免疫应答是指机体受抗原性异物刺激后,体内免疫细胞发生一系列反应以排除抗原性异物的生理过程。免疫应答最基本的生物学意义是识别"自己"与"非己",从而清除"非己"的抗原性物质,保护机体免受异己抗原的侵袭。

免疫应答主要包括:(1)APC 对 Ag 的加工、处理、递呈;(2)淋巴细胞识别 Ag 后,自身活化、增殖、分化产生免疫效应。

其生物学意义:及时清除体内抗原性异物,以保持内环境的恒定。但在某些情况下,免疫应答也会对机体造成损伤,如超敏反应。

二、类型

根据参与免疫应答和介导免疫效应的组分和细胞种类的不同,特异性免疫应答还可分为 B 细胞介导的体液免疫(humoral immunity)和 T 细胞介导的细胞免疫(cellular immunity)。

在某些特定条件下,抗原也能诱导机体免疫系统对其产生特异性不应答状态——免疫耐受性或称负免疫应答。

三、免疫应答场所与过程

特异性免疫应答发生的场所主要在外周免疫器官(淋巴结和脾脏)。整个应答过程分为三个阶段:①感应阶段(Ag 识别阶段):包括抗原的摄取、处理、递呈和特异性识别;②反应阶段(增生分化阶段):指免疫细胞(T、B 细胞)识别抗原后传递活化信号,自身发生活化、增殖和分化;③效应阶段:引发 T 细胞介导的细胞免疫效应和 B 细胞介导的体液免疫效应。

第二节　抗原递呈细胞

抗原递呈细胞(antigen-presenting cell,APC)是能摄取、加工处理抗原,并将抗原递呈给淋巴细胞的一类免疫细胞,在机体免疫应答过程中发挥重要作用(图 9-1)。此类细胞能辅助和调节 T 细胞、B 细胞识别抗原并对抗原产生应答,故又称为辅佐细胞(accessory cell),简称 A 细胞。根据 APC 细胞表面膜分子表达情况和功能的差异,可将其分为:

专职(professiona)APC:能表达 MHC-Ⅱ类抗原和其他参与 T 细胞活化的共刺激分

子,包括单核吞噬细胞系统(mononuclear phagocyte system,MPS)、树突状细胞、B细胞等。

非专职 APC:包括内皮细胞、纤维母细胞、上皮细胞等。它们通常情况下并不表达 MHC-Ⅱ类分子,但在炎症过程中或受到 IFN-γ 诱导,也可表达 MHC-Ⅱ类分子并处理和递呈抗原。

另外,机体有核细胞能将内源性蛋白抗原降解处理为多肽片段,后者与Ⅰ类分子结合为复合物表达在细胞表面,并递呈给 CD8$^+$ TC 细胞。以前曾不将此类细胞归于严格意义上的 APC,而是称其为靶细胞,但近年亦将其称为 APC。目前对 APC 的定义为:所有表达 MHC 分子并能处理和递呈抗原的细胞。

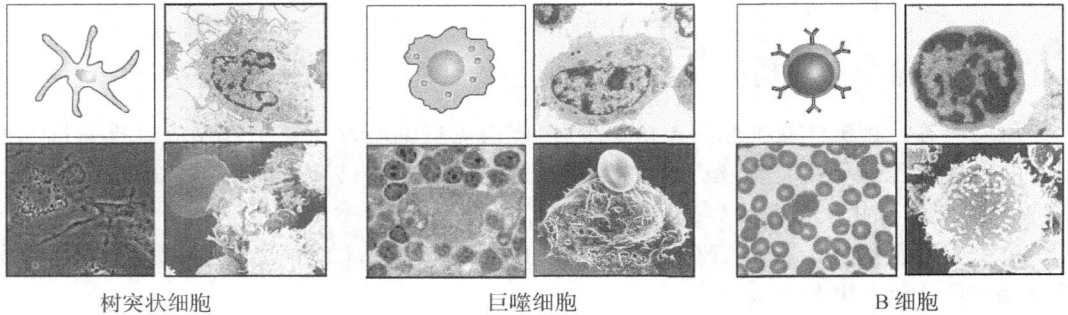

| 树突状细胞 | 巨噬细胞 | B细胞 |

图 9-1　抗原递呈细胞

一、基本概念

抗原加工:蛋白质抗原在细胞内被降解成能与 MHC 分子结合的肽的过程。

抗原递呈:MHC 分子与抗原肽结合,将其展示于细胞表面供 T 细胞识别的过程(图 9-2)。

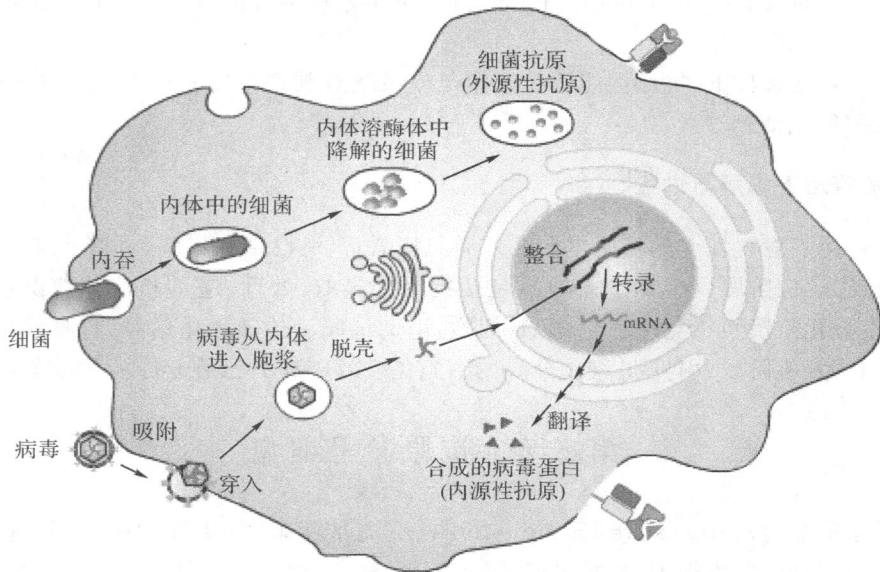

图 9-2　抗原递呈示意图

内源性抗原:细胞内产生的蛋白质抗原,包括自身抗原和非己抗原——MHC-Ⅰ类分子递呈。

外源性抗原：由细胞外摄入细胞内的蛋白质抗原，包括非己抗原和自身抗原——MHC-Ⅱ类分子递呈。

二、树突状细胞（dendritic cell，DC）

树突状细胞是由美国学者 Steinman 于 1973 年所发现，因其成熟细胞具有许多树突样或伪足样突起而得名。DC 是目前所知体内功能最强的专职 APC，与其他 APC 相比，其最大特点是能够刺激初始 T 细胞（naive T cell）增殖，而 MM、B 细胞则仅能刺激已活化的或记忆性 T 细胞，故 DC 是机体免疫应答的启动者，在免疫系统中占有独特的地位。对 DC 的研究不仅有助于阐明机体免疫应答的调控机理，也对认识肿瘤、移植排斥反应、感染、自身免疫病的发生机制并制订有效的防治措施具有重要意义。

（一）DC 的来源、分化和种类

DC 主要由骨髓中髓样干细胞分化而来，与单核吞噬细胞有共同的前体细胞，这些髓系来源的 DC 称为髓样 DC（myeloid DC，MDC）。部分 DC 由淋巴样干细胞分化而来，与淋巴细胞有共同的前体细胞，此类淋巴系来源的 DC 称为淋巴样 DC（lymphoid DC，LDC）（图 9-3）。

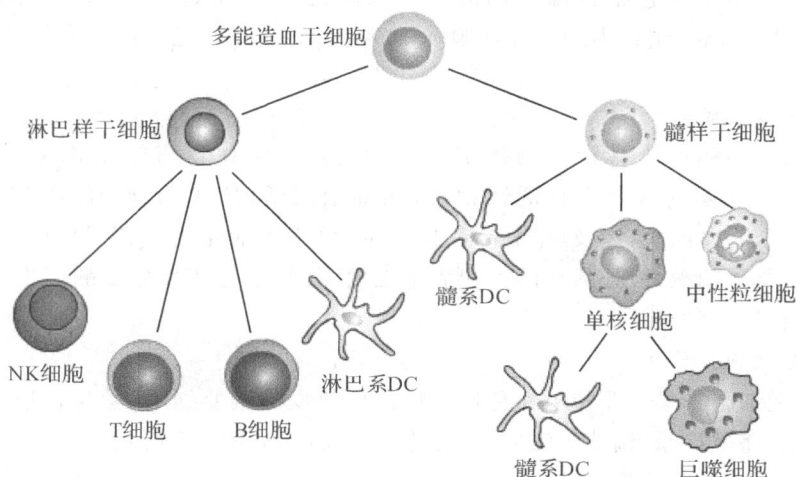

图 9-3　树突状细胞的来源

DC 广泛分布于（脑以外）全身各组织和器官，但数量极少，分布在不同部位和处于不同分化阶段的 DC 具有不同的生物学特征和命名，主要有：

（1）郎格罕斯细胞（Langerhans cell，LC）：LC 是位于表皮和胃肠道上皮部位的未成熟 DC，其高表达 FcgR、C3bR、MHC-I/Ⅱ类分子，胞浆内含特征性 Birbeck 颗粒。

（2）并指状 DC（interdigitating DC，IDC）：IDC 存在于外周淋巴组织的胸腺依赖区，是由 LC 或间质性 DC 移行至淋巴结而衍生的成熟 DC，其表面缺乏 FcR 及 C3bR，但高表达 MHC-I、-Ⅱ类分子和 B7，通过其突起与 T 细胞密切接触，将抗原递呈给 T 细胞，具有较强的免疫激发作用。

（二）生物学功能

DC 是体内最重要的 APC，并具有其他生物学功能。

1.抗原递呈功能。

2.调节免疫应答:DC 能递呈抗原并激发免疫应答,尤其是能激活初始 T 细胞,此效应是启动特异性免疫应答的关键步骤,如图 9-4 所示。

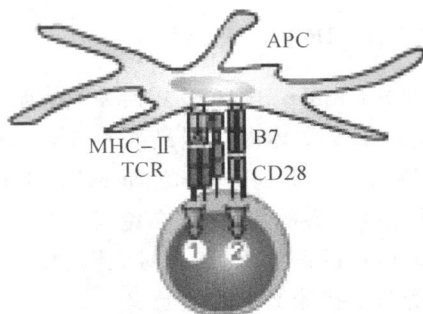

图 9-4　DC 能递呈抗原并激发免疫应答

二、单核吞噬细胞系统(mononuclear phagovyte system,MPS)

单核吞噬细胞系统包括骨髓中的前单核细胞(pre-monocyte)、外周血中的单核细胞(monocyte,Mon)以及组织内的巨噬细胞(macrophage,Mφ),是体内具有最活跃生物学功能的细胞类型之一。

(一)生物活性成分

单核吞噬细胞能产生各种溶酶体酶、溶菌酶、髓过氧化物酶等。Mφ(尤其是活化的 Mφ)还能产生和分泌近百种生物活性物质,如细胞因子(IL-1、IL-6、IL-12 等)、补体成分(C1、P 因子等)、凝血因子,以及前列腺素、白三烯、血小板活化因子、ACTH、内啡肽等活性产物。随 Mφ 所受刺激、所处活化阶段和活化程度不同,上述活性分子的产生和分泌各异,并与 Mφ 功能状态密切相关。

(二)主要生物学作用

单核/巨噬细胞是参与非特异性免疫和特异性免疫的重要细胞,参与吞噬消化、杀伤肿瘤细胞、加工和递呈抗原、调节免疫应答、介导炎症反应,如图 9-5 所示。

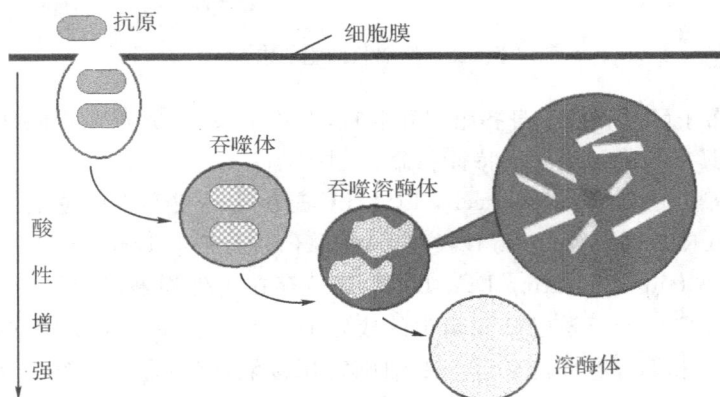

图 9-5　巨噬细胞的吞噬消化作用

三、B 淋巴细胞

B 淋巴细胞是参与体液免疫应答的重要免疫细胞,也是一类重要的专职 APC。B 细胞高表达 MHC-Ⅱ类分子,能摄取、加工处理抗原,并将抗原肽-MHC-Ⅱ类分子复合物表达于细胞表面,递呈给 Th 细胞,主要通过 B 细胞表面 BCR 可特异性识别和结合抗原,再进行内吞。此效应具有浓缩抗原的效应,在抗原浓度非常低的情况下是有效摄入和(向 Th 细胞)递呈抗原的方式。另外,BCR 在特异性识别和结合抗原的同时,也向 B 细胞提供了第一活化信号,故此途径对激发针对 TD 抗原的体液和细胞免疫应答均具有重要意义(图 9-6)。

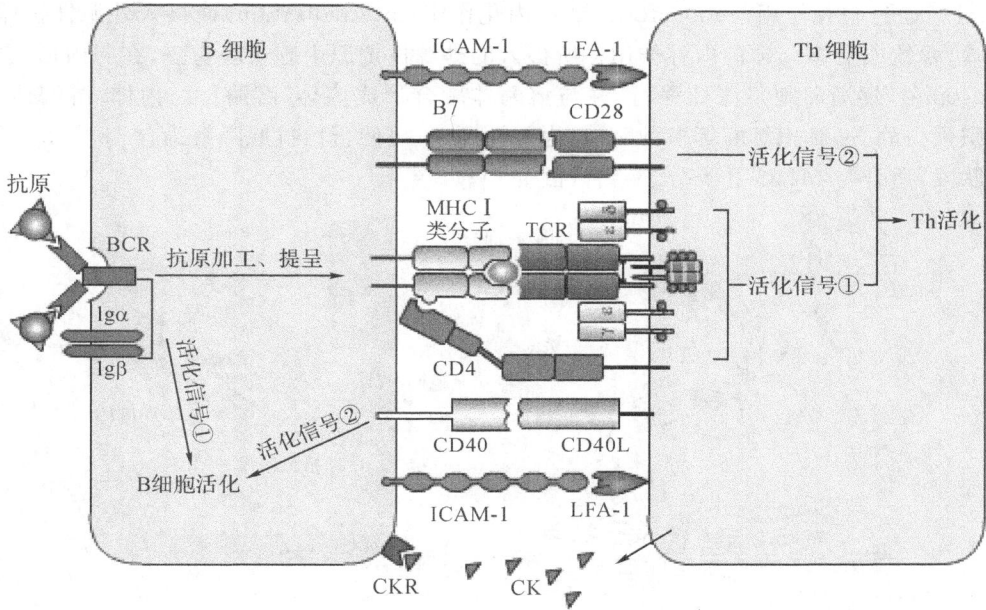

图 9-6　B 细胞与 Th 细胞间的相互作用

第三节　抗原递呈

T 细胞借助其表面 TCR 识别抗原物质,但一般不能直接识别可溶性蛋白抗原,而仅识别与 MHC 分子结合成复合物的抗原肽:CD4$^+$ T 细胞识别 APC 表面抗原肽-MHC-Ⅱ类分子复合物;CD8$^+$ T 细胞识别靶细胞表面抗原肽-MHC-I 类分子复合物。细胞将胞浆内自身产生或摄入胞内的抗原消化降解为一定大小的抗原肽片段,以适合与胞内 MHC 分子结合,此过程称为抗原加工(antigen processing)或抗原处理。抗原肽与 MHC 分子结合成抗原肽-MHC 分子复合物,并表达在细胞表面,以供 T 细胞识别,此过程称为抗原递呈(antigen presenting)。APC 或靶细胞对抗原进行加工与递呈,是 TD 抗原诱导特异性免疫应答的前提。

根据被递呈抗原的来源不同,可将其分为:

1. 外源性抗原(exogenous antigen):来源于细胞外的抗原,如被吞噬的细胞、细菌或某些自身成分等。APC 加工处理外源性抗原后形成的抗原肽,常由 MHC-Ⅱ类分子递呈给

CD4$^+$ T 细胞,此为溶酶体途径或 MHC-Ⅱ类途径。

2. 内源性抗原(endogenous antigen):是细胞内合成的抗原,如病毒感染细胞所合成的病毒蛋白、肿瘤细胞合成的蛋白以及胞内某些自身正常成分等。内源性抗原在胞内加工后形成的抗原肽则与 MHC-Ⅰ类分子结合,递呈给 CD8$^+$ T 细胞,此为胞质溶胶途径或 MHC-Ⅰ类途径。

一、外源性抗原的加工、处理和递呈

(一)外源性抗原的加工处理

APC 通过胞吞作用(endocytosis)或称内化作用(internalization)而摄入外源性抗原,包括吞噬、吞饮或受体介导的内吞作用。所摄入的外源性抗原由胞浆膜包裹,在胞内形成内体(endosome),逐渐向胞浆深处移行,并与溶酶体融合形成内体/溶酶体。内体/溶酶体中含有组织蛋白酶、过氧化氢酶等多种酶,且为酸性环境,可使蛋白抗原降解为含 13～18 个氨基酸的肽段,适合与 MHC-Ⅱ类分子结合(图 9-7)。

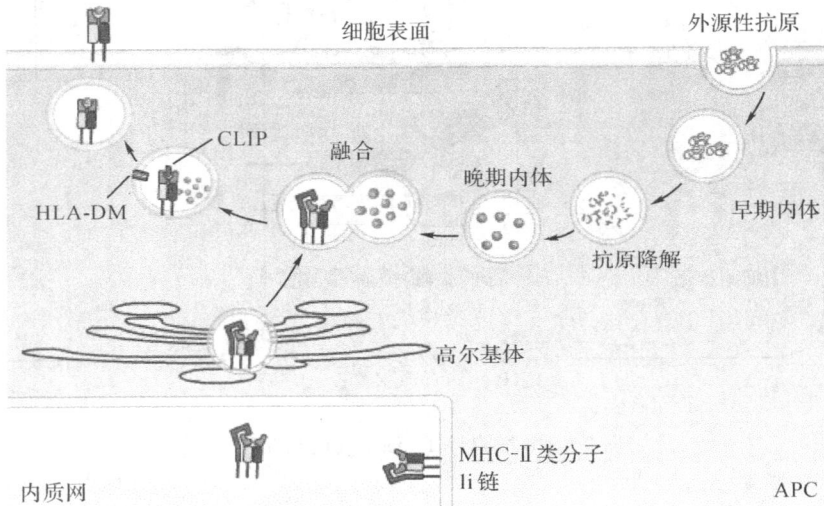

图 9-7 外源性抗原的加工、处理和递呈

(二)MHC-Ⅱ类分子的生成和转运

MHC-Ⅱ类分子 α 链和 β 链在粗面 ER 中生成,并在钙联蛋白参与下折叠成异二聚体,插入粗面 ER 膜中。粗面 ER 膜上存在 Ia 相关的恒定链(Ia-associated invariant chain,Ii 链),与 MHC-Ⅱ类分子结合,形成九聚体(abIi)$_3$ 复合物。Ii 链的作用是:①参与 α 链和 β 链折叠和组装,促进 MHC-Ⅱ类分子二聚体形成;②阻止粗面 ER 中内源性肽与 MHC-Ⅱ类分子结合;③促进 MHC-Ⅱ类分子从 ER 移行,经高尔基体进入 MIIC。

胞内合成的 MHC-Ⅱ分子被高尔基体转运至一囊泡样腔室,后者称为 MHC-Ⅱ类分子腔室(MHC classII compartment,MIIC)。含外来抗原多肽的内体/溶酶体可与 MIIC 融合。随后,在酸性蛋白酶作用下,使与 MHC-Ⅱ类分子结合的 Ii 链被部分降解,仅在 MHC-Ⅱ类分子抗原肽结合槽中残留一小段,称为Ⅱ类分子相关的恒定链多肽(classII-associated invariant chain peptide,CLIP)。

（三）MHC-Ⅱ类分子组装和递呈抗原肽

MHC-Ⅱ类分子的 α_1 和 b_1 功能区折叠为 2 个 α 螺旋和 1 个 β 片层，形成抗原肽结合沟槽，其两端为开放结构，使与之结合的多肽在 N 端及 C 端可适当延伸，最适的多肽长度在 13～18 个氨基酸之间。

存在于 MIIC 中的 MHC-Ⅱ类分子，其抗原肽结合槽由 CLIP 占据，故不能与抗原肽结合。HLA-DM 分子（属非经典 MHC-Ⅱ类分子）可使 CLIP 与抗原肽结合沟槽离解，此时抗原肽才可与 MHC-Ⅱ类分子结合为复合物。抗原肽-MHC-Ⅱ类分子复合物随 MIIC 向细胞表面移行，通过胞吐作用（exocytosis）而表达于细胞表面，供 CD4$^+$T 细胞识别，完成外源性抗原肽递呈过程。

二、内源性抗原的加工、处理和递呈

（一）内源性抗原的加工处理和转运

胞内合成的内源性抗原在胞浆内被处理和转运。内源性抗原在多种酶和 ATP 的作用下与泛素结合，泛素化的内源性抗原被解除折叠，以线形进入蛋白酶体（proteosome）。蛋白酶体（20S）是存在于细胞内的一种大分子量蛋白质水解酶复合体，具有广泛的蛋白水解活性。蛋白酶体为中空（孔径约 1～2nm）的圆柱体结构，内源性蛋白通过蛋白酶体的孔道，可被降解为含 6～30 个氨基酸的多肽片段。蛋白酶体由 4 个各含 7 个球形亚单位的圆环串接而成，其具有酶活性的组分主要是两种低分子量多肽（low molecular weight peptide，LMP），包括 LMP2 和 LMP7（属于非经典 MHC-Ⅱ类基因产物）（图 9-8）。

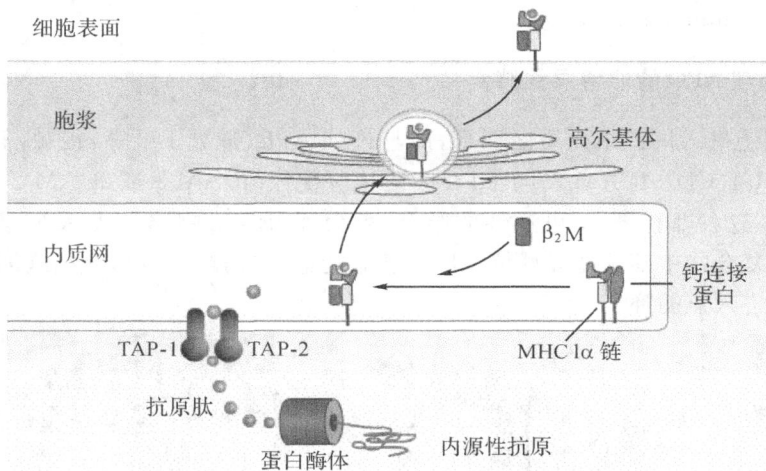

图 9-8　内源性抗原的加工、处理和递呈

经蛋白酶体降解的抗原肽片段须进入内质网（ER）才能与 MHC-I 类分子结合，该过程依赖于 ER 的抗原加工相关转运体（transporter associated with antigen processing，TAP）。TAP 由 TAP1 和 TAP2 两个亚单位组成，是 ER 膜上的跨膜蛋白，各跨越 ER 膜 6 次，共同在 ER 膜上形成孔道。

胞浆中的抗原肽先与 TAP 的胞浆区结合，在 TAP 分子的 ATP 结合结构域作用下，使 ATP 降解，导致 TAP 异二聚体结构改变，孔道开放，抗原肽通过孔道进入 ER 腔。

TAP 可选择性转运适合与 MHC-I 类分子结合的肽段,其机制为:①TAP 能选择性转运含 8～12 个氨基酸、适合与 MHC-I 类分子结合的抗原肽;②TAP 优先选择 C 端为碱性或疏水性残基的多肽片段,这些残基乃抗原肽与 MHC-I 类分子结合的锚着残基。

（二）MHC-I 类分子的生成和组装

MHC-I 类分子的重链（α 链）和轻链（β2m）在粗面 ER 中合成后,被转运至光面 ER。在 ER 中,MHC-I 类分子须立即与某些伴随蛋白（chaperone）[如钙联蛋白（calnexin）、钙网蛋白（calreliculin）和 tapasin] 结合。此类蛋白的作用是:参与 α 链的折叠及与 β2m 组装成完整的 MHC-I 类分子;保护 α 链不被降解;帮助 MHC-I 类分子与 TAP 结合。

（三）MHC-I 类分子组装和递呈抗原肽

在伴随蛋白参与下,MHC-I 类分子组装为二聚体,其 α 链的 α_1 及 α_2 功能区构成抗原肽结合沟槽,沟槽的两个侧面为 α 螺旋,底面为 β 片层结构。MHC-I 类分子沟槽纵向的两端是封闭的,能结合含 8～12 个氨基酸的多肽。

MHC-I 类分子与 ER 上的 TAP 相连,再与经 TAP 转运的抗原肽结合,形成抗原肽-MHC-I 类分子复合物,然后与 TAP、伴随蛋白解离,移行至高尔基体,通过分泌囊泡再移行至细胞表面,递呈给 $CD8^+$ T 细胞。

第四节　APC 与 T 细胞的相互作用

APC 将抗原递呈给特异性 T 细胞,该过程涉及两种细胞表面多种分子间的相互作用,形成免疫突触（immune synapse）。

一、T 细胞与 APC 的非特异性结合

初始 T 细胞进入淋巴结皮质区深部,即与该处 APC（成熟 DC 等）接触,T 细胞表面的黏附分子（LFA-1、CD2、ICAM-3）与 APC 表面相应受体（ICAM-1 或 ICAM-2、LFA-3）短暂结合（图 9-9）。这种非特异性、可逆性的结合,可为 TCR 提供机会,从 APC 表面大量抗原肽-MHC 分子复合物中筛选特异性抗原肽。若未能遭遇特异性抗原,T 细胞即与 DC 分离,离开淋巴结而进入血循环。

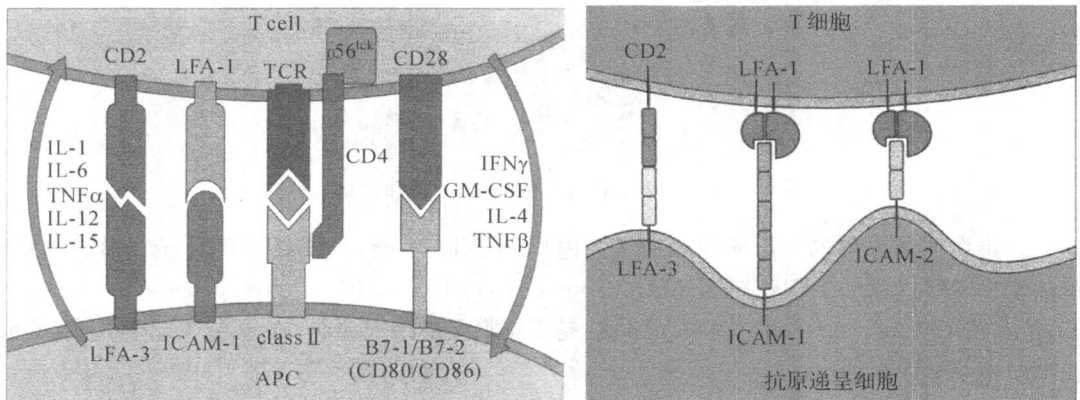

图 9-9　T 细胞与 APC 的非特异性结合

二、T 细胞与 APC 的特异性结合

上述 APC 与 T 细胞短暂结合过程中,若 TCR 遭遇特异性抗原肽,则 T 细胞与 APC 发生特异性结合,并由 CD3 分子向胞内传递特异性识别信号,导致 LFA-1 变构并增强其与 ICAM 的亲和力,从而稳定并延长 APC 与 T 细胞间的接触(可持续数天),以有效诱导抗原特异性 T 细胞激活和增殖。增殖的子代细胞仍与 APC 黏附,直至分化为效应细胞。

此外,在 T 细胞与 APC 的特异性结合中,T 细胞表面 CD4 与 CD8 分子是 TCR 识别抗原的共受体(co-receptor)。CD4 和 CD8 可分别与 APC(或靶细胞)表面 MHC-Ⅱ 和 MHC-Ⅰ 类分子结合,从而增强 TCR 与特异性抗原肽-MHC 分子复合物结合的亲和力,使 T 细胞对抗原应答的敏感性增强(约 100 倍)(图 9-10)。

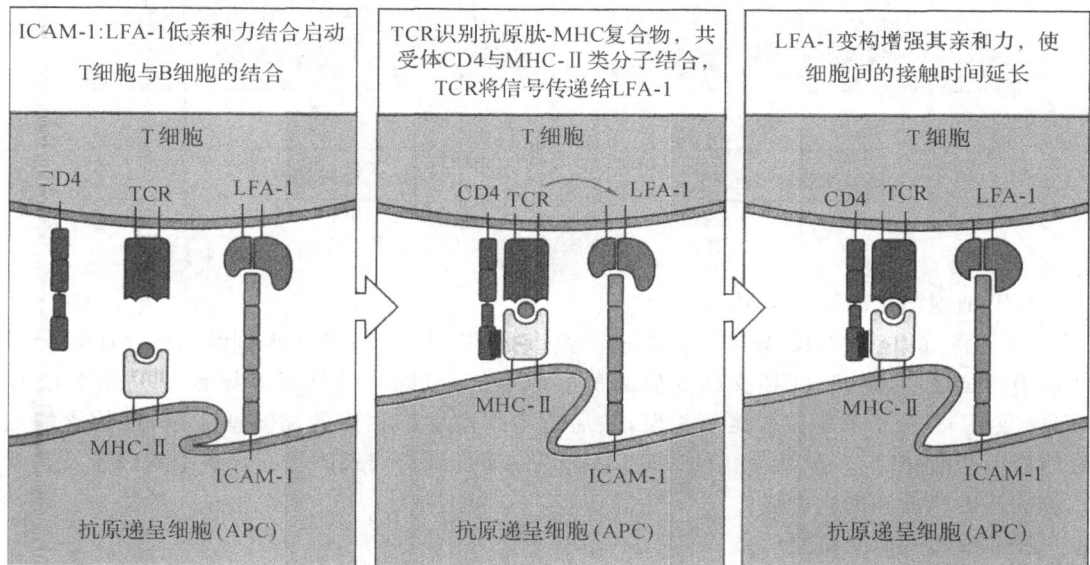

图 9-10 TCR 与 APC 的特异性稳定结合

三、T 细胞和 APC 表面共刺激分子的结合

APC 和 T 细胞表面均表达多种参与两类细胞相互作用的黏附分子对,又称共刺激分子(co-stimulatory molecule),它们的结合有助于维持、加强 APC 与 T 细胞的直接接触,并为 T 细胞激活提供共刺激信号(co-stimulatory signal)。

四、T 细胞活化、增殖和分化

通常情况下,体内表达某一特异性 TCR 的 T 细胞克隆仅占总 T 细胞库的 $1/10^5 \sim 1/10^4$。数量极少的特异性 T 细胞仅在被抗原激活后,通过克隆扩增而产生大量效应细胞,才能有效发挥作用。

（一）T 细胞活化

接受抗原刺激后,T 细胞的完全活化有赖于双信号和细胞因子的作用(图 9-11)。

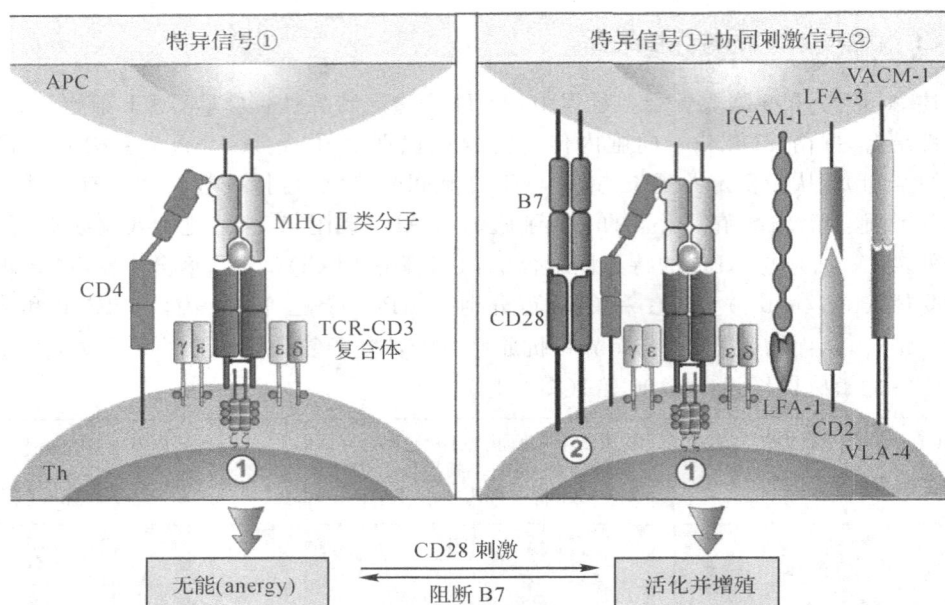

图 9-11 T 细胞活化相关信号分子

1. T 细胞活化的第一信号

APC 将抗原肽-MHC 分子复合物递呈给 T 细胞,TCR 特异性识别结合于 MHC 分子凹槽中的抗原肽,引起 TCR 交联并启动抗原识别信号(即第一信号),导致 CD3 和共受体(CD4 或 CD8)分子的胞浆段尾部相聚,激活与胞浆段尾部相连的酪氨酸激酶,促使含酪氨酸的蛋白磷酸化,启动激酶活化的级联反应,最终通过激活转录因子而导致细胞因子及其受体等的基因转录和产物合成。

2. T 细胞激活的第二信号

仅有 TCR 来源的抗原识别信号尚不足以有效激活 T 细胞。APC 和 T 细胞表面多种黏附分子对(如 B7/CD28、LFA-1/ICAM-1 或 ICAM-2、CD2/LFA-3 等)结合,可向 T 细胞提供第二激活信号(即共刺激信号),从而使 T 细胞完全活化。

CD28/B7 是重要的共刺激分子,其主要作用是促进 IL-2 合成。在缺乏共刺激信号的情况下,IL-2 合成受阻,则抗原刺激非但不能激活特异性 T 细胞,反而导致 T 细胞失能(anergy)。激活的专职 APC 高表达共刺激分子,而正常组织及静止的 APC 则不表达或仅低表达共刺激分子。缺乏共刺激信号使自身反应性 T 细胞处于无能状态,从而有利于维持自身耐受。

此外,CTLA4 与 CD28 具有高度同源性,该分子与 B7 的亲和力比 CD28 高约 20 倍。CD28/B7 参与 T 细胞的激活,但在 T 细胞激活至峰值后 CTLA4 表达则增加,后者与 B7 结合可启动抑制性信号,从而有效制约特异性 T 细胞克隆过度增殖(图 9-12)。

3. 细胞因子促进 T 细胞充分活化

除上述双信号外,T 细胞的充分活化还有赖于细胞因子参与。活化的 APC 和 T 细胞可分泌 IL-1、IL-2、IL-6、IL-12 等多种细胞因子,它们在 T 细胞激活中发挥重要作用。

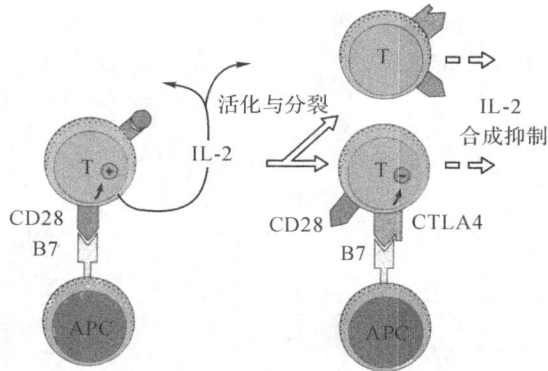

图 9-12　CD28/B7 和 CTLA4/B7 介导的不同效应

（二）T 细胞增殖和分化

1. T 细胞增殖、分化及其机制

激活的 T 细胞迅速进入细胞周期，通过有丝分裂而大量增殖，并分化为效应 T 细胞，然后离开淋巴器官随血循环到达感染部位。多种细胞因子参与 T 细胞增殖和分化过程，其中最重要者为 IL-2。IL-2 受体由 α、β、γ 链组成，静止 T 细胞仅表达低亲和力 IL-2R(β. γ)；激活的 T 细胞可表达高亲和力 IL-2R(α. β. γ)并分泌 IL-2。通过自分泌及旁分泌作用，IL-2 与 T 细胞表面 IL-2R 结合，介导 T 细胞增殖和分化。此外，IL-4、IL-12、IL-15 等细胞因子也在 T 细胞增殖和分化中（尤其 Th1 与 Th2 细胞的分化调控中）发挥重要作用。T 细胞的增殖、分化如图 9-13 所示。

T 细胞经迅速增殖 4-5 天后，分化为可高表达效应分子（包括膜分子和分泌型细胞因子等）的效应 T 细胞(Th 细胞或 CTL)。同时，部分活化的 T 细胞可分化为长寿命记忆性 T 细胞，在再次免疫应答中起重要作用。

2. CD4+ T 细胞的增殖分化

初始 CD4+ T 被激活、增殖和分化为 Th0 细胞。局部微环境中存在的细胞因子种类是调控 Th0 细胞分化的关键因素，例如：IL-12 可促进 Th0 细胞定向分化为 Th1 细胞；IL-4 可促进 Th0 细胞分化为 Th2 细胞。Th0 细胞的分化方向是决定机体免疫应答类型的重要因素：Th1 细胞主要介导细胞免疫应答；Th2 细胞主要介导体液免疫应答。

3. CD8+ T 细胞的增殖和分化

初始 CD8+ T 细胞的激活主要有两种方式：

(1)Th 细胞非依赖性：如病毒感染的 DC，由于其高表达共刺激分子，可直接刺激 CD8+ T 细胞合成 IL-2，促使 CD8+ T 细胞自身增殖并分化为细胞毒 T 细胞，而无需 Th 细胞辅助。

(2)Th 细胞依赖性：CD8+ T 细胞作用的靶细胞一般仅低表达或不表达共刺激分子，不能激活初始 CD8+ T 细胞，而需要 APC 及 CD4+ T 细胞的辅助。

（三）活化 T 细胞的转归

1. 活化 T 细胞转变为记忆 T 细胞，参与再次免疫应答

机体对特定抗原产生初次免疫应答后，部分活化的 T 细胞可转变为记忆 T 细胞(Tm)。当抗原再次进入机体，仅需少量抗原即可激活 Tm，迅速产生强烈、持久的应答。

静止 T 细胞仅表达低亲和力
IL-2 受体 (βγ)

低亲和力 IL-2 受体

T cell

IL-2
IL-2Rα

活化的 T 细胞表达高亲和力 IL-2
受体 (α β γ) 并分泌 IL-2

IL-2 与其受体结合，启动激活信
号，促使 T 细胞进入增殖周期

IL-2 诱导 T 细胞增殖

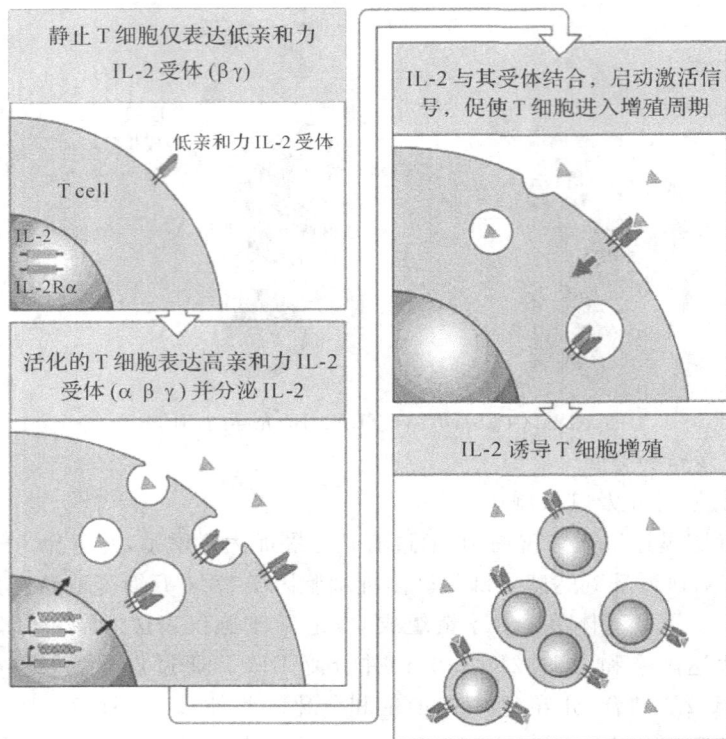

图 9-13　T 细胞的增殖、分化

2.活化 T 细胞发生凋亡，以及时终止免疫应答

活化的淋巴细胞发生凋亡有助于控制免疫应答强度，以适时终止免疫应答和维持自身免疫耐受。活化淋巴细胞凋亡涉及两条途径(图 9-14)。

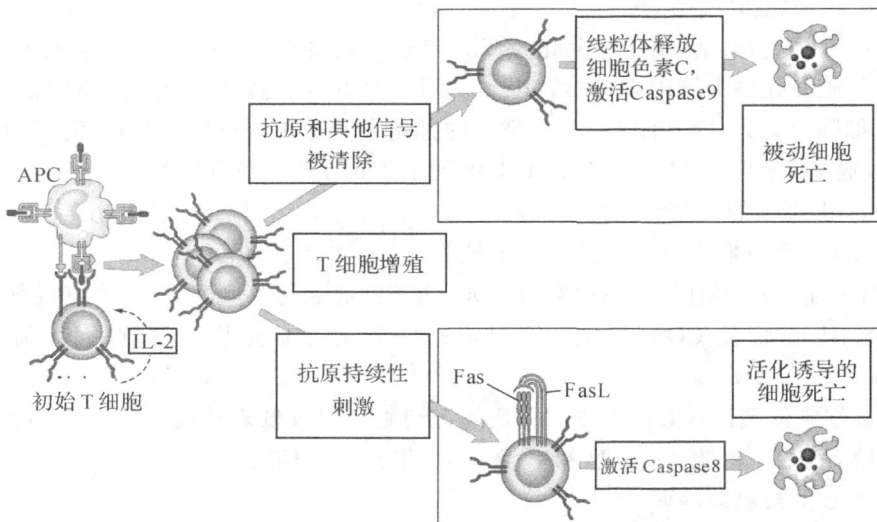

APC

IL-2

初始 T 细胞

抗原和其他信号
被清除

T 细胞增殖

抗原持续性
刺激

线粒体释放
细胞色素C，
激活Caspase9

被动细胞
死亡

Fas　　FasL

激活 Caspase8

活化诱导的
细胞死亡

图 9-14　活化 T 细胞的凋亡

（1）活化诱导的细胞死亡（activation induced cell death，AICD）：激活的 T 细胞可高表达死亡受体 Fas 及 Fas 配体（Fas ligand，FasL），二者结合后可启动 Caspase 酶联反应而导致细胞凋亡。AICD 有助于控制特异性 T 细胞克隆的扩增水平，从而发挥重要的负向免疫调节作用。

（2）被动细胞死亡（passive cell death，PCD）：在免疫应答晚期，由于大量抗原被清除，淋巴细胞所接受的抗原刺激和生存信号及所产生的生长因子均减少，导致胞内线粒体释放细胞色素 C，通过 Caspase 酶联反应而致细胞凋亡。

第五节　B 细胞介导的体液免疫应答

许多引起感染性疾病的细菌存在于细胞外，同时多数胞内寄生病原体的传播是通过细胞外间隙从一个细胞转移至另一细胞。这些存在于细胞外的病原体主要由 B 细胞介导的体液免疫应答进行清除。

成熟的初始 B 细胞离开骨髓进入外周循环，这些细胞若未遭遇相应抗原，即在数周内死亡；若遭遇特异性抗原，则发生活化、增殖，并分化成浆细胞，通过产生和分泌抗体而发挥清除病原体的作用。在 B 细胞应答中，由浆细胞所产生的抗体（存在于体液中）是主要的效应分子，故将此类应答称为体液免疫应答（humoral immunity）。

B 细胞应答的过程随刺激机体的抗原种类不同而各异。在 TD 抗原刺激下，B 细胞应答依赖 Th 细胞辅助（通常为 Th2 细胞）；在 TI 抗原刺激下，B 细胞可直接产生应答。

一、B 细胞对抗原的识别

（一）B 细胞对 TI 抗原的识别

细菌多糖、多聚鞭毛蛋白、脂多糖等属胸腺非依赖性抗原（TI 抗原），其主要特征是不易降解，能激活初始 B 细胞而无需 Th 细胞辅助。TI 抗原主要激活 $CD5^+$ B1 细胞，所产生的抗体主要为 IgM。此类 B 细胞应答不受 MHC 限制，亦无需 APC 和 Th 细胞辅助。一般而言，由于无特异性 T 细胞辅助，TI 抗原不能诱导抗体类型转换、抗体亲和力成熟和记忆性 B 细胞形成（即无免疫记忆）。

高剂量 TI 抗原（如 LPS）可非特异性激活多克隆 B 细胞，故将其称为 B 细胞丝裂原。但是，低剂量 TI-1 抗原（为多克隆激活剂量的 $10^{-3}-10^{-5}$）仅激活表达特异性 BCR 的 B 细胞，因为此类 B 细胞的 BCR 可从低浓度抗原中竞争性结合到足以激活自身的抗原量（图 9-15）。

（二）B 细胞对 TD 抗原的识别

B 细胞针对 TD 抗原的应答需抗原特异性 T 细胞辅助（图 9-16）。与 TCR 不同，BCR 分子可变区能直接识别天然抗原决定基，而无需 APC 对抗原的处理和递呈。必须指出的是，虽然抗原特异性 B 细胞与 Th 细胞所识别的表位不同，但二者须识别同一抗原分子的不同表位，才能相互作用。

BCR 识别抗原对 B 细胞激活有两个作用：①BCR 特异性结合抗原，向 B 细胞内传递抗原刺激信号；②BCR 特异性结合抗原，通过内化作用将其摄入胞内，并将抗原降解为肽段，形成抗原肽-MHC-Ⅱ类分子复合物，供抗原特异性 Th 细胞识别。

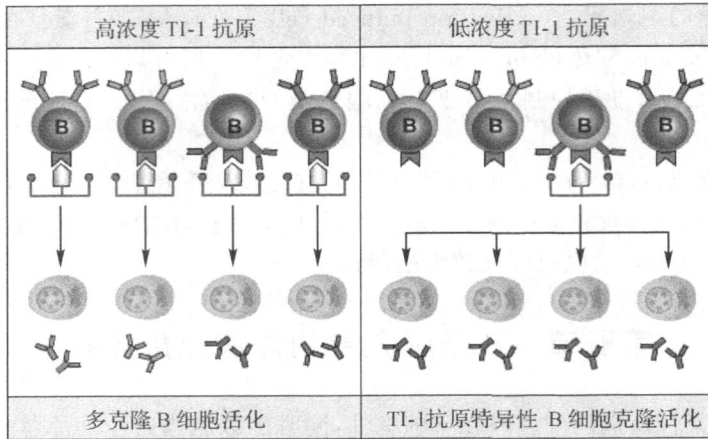

图 9-15 TI 抗原诱导 B 细胞的激活

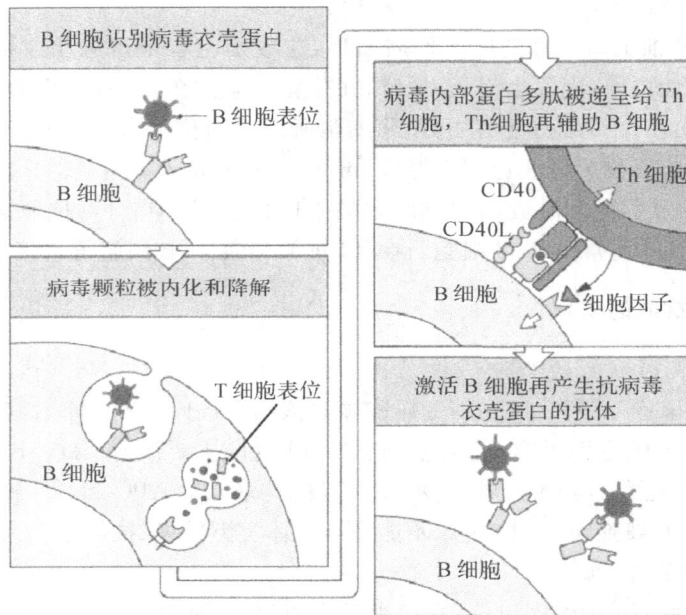

图 9-16 B 细胞对 TD 抗原的识别

二、B 细胞活化、增殖和分化

(一)B 细胞活化

与 T 细胞相似,B 细胞活化也需要双信号和细胞因子参与。

1. B 细胞激活的特异性抗原识别信号(第一信号)

BCR 与特异性抗原表位结合,启动第一信号,并由 Igα/Igβ 将信号传入 B 细胞内。B 细胞表面的 BCR 共受体复合物(CD21-CD19-CD81)在 B 细胞活化中发挥如下重要作用:①可使 B 细胞对抗原刺激的敏感性明显增强;②对结合有补体片段的免疫复合物或抗原,BCR 可特异性识别其中的抗原组分,而 BCR 共受体 的 CD21 可与补体片段(如 C3d)结合,通过受体/共受体交联,使 CD19 胞内段相连的酪氨酸激酶和 Igα/Igβ;相关的酪氨酸激酶发生磷酸化,通过一系列级联反应,促进相关基因表达,使 B 细胞激活和增殖(图 9-17)。

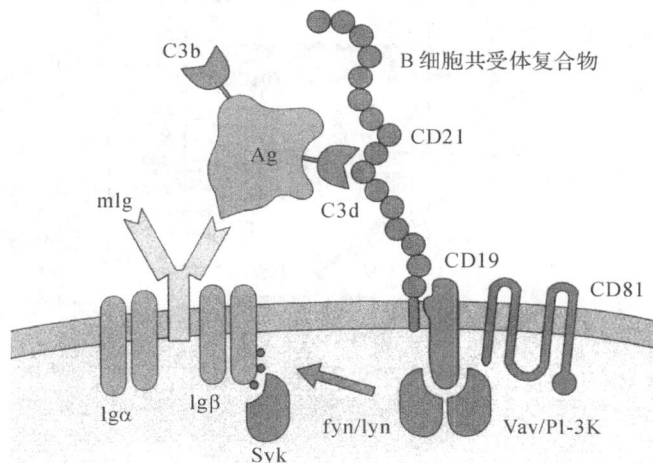

图 9-17　B 细胞激活的第一信号

2. B 细胞激活的共刺激信号(第二信号)

B 细胞激活有赖于 T 细胞辅助,通过 B 细胞与 Th 细胞间复杂的相互作用,B 细胞获得其活化所必需的共刺激信号。

(1)初始 Th 细胞激活:初始 Th 细胞特异性识别 APC(主要是 DC)所递呈的抗原肽-MHC-Ⅱ类分子复合物而被激活,在外周淋巴组织(如淋巴结等)的 T 细胞区增殖,并分化为效应 Th 细胞。

(2)Th 细胞与特异性 B 细胞的结合:循环中的 B 细胞进入外周淋巴组织后,多数未受抗原刺激的 B 细胞迅速穿越 T 细胞区进入 B 细胞区(初级淋巴滤泡)。已被抗原刺激的特异性 B 细胞,与相应的抗原特异性 Th 细胞相遇,被阻留在 T 细胞区,并发生复杂的相互作用:①Th 细胞的 TCR 特异性识别并结合 B 细胞表面抗原肽-MHC-Ⅱ类分子复合物,由此,T 细胞和 B 细胞识别同一抗原的不同表位;②效应 Th 细胞与 B 细胞表面的多种黏附分子对(如 LFA3/CD2、ICAM-1 或-3/LFA1、MHC-Ⅱ类分子/CD4 等)相互作用,使 T 细胞与 B 细胞的特异性结合更为牢固。

(3)特异性 B 细胞活化:效应 Th 细胞识别 B 细胞递呈的特异性抗原,诱导性表达多种膜分子,其中最重要者为 CD40L。Th 细胞表面 CD40L 可与 B 细胞表面 CD40 结合,是向 B 细胞提供共刺激信号的最重要分子对,其主要效应为:促进 B 细胞进入增殖周期;上调 B 细胞表达 B7 分子,以增强 B 细胞对 Th 细胞的激活作用;促进生发中心发育及抗体类别转换。

3. 细胞因子的作用

巨噬细胞分泌的 IL-1 和 Th2 细胞分泌的 IL-4 等细胞因子也参与 B 细胞活化,诱导 B 细胞依次表达 IL-2R 及其他细胞因子受体,与 Th 细胞分泌的相应细胞因子发生反应。细胞因子的参与是 B 细胞充分活化和增殖的必要条件。细胞因子在 B 细胞活化中的作用如图 9-18 所示。

(二)B 细胞的增殖、分化

活化的 B 细胞表面表达多种细胞因子受体,可响应 Th 细胞所分泌细胞因子的作用。

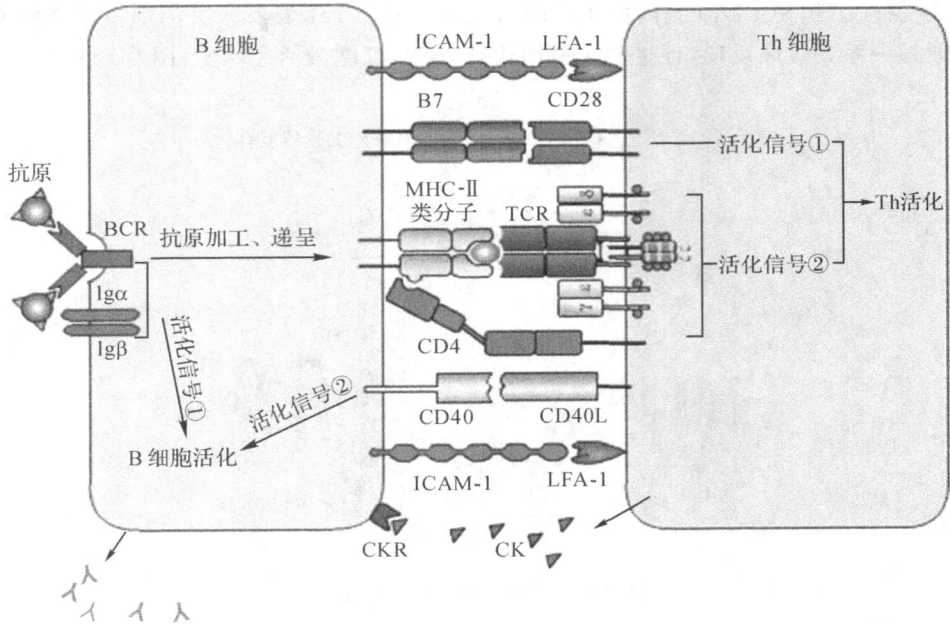

图 9-18　细胞因子在 B 细胞活化中的作用

其中，IL-2、IL-4 和 IL-5 可促进 B 细胞增殖；IL-5、IL-6 等可促进 B 细胞分化为能产生抗体的浆细胞（plasma cell，PC），一部分 B 细胞分化转化为记忆性 B 细胞（memory B cell）。记忆性 B 细胞为长寿命、低增殖细胞，其表达膜 Ig，但不能大量产生抗体，一旦再次遭遇同一特异性抗原，即迅速活化、增殖、分化，产生大量高亲和力特异性抗体（图 9-19）。

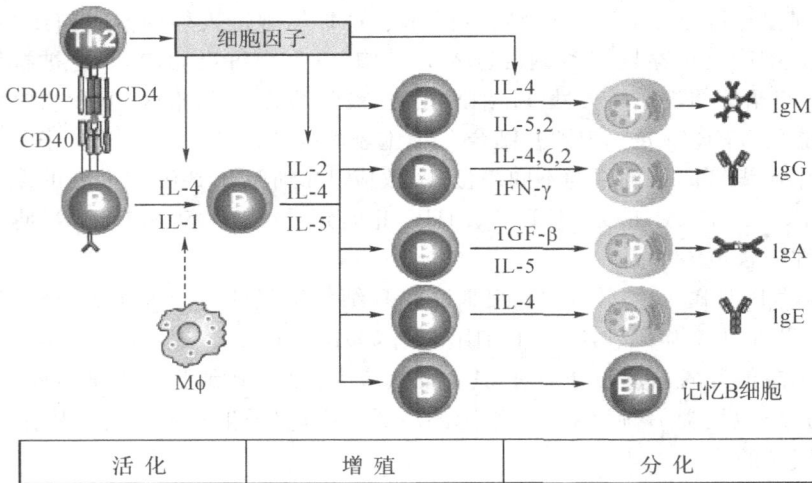

图 9-19　B 细胞活化过程示意图

三、抗体产生的一般规律

病原体初次侵入机体所引发的应答称为初次免疫应答（primary immune response）。在初次应答的晚期，随着抗原被清除，多数效应 T 细胞和浆细胞均发生死亡，同时抗体浓度逐渐下降(图 9-20)。但是,应答过程中所形成的记忆性 T 细胞和 B 细胞具有长寿命而得以保存,一旦再次遭遇相同抗原刺激,记忆性淋巴细胞可迅速、高效、特异地产生应答,此即再次免疫应答(secondary response)。

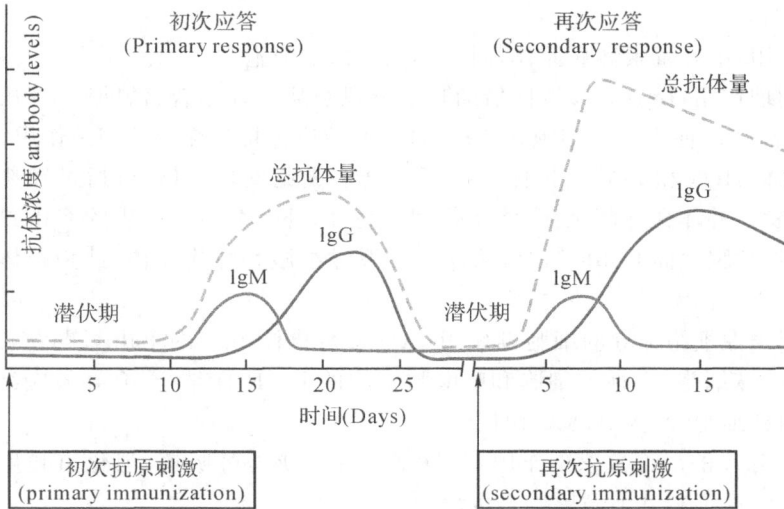

图 9-20　抗体产生的一般规律

(一)初次应答

机体初次接受适量 Ag 免疫后,需经一定的潜伏期,才能在血清中出现 Ab,该种 Ab 含量低,持续时间短,这种现象称为初次应答。TDAg 以 IgM 为主,IgG 出现较晚。

(二)再次应答

同一抗原再次侵入机体,免疫系统可迅速、高效地产生特异性应答。由于记忆性 B 细胞表达高亲和力 BCR,可竞争性结合低剂量抗原而被激活,故仅需很低抗原量即可有效启动再次免疫应答。再次应答过程中,记忆性 B 细胞作为 APC 摄取、处理抗原,并将抗原递呈给记忆性 Th 细胞。激活的 Th 细胞所表达的多种膜分子和大量分泌型细胞因子又作用于记忆性 B 细胞,使之迅速增殖并分化为浆细胞,合成和分泌 Ab,Ab 含量大幅度上升,且维持时间长久,这种现象称为再次应答。

特点:(1)潜伏期明显缩短,(2)产生高水平 Ab,(3)Ab 绝大部分为 IgG。IgM 与初次应答相似。

表 9-1 中归纳出初次与再次免疫应答特性比较。

表 9-1　初次与再次免疫应答特性比较

特　性	初　次	再　次
抗原递呈	非 B 细胞	B 细胞
抗原浓度	高	低
延迟相	5～10 天	2～5 天
Ig 类别	主要为 IgM	IgG、IgA 等
亲和力	低	高
无关抗体	多	少

四、B 细胞应答的效应

B 细胞应答的主要效应分子为特异性抗体,它可通过多种机制发挥免疫效应,以清除非己抗原(图 9-21)。

1. 中和作用:中和毒素和病原体,阻止其入侵宿主细胞。

2. 免疫调理作用:IgG、IgA 抗体借助其 Fab 段与病原体结合,借助其 Fc 段与吞噬细胞表面 FcR 结合,从而促进吞噬细胞吞噬病原体,此效应即抗体介导的调理作用。

3. 激活补体:IgG 和 IgM 类抗体与抗原结合形成免疫复合物,可通过经典途径激活补体系统,从而发挥补体介导的杀菌、溶菌作用。另外,补体激活所产生的 C3b 结合在病原体表面,可与吞噬细胞表面 C3bR 结合,从而促进吞噬细胞吞噬病原体,此为补体介导的调理作用。

4. 抗体依赖性细胞介导的细胞毒作用(ADCC):抗体 IgG 的 Fab 段与抗原结合,Fc 段与 NK 细胞、巨噬细胞、中性粒细胞和嗜酸粒细胞的 FcγRIII 结合,介导效应细胞杀伤携带特异性抗原的靶细胞,此为 ADCC 作用。

5. 分泌型 IgA 的局部抗感染作用:分泌型 IgA 分泌至呼吸道、消化道和生殖道黏膜表面,可阻止细菌、病毒和其他病原体入侵。

6. 免疫损伤作用:

(1)超敏反应与自身免疫病:由抗体引起的免疫损伤可见于 I、II、III 型超敏反应和自身免疫病。I 型超敏反应由 IgE 介导,II、III 型超敏反应由 IgG、IgM 介导。某些自身免疫病损伤与 II、III 型超敏反应有关。

(2)移植排斥反应:受者体内存在针对移植物抗原的预存抗体(IgG),可导致超急性排斥反应。另外,体液免疫应答在急、慢性排斥反应中也有一定作用。

(3)促进肿瘤生长:肿瘤患者产生的某些 IgG 亚类可作为封闭因子,阻碍特异性 CTL 识别和杀伤肿瘤细胞,从而促进肿瘤生长。

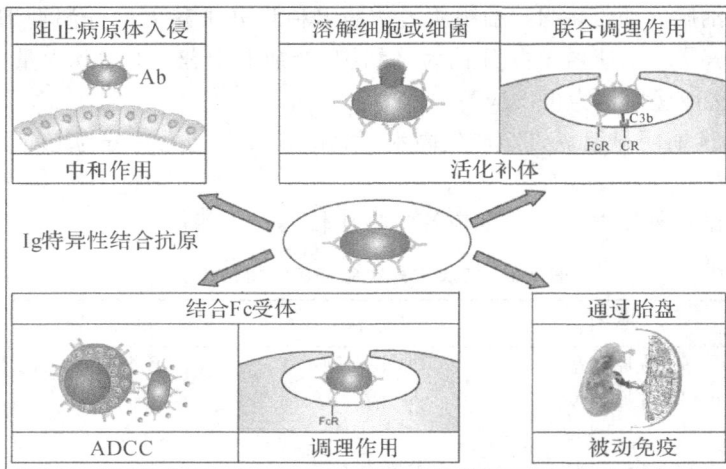

图 9-21　B 细胞应答的效应

第六节 T细胞介导的细胞免疫应答

T细胞介导的细胞免疫应答通常由TDAg引起,在多种免疫细胞和CK协同作用下完成(图9-22),其中免疫细胞包括:①APC:如MM、树突状细胞,病毒感染的靶细胞。②CD4$^+$TH细胞:具有免疫调节作用。③效应T细胞:CD4$^+$Th1、CD8$^+$T细胞(CTL)。

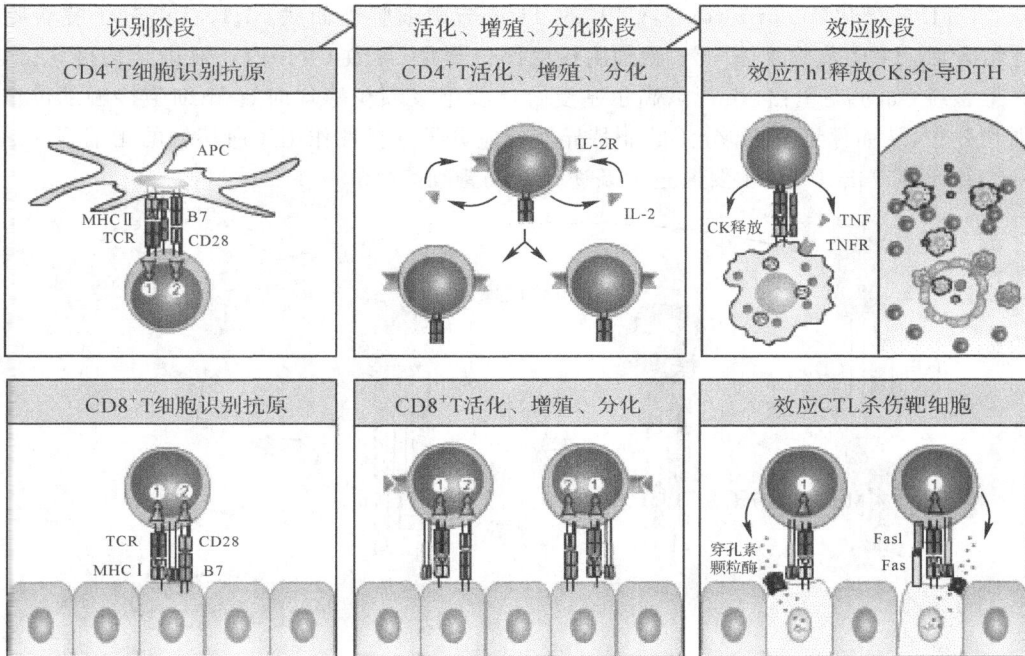

图9-22 细胞免疫应答的基本过程

一、效应T细胞的生物学特征

由初始T细胞增殖、分化而来的效应T细胞具有如下特征:

1.合成并分泌多种效应分子:效应T细胞可分泌多种活性分子,如细胞毒素(穿孔素、颗粒酶等)、各种蛋白酶、细胞因子等。

2.膜分子表达及生物学活性发生明显改变:效应T细胞表达的膜分子不同于初始T细胞,并表现出生物学活性的明显改变。例如:高表达FasL可介导靶细胞凋亡;表达整合素(如VLA-4)可促使效应T细胞与炎症部位血管内皮细胞黏附,有助于效应T细胞向感染部位浸润并发挥效应;高表达CD2和LFA-1可增强T细胞与靶细胞结合的亲和力。

二、CTL介导的细胞毒效应

CTL主要杀伤胞内寄生病原体(病毒、某些胞内寄生菌等)的宿主细胞、肿瘤细胞等。CTL多为CD8$^+$T细胞,可识别MHC-I类分子递呈的抗原;约10%的CTL为CD4$^+$T细胞,可识别MHC-Ⅱ类分子递呈的抗原。CTL可高效、特异性地杀伤靶细胞,而不损害正常组织。

1.效-靶细胞结合:CD8⁺ T 细胞在外周淋巴组织内增殖、分化为效应 CTL,在趋化因子作用下离开淋巴组织向感染灶集聚。

效应 CTL 高表达黏附分子(如 LFA-1、CD2 等),可有效结合表达相应受体(ICAM、LFS-3 等)的靶细胞。一旦 TCR 遭遇特异性抗原,TCR 的激活信号可增强效-靶细胞表面黏附分子对的亲和力,并在细胞接触部位形成紧密、狭小的空间,使 CTL 分泌的非特异性效应分子集中于此,从而选择性杀伤所接触的靶细胞,但不影响邻近正常细胞。

2.CTL 的极化(polarization):CTL 的 TCR 与靶细胞表面肽-MHC-I 类分子复合物特异性结合后,TCR 及共受体向效-靶细胞接触部位聚集,导致 CTL 内亚显微结构极化,即细胞骨架系统(如肌动蛋白、微管)、高尔基复合体及胞浆颗粒等均向效-靶细胞接触部位重新排列和分布,从而保证 CTL 分泌的非特异性效应分子选择性作用于所接触的靶细胞。

3.致死性攻击:CTL 主要通过两条途径杀伤靶细胞(图 9-23)。

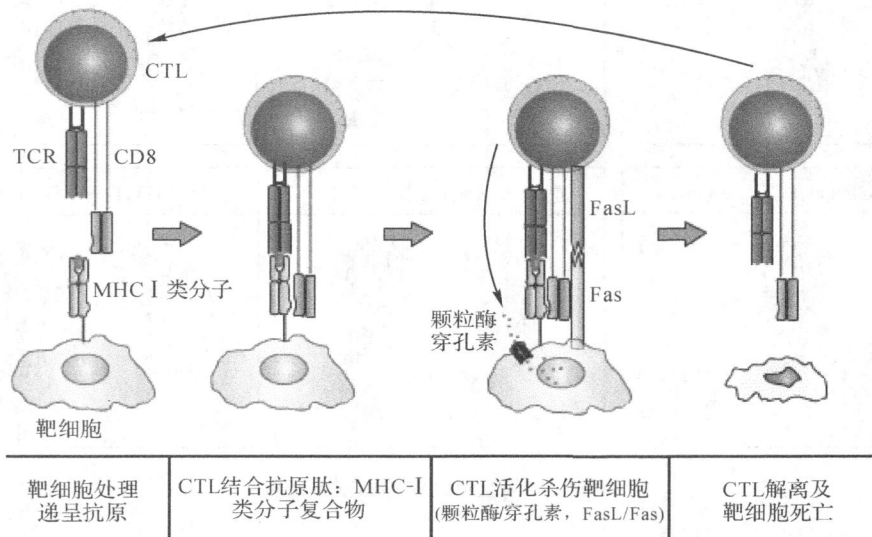

图 9-23　CTL 杀伤靶细胞的过程

(1)穿孔素/颗粒酶途径:穿孔素(perforin)是储存于胞浆颗粒中的细胞毒素,其生物学效应类似于补体激活所形成的膜攻击复合体(MAC)。穿孔素单体可插入靶细胞膜,在钙离子存在的情况下,聚合成内径为 16nm 的孔道,使水、电解质迅速进入细胞,导致靶细胞崩解。

颗粒酶(granzyme)也是一类重要的细胞毒素,属丝氨酸蛋白酶。颗粒酶随 CTL 脱颗粒而出胞,循穿孔素在靶细胞膜所形成的孔道进入靶细胞,通过激活凋亡相关的酶系统而介导靶细胞凋亡。

(2)TNF 与 FasL 途径:效应 CTL 可分泌 TNF-α、TNF-β 并表达膜 FasL。这些效应分子可分别与靶细胞表面 TNFR 和 Fas 结合,通过激活胞内 Caspase 系统,介导靶细胞凋亡。

CTL 的胞毒效应主要介导靶细胞凋亡,其生物学意义为:在清除感染细胞时,无细胞内容物(如溶酶体酶等)的外漏,可保护正常组织细胞免遭损伤;靶细胞凋亡过程中激活内源性核苷酸内切酶,可降解病毒 DNA,从而阻止细胞死亡所释放的病毒再度感染旁邻正常组织细胞。

效应 CTL 杀死靶细胞后即与之脱离,并可再次与表达相同特异性抗原的靶细胞结合,对其发动攻击,从而高效、连续、特异性地杀伤靶细胞。

三、Th1 细胞介导的细胞免疫效应

某些胞内寄生的病原体(如分支杆菌属的结核杆菌和麻风杆菌)可在巨噬细胞的吞噬小体内生长,并逃避特异性抗体和 CTL 攻击。针对此类胞内寄生病原体,Th1 细胞可通过活化巨噬细胞及释放各种活性因子而攻击之(图 9-24)。

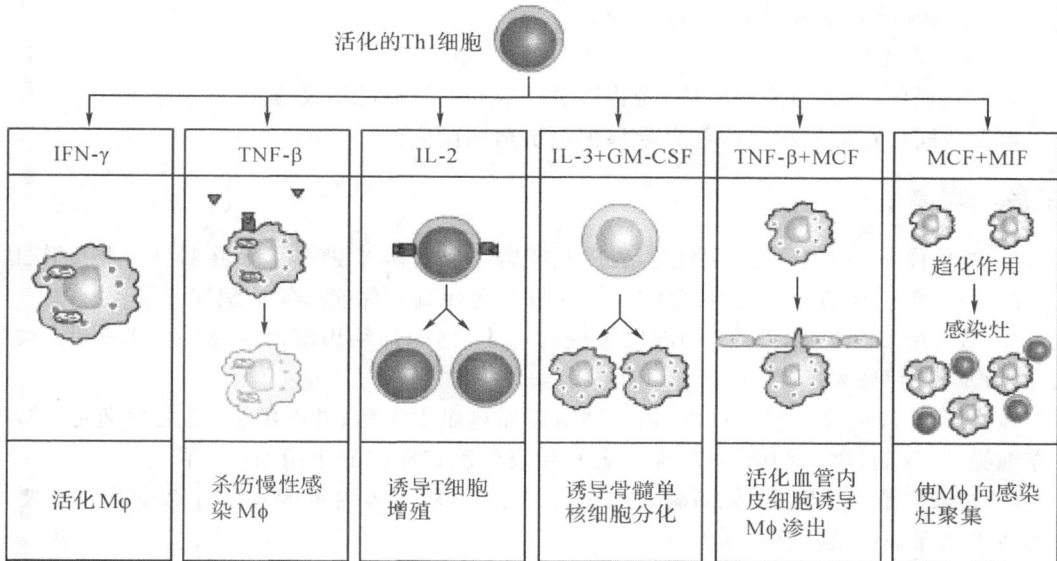

图 9-24　Th1 细胞在抗胞内病原体感染中的作用

1. Th1 细胞对巨噬细胞的作用:Th1 细胞可产生多种细胞因子,通过多途径作用于巨噬细胞。

(1)激活巨噬细胞:Th1 细胞与巨噬细胞所递呈的特异性抗原结合,可诱导巨噬细胞激活。其机制为:Th1 细胞诱生 IFN-γ 等巨噬细胞活化信号;Th1 细胞表面 CD40L 与巨噬细胞表面 CD40 结合,可向巨噬细胞提供敏感信号,从而有效激活之。

活化的巨噬细胞通过不同机制杀伤胞内寄生的病原体,例如:产生 NO 和超氧离子;促进溶酶体与吞噬体融合;合成并释放各种抗菌肽和蛋白酶,等等。

另一方面,活化的巨噬细胞也可进一步增强 Th1 细胞的效应,其机制为:①激活的巨噬细胞高表达 B7 和 MHC-Ⅱ类分子,从而具有更强的递呈抗原和激活 CD4$^+$ T 细胞的能力;②激活的巨噬细胞分泌 IL-12,可促进 Th0 细胞向 Th1 细胞分化,进一步扩大 Th1 细胞应答的效应。

(2)诱生并募集巨噬细胞:其机制为 ① Th1 细胞产生 IL-3 和 GM-CSF,促进骨髓造血干细胞分化为巨噬细胞;②Th1 细胞产生 TNF-α、TNF-β 和 MCP-1 等,可分别诱导血管内皮细胞高表达黏附分子,促进巨噬细胞和淋巴细胞黏附于血管内皮,继而穿越血管壁,并通过趋化运动被募集至感染灶。

2. Th1 细胞对 T 细胞的作用:Th1 细胞产生 IL-2 等细胞因子,可促进 Th1 细胞、CTL 等增殖,从而放大免疫效应。

3. Th1 细胞对 B 细胞的作用:Th1 细胞也具有辅助 B 细胞的作用,促使其产生具有强调理作用的抗体,从而进一步增强巨噬细胞对病原体的吞噬。

4. Th1 细胞对中性粒细胞的作用:Th1 细胞产生淋巴毒素和 TNF-α,可活化中性粒细胞,促进其杀伤病原体的作用。

四、细胞免疫应答生物学效应

1. 抗胞内寄生性病原体感染;

2. 抗肿瘤免疫;

3. 免疫损伤(某些自身免疫病、药物过敏反应和迟发型超敏反应);

4. 参与同种移植排斥反应和介导移植物抗宿主反应。

【理解与思考】

1. 如果你是一个单核巨噬细胞,当你发现病原微生物入侵时,会产生哪些生物学作用?

2. 当一个正常的细胞发生癌变时,它即将遭遇什么? 你能形象地叙述一下吗?

3. 结合第二章免疫系统中的淋巴细胞的产生,你能描绘出淋巴细胞短短的一生,从产生、经历及结局吗?

4. 结合免疫应答的整个过程,请分别给诸如造血干细胞、淋巴细胞、树突状细胞、单核-巨噬细胞、粒细胞、肥大细胞、红细胞等各种免疫细胞在体内的作用加以定位。

5. 如果你是一位医生,你的病人在器官移植后,病人体内可能发生什么变化? 你要采取哪些措施保证移植器官存活?

【课外拓展】

1. 树突状细胞还有哪些种类? 各有何特点及生物学作用?

2. 细胞死亡或凋亡后,形态结构有何变化?

3. 影响抗体类别转换的因素有哪些?

【课程实验与研究】

1. 请设计检测某一种免疫细胞的活性的路线图。

2. 如何证明诸如蜂皇浆等能促进免疫细胞生成和活性的特性?

3. 美国加利福尼亚大学洛杉矶分校以及乔治·梅森大学的研究人员共同完成接种天花疫苗或可预防艾滋病的研究,如果你是其中的一员,请设计一实验路线图。

【课程研讨】

1. 针对细菌、胞内病原微生物、癌变细胞,机体的免疫应答有何不同? 为什么?

2. 免疫细胞膜分子 MHC-I 类、MHC-II 类的分布与免疫应答有何关系? 为何有的肿瘤细胞会产生免疫逃逸?

3. 一个自身的组织细胞,是否有可能遭遇免疫清除? 为什么?

【课后思考】

1. 单核吞噬细胞系统、树突状细胞、B 细胞生物学特性是什么？
2. 免疫应答包括哪些基本过程？
3. 抗体的初次应答与再次应答各有何特点？
4. T、B 细胞介导的免疫应答各有何特点？

【课外阅读】

HIV-1 感染的 T 细胞免疫应答

HIV-1 感染可以同时活化 T 细胞免疫与体液免疫。所活化的免疫反应尽管对病毒有一定的抑制作用，但不能清除病毒，因而，HIV-1 感染均形成慢性持续性感染，最后大部分个本以免疫系统功能耗竭、严重的免疫缺陷为结局，感染者可因病发感染或肿瘤而死亡。大量的研究表明，HIV-1 特异性 T 细胞在与 HIV 做斗争中起极其重要的作用。

一、T 细胞的作用

HIV-1 特异性 $CD8^+$ T 细胞可利用穿孔素和颗粒酶 B 或 CD95L 直接杀伤被 HIV-1 感染的细胞，从而消除感染原；也可产生细胞因子（比如 IFN-γ）来抑制病毒的复制；或者释放趋化因子（比如 MIP-1α、MIP-1β 和 RANTES）来阻断病毒进入新的靶细胞。控制 HIV-1 病毒复制的能力依赖于结构与功能健全的 HIV-1 特异性 $CD8^+$ T 细胞。许多 HIV-1 感染病人的 $CD8^+$ T 细胞上的 CD3 链和 CD28 受体有缺陷，或者 $CD8^+$ T 细胞合成细胞毒性分子（如穿孔素）与细胞因子（干扰素）有缺陷。这些缺陷可导致 $CD8^+$ T 细胞的功能受到损伤时，病人体内即使可检测到活跃的 HIV-1 特异性 $CD8^+$ T 细胞，病人依然不能有效控制病毒。另外，研究表明，HIV-1 特异性 $CD8^+$ T 细胞识别表位区的突变可以导致病毒载量的急剧上升以及病情向 AIDS 期恶化。

HIV 病毒破坏 $CD4^+$ T 淋巴细胞，当期数量下降到 200 个/uL 以下时，就被诊断为患有艾滋病并且需要接受抗逆转录治疗。由于 HIV-1 可优先感染 HIV-1 特异性 $CD4^+$ T 细胞，随着病情的进展，HIV-1 特异性 $CD4^+$ T 细胞会逐渐减少乃至完全耗竭。HIV-1 特异性 $CD4^+$ T 细胞的主要功能在于维护 HIV-1 特异性 $CD8^+$ T 细胞上，而不是在直接抗击 HIV-1 中。以前的研究表明，$CD4^+$ T 细胞在 $CD8^+$ T 细胞免疫反应的激活、记忆性 $CD8^+$ T 细胞的功能成熟等过程中起重要的作用。相应地，HIV-1 感染导致 $CD4^+$ T 细胞的耗竭，可导致 HIV 特异性的记忆 $CD8^+$ T 细胞的成熟障碍，以及 HIV-1 特异性 $CD8^+$ T 细胞的功能受损。由于 $CD4^+$ T 细胞与 B 细胞间的相互作用对 B 细胞的分化成熟及其后抗体的产生极为重要，因而在 HIV 感染晚期，随着 $CD4^+$ T 细胞的缺失，感染者产生新的中和抗体的能力逐渐降低。

总之，HIV-1 特异性的 $CD8^+$ T 细胞在直接抗击 HIV-1 中起主导作用，$CD4^+$ T 细胞主要是辅助 $CD8^+$ T 细胞和 B 细胞。所以，有效的抗艾滋病疫苗应该能同时活化 HIV-1 特异性 $CD4^+$ T 细胞与 $CD8^+$ T 细胞。

二、HIV-1 的免疫逃逸

HIV-1 感染后可同时活化 T 细胞免疫和体液免疫,逃逸免疫系统的攻击成为 HIV-1 生存的重要内容。

HIV-1 逃逸机制主要包括:通过 Nef 蛋白下调 I 类 HLA 分子表达,从而降低病毒抗原的递呈;通过损伤 T 细胞的功能,降低 T 细胞的攻击能力;通过 T 细胞识别表位内的点突变,降低病毒表位与 HLA 分子的结合能力或完全取消结合,或者突变能够与 T 细胞受体结合并抑制 T 细胞功能的肽序列;也可以通过表位旁序列的突变使得机体的蛋白酶不能切割形成表位序列。尽管以上各种机制并存,但通过突变 T 细胞的免疫攻击仍然是病毒应用的最主要机制。

事实上,HIV 感染后,突变性逃逸不断地发生并贯穿病毒的整个感染过程。病毒逃逸不同的表位特异性 T 细胞所需要的时间是不同的。在 HIV-1 感染者中发现,虽然 B57 限制性的 GagTW10 表位特异性 CD8$^+$ T 细胞与 B27 限制性的 GagKK10 表位特异性 CD8$^+$ T 细胞同样具有保护作用,且均在感染早期被激活,但病毒对前者的逃逸在感染早期就可以发生,而对于后者的逃逸通常发生在感染晚期。HIV-1 病毒的逃逸一般来说是有代价的,代价的大小决定于 CD8$^+$ T 细胞免疫反应所攻击部位对病毒生存的重要性。针对 HIV-1Gag 的免疫反应对病毒造成的损伤较大,因而病毒难以逃脱。在 B27 限制性的 GagKK10 表位的逃逸中,主要的逃逸突变 R264K(这一突变可导致表位不能与 B27 结合)可能发生在病毒载量升高之前,因为这一逃逸株并不能生存,而只有等到另外一个补偿性突变 L268M 发生时,病毒载量才可能升高,也就是说,在没有补偿性突变发生前,逃逸性突变对病毒是致命的。并不是每一个逃逸突变都需要病毒付出重大的代价。在 HIV-1 感染的人群中,大部分表位的逃逸突变对病毒伤害不大,从而在病毒的传播中获得保留。这样从整个 HIV-1 感染的群体考虑,对病毒抑制起显著作用的表位因很快地回复突变而在群体中保留下来,从而成为病毒序列中保守的序列;反之,在群体中显示多样性的序列对病毒的生存可能并不产生重要影响。有效的 HIV 疫苗应该能够有效活化针对病毒保守区免疫反应,我国科学家在国际上首次提出并尝试了一个新的疫苗策略,这一策略可以实现优先活化针对病毒保守区的免疫反应。

三、HIV 感染后不同时期,T 细胞免疫应答特征

从上面的叙述可知,HIV-1 感染后的 T 细胞免疫应答在不同感染时期的特征有很大差异。

(一)感染早期

1.至少在感染之后 10 天内,机体外周血中检测不到明显的 T 细胞应答,病毒在这段时间内大量扩增,在不同的靶细胞中形成潜伏库,为病毒长期持续性感染奠定基础;

2.感染 10 天后(2～3 周),随着病毒的进一步扩增,产生大量的 T 细胞免疫反应,病毒载量随着 CD8$^+$ T 细胞免疫反应的出现与升高开始下降,并逐步到达一个稳定点,这种病毒载量与 HIV-1 特异性 CD8$^+$ T 细胞免疫反应的逆向互动被认为是由于 CD8$^+$ T 细胞对病毒抑制所致;

3.活化的 T 细胞免疫应答以针对病毒的优势表位为主,免疫反应狭窄,其中以针对 Nef

与 Gag 的免疫反应为主；

4. 病毒感染时，免疫系统依然健康，因而感染早期活化的 HIV-1 特异性 T 细胞具有多种功能，包括 IL-2 分泌功能与增殖功能，对病毒的抑制能力较强；

5. 在感染早期，T 细胞免疫反应越高，对病毒抑制越强，病程进展就越缓慢，预后就越好；

6. 由于病毒的大量扩增，而 HIV-1 特异性 $CD4^+T$ 细胞被优先感染，因而，这一时期对 HIV-1 特异性 $CD4^+T$ 细胞的消耗严重；病毒载量越高，$CD4^+T$ 细胞的损耗越重，病程进展也越快，预后越差；

7. 在这一阶段内，免疫逃逸已经大量发生，逃逸株已经出现，逃逸的后果各不相同。

（二）感染进入慢性期

如果病毒复制得不到控制，随着感染的持续，免疫反应出现一些新的特征：

1. 由于针对免疫优势表位的逃逸持续发生，越来越多的亚优势表位被免疫系统识别，因而免疫反应识别的表位越来越多，免疫反应更为广泛。

2. 新活化的、针对亚优势表位的 T 细胞免疫反应引发，由于缺乏足够的 $CD4^+T$ 细胞辅助，功能上可存在缺陷。

3. 由于免疫系统处于持续性的高度激活状态，T 细胞处于大量扩展及随后的大量凋亡的循环更替中，这种状态的持续导致记忆性细胞库耗竭，只是体内以效应型 T 细胞为主。

4. HIV-1 特异性 T 细胞出现功能损伤，表现为细胞病毒性分子的合成障碍、IL-2 分泌性细胞减少、增殖能力下降甚至完全丧失增殖能力。

5. 由于 T 细胞功能受损，抑制病毒能力下降甚至丧失，因而，这一时期可表现为 HIV-1 特异性 T 细胞随着病毒载量的升高而升高，但 T 细胞的升高却不能抑制病毒的复制，不能降低病毒载量。

6. 针对病毒 Gag 保守区的免疫反应依然与病毒载量呈现负相关。

如果在感染早期机体能够控制病毒复制，那么，尽管机体不能清除病毒，但个体的疾病进展将非常缓慢，常成为长期不进展者，此时体内的 T 细胞免疫应答特征与感染早期的特征相似。

四、人体对 HIV-2 病毒的免疫应答有助于艾滋病疫苗研发

科学家发现，感染 2 型人类免疫缺陷病毒（HIV-2）但是不发病的人们能针对一种特定的病毒蛋白质产生很强的免疫应答。这项研究可能有助于开发艾滋病疫苗。

HIV-2 与 HIV-1 不同，前者很少造成艾滋病发病，大约 80% 的 HIV-2 患者从不表现出临床症状。来自冈比亚共和国、几内亚比绍共和国和英国的科学家分析了来自几内亚比绍的一组共 64 名无症状的 HIV-2 患者。他们发现这些患者的免疫系统——特别是他们的一种免疫细胞 T 细胞——能够对一种名为 Gag 的病毒蛋白质做出显著的反应，这帮助了他们控制病毒的复制。Gag 也是 HIV-1 病毒的成分。人体对 Gag 蛋白的反应越强，血液中的 HIV-2 病毒的水平就越低。那些反应最强的患者的血液中检测不到病毒。

证明了在 HIV-2 患者中，T 细胞的免疫应答足够控制感染。这一发现很重要，因为科学家在设计疫苗的时候，必须决定应该激活哪种免疫系统（抗体还是 T 细胞），用于对抗 HIV。HIV 患者产生针对 Gag 蛋白的 T 细胞用于控制病毒复制，知道这一事实可以开发基

于 T 细胞的预防和治疗性疫苗。这是科学家首次研究无症状的 HIV-2 患者,这可以让科学家分析他们的保护性的免疫应答。一些无症状的 HIV-1 患者也对这种蛋白产生了很强的免疫应答。

免疫细胞 CD_8^+ T 淋巴细胞帮助控制艾滋病毒

有些人对艾滋病有一种天生的免疫能力,他们能够控制艾滋病病毒侵入自己身体,医学专家发现他们体内有一种免疫细胞 CD_8^+ T 淋巴细胞,而且这种细胞的作用方式使人具有特别强的免疫能力。这一新的医学突破为艾滋病的防治指明了方向。

这项新的研究发表在权威杂志《免疫》(Immunity)上,分析了一些对艾滋病具有免疫能力的人的体内机制,解释了他们为什么能够控制病毒,以及如何消灭体内受艾滋病感染的细胞。美国马里兰州贝塞斯达的国立卫生研究院免疫学家、艾滋病毒疫苗研究者马克·康诺斯(MarkConnors)说:"这一发现是这一领域的一大突破。"

康诺斯说:"有些人(小于 0.5%)第一次感染艾滋病后几十年都不犯病,因为他们控制了病毒的扩散,同时让病毒死于无形之中。曾经有研究表明这种控制能力与体内的一种免疫细胞——CD_8^+ T 淋巴细胞有关,这种免疫细胞能发现并消灭被病毒感染的细胞。但当时无法解释究竟为什么会这样。

现在康诺斯和他的研究团队发现有较多 CD_8^+ T 细胞的人通过将毒液输送到受感染的细胞,从而控制艾滋病的发作。为了获得这一发现,科学家们制订了一系列敏感的测试,分析存在的这些 T 细胞,以及它们消灭感染艾滋病毒的能力。他们发现 CD_8^+ T 细胞在受感染的人身上生长得非常迅速,从而比一般人更能控制艾滋病。

但他们同时还发现不仅仅是 CD_8^+ T 淋巴细胞数量增多的问题,还与这些细胞的作用方式紧密相关,因为它们能够生长和提供一对特别的分子"穿孔素"和"颗粒酶 B"。穿孔素,顾名思义,就是能够在靶细胞膜上穿孔的物质。细胞被穿孔了,颗粒酶 B 就能够进入并破坏受感染的细胞。

研究结果对长期持有的模式进行了挑战。康诺斯称,以前大家认为,我们的免疫记忆细胞,比如 CD_8^+ T 细胞,它们的作用就像是"一个装满子弹的枪,根据需要选择子弹杀死病毒"。康纳斯认为,在现实中,这些"记忆细胞"需要重新刺激,在反复接触病毒后需要重新刺激才能够保护我们。

美国马里兰州巴尔的摩市约翰霍普金斯大学医学科学家乔尔·布兰森(JoelBlankson)说:"这项研究成果对发展疫苗意义重大,研究成果为我们评估疫苗疗效提供了新的重要的参数。"他虽然并没有参与其中的工作,但又补充说这项研究"也是一个重要的概念证明,因为它表明,只要艾滋病毒特效杀手 T 淋巴细胞得到正确的刺激,就可以诱导它发挥作用,从而有效地杀死受艾滋病毒感染的细胞"。

这意味着我们未来能够生产出一种对抗艾滋病感染的治疗性疫苗,而不是单纯的保护感染艾滋病的预防性疫苗。

位于美国费城的宾夕法尼亚大学免疫学家乔托(GuidoSilvestri)称,他对这项研究抱有很大希望。"这样的研究可能将最终为以免疫为基础的干预铺平道路,这样可以利用人体免疫系统的方式,完全控制甚至消灭艾滋病毒。当然,我们还有很长的路要走,至少 10 年到 20 年。但是我们已经向正确方向迈出了重要的一步。"

康诺斯表示,下一步他们的研究重点将放在为什么大多数人的 CD_8^+ T 细胞缺乏杀死艾滋病毒感染的细胞的能力。

Immunity:T 细胞记忆机制

澳大利亚国立大学医学研究所、化学研究所的科学家发现新的免疫理论,相关成果公布在《Immunity》上,并列为封面文章。

众所周知,B 细胞具有记忆性。一般来说,B 细胞的记忆性的形成与 DNA 序列的改变有联系,B 细胞通过改变 DNA 序列来维持细胞的记忆性。但是,免疫细胞的记忆性机制研究比较多的是 B 细胞,相比之下,T 细胞研究得比较少。

研究小组发现,记忆性 T 细胞的分化过程中,RNA 重排起重要作用。研究小组以小鼠的研究模型,通过沉默一个记忆性 T 细胞分化的关键基因 ptprc(产生记忆性 T 细胞 CD45RO 的重要基因),结果发现记忆性 T 细胞的比例发生改变。并且 RNA 结合蛋白 hnRNALL 发生改变,会导致 RNA 的识别区域变得不稳定。

研究者发现,hnrpll 突变会导致 T 细胞不在外周淋巴结聚集,但不影响增殖。对这些突变细胞进行外显子检测分析,结果发现记忆性 T 细胞的 mRNA 结合过程发生的广泛的改变。并且相同的变化还出现在神经组织中,这可能是引发记忆性 T 细胞发生变化的原因。

（资料来源:Immunity,19 December 2008 doi:10.1016/j.immuni.2008.11.004）

第十章　免疫学检测

【知识体系】

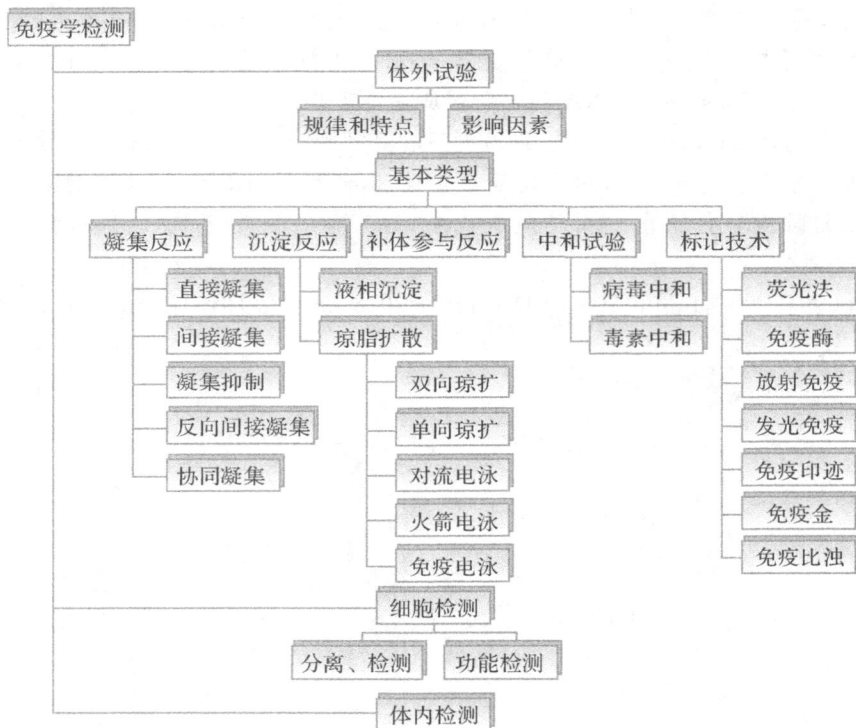

【课前思考】

　　如果怀疑得了某种传染病或癌症,该如何确诊? 机体对某种传染病有无抵抗力,该如何检测? 对淋巴细胞(T 细胞、B 细胞、NK 细胞)是如何鉴别的? 如何诊断某人是否对青霉素过敏? 是否得了结核病?

【本章重点】

　　1. 免疫检测的基本原理、特点;
　　2. 各类免疫检测的基本原理。

【教学目标】

1. 掌握血清学试验的一般规律、影响因素；
2. 掌握抗原或抗体检测常用的检测方法（凝集试验、沉淀试验、免疫标记技术等）；
3. 熟悉免疫细胞的分离、鉴定方法；
4. 针对不同检测对象，能自主设计检测方法。

免疫学检测是对抗原、抗体、免疫细胞数量、种类及其分化功能等进行定性或定量检测。免疫学检测技术在医学生物学研究领域得到广泛应用，并在临床医学中用于免疫相关疾病的诊断、病情监测、疗效评价等，本章介绍免疫学常用检测技术的基本原理、方法及其应用。

第一节　检测抗原和抗体的体外试验

抗原和抗体体外试验是指通过抗原与相应抗体在体外发生的特异性结合反应（凝集、沉淀等）来观察、分析、鉴定。抗体主要存在于血清中，这种体外的抗原-抗体反应又称血清学反应（试验）

抗原-抗体反应的检测技术主要应用于如下方面：

1. 用已知抗原检测未知抗体。如临床上检测患者血清中抗病原微生物抗体、抗 HLA 的抗体、血型抗体以及各种自身抗体，用于诊断相关疾病；检测正常人群中注射某种疫苗后的抗体产生水平，来制订合理的免疫程序。

2. 用已知抗体检测未知抗原。如检测各种病原微生物及其大分子产物，用于病原微生物的鉴定、分型、抗体 O 血型、HLA 分型等。

3. 血液学及免疫细胞的检测。用单克隆抗体检测血液细胞包括正常的和病理性的，进行免疫细胞的分类、鉴别等；抗血小板抗体及各种凝血因子的免疫学测定。

4. 定性或定量检测体内各种大分子物质（如各种血清蛋白、可溶性血型物质、多肽类激素-细胞因子及肿瘤标志物 AFP、CEA、PSA 等），用于相关疾病的诊断或辅助诊断。

5. 应用于内分泌检测（如 HCG、LH、FSH、T3、T4 等）、免疫因子（C3、C4、淋巴因子等）、用已知抗体检测某些药物、激素和炎性介质等各种半抗原物质，用于监测患者血清中药物浓度或运动员体内违禁药品水平等。

一、血清学试验的一般规律和特点

（一）用已知测未知

只有一种材料是未知的。

（二）试验和抑制试验

被相应的抗原或抗体所抑制，可以验证反应的特异性。

（三）特异性与交叉性

如变形杆菌与立克次氏体之间有共同的抗原决定簇，故斑疹伤寒病人血清可凝集 OX19 变形杆菌。为避免交叉反应干扰免疫学诊断，常采用吸收反应制备单价特异性抗血清。其原理是：将某一多价特异性抗血清与共同抗原（或称交叉抗原）反应，然后去除所形成的抗原抗体复合物。用颗粒性抗原进行的吸收反应,称为凝集吸收反应。

（四）抗原-抗体的结合比例与"带现象"

若抗原-抗体的数量比例合适,抗体分子的两个 Fab 段分别与两个抗原决定簇结合,相互交叉形成体积大、数量多,肉眼可见的网格状复合体,基本不存在游离的抗原或抗体,即抗原-抗体反应的等价带,此时形成肉眼可见的反应物(沉淀物或凝集物)。

在抗原-抗体反应中,可能出现抗原或抗体过剩的情况,由于过剩一方的结合价不能被完全占据,多呈游离的小分子复合物形式,或所形成的复合物易解离,不能被肉眼察见——"带现象"(图 10-1)。

抗体过剩——前带,抗原过剩——后带,在检测中,应注意对抗原和抗体的浓度、比例进行适度的调整。

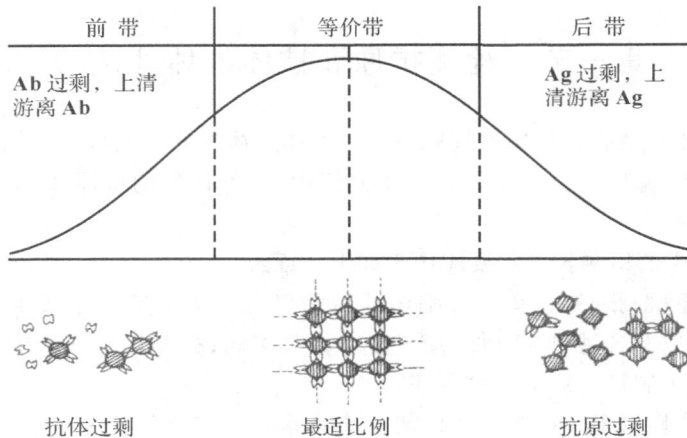

图 10-1　带现象示意图

（五）特异性结合与反应可见两个阶段

第一阶段:抗原-抗体特异性结合。特点:反应快,几秒～几分钟内完成,无肉眼可见的反应。

第二阶段:反应可见阶段。特点:出现凝集、沉淀、细胞溶解等现象,时间几分钟～几天,受电解质、温度、pH 等影响。

（六）可逆性

抗原与抗体为分子表面的非共价结合复合物,结合虽稳定但可逆;在一定条件下,可解离为游离的抗原、抗体,解离后的抗原和抗体仍保持原有的理化特性及生物学性状。

二、抗原-抗体反应的影响因素

（一）电解质

抗原-抗体有对应的极性基团,能相互吸附并由亲水性变为疏水性。电解质的存在使抗原-抗体复合物失去电荷而凝聚,出现可见反应,故免疫学试验中多用 0.9％氯化钠稀释抗原或抗体。

（二）酸碱度

抗原-抗体反应的最适 pH 是 6～8。超出此范围可影响抗原、抗体的理化性状,出现假阳性或假阴性。

（三）温度

适当的温度可增加抗原与抗体分子碰撞的机会，加快二者结合速度，其最适温度为37℃。某些抗原-抗体反应有其独特的最适温度，如冷凝集素在 4℃ 左右与红细胞结合最好，20℃以上反而解离。此外，适当震荡或搅拌也可促进抗原-抗体分子的接触，提高结合速度。

（四）抗原-抗体的性质

抗体的特异性和亲和力是决定抗原-抗体反应的关键因素。从免疫早期动物所获抗血清其亲和力一般较低，而后期所得抗血清一般亲和力较高；单克隆抗体亲和力较低，一般不适用于低灵敏度的沉淀反应和凝集反应。此外，抗原理化性质、抗原决定簇多寡和种类等均可影响抗原-抗体反应。

抗原-抗体的浓度、比例对抗原-抗体反应的影响最大，是决定性因素。

第二节　抗原-抗体反应的基本类型

根据抗原的性质、结合反应的现象、参与反应的成分等因素，可将基于抗原-抗体反应的检测方法分为凝集反应、沉淀反应、补体参与的反应、中和反应以及免疫标记技术等。

一、凝集反应（agglutination）

细菌、红细胞等颗粒性抗原与相应抗体结合后，在一定条件下出现肉眼可见的凝集物，此为凝集反应。

（一）直接凝集反应

细菌或红细胞与相应抗体直接反应，可出现细菌或红细胞凝集现象（图 10-2）。

1.玻片法：定性

其方法为：①已知抗体与相应抗原在玻片上反应，用于抗原的定性检测（如 ABO 血型鉴定、细菌鉴定）。

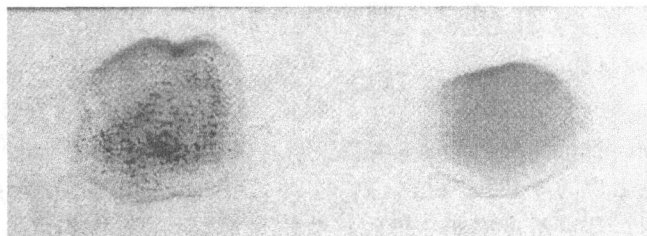

图 10-2　直接凝集反应示意图

2.试管法:定量

多用已知抗原测未知抗体的相对含量,如:诊断伤寒、副伤寒、布氏杆菌病。

方法:待检血清在试管内用 0.9%氯化钠倍比稀释,加入等量菌液,37℃,数小时观察结果(表 10-1)。

表 10-1　试管倍比稀释法测定待检血清效价

	管　号								
	1	2	3	4	5	6	7	8	9
生理盐水 (ml)	0.9	0.5	0.5	0.5	0.5	0.5	0.5	0.5	0.5
受检血清 (ml)	0.1	0.5	0.5	0.5	0.5	0.5	0.5	0.5　弃	0.5
血清稀释倍数	1:10	1:20	1:40	1:80	1:160	1:320	1:640	1:1280	—
诊断菌液 (ml)	0.5	0.5	0.5	0.5	0.5	0.5	0.5	0.5	0.5
最终稀释倍数	1:20	1:40	1:80	1:160	1:320	1:640	1:1280	1:2560	—

观察每个试管内抗原的凝集程度,凝集分五级:

(1)++++:很强,细菌全部凝集,管内液体澄清,可见管底有大片边缘不整的白色凝集物,轻摇时可见明显的颗粒、薄片或絮状。

(2)+++:强,细菌大部分凝集,液体较混浊,管底有边缘不整的白色凝集物,轻摇时也可见明显的颗粒、薄片或絮状。

(3)++:中等强度,细菌部分凝集,液体较混浊,管底有少量凝集物呈颗粒状。

(4)+:弱,细菌仅有少量凝集,液体混浊,管底凝集呈颗粒状,小不易观察。

(5)—:不凝集,液体混浊度、管底沉积物同对照管相似。

通常以出现明显凝集现象(++)的血清最高稀释度为该血清的抗体效价。

(二)间接凝集反应

该反应将可溶性抗原包被在与免疫无关的载体颗粒表面,再与相应抗体反应,出现颗粒物凝集现象(图 10-3)。常用载体为人 O 型血红细胞、聚苯乙烯乳胶颗粒等。用途:检测血清中的自身抗体和抗微生物的抗体。

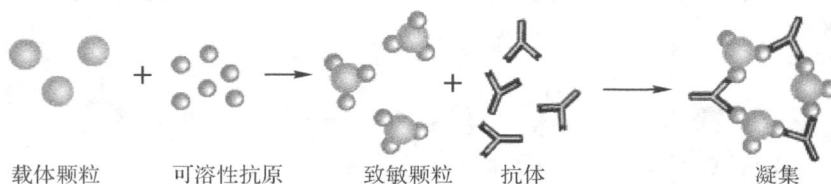

载体颗粒　　可溶性抗原　　致敏颗粒　　抗体　　　　凝集

图 10-3　间接凝集反应示意图

(三)间接凝集抑制试验

其原理是:将待测抗原(或抗体)与特异性抗体(或抗原)先行混合并作用一定时间,再加入相应致敏载体悬液;若待测抗原与抗体对应,即发生中和,随后加入的相应致敏载体颗粒不再被凝集,使本应出现的凝集现象被抑制,故得名(图 10-4)。此试验可用于检测抗原或抗体(如早孕的检测),其灵敏度高于一般间接凝集试验;可用来检测可溶性抗原,如免疫妊娠诊断试验。

(1)诊断抗原:HCG 致敏的乳胶颗粒;

(2)诊断血清:抗 HCG 的抗体;

(3)检测标本:尿液(是否含有 HCG)。

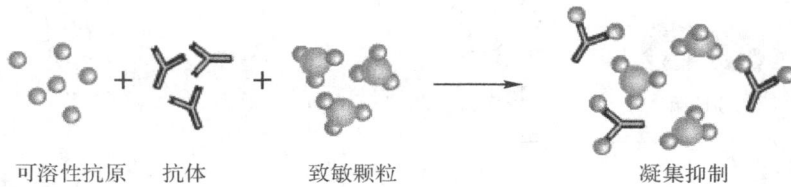

可溶性抗原　　抗体　　致敏颗粒　　　　　　　凝集抑制

图 10-4　间接凝集抑制反应示意图

（四）反向间接凝集试验

反向间接凝集试验是用特异性抗体致敏载体,检测标本中的相应抗原的反应(图 10-5) 可用于检测乙型肝炎病毒表面抗原、甲胎蛋白、新型隐球菌荚膜抗原等。

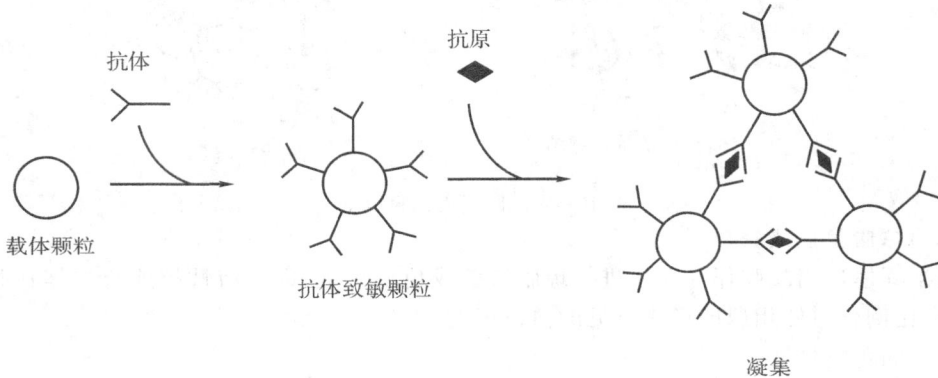

图 10-5　反向间接凝集试验示意图

（五）协同凝集试验

协同凝集试验(COAG)的原理是:金黄色葡萄球菌细胞壁成分蛋白 A(SPA)能与人和多种哺乳动物血清中的 IgG 分子的 Fc 片段结合,Fab 就暴露,能与相应抗原结合,产生协同凝集反应(图 10-6)。本试验通常可用于检测传染病患者的血液、脑脊液和其他分泌物中可能存在的微量可溶性抗原,目前已用于流行性脑脊髓膜炎(简称流脑)、伤寒、布氏菌病的早期诊断。

二、沉淀反应

沉淀反应(precipitation)是将可溶性抗原(沉淀原)与相应抗体(沉淀素)结合后,在一定条件下出现肉眼可见的沉淀,此为沉淀反应。该反应多用半固体琼脂凝胶作为介质进行琼脂扩散或免疫扩散,即可溶性抗原与抗体在凝胶中扩散,在比例合适处相遇即形成可见的白色沉淀。

沉淀原:内、外毒素,菌体裂解液、血清、蛋白质、多糖、类脂等,其体积小,与抗体相比反应面积大,故试验时需对抗原进行稀释,以避免沉淀原过剩出现后带现象,并以抗原稀释度作为沉淀试验的效价。

（一）液相沉淀试验——环状沉淀试验

已知抗血清＋待检抗原→液面交界处,白色环状沉淀"＋",可用来鉴别血迹性质、测定媒介昆虫的嗜血性、鉴定某些细菌。

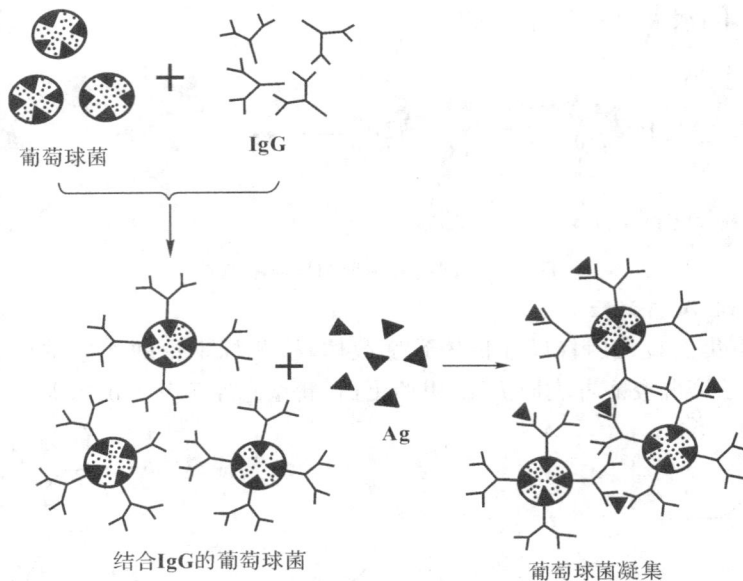

图 10-6 协同凝集试验示意图

（二）琼脂扩散试验

用半固体琼脂凝胶作为介质进行琼脂扩散或免疫扩散，即可溶性抗原与抗体在凝胶中扩散，在比例合适处相遇即形成可见的白色沉淀。

1. 双向免疫扩散

双向免疫扩散（double immunodiffusion）是将抗原和抗体分别加入琼脂凝胶的小孔中，二者自由向四周扩散，在相遇处形成沉淀线。若反应体系中含两种以上抗原-抗体系统，则小孔间可出现两条以上沉淀线（图 10-7）。特点：敏感性不高，所需时间较长。用于：

（1）定性检测可溶性抗原或抗体。

（2）对复杂的抗原成分或抗原、抗体的提取纯度进行分析鉴定。

（3）测定免疫血清的效价。

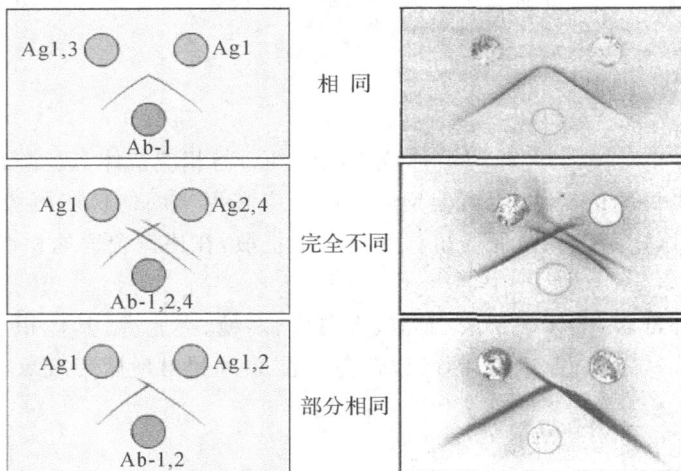

图 10-7 双向琼脂扩散试验示意图

2. 单向免疫扩散

单向免疫扩散（single immunodiffusion）是将一定量已知抗体混于琼脂凝胶（45℃）中制成琼脂板，在适当位置打孔并加入抗原。抗原在扩散过程中与凝胶中的抗体相遇，形成以抗原孔为中心的沉淀环，环的直径与抗原含量呈正相关。取已知量抗原绘制标准曲线，可根据所形成沉淀环的直径，从标准曲线中查出待检标本的抗原含量（图10-8）。

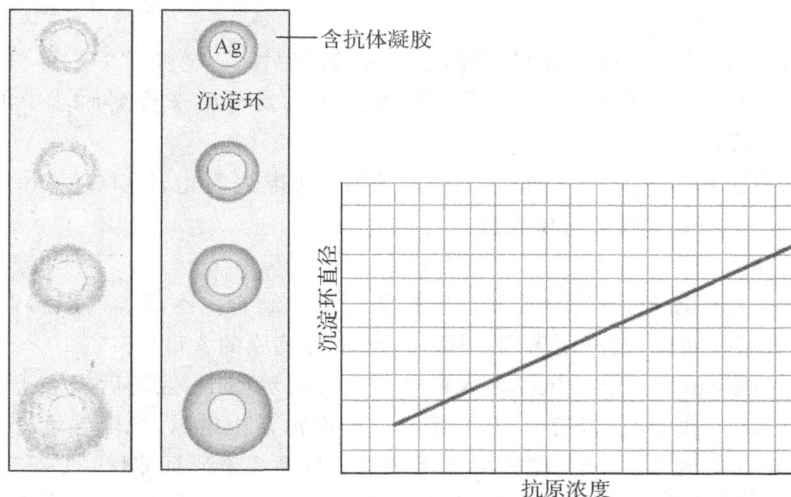

图 10-8　单向琼脂扩散试验示意图

3. 对流免疫电泳

对流免疫电泳（CIE）又称免疫电渗电泳，双向琼脂扩散与电泳技术相结合。试验在装有 pH8.6 缓冲液的电泳槽中进行（图10-9）。

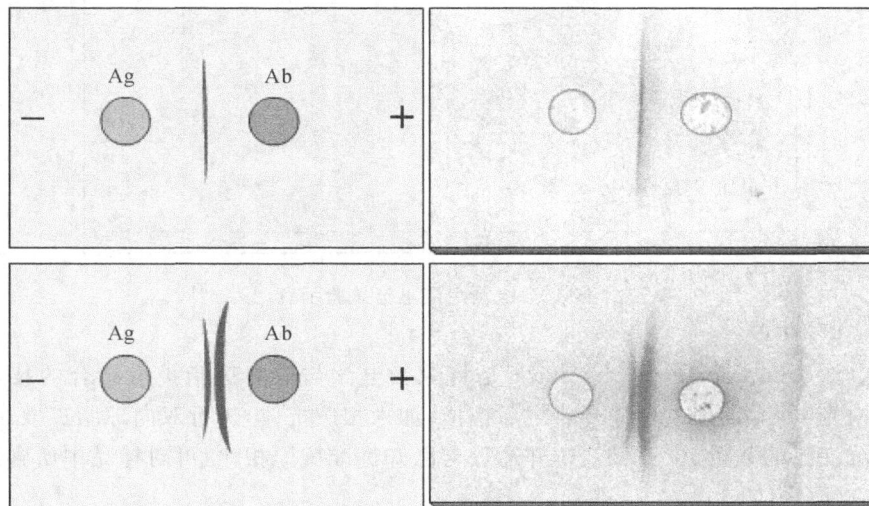

图 10-9　对流免疫电泳试验示意图

（1）原理：抗原和抗体在电泳时受两种作用力的影响，一种是电场力，使抗原和抗体由"－"极向"＋"极移动；另一种是电渗力，使抗原和抗体由"＋"极向"－"极移动。

通常,抗原等电点偏低(pH 4～5),在碱性缓冲液(pH 8.6)中所带负电荷较多,受电场力较大,而其相对分子质量较小,所受电渗作用影响小,合力结果是电场力大于电渗力。因此,通电后,抗原由"－"极向"＋"极移动。

抗体为球蛋白,等电点偏高(pH 6～7),所带负电荷较少,受电场力影响较小,而其相对分子质量较大,所受电渗作用影响大,合力结果电渗力大于电场力。因此,通电后,抗体由"＋"极向"－"极移动。

两者相对而行,缩短了反应时间,提高了试验的敏感性。

(2)特点:操作简便,敏感性高,所需时间短。本试验可用来检测血清中的 HBsAg 和 AFP 等可溶性抗原。

(3)方法:将抗原和抗体分别加入琼脂板孔中,通电进行电泳[4mA/cm(宽)端电压:6V/cm],电泳 45～60min,水洗和洗色。

4.火箭电泳

火箭电泳又称电泳免疫扩散,单向琼脂扩散与电泳结合。本试验的敏感性与单向琼脂扩散相当,但所需时间短,故可用来测定标本中可溶性抗原的含量(图 10-10)。

试验时,将适当浓度的已知抗体加入融化(45℃)的琼脂中,混匀后浇注于玻璃板,制成凝胶板,将抗原加入孔中,在盛有 pH8.6 缓冲液的电泳槽中电泳,电流强度 3mA/cm(或电压 10V/cm),电泳时间 2～10h。电泳后在比例最适处形成锥形沉淀峰。

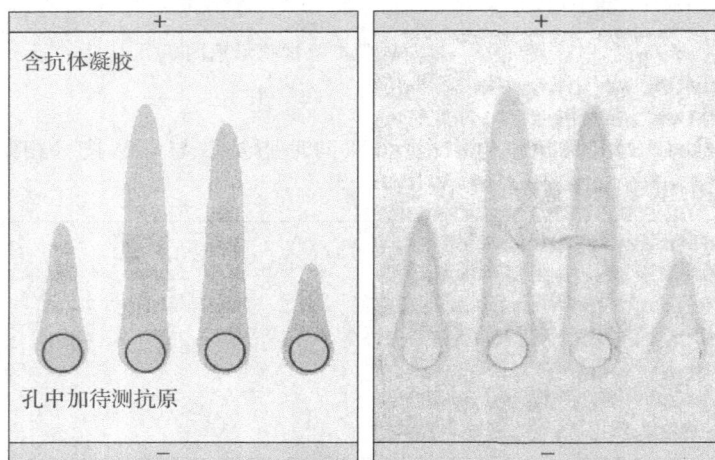

图 10-10　火箭免疫电泳试验示意图

5.免疫电泳

免疫电泳(immunoelectrophoresis)是将琼脂电泳与双向琼脂扩散结合的技术。待检标本在孔内先电泳,各种成分分开。之后挖槽,加入相应抗体,进行双向琼脂扩散。

根据沉淀弧的数量、位置、形状,并通过与已知标准抗原相比,可对样品中所含成分及其性质作出判断(图 10-11)。

本试验样品用量小、特异性高、分辨力强,主要用于血清蛋白及抗体成分的分析研究,亦可用于抗原或抗体提取物的纯度鉴定。

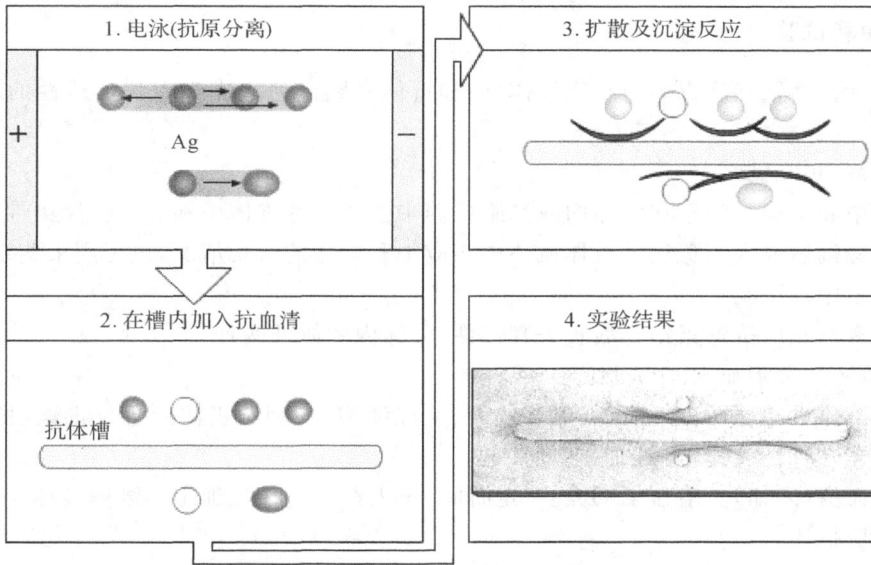

图 10-11　免疫电泳试验示意图

三、补体参与的反应

1.溶菌反应:细菌与相应抗体结合,可激活补体,使细菌溶解,主要发生于霍乱弧菌等 G^+ 菌,可用于细菌鉴定。

2.溶血反应:红细胞与相应抗体结合,通过激活补体使红细胞溶解,可作为补体结合试验的指示系统。

3.补体结合反应:是一种在补体参与的条件下,以绵羊红细胞和溶血素作为指示系统来测定有无相应抗原或抗体的血清学试验(图 10-12)。

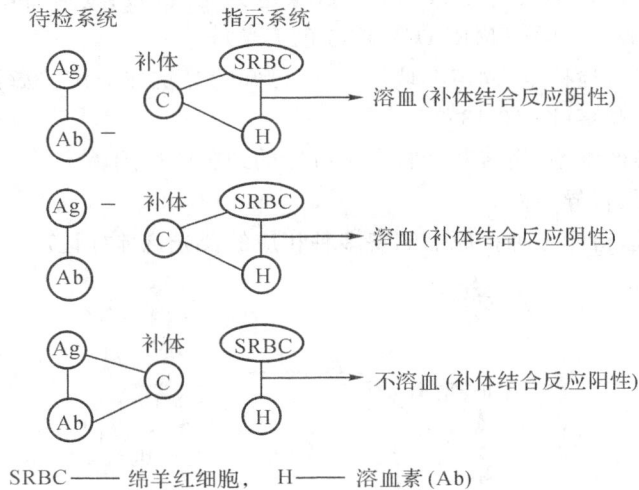

SRBC——绵羊红细胞,　H——溶血素(Ab)

图 10-12　补体结合反应示意图

四、中和试验

毒素、酶、激素和病毒等与相应抗体(中和抗体)结合,使之丧失生物学活性的现象称为中和反应。

1.病毒中和试验

病毒中和试验是病毒在活体内或细胞培养中被特异性抗体中和而失去感染性的一种试验。检查患病后或人工免疫后机体血清中相应中和抗体的增长情况,也可用来鉴定病毒。

2.毒素中和试验

外毒素与相应抗毒素结合后丧失其毒性,分体内和体外两种。

如:抗链球菌溶血素 O 试验。

乙型溶血性链球菌→溶血素(可溶解人、兔红细胞)→刺激机体产生抗毒素(抗体)。溶血素+抗体→毒性丧失,不溶血。

病人血清(未知)+溶血素 O(经一定时间)+人红细胞→红细胞不溶解破坏——待检血清中有相应抗体,试验"+"。

本试验常用于临床风湿病的辅助诊断。

五、免疫标记技术

免疫标记技术(immunolabelling technique)是用荧光素、酶、放射性核素或化学发光物质等标记抗体或抗原,进行抗原-抗体反应的检测。标记物与抗体或抗原连接后并不改变抗原-抗体的免疫特性,具有灵敏度高、快速、可定性、定量、定位等优点。

(一)免疫荧光法(immunofluorescence,IF)

免疫荧光法又称荧光抗体技术,用荧光素与抗体连接成荧光抗体,再与待检标本中抗原反应,置荧光显微镜下观察,抗原-抗体复合物散发荧光,借此对抗原进行定性或定位。

荧光素包括:异硫氰酸荧光素(FITC)(黄绿色荧光)、四乙基罗丹明(RB200)(橙色荧光)、四甲基异硫氰酸罗丹明(TMRITC)(橙红色荧光)。

1.直接荧光法:待检标本(固定在玻片上)+已知荧光抗体→洗去游离的荧光抗体→干燥后,荧光显微镜下观察(图 10-13)。

用途:病毒感染的细胞、携带某种特异性抗原的细胞的检测。

优点:方法简便、特异性高。

缺点:敏感性低,检测多种抗原需制备多种相应的荧光抗体标记。

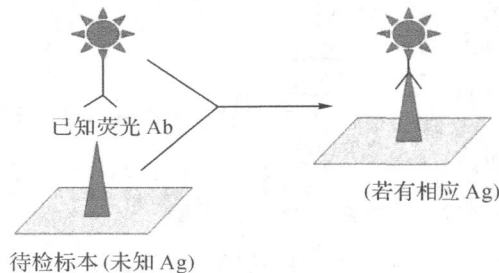

已知荧光 Ab

(若有相应 Ag)

待检标本(未知 Ag)

图 10-13　直接荧光法示意图

2.间接法(又称荧光-抗体法)

间接法是用来检测标本中未知的抗原,或检测血清中未知抗体(图10-14)。

(1)检测抗原。未标记抗体＋待检抗原(未知)→(冲洗)＋荧光标记抗抗体→冲洗、干燥,荧光显微镜下观察。

(2)检测抗体。待检血清(未知抗体)＋抗原标本(已知)→(冲洗)＋荧光标记抗抗体→冲洗、干燥、荧光显微镜下观察。

优点:敏感性高,制备一种荧光标记抗抗体即可对多种抗体-抗体系统进行检测。

缺点:易出现非特异性荧光。

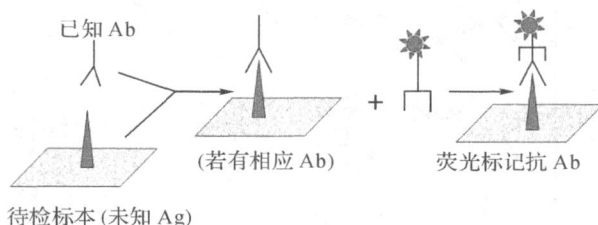

已知 Ab

(若有相应 Ab)

荧光标记抗 Ab

待检标本(未知 Ag)

图 10-14　间接荧光法示意图

3.补体法

补体法的作用原理与间接法相似,只是抗原-抗体作用后,加入新鲜豚鼠血清(补体),通过激活补体形成抗原-抗体-补体(C3b)复合物,再用荧光素标记的抗 C3b 抗体染色,使上述复合物发出荧光(图10-15)。

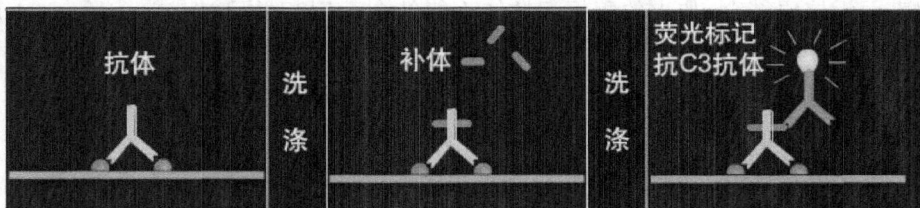

抗体　洗涤　补体　洗涤　荧光标记抗C3抗体

图 10-15　补体法示意图

(二)酶免疫测定(enzyme immunoassay,EIA)

将抗原-抗体反应的特异性与酶催化作用的高效性相结合,借助酶作用于底物的显色反应判定结果,用酶标测定仪做定性或定量分析。优点:敏感性高,特异性强,可定性、定量。

标记酶:

(1)辣根过氧化物酶(HRP)

底物:邻苯二胺(OPD)(橙色)、3,3'二氨基联苯胺(DAB)(黄褐色)。

(2)碱性磷酸酶

底物:对硝基苯磷酸盐(黄色)。

1.酶联免疫吸附试验(enzyme linked immunosorbent assay,ELISA)

酶联免疫吸附试验是利用抗原或抗体能非特异性吸附于聚苯乙烯等固相载体表面的特性,使抗原-抗体反应在固相载体表面进行的一种免疫酶技术。

(1)间接法

间接法是用已知抗原检测未知抗体的一种检测方法。用已知抗原包被固相,加入待检血清标本,再加酶标记的二抗,加底物观察显色反应(图 10-16)。

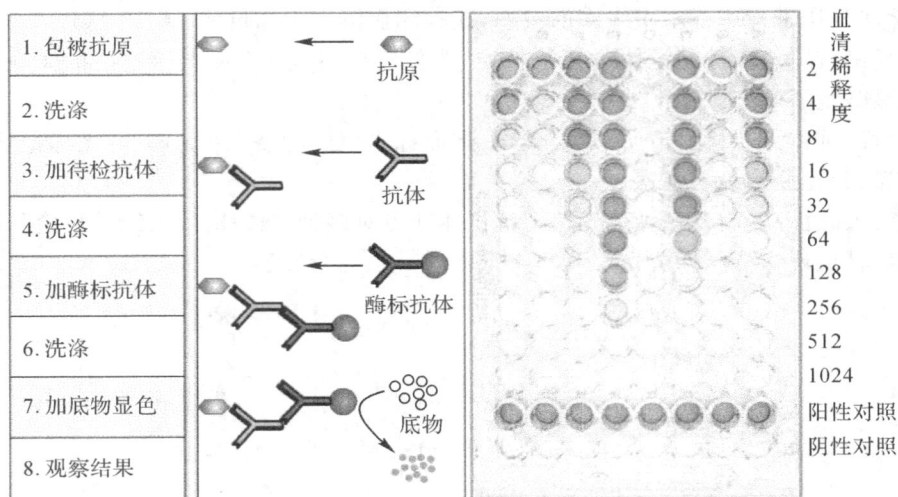

图 10-16　ELISA 间接法示意图

（2）双抗体夹心法

双抗体夹心法是用已知抗体检测未知抗原的一种检测方法。将已知抗体包被固相载体,加入的待检标本若含有相应抗原,即与固相表面的抗体结合,洗涤去除未结合成分,加入该抗原特异的酶标记抗体,洗去未结合的酶标记抗体,加底物后显色。若标本中无相应抗原,固相表面无抗原结合,加入的酶标记抗体不能结合于固相并可被洗涤去除,加入底物则无显色反应(图 10-17)。

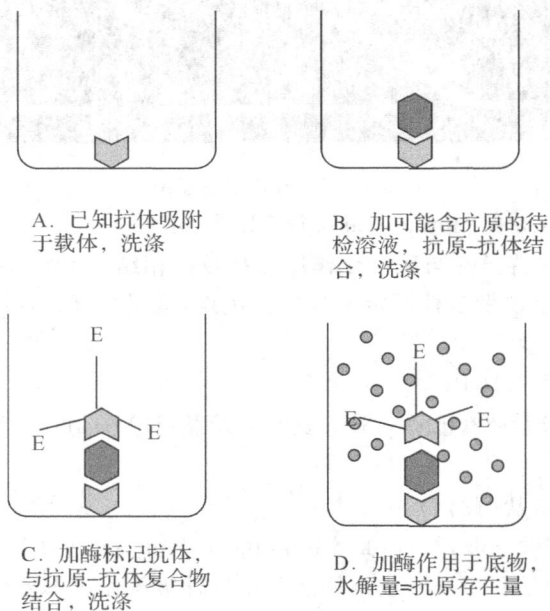

A. 已知抗体吸附
于载体，洗涤

B. 加可能含抗原的待
检溶液，抗原-抗体结
合，洗涤

C. 加酶标记抗体，
与抗原-抗体复合物
结合，洗涤

D. 加酶作用于底物，
水解量=抗原存在量

图 10-17　双抗体夹心法示意图

（3）酶联免疫斑点试验

酶联免疫斑点试验（ELISPOT）有两种方法：

①用已知抗原检测分泌性特异性抗体的 B 细胞：用已知抗原包被固相载体，B 细胞分泌的抗体与之结合，加入酶标记的抗 Ig 抗体，通过底物显色反应可检测 B 细胞分泌的特异性抗体。

②用抗细胞因子抗体检测细胞分泌的细胞因子：用抗细胞因子抗体包被固相载体，加入不同来源的细胞，细胞所分泌的细胞因子与包被抗体结合，再加入酶标记的抗细胞因子抗体，通过显色反应测定结合在固相载体上的细胞因子（定性或半定量），并可在光镜下观察分泌细胞因子的细胞（图 10-18）。

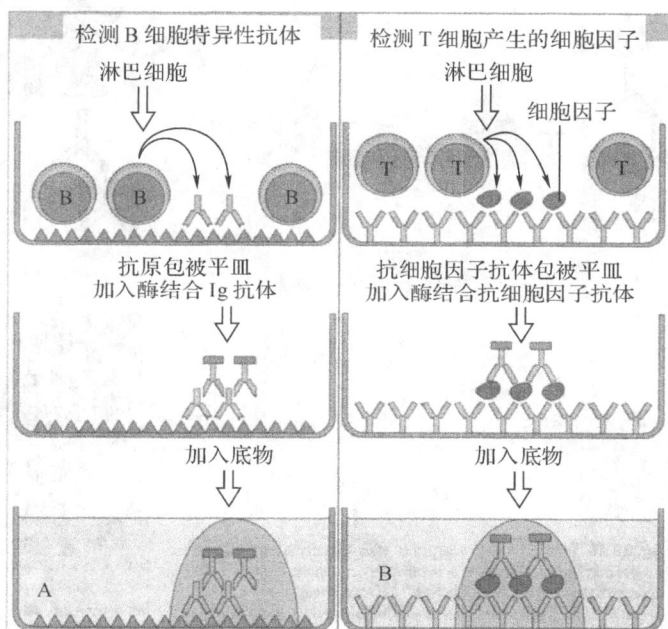

图 10-18 酶联免疫斑点试验示意图

（4）生物素－亲合素法

生物素（biotin）又称维生素 H，是从卵黄和肝中提取的一种小分子物质（分子量 244.31kD）；亲合素（avidin）又称卵白素，是从卵白中提取的一种糖蛋白（分子量 68kD）。每个亲合素分子有生物素结合的 4 个位点，二者可牢固结合成不可逆的复合物。生物素－亲合素的应用大致有三种方法（图 10-19）。

①标记亲合素－生物素法（labelled avidin-biotin method，LAB 法）：将亲合素与标记物（HRP）结合，一个亲合素可结合多个 HRP；将生物素与抗体（一抗与二抗）结合，一个抗体分子可连接多个生物素分子，抗体的活性不受影响。细胞的抗原（或通过一抗）先与生物素化的抗体结合，继而将标记亲合素结合在抗体的生物素上，如此多层放大提高了检测抗原的敏感性。

②桥连亲合素－生物素法（bridged avidin-biotin method，BAB 法）：先使抗原与生物素化的抗体结合，再以游离亲合素将生物素化的抗体与酶标生物素搭桥连接，也达到多层放大

(a) 标记亲合素—生物素法

(b) 桥连亲合素—生物素法

亲合素—生物素—过氧化物
酶复合物(ABC复合物)

(c) 亲合素—生物素—过氧化物酶复合物法

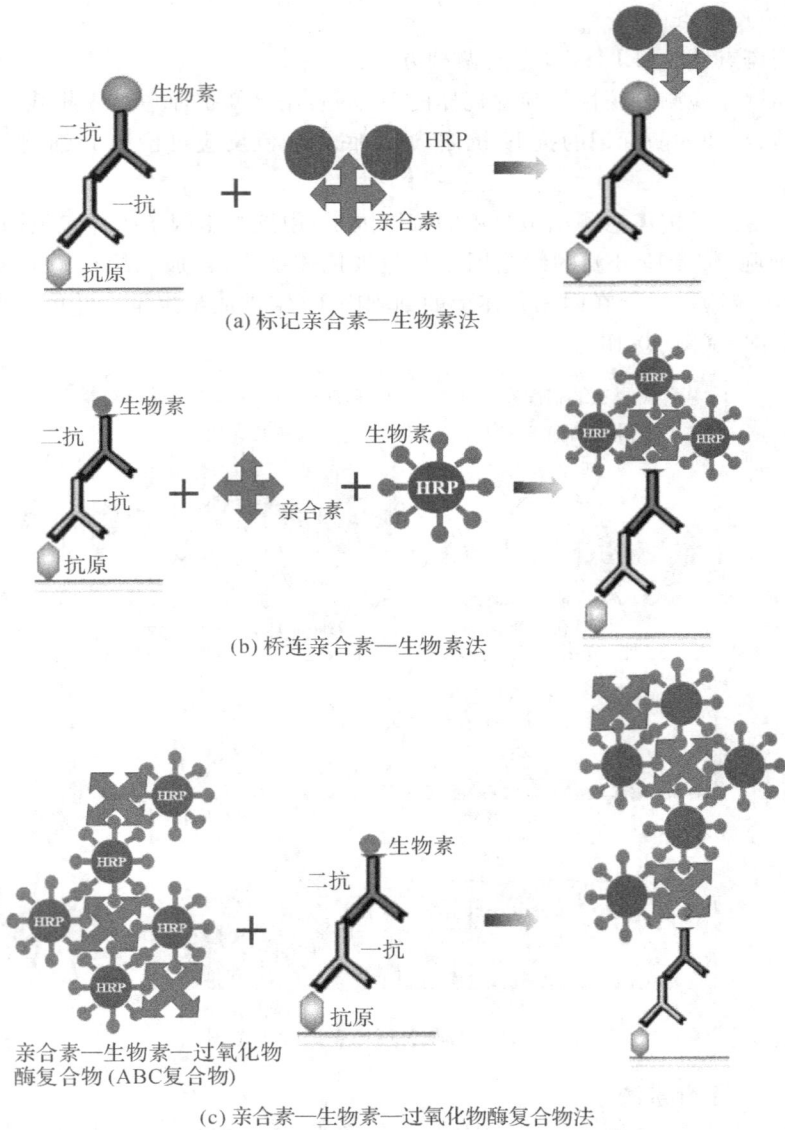

图 10-19　生物素－亲合素法示意图

效果。

③亲合素－生物素－过氧化物酶复合物法(avidin-biotin-peroxidase complex method，ABC 法)：此法是前两种方法的改进，即先按一定比例将亲合素与酶标生物素结合在一起，形成亲合素－生物素－过氧化物酶复合物(ABC 复合物)，标本中的抗原先后与一抗、生物素化二抗、ABC 复合物结合，最终形成晶格样结构的复合体，其中聚合了大量酶分子，从而大大提高了检测抗原的灵敏度。

2. 免疫组化技术

免疫组化技术(immunohitochemistry techenique)是应用免疫学基本原理——抗原抗体反应，即抗原与抗体特异性结合的原理，通过化学反应使标记抗体的显色剂(荧光素、酶、金属离子、同位素）显色来确定组织细胞内抗原（多肽和蛋白质），对其进行定位、定性及定量的研究，称为免疫组织化学技术（immunohistochemistry）或免疫细胞化学技术（immuno-cytochemistry）。

众所周知，抗体与抗原之间的结合具有高度的特异性。免疫组化正是利用这一特性，即先将组织或细胞中的某些化学物质提取出来，以其作为抗原或半抗原去免疫小鼠等实验动物制备特异性抗体，再用这种抗体（第一抗体）作为抗原去免疫动物制备第二抗体，并用某种酶（常用辣根过氧化物酶）或生物素等处理后再与前述抗原成分结合，将抗原放大，由于抗体与抗原结合后形成的免疫复合物是无色的，因此，还必须借助于组织化学方法将抗原抗体反应部位显示出来（常用显色剂 DAB 显示为棕黄色颗粒）。通过抗原抗体反应及呈色反应，显示细胞或组织中的化学成分，在显微镜下可清晰看见细胞内发生的抗原抗体反应产物，从而能够在细胞或组织原位确定某些化学成分的分布、含量。组织或细胞中凡是能作为抗原或半抗原的物质，如蛋白质、多肽、氨基酸、多糖、磷脂、受体、酶、激素、核酸及病原体等都可用相应的特异性抗体进行检测。

免疫组织化学技术按照标记物的种类可分为免疫荧光法、免疫酶法、免疫铁蛋白法、免疫金法及放射免疫自影法等（图 10-20）。

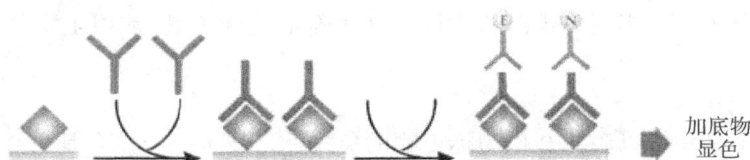

图 10-20　双标记免疫组化染色技术示意图

（三）放射免疫测定

放射免疫测定（radioimmunoassay，RIA）是将放射性同位素分析的高度灵敏性与抗原-抗体反应的高度特异性有效结合而建立的一种检测技术。

同位素：^{131}I、^{125}I、^{3}H、^{14}C、^{32}P 等。

特点：灵敏度高，能测出 ng/ml（ug/L），甚至 pg/ml（ng/L）水平的微量物质，试验快速、准确，可规格化，重复性好。

缺点：放射性同位素有一定的危害性，且易污染环境，因此其应用受到一定限制。

方法：（1）液相放射免疫测定、（2）固相放射免疫测定。

（四）化学发光免疫分析

将发光物质（如吖啶酯、鲁米诺等）标记抗原或抗体，发光物质在反应剂（如过氧化阴离子）激发下生成激发态中间体，当回复至稳定的基态时发射光子，通过自动发光分析仪测定光子产量，可反映待检样品中抗体或抗原含量（图 10-21）。

（五）免疫印迹法

免疫印迹法（immunoblot）又称 Western 印迹法，其结合凝胶电泳与固相免疫技术，将借助电泳所区分的蛋白质转移至固相载体，再应用酶免疫、放射免疫等技术进行检测。本方法包括 5 个步骤：

（1）固定：蛋白质进行聚丙烯酰胺凝胶电泳（P 抗原 E）并从胶上转移到硝酸纤维素膜上。

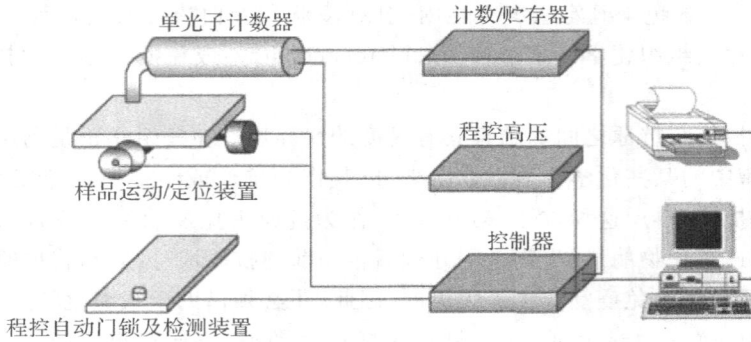

图 10-21　化学发光免疫分析

（2）封闭：保持膜上没有特殊抗体结合的场所，使场所处于饱和状态，用以保护特异性抗体结合到膜上，并与蛋白质反应。

（3）初级抗体（第一抗体）是特异性的。

（4）第二抗体或配体试剂对于初级抗体是特异性结合并作为指示物。

（5）适当保温后的酶标记蛋白质区带，产生可见的、不溶解状态的颜色反应。

该法能对分子大小不同的蛋白质进行分离并确定其分子量，常用于检测多种病毒抗体或抗原。

（六）免疫金技术

免疫金技术是一种以胶体金作为标记物的免疫标记技术。胶体金是由金盐被还原成原金后形成的金颗粒悬液，颗粒大小多在 1～100nm。

胶体金的光散射性与溶胶颗粒的大小密切相关，一旦颗粒大小发生变化，光散射也随之发生变异，产生肉眼可见的显著的颜色变化。小：2～5nm，橙黄色。中：10～20nm，酒红色。大：30～80nm，紫红色。

（七）免疫比浊

免疫比浊（immunonephelometry）是在一定量抗体中分别加入递增量的抗原，经一定时间形成免疫复合物，液体混浊。用浊度计测量反应体系的浊度，可绘制标准曲线并依据浊度推算样品中抗原含量。

第三节　检测淋巴细胞及其功能的体外试验

一、免疫细胞及其亚类分离、鉴定和检测

（一）外周血单个核细胞的分离

体外检测淋巴细胞，首先需制备外周血单个核细胞（PBMC），常用的方法是葡聚糖-泛影葡胺（又称淋巴细胞分离液）密度梯度离心法。红细胞和多形核白细胞的比重（约 1.092）大于单个核细胞（约 1.075），将抗凝血叠加于比重为 1.077 的分离液液面上，可通过低速离心将不同比重的细胞分层：红细胞沉于管底；多形核白细胞密集布于红细胞层与分离液之间；血小板悬浮于血浆中；单个核细胞则密集于血浆层与分离液界面。该法分离淋巴细胞的纯度可达 95%。若需进一步纯化淋巴细胞，可将单个核细胞铺于培养皿上，由于单核细胞

易与玻璃黏附而滞留于平皿表面，未吸附的细胞即主要是淋巴细胞（图10-22）。

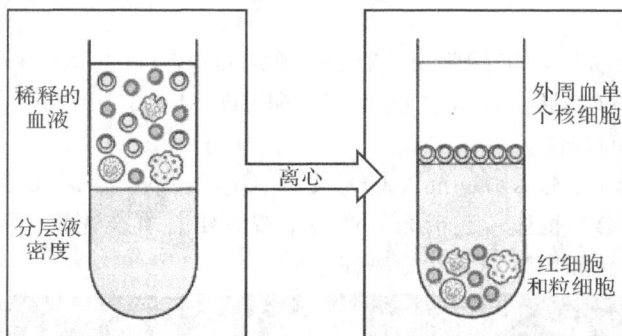

图10-22 密度梯度离心法分离单核细胞

（二）淋巴细胞亚群的分离

淋巴细胞为不均一的群体，可借助其表面标志及功能差异而分为不同的群和亚群。

1.尼龙棉分离法

将淋巴细胞悬液通过尼龙棉柱，B细胞易与尼龙棉黏附而滞留于柱上，T细胞则不黏附，借此可分离T细胞与B细胞。

2.E花结分离法

人成熟T细胞表面具有绵羊红细胞（SRBC）受体，能结合SRBC而形成花结（E花结试验），经密度梯度离心，花结形成细胞因比重增大而沉于管底，与其他细胞分离；用低渗法裂解花结中的SRBC，即获得纯化的T细胞（图10-23）。

3.洗淘法

将已知抗特定细胞表面标志的抗体包被聚苯乙烯培养板，加入淋巴细胞悬液，表达相应表面标志的细胞即结合于培养板表面，与悬液中的其他细胞分离。

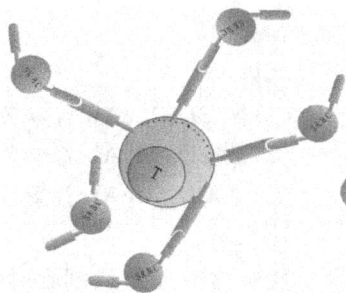

图10-23 E花结分离法

4.流式细胞术（flow cytometry，FCM）

借助荧光活化细胞分类仪（fluorescence-activated cell sorter，FACS）对细胞快速鉴定和分类，并进行多参数定量测定和综合分析的技术。样品与经多种荧光素标记的抗体反应，因荧光素发射光谱的波长不同，信号能同时被接收，故能同时分析细胞表面多个膜分子表达及其水平。该法可检测各类免疫细胞、细胞亚类及其比率。此外，借助光电效应，微滴通过电场时出现不同偏向，可分类收集所需细胞。

5.磁分离技术

将特异性抗体与磁性微粒交联，称为免疫磁珠（immune m抗原 netic bead，IMB）。IMB可与表达相应膜抗原的细胞结合，应用强磁场分离IMB及其所吸附的细胞，从而对特定的细胞进行分选，此为直接分离法；亦可用二抗包被磁性微珠，与任何已结合鼠源性一抗的细胞进行反应，从而分离细胞，此为间接分离法。

（三）T细胞及其亚群的鉴定和检测

1.E玫瑰花环形成试验

本试验可用于人T细胞的鉴定和检测。绵羊红细胞和人外周血淋巴细胞在4℃孕育1

～2 小时,检测花环样细胞集团数量。正常人外周血中 E 玫瑰花环形成细胞占淋巴细胞总数的 60%～80%。

2. T 细胞单克隆抗体对 T 细胞及其亚群的鉴定和检测

所用的抗体主要有:CD_3 McAb、CD_4 McAb 和 CD_8 McAb。

方法:免疫荧光间接法。

外周血淋巴细胞,分别用小鼠抗人 CD_3、CD_4、CD_8 McAb(第一抗体)加荧光素标记的兔抗小鼠 IgG 抗体(第二抗体),在荧光显微镜下观察结合有荧光素标记抗体的细胞,亦可应用 FCM 自动计数荧光阳性细胞百分率(图 10-24)。

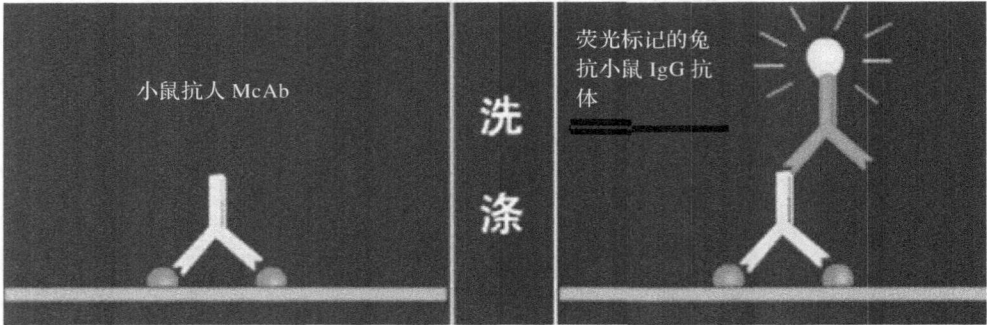

图 10-24　免疫荧光间接法鉴定 T 细胞

结果:

(1)被 CD_3 McAb 着染荧光的细胞是总 T 细胞,包括:Th、Th1、Th2、Tc、Ts 细胞。

(2)被 CD_4 McAb 着染荧光的细胞是 Th、Th1、Th2 细胞。

(3)被 CD_8 McAb 着染荧光的细胞是 Tc、Ts 细胞。

计数:

100～200 个淋巴细胞,计算出染阳性细胞百分率:

CD_3^+ T 细胞占 65%～80%。CD_4^+ T 细胞占 50%～60%。CD_8^+ T 细胞占 20%～30%。CD_4^+ T 细胞与 CD8T 细胞比值约为 2:1。

(四)B 细胞鉴定和检测

mIgM/D 是 B 细胞表面特有的标志,通过对该种标志的检测,可对 B 细胞进行鉴定和检测。

方法:免疫荧光直接法。

荧光素标记的兔抗人 IgM/D 抗体加外周血淋巴细胞,直接免疫荧光染色、观察(图 10-25)。着染荧光的细胞为 B 细胞,占淋巴细胞总数的 8%～12%。

二、淋巴细胞功能测定

(一)T 细胞功能检测

1. 淋巴细胞转化试验

原理:T 细胞在特异性抗原或有丝分裂原的作用下转变为淋巴母细胞(体积更大、代谢

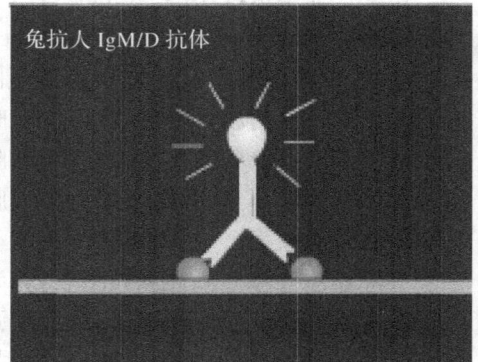

图 10-25　免疫荧光直接法检测 B 细胞

旺盛),根据其转化程度和转化率,测定机体细胞免疫功能状态。

刺激物分为两类:

(1)非特异性刺激物:如各种丝裂原(PHA、Con A、LPS 等),抗 CD_2、CD_3 等细胞表面标志的抗体以及某些细胞因子等;正常人 T 细胞转化率约为 70%。

(2)特异性刺激物:主要是特异性可溶性抗原、细胞表面抗原、结核菌素(OT 或 PPD)。正常人 T 细胞转化率为 5%～30%。

不同刺激物可刺激不同淋巴细胞分化增殖,从而反映不同淋巴细胞亚群的功能状态。

测定方法:可采用放射性核素掺入法、比色法、荧光素标记法和形态学等方法。

(1)3H-TdR 掺入法

在 T 细胞增殖过程中,胞内 DNA、RNA 合成增加,应用氚标记的胸腺嘧啶核苷(3H-TdR)可掺入细胞新合成的 DNA 中,所掺入放射性核素的量与细胞增殖水平成正比。借助液本闪烁仪测定样品的放射活性,可反映细胞的增殖状况。该法灵敏可靠,应用广泛,但需特殊仪器,易发生放射性污染。

(2)MTT 法

MTT 是一种噻唑盐,化学名 3-(4,5-二甲基-2-噻唑)-2,5-二苯基溴化四唑,其掺入细胞后可作为胞内线粒体琥珀酸脱氢酶的底物,形成褐色甲臜颗粒并沉积于胞内或细胞周围,甲臜生成量与细胞增殖水平成正相关。甲臜可被盐酸异丙醇或二甲基亚砜完全溶解,借助酶标测定仪检测细胞培养物 OD 值,可反映细胞增殖水平。该法灵敏度不及 3H-TdR 掺入法,但操作简便,且无放射性污染。

(3)形态学计数法

淋巴细胞受丝裂原刺激后,转化为淋巴母细胞,其形态和结构发生明显改变,通过染色镜检,可计算出淋巴细胞转化率。

2.淋巴细胞参与的细胞毒性试验(LMC-T)

CTL、NK 细胞可直接杀伤不同靶细胞(如肿瘤细胞、移植供体细胞等)。通过检测杀伤活性可用于肿瘤免疫、移植排斥反应、病毒感染等方面研究。

(1)^{51}Cr 释放法

用 $Na_2^{51}CrO_4$ 标记靶细胞,被效应细胞杀伤的靶细胞释放 ^{51}Cr,应用 γ 计数仪测定所释出的 ^{51}Cr 放射活性,可反映效应细胞的杀伤活性(图 10-26)。

(2)乳酸脱氢酶(LDH)释放法

效应细胞-靶细胞进行反应并离心,借助比色法测定靶细胞膜受损后从胞内所释放出的乳酸脱氢酶活性,其水平反映效应细胞的杀伤活性。

(3)细胞凋亡检查法

效应细胞介导靶细胞凋亡时,内源性核酸水解酶将靶细胞 DNA 在核小体单位之间被切断,产生 180～200bp(核小体单位长度)及其倍数的寡核苷酸片段,在琼脂糖电泳中呈现阶梯状 DNA 区带图谱,借此可反映细胞凋亡。

如需测定凋亡细胞数目及细胞类型,可在细胞培养物中加入末端脱氧核苷酸转移酶(terminal deoxyribonucleotidyl transferase,TdT)和生物素标记的核苷酸,TdT 能在游离的 DNA 3'端缺口连接标记的核苷酸,利用亲合素-生物素-酶放大系统,在 DNA 断裂处显色,从而指示凋亡细胞。该法所用标记核苷酸多为 dUTP,故称 TUNEL 法(TdT dependent

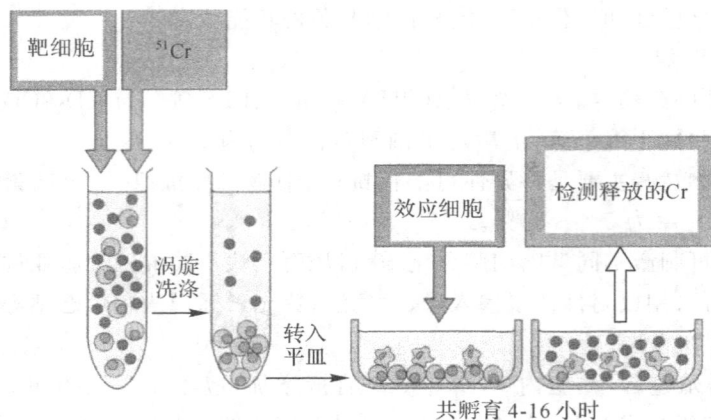

图 10-26 Cr 释放法细胞毒试验

dUTP-biotin nick end labelling)。

3. 分泌功能测定

检测免疫细胞所分泌细胞因子和抗体水平,可反映机体免疫功能状态。

(1)细胞因子分泌细胞的测定

细胞因子分泌细胞的测定常采用反向溶血空斑试验(RHPA)和酶联免疫斑点试验(ELISPOT)。RHPA 检测原理是:将分泌细胞因子的待测细胞置于经 SPA 包被的单层SRBC 中,抗细胞因子抗体被 SPA 固定在 SRBC 表面,并与待测细胞所分泌细胞因子结合。在补体存在时,细胞因子及其抗体形成的复合物可激活补体,溶解附近的红细胞形成溶血空斑。空斑大小与细胞分泌细胞因子的量成正比。

(2)抗体形成细胞测定

抗体形成细胞测定常用溶血空斑试验和定量溶血分光光度测定法。

溶血空斑试验即测定针对 SRBC 表面已知抗原的抗体形成细胞数目。其原理是:抗体形成细胞分泌的 Ig 与 SRBC 表面抗原结合,在补体参与下出现溶血反应。每一空斑中央含一个抗体形成细胞,空斑数目即为抗体形成细胞数(图 10-27)。亦可采用 RHPA 和 ELIS-POT 法检测抗体分泌细胞。

定量溶血分光光度测定法原理:根据溶血空斑试验原理衍化而来。将绵羊红细胞免疫小鼠后获得的脾细胞(含抗体形成细胞)与绵羊红细胞(SRBC)及豚鼠新鲜血清(补体)按一定比例混合,37℃水浴 1 小时后,SRBC 溶解,释放血红蛋白,离心后上清液中的血红蛋白可用分光光度计定量测定。所获上清液吸光值与抗体形成细胞(浆细胞)分泌的抗体量成正比。

(1)直接溶血空斑试验法:检测分泌 IgM 的抗体形成细胞(图 10-28)。

(2)间接溶血空斑试验法:检测分泌 IgG 或其他类别 Ig 的抗体形成细胞。

方法:前两步与直接法相同,第三步需加入抗 IgG 或其他抗抗体,再加豚鼠新鲜补体进行观察(图 10-29)。

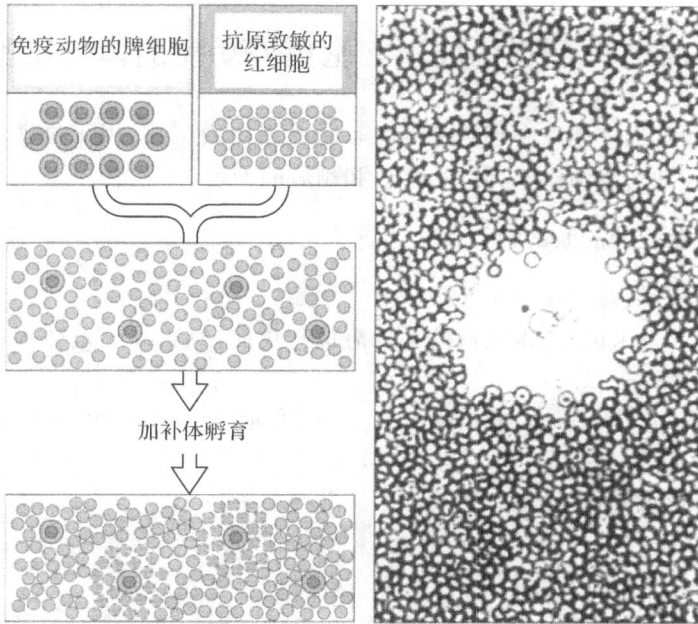

图 10-27　溶血空斑试验

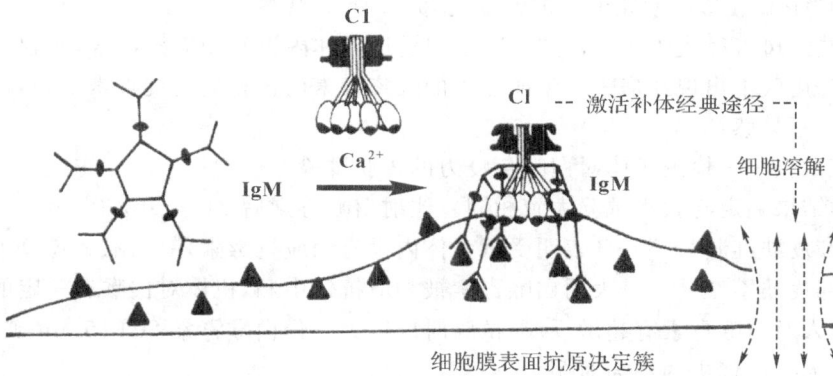

图 10-28　直接溶血空斑试验作用机制示意图

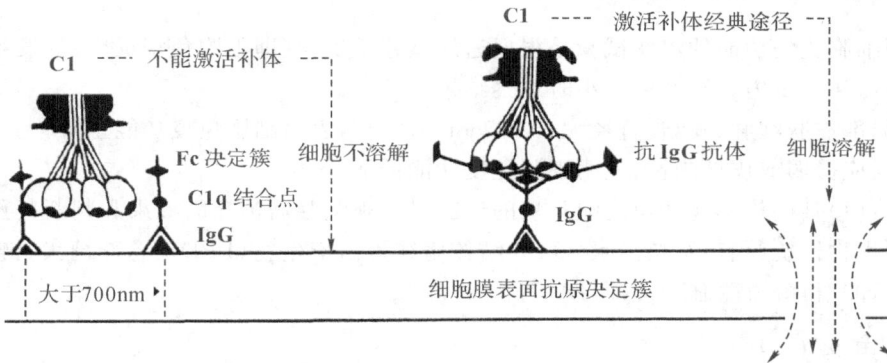

图 10-29　间接溶血空斑试验作用机制示意图

第四节　检测体液和细胞免疫功能的体内试验

皮肤试验是测定机体体液和细胞免疫状态的一种体内试验,用于过敏性疾病、传染病、免疫缺陷性疾病和肿瘤等的诊断、防治、疗效和预后的判定。

一、检测体液免疫的皮肤试验

（一）速发型超敏反应皮肤试验

注射青霉素、普鲁卡因、抗毒素血清等均需进行皮肤试验,以判定体内特异性 IgE 产生情况和机体的致敏状态。

方法:青霉素 100U/mL,抗毒素血清 1:1000,取 0.1mL 皮内注射,20 分钟内观察结果。

结果:皮肤红晕水肿,直径大于 1cm,为"＋"。

（二）毒素皮肤试验

1.狄克试验（又称红疹毒素皮肤试验）

红疹毒素是 A 族链球菌产生的一种外毒素,是引起猩红热皮疹的主要物质。

试验目的:测定机体对猩红热是否易感,检测体内是否具有红疹毒素抗体。

方法:0.1mL 红疹毒素注射于前臂皮内,6～24h 后观察。

（1）皮肤红斑直径大于 1cm,是"＋",表明受试者体内没有相应抗毒素,对猩红热易感。

（2）局部皮肤不出现红疹——说明注入的红疹毒素已被相应的抗毒素中和,机体对猩红热有抵抗力,不易感。

2.锡克试验——检测机体对白喉免疫力的皮肤试验

方法和结果判定与狄克试验大致相同。注射白喉毒素后 24～48h。

（1）局部皮肤红肿"＋"——表明受试者体内没有相应抗毒素,对白喉无免疫力。

（2）局部皮肤不红肿——表明白喉毒素被相应抗体中和,机体对白喉有一定的免疫力。

鉴于有人对白喉毒素有超敏反应,试验时应取另一份白喉毒素 80℃ 5min 破坏毒性,注射于受试者另一前臂皮内作为对照。

二、检测细胞免疫功能的皮肤试验

检测细胞免疫功能的皮肤试验是根据迟发型超敏反应（即细胞免疫反应）的发生机制建立的。抗原注入皮内,经 48～72 小时观察结果。

（1）局部皮肤红肿、硬结、直径大于 0.5cm,为"＋",表明细胞免疫功能正常。

（2）反应微弱或皮试阴性,表明细胞免疫功能低下。

用途:（1）某些传染病和免疫缺陷病的诊断,（2）观测肿瘤治疗的效果和判断其预后。

常用生物性抗原有:结核菌素（OT）、结核菌纯蛋白衍生物（PPD）、念珠菌素、链激酶-链道酶（SK-SD）和植物性血凝素（PHA）等。

【理解与思考】

1. 从血清学试验的一般规律看抗原、抗体检测的实质是什么？你能科普性地描述检测方法吗？

2. 体内检测试验的实质是什么？医学上还有哪些体内试验？

3. 请将免疫检测与前面几章内容联系起来，如果要检测诸如抗原、抗体、MHC、补体、细胞因子等，该如何检测？为什么？

【课外拓展】

1. 其他免疫检测方法还有哪些？

2. 如何检测细胞因子的种类及其活性？

【课程实验与研究】

1. 设计一个用免疫方法检测某种细菌的实验。

2. 设计一种鉴别不同淋巴细胞的实验方法。

3. 临床上是如何检测肿瘤抗原的？请设计几种不同的方法检测甲胎蛋白，并请比较其敏感性。

4.《Science》最近报道称发现一类新 T 细胞。请设计一种方案，鉴别出它不是已经发现的免疫细胞中的一种。

5.《PNAS》报道称"发现保护动物抵抗禽流感新蛋白"，请就它的结构、分子量、生物学活性提出检测方案。

6. 法国马赛 Mediterranean Aix-Marseille 大学的病毒学家 Xavier de Lamballerie 在 2009 年年末表示：开展血清抗体测试研究，揭示甲型 H1N1 流感真实感染数据。请你为研究设计一个方案。

【课程研讨】

1. 如果要确诊某种病原微生物或是否得了某种传染病，请设计多种检测方法。并请比较你们小组所设计不同方法的优劣。

2. 要检测食品中是否有三聚氰胺，能用免疫检测的方法吗？如可行，请设计检测方法；如不行，说明理由。

3. 免疫学检测除了用于医学、生物学，你认为还能用在哪些领域？说明机理。

4. 请就免疫检测的最新进展写一篇综述。

【课后思考】

1. 凝集试验、免疫标记技术、酶联免疫吸附试验（ELISA）的概念。

2. 试述抗原或抗体检测的应用。

【课外阅读】

严重急性呼吸道综合征的实验室检查

SARS 的诊断主要依据起病急、高热、咳嗽及 X 线胸片显示肺部浸润性改变等临床表现，结合流行病学史以及必要的实验室检查。目前，较为特异的实验室诊断技术有以下几种：

1. 分子学检测

许多病毒感染性疾病早期病毒分泌最多，但是在 SARS 的发病初期，SARS-CoV 含量非常少，需要用非常敏感的手段才能检测到低水平的病毒核酸，主要用反转录-聚合酶链反应(reverse transcrip-tion polymerase chain reaction，RT-PCR)或实时聚合酶链反应(real-time PCR)检测可疑和发病患者的呼吸道分泌物、血液、尿液或粪便等人体标本中的病毒。鼻咽部分泌物为最适用标本，多部位标本联合检测可提高阳性率。Real-time PCR 灵敏度极高，可以检测到单个拷贝的病毒基因。但是由于受引物特异性、检测样本采集时间、种类及其处理方法、病毒核酸在样本中的含量以及样本中的酶抑制物等因素的影响，仍有假阴性结果出现。因此，PCR 检测结果阴性，并不能确定该患者没有感染 SARS-CoV。

2. 血清学检测

已建立的检测病人血清抗体的方法有免疫荧光(immunofluorescence assay，IFA)和酶联免疫吸附试验(enzyme linked immunoabsorbent assay，ELISA)。血清抗体的研究表明，SARS 患者发病后，最早的 IgM 抗体要在 7 天左右出现，10 天时达到高峰，15 天左右下降；抗体 IgG 10 天后产生，20 天左右达到高峰。IFA 检测可以检测出 SARS-CoV 感染10 天后患者血清中产生的 IgM。ELISA 法要在 SARS 患者出现临床症状 21 天左右才可检测到稳定的 IgG。SARS 感染血清学诊断双份血清标本最可靠，故应尽可能采取进展期的标本。IFA 检测时应将双份血清标本置于同一张玻片，ELISA 检测时应将双份血清标本置于同一块酶免疫反应板内，这样检测的滴度才有可比性。通过这两种不同的血清抗体快速诊断试剂检测，可以鉴别患者是新感染还是曾经有过冠状病毒感染，病人是否产生相应的抗体。但是一般患者在患病初期，血液里虽有病毒，但抗体可能还没有形成，检测结果呈阴性；有时 SARS 病毒处于潜伏期，尚未出现症状或症状不典型，此时检测结果也是阴性。所以，这两种方法不适合早期诊断。

3. 病毒检测

病毒的分离鉴定是确立病原学诊断的"金标准"。同其他冠状病毒不同，SARS-CoV 很容易在体外 33～37℃ 培养。利用 VERO E6 或 VERO 细胞(从成年长尾猿属的非洲绿猴肾中提取的一种细胞系)来培养或扩增 SARS 患者的呼吸道分泌物、尿液粪便和血液样品，分离得到的病毒可以进一步验证是否 SARS-CoV。细胞感染 24 小时即可出现病变。培养细胞进行电镜观察可以确定冠状病毒，但不能肯定是 SARS-CoV，最后诊断仍需要通过 SARS-CoVRNA 的 PCR 检测或全基因组测序。因此，病毒分离不能快速检测，而且细胞培养阴性也不能排除 SARS。因为 SARS-CoV 为高度传染性，只允许在生物安全水平 3 级或以上的实验室进行，加上体外细胞培养分离十分复杂和繁琐，所以病毒检测对一般的临床实验室来说并不是一种常规的检测方法。

中国体外诊断行业概况

体外诊断产业，就是指在人体之外通过对人体的血液等组织及分泌物进行检测获取临床诊断信息的产品和服务，在国际上统称 IVD(In-Vitro Diagnostics)产业。IVD 产业与检验医学构成了既相互区别又相互紧密联系的有机整体，体外诊断产业是检验医学的"工具"和"兵器"，同时检验医学是体外诊断产业的"用户"和"市场"，两者的共同目的是实施体外诊断。有专家指出,临床诊断信息的 80% 左右来自体外诊断,而其费用占医疗费用不到 20%。体外诊断已经成为人类疾病预防、诊断、治疗日益重要的组成部分,是保障人类健康与构建和谐社会日益重要的组成部分。

我国体外诊断产业的发展开始于 20 世纪 80 年代,经历 20 多年的发展,从无到有,从弱到强,现正处于快速增长阶段。从市场角度看,我国是人均消费最低的国家之一,中国以世界 1/5 的人口,占据全世界 IVD 产业 2% 左右的市场份额,2007 年全国市场规模在 100 亿元人民币左右。但是,中国同时是市场增长速度最快的国家,年均增长率在 15%~20%。我国 IVD 用户主要包括 1800 多家医院、300 多家血站,还有日新月异的体检中心,正在兴起的临床检验独立实验室。如果我国城镇居民的医疗水平接近美国全国居民的医疗水平,则我国 IVD 产业的市场规模将扩大 20 倍。从制造商或供应商角度看,在我国主要有三类制造商:一类是世界著名的跨国公司,包括 IVD 产业世界十强,如 GE(美国通用)、西门子、罗氏、强生、倍克曼、德林等公司;一类是民族企业中的知名企业,如在香港上市的中生北控生物科技股份有限公司,在国内上市的上海科化、广州达安,在纽约证券所上市的深圳迈瑞等;一类是新兴或中小型的其他民族企业,由于恶性竞争的存在,行业总体赢利水平目前降至 10%~20%,企业数量每天都在变化,但总数在 1000 家左右。从产品上看,目前在临床应用比较广泛、市场广阔的项目上(如免疫试剂中的肝炎、性病和孕检系列,临床生化中的酶类、脂类、肝功、血糖、尿检等系列),国内主要生产厂家的技术水平已基本达到国际同期水平;基因检测中的 PCR 技术系列已经基本达到国际先进水平,基因芯片、癌症系列正在开始迅速追赶国际水平。从市场环境角度看,法规从无到有,正在借鉴发达国家的成功经验和结合本国国情的原则指导下完善,而用户方面普遍对价格敏感,消费能力不同地区发展不平衡,城乡差别明显。

在 2008 年新医改政策及国家 4 万亿放量刺激内需的环境变化下,体外诊断行业面临前所未有的巨大机遇。不仅国内的体外诊断试剂和仪器生产企业,外国资本亦表现出了浓厚兴趣。典型例子是,2008 年 11 月初北京科美东雅生物技术有限公司完成了第二轮高达 1650 万美元的私募融资,这为其拓展以化学发光(CLIA)体外诊断产品为核心的市场营销网络,进一步确立其 IVD 品牌实力提供了强大的资金实力。

第十一章　　免疫防治

【知识体系】

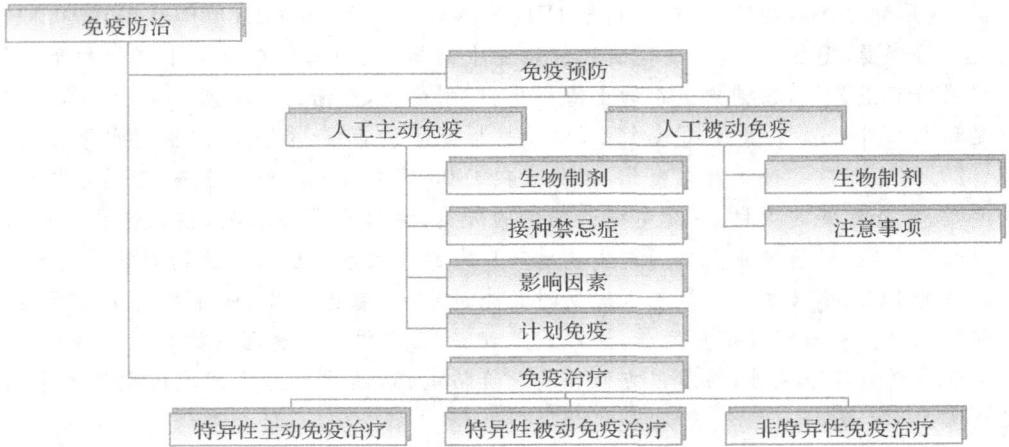

【课前思考】

1. 注射"乙肝疫苗、卡介苗、百白破三联疫苗"的目的是什么？机制？属于何种免疫？
2. 注射"丙球、胎盘球蛋白、抗毒素、IL-2、IFN"的目的是什么？机制？属于何种免疫？
3. 注射疫苗和注射丙球等制剂获得免疫力的方式各有什么特点？
4. 请你举一个实例说明何时使用疫苗、何时使用丙球等制剂，并阐述理由及注意事项。

【本章重点】

1. 人工主动免疫、人工被动免疫的特点、机理、影响因素；
2. 特异性被动免疫治疗特点。

【教学目标】

1. 熟悉免疫预防的种类；
2. 人工主动免疫、人工被动免疫的特点、机理、影响因素。

应用免疫制剂、免疫调节剂来建立、增强或抑制机体的免疫应答,调节免疫功能,达到预防和治疗疾病的目的称为免疫学防治。

第一节 免疫预防

免疫预防(immunoprophylaxis)是根据特异性免疫应答的原理,采用人工方法将抗原(疫苗、类毒素等)或抗体(免疫血清、丙种球蛋白等)制成各种制剂,接种于人体,使其产生特异性免疫力,达到预防某些疾病的目的。

一、人工主动免疫

人工主动免疫是通过接种疫苗使机体产生特异性免疫力(如对某种病原体的免疫力)的方法。用于人工主动免疫的、含有具有抗原性物质的生物制品被称为疫苗。

（一）人工主动免疫的疫苗

1.灭活疫苗

灭活疫苗又称死疫苗,是用经理化方法灭活的病原体制成的疫苗。伤寒、百日咳、霍乱、钩端螺旋体病、流感、狂犬病、乙型脑炎的病原体均已被制成了灭活疫苗。灭活疫苗进入人体后不能生长繁殖,对机体刺激时间短,要获得持久免疫力需多次重复接种。

2.减毒素疫苗

减毒活疫苗来源于“野生”的细菌和病毒,这些细菌或病毒的致病力通常在实验室通过传代培养而被削弱。活疫苗的免疫效果良好、持久,有减毒活疫苗恢复毒力,在接种后引发相应疾病的报道。免疫缺陷者和孕妇一般不宜接受活疫苗接种。目前应用的减毒活疫苗包括卡介苗、口服脊髓灰质炎疫苗、麻疹疫苗、风疹疫苗、腮腺炎疫苗、乙脑活疫苗、水痘疫苗等。

3.类毒素

细胞外毒素经甲醛处理后失去毒性,仍保留免疫原性,为类毒素。其中加适量磷酸铝和氢氧化铝即成吸附精制类毒素,其特点是:体内吸收慢,能长时间刺激机体,产生更高滴度抗体,增强免疫效果。接种类毒素可诱生机体产生相应外毒素的抗体,这种抗体被称为抗毒素,可中和外毒素的毒性。常用制剂的有破伤风类毒素和白喉类毒素等。

4.新型疫苗

（1）亚单位疫苗

亚单位疫苗是采用病原体能引起保护性免疫应答的成分制成的疫苗。例如,采用从乙型肝炎患者血浆中提取的乙型肝炎病毒表面抗原制成的乙型肝炎疫苗;采用从细菌提取的多糖成分制备的脑膜炎球菌、肺炎球菌、B型流感杆菌的多糖疫苗。

（2）基因工程疫苗

基因工程疫苗是采用重组 DNA 技术和细菌发酵或细胞培养技术生产的蛋白多肽类疫苗。如将乙型肝炎病毒表面抗原基因克隆入表达载体,再将此表达载体转入细菌或真核细胞,然后培养的细菌或细胞生产乙型肝炎病毒表面抗原,这种乙型肝炎病毒表面抗原就是一种基因工程疫苗。

（3）合成肽苗

用有效免疫原的氨基酸序列设计合成疫苗。合成肽分子小,免疫原性弱,常与脂质体交联诱导免疫应答。

(4)DNA 苗

DNA 苗是携带能引起保护性免疫反应的抗原基因的真核细胞表达质粒。这种质粒在直接接种机体后,抗原基因表达出相应的蛋白多肽,刺激机体的免疫系统发生免疫应答。该疫苗免疫效果好,持续时间长。

(5)转基因植物苗

将编码有效免疫原基因导入食用植物细胞基因中,免疫原在植物可食部位稳定表达,人类摄食达到接种目的。常用植物有番茄、马铃薯、香蕉。

理想疫苗应具备的条件:1)抗原高度纯化,无毒副作用;2)免疫力持久;3)免疫方法简单;4)可与其他抗原混合使用;5)价格便宜。

(二)接种禁忌症

1.既往诊断有明确过敏史儿童,一般不予接种

2.免疫缺陷者,应视为"绝对禁忌症"

3.正在发热者,应暂缓接种(除一般的呼吸道感染外,发热可能是某种疾病的先兆)

4.患有严重疾病者(急性传染病、重症慢性疾患、神经系统疾患和精神病)可暂缓接种,待痊愈后补种

5.各种疫苗还有不同禁忌症,应以说明书为准

(三)影响免疫效果的因素

1.疫苗使用方面

(1)免疫起始月龄提前,母传抗体干扰和个体免疫系统发育不成熟。

(2)接种剂量不足达不到有效免疫应答,超量则加重反应,甚至免疫麻痹或免疫抑制。

(3)次数:针次不足,影响免疫效果;针次过多,不必要的浪费,且增加反应。针次间隔过短或过长都可影响免疫效果。

(4)操作中忽略疫苗本身特性,如酒精未干接种麻疹或出针时用酒精棉球压针眼处,脊灰疫苗用热水送服等。

(5)疫苗贮运未按冷藏要求,使效价降低。

2.疫苗本身

(1)疫苗性质,活苗与灭活疫苗不同。

(2)疫苗菌毒种的抗原型,疫苗型别与流行的病原型别是否相符,有无交叉免疫。

(3)疫苗效价和纯度,所含有效抗原成分高,非抗原成分少。

(4)含有佐剂的疫苗效果优于不含佐剂的疫苗。

3.机体方面

(1)免疫功能不全或低下,或营养不良;

(2)患某些传染病后;

(3)或使用免疫抑制剂、免疫球蛋白被动免疫制剂等都会影响免疫效果。

(四)计划免疫

根据特定传染病疫情和人群免疫状况,有计划对儿童进行疫苗接种,以预防、控制、消灭传染病。我国目前的国家计划免疫是 5 苗防 7 病,即卡介苗、脊灰疫苗、百白破三联疫苗、麻

疹疫苗和乙肝疫苗,主要预防结核病、脊髓灰质炎、百日咳、白喉、破伤风、麻疹和乙型肝炎(表 11-1、11-2)。

表 11-1 国家免疫规划疫苗的免疫程序

疫苗	年(月)龄									
	出生时	1个月	2个月	3个月	4个月	5个月	6个月	8个月	18—24个月	4岁
乙肝疫苗	第1剂	第2剂					第3剂			
卡介苗	第1剂									
脊灰疫苗			第1剂	第2剂	第3剂					第4剂
百白破疫苗				第1剂	第2剂	第3剂			第4剂	
麻疹疫苗								第1剂	第2剂	

表 11-2 二类疫苗免疫程序

疫苗名称	接种对象	免疫程序	预防疾病
甲肝疫苗	适用于1岁以上所有甲肝易感者	按"0、6"程序进行,即在注射第一针后六个月后加强免疫一针	甲型肝炎
乙肝疫苗	适用于所有乙肝易感者、尤其是儿童、青少年和乙肝病人、乙肝病毒携带者的密切接触者	按"0、1、6"程序进行,即在注射第一针后的1个月和6个月注射第二针和第三针	乙型肝炎
乙肝免疫球蛋白	(1)意外接触 HBV 感染者的血液和体液后预防 (2)新生儿,特别是乙肝病人或乙肝病毒携带者(HBsAg 和 HBeAg 阳性)母亲所生的婴儿	(1)意外暴露预防:立即注射 HBIG200～400IU,同时按"0,1,6"接种乙肝疫苗 (2)母婴阻断。患乙肝、HBsAg 和 HBeAg 阳性母亲所生的婴儿出生12小时内注射100～200IU,同时按"0,1,6"接种乙肝疫苗	乙型肝炎
风疹疫苗	青春期少女、育龄期妇女及12个月到14岁人群	对满8—18个月龄儿童初免、6岁加强;青春期少女、育龄期妇女注射一针	风疹 先天性风疹综合征
麻风腮疫苗/麻腮/麻风	青春期少女、育龄期妇女及12个月到15岁人群	对满8—18个月龄儿童初免、6岁加强;青春期少女、育龄期妇女注射一针	麻疹 风疹 腮腺炎
A＋C 群流脑多糖体疫苗	2岁以上所有易感人群	对满6个月到18个月龄儿童初免两针 A 群流脑疫苗;3、6岁加强免疫时可以使用 A＋C 群流脑疫苗,接种 A＋C 群流脑疫苗3年内避免重复接种	A 群和 C 群流脑
A＋C 群流脑结合疫苗	6个月以上人群	6个月—2岁初免2针,间隔1个月;3、6岁儿童加强免疫各1针	A 群和 C 群流脑

续表

疫苗名称	接种对象	免疫程序	预防疾病
无细胞百白破疫苗	3个月龄至6周岁的儿童	新生儿出生后3足月接种第一针,连续接种3针,每针间隔时间最短不得少于28天;1岁半至2周岁时加强免疫1针	白喉 百日咳 破伤风
流感疫苗	适用于成人和6个月龄以上儿童	(1)成人和3岁以上儿童:接种1次,注射0.5毫升 (2)6～36个月的儿童:接种1次,注射0.25毫升	流行性感冒
狂犬疫苗	特殊职业人群或宠物饲养者暴露前免疫 凡被患有或疑患有狂犬病的动物咬伤、抓伤后均应接种	按"0、7、28"程序进行,即在注射第一针后的7天和28天再注射第二针和第三针,共3针 按"0、3、7、14、28"程序进行,即在伤者于0天(第1天,当天)、3天(第4天,依次类推)、7天、14天、28天各注射1针,共5针	狂犬病
轮状病毒疫苗	2个月到3岁婴幼儿	2个月到3岁婴幼儿每年一次	婴幼儿A群轮状病毒引起的腹泻
B型流感嗜血杆菌疫苗	2个月—71个月婴幼儿	(1)2～6个月婴儿:连续接种3针,间隔1～2个月,18个月龄加强接种1针 (2)6～12个月婴儿:共两针,间隔1～2个月接种1针 (3)1～5岁儿童:接种1针	由B型流感嗜血杆菌引起的侵袭性疾病
水痘疫苗	12个月龄以上的水痘易感者	(1)12个月龄～12岁无水痘感染史健康儿童接种1剂水痘疫苗 (2)13岁及以上者接种2剂,间隔4～10周	水痘
肺炎球菌多糖疫苗	2岁以上易感者尤其是老年人	2岁以上人群初免后,间隔5年左右加强1针	由本疫苗所含荚膜菌型的肺炎球菌引起的肺炎球菌疾病
出血热疫苗	肾综合征出血热疫区的居民及进入该地区的人员,主要对象为16～60岁的高危人群	基础免疫2针,于0、14天各注射1次,6个月后加强免疫1针	出血热

二、人工被动免疫

给机体输入含有特异性抗体的免疫血清或细胞因子,把现成的免疫力转移给机体,以预防相应疾病的发生,称为人工被动免疫,这类生物制品称为"被动免疫制剂"。常用的人工被动免疫制剂有:抗毒素、丙种球蛋白及细胞因子等。人工被动免疫特点是:见效快,但维持时间短,仅2～3周,需要多次重复接种。所以人工被动免疫常用在治疗或紧急预防,在短时间内为免疫对象提供足够数量的抗体以得到针对一些感染的保护。

（一）抗毒素

1890 年，Behring 和 Kitasato 首先发现了破伤风和白喉抗毒素能抵御破伤风和白喉的感染与发病。第 2 年，利用白喉抗毒素成功治愈了一名患白喉的女孩，从此开创了人类用异种动物免疫血清治疗人类疾病的新纪元。后来人们发现某些血清治疗效果并不显著，加之新的治疗手段的出现，血清疗法逐渐减少，该制剂对人而言属异种蛋白，反复多次使用可能引起超敏反应。目前仅有白喉、破伤风、气性坏疽及肉毒 4 种抗毒素仍应用于临床。抗毒素多为马血清。

1.破伤风抗毒素

破伤风抗毒素用于预防接种时儿童和成人相同。1 次皮下或肌内注射 1500～3000IU，伤势严重者可增加用量 1～2 倍，经 5～6 日，如破伤风危险未消除，应重复注射。破伤风抗毒素用于治疗时，第 1 次肌内或静脉注射 50000～200000IU，儿童与成人用量相同，以后视病情决定注射量与间隔时间，同时还可将适量抗毒素注射于伤口周围的组织中。破伤风抗毒素皮下注射应在上臂三角肌附着处，若同时注射类毒素，注射部位必须分别在左右臂注射。只有经过皮下或肌内注射未发生异常反应者，方可做静脉注射。

2.肉毒抗毒素

凡食用了可疑的食物或与发病患者共餐了可疑的食物尚未发病者，皮下或肌内注射相应型或混合型肉毒抗毒素，每型 1000～2000IU，预防效果显著。对已发病患者尽早开始注射相应型或混合型抗毒素，每型 10000～20000IU 于肌内或静脉，以后视病情变化注射次数及剂量。

3.白喉抗毒素

为预防接触过白喉患者感染，可一次注射白喉抗毒素 1000～2000IU，同时应在注射抗毒素后立即进行类毒素预防接种。因抗毒素维持时间较短，1～2 周时可再注射 1 次抗毒素。对白喉患者，尽早注射足量的抗毒素，同时采用其他有效手段进行综合治疗。

4.气性坏疽抗毒素

用于预防和治疗由产气荚膜、水肿、败毒和溶组织 4 种梭菌引起的感染。由于近年来新的治疗和预防气性坏疽的方法和手段不断推陈出新，气性坏疽抗毒素被淘汰的趋势是不可避免的。

（二）抗血清

1.抗蛇毒血清

抗蛇毒血清作为蛇伤治疗中特异性强的治疗药物，疗效显著。目前常用的抗蛇毒血清包括抗蝮蛇毒血清、抗五步蛇毒血清、抗银环蛇毒血清和抗眼镜蛇毒血清。由于抗蛇毒血清属异种蛋白，所以可采取先注射抗过敏药物，然后再注射抗血清，以减少过敏反应的发生。同时，抗蛇毒血清的早期和足量应用，可特异地中和扩散到体内各处的毒素，可以有效阻止病情的发展，为进一步的治疗争取了宝贵的时间。

2.抗炭疽血清

抗炭疽血清系由炭疽杆菌免疫马所得的血浆，经胃酶消化后纯化制成的液体抗炭疽球蛋白制剂，用于预防和治疗炭疽病。

3.抗狂犬病血清

单独使用抗狂犬病血清保护效果不佳,应与疫苗联合使用,但不能在同一部位注射,两者应分开。一般来说,疫苗与抗血清联合使用时,疫苗的抗原效价要高,抗血清的用量要适中,否则抗血清会干扰疫苗的效果。

(三)人免疫球蛋白制剂

人免疫球蛋白制剂是从大量混合血浆或胎盘中分离制成的免疫球蛋白浓缩剂。该制剂含多种病原体的抗体。肌肉注射此制剂可对甲型肝炎、丙型肝炎、麻疹、脊髓灰质炎等病毒感染有应急预防的作用。

1.正常人免疫球蛋白

正常人免疫球蛋白又称丙种球蛋白,也可称为多价免疫球蛋白,有液体型和冻干型两种,仅供肌内注射。中国药典规定蛋白质纯度应不低于蛋白质总量的90.0%。正常人免疫球蛋白主要用于预防一些病毒性感染,如甲肝、丙型肝炎、麻疹等疾病的预防以及丙种球蛋白缺乏症的治疗。

2.静注人免疫球蛋白

由于正常人免疫球蛋白用于静脉注射时,许多患者会发生不同程度的类过敏反应,从头痛、恶心呕吐、面色苍白、发热、胸痛到呼吸困难、血压下降乃至意识丧失。如果患者有丙球缺乏症,则发生不良反应的危险性更大,症状更严重。为此,人们进行了大量的研究,目前投入市场的静脉注射人免疫球蛋白系由健康人血浆,经低温乙醇蛋白分离法或经批准的其他分离法分离纯化,去除抗补体活性并经病毒灭活处理、冻干制成。中国药典要求纯度应不低于蛋白质总量的95.0%,乙型肝炎表面抗体效价按放射免疫法每1gIgG应不低于6.0IU。白喉抗体效价1gIgG应不低于3.0HAU,抗补体活性应不高于50%。近年来研究证明,静注人免疫球蛋白主要用于抗体缺乏的替代治疗和作为免疫调节剂的大剂量治疗。

3.特异性免疫球蛋白

与正常免疫球蛋白不同,这类制剂必须具有高滴度抗体,用于临床上特定疾病的预防和治疗。

(1)乙型肝炎免疫球蛋白

预防乙型肝炎,儿童1次注射100～200IU、成人为200～400IU乙型肝炎免疫球蛋白,必要时可间隔3～4周再注射1次。母婴阻断,患乙型肝炎HBsAg和HBeAg阳性母亲所生的婴儿出生24小时内注射100～200IU乙型肝炎免疫球蛋白,注射乙型肝炎免疫球蛋白2～4周再接种乙肝疫苗。乙型肝炎免疫球蛋白和乙肝疫苗联合使用,乙肝表面抗体阳转率可达95%以上;对患乙型肝炎HBsAg和HBeAg双阳性母亲所生的新生儿保护率达85%以上。

(2)狂犬人免疫球蛋白

狂犬人免疫球蛋白主要用于接触狂犬病动物对象的预防,被病犬咬伤后立即按每公斤体重肌内注射20IU狂犬人免疫球蛋白,若与狂犬疫苗联合使用,效果更好。在预防狂犬病过程中,疫苗可作为重要补充,生效快、使用安全可靠、不会引起变态反应。

(3)破伤风人免疫球蛋白

破伤风人免疫球蛋白主要用于破伤风的预防和治疗。破伤风免疫球蛋白因属同种蛋白,疗效优于破伤风抗毒素,不会引起超敏反应,属安全制剂,目前得到更为广泛的应用。

（四）细胞因子

细胞因子具有广泛的生物学活性,将细胞因子作为药物,可预防和治疗多种免疫性疾病。利用基因工程技术生产的重组细胞因子作为生物应答调节剂(BRM)治疗肿瘤、感染、造血障碍等已获得良好疗效,有些细胞因子已成为某些疾病不可缺少的治疗手段。

使用被动免疫制剂应注意:(1)防止超敏反应的发生;(2)早期和足量;(3)不滥用丙种球蛋白。

随着科学技术的不断进步,被动免疫制剂的质量得到有效的提高,存在的问题正在逐步得到解决,而且某些被动免疫制剂作用已不局限于传统的预防和治疗,而成为治疗某些新的疾病的药物,被动免疫制剂的种类和应用范围正在不断扩展之中。

表 11-3 比较了人工主动免疫与人工被动免疫的特点。

表 11-3 人工主动免疫和人工被动免疫特点

项目	人工主动免疫	人工被动免疫
接种物质	抗原	抗体
接种次数	1 次～3 次	1 次
生效时间	2 周～3 周	立即
维持时间	数月至数年	2 周～3 周
主要用途	预防	治疗和紧急预防

第二节　免疫治疗

免疫治疗(immunotherapy)是针对异常的免疫状态,应用免疫制剂、免疫调节药物或其他措施来调节或重建免疫功能,以达到治疗疾病的目的。

一、特异性主动免疫治疗

利用抗原性疫苗对机体进行免疫接种,诱导其产生特异性免疫应答或免疫耐受,达到治疗疾病的目的。如:

肿瘤疫苗:经加工、处理的肿瘤抗原肽制备的疫苗。

治疗病毒感染性疾病的疫苗:筛选出可有效诱导抗病毒免疫应答但不引起免疫损伤的抗原表位(AIDS、HBV 的治疗性疫苗)。

治疗自身免疫病的疫苗:诱导免疫耐受。

二、特异性被动免疫治疗

直接向机体输注特异性免疫效应物质(抗体或激活的淋巴细胞),使机体立即获得某种特定的免疫力,达到治疗目的。

抗体:破抗——破伤风;抗 CD3、CD4——防治急性移植排斥反应。

人免疫球蛋白:胎盘、血浆丙种球蛋白,传染病恢复期病人的血清。

激活的淋巴细胞:如 LAK,多用于肿瘤治疗。

三、非特异性免疫治疗

采用非特异性免疫调节剂来调节机体免疫功能失衡的状况,以达到治疗或辅助治疗的目的。

1. 免疫增强剂:微生物及其产物(BCG)、植物多糖、中草药(人参、黄芪)、细胞因子(IFN、GM-CSF、IL-2 等)、化学药物(左旋咪唑)。

2. 免疫抑制剂:常用于防治器官移植、自身免疫病、过敏性疾病等。如:

肾上腺皮质激素:抗炎、免疫抑制。治疗:炎症、超敏反应、排异。

环磷酰胺:抑制 T 细胞及 B 细胞增殖分化。治疗:自身免疫病、排异、肿瘤。

环孢霉素 A(CsA):阻断 IL2 转录抑制 T 细胞活化。治疗:排异、自身免疫病。

FK-506:同 CsA,但作用强 10—100 倍。治疗:排异。

雷帕霉素:选择性抑制 T 细胞。治疗:排异。

【理解与思考】

1. 请你形象地说明增强机体的免疫力途径。

2. 如果你面对一位被疯狗咬伤的病人或癌症病人,你会选用什么治疗方法? 你能用通俗的语言向病人说明治疗机理吗?

【课外拓展】

1. 疫苗接种前有哪些准备?

2. 疫苗接种的途径有哪些?

3. 制订免疫程序的依据是什么?

【课程实验与研究】

1. 结合所学的知识,请设计一种方案,说明疫苗注射后已经起到保护作用。

2. 你认为"胃病疫苗"、"乳腺癌疫苗"的研制成功可能吗? 如果可行,请写出研制路线图。

3. 《Nature》发表文章,认为"刺激新抗原或可创造有效癌症疫苗",请利用所学的免疫学知识,阐明其机理。

【课程研讨】

1. 预防治疗传染病的措施有哪些?

2. 目前,治疗肿瘤的方法有哪些?

3. 哪些食品能增强免疫功能?

【课后思考】

1.何谓人工主动免疫和人工被动免疫? 两者有何区别?

2.免疫治疗的措施有哪些? 比较其特点。

【课外阅读】

Science："通用型"流感疫苗有望问世

据 2009 年 2 月 27 日的《科学》杂志报道，美国斯克利普斯研究所（TSRI）的 Damian Ekiert 及其同事披露了有关如何将一个人类的抗体与某一关键性流感蛋白结合的细节，该结合能够帮助人们研发针对季节性和大规模流行性感冒病毒的广谱疫苗。

这种叫做 CR6261 的抗体会与流感病毒血凝素蛋白的一个高度保守（即其结构在许多不同的流感病毒株中都非常相似）的区域结合。这一发现对那些希望设计一种较为"通用型"的流感疫苗的研究人员来说是一个好消息，因为该通用型疫苗可以中和多种流感病毒株并减弱新的流感大流行所造成的影响。

目前，人们对流感病毒的设计需要每年都进行猜测，以决定在流行季节中哪种病毒株将会流行。Ekiert 及其同僚对与 CR6261 结合的造成 1918 年致命性流感的病毒的血凝素蛋白的晶体结构以及该抗体与最近在亚洲造成禽流感暴发有关的病毒株的血凝素蛋白结合的晶体结构进行了检测。在这两种情况下，该抗体似乎都阻止了血凝素发生使病毒与一个健康细胞融合所需要的那些变化。

（资料来源：Science，DOI：10. 1126/science. 1171491，DamianC. Ekiert，IanA. Wilson）

疟疾疫苗即将进入最终阶段试验

在研究表明一种候选疟疾疫苗将肯尼亚和坦桑尼亚的婴幼儿疟疾风险降低一半之后，7 个非洲国家的 1. 6 万名儿童即将在明年早些时候参与该疫苗的最终阶段试验。

下一步的试验将扩展到布基纳法索、加蓬、加纳、马拉维和莫桑比克。试验定于 2009 年 3 月开始。

来自两个东非临床试验的结果 12 月 8 日发表在了《新英格兰医学杂志》（NEJM）上，这两个试验使用的疫苗目前被称为 RTS，S。

"这些结果促进了一种前景，即疫苗有能力保护非洲的婴幼儿不受疟疾感染。"该研究的作者之一、肯尼亚医学研究所设在 Kilifi 的地理医学研究中心的 AllyOlotu 说。

其中一项试验证明了该疫苗——它能在这种凭借血液传播寄生虫到达肝脏之前制止它们——可以纳入非洲国家标准的儿童免疫规划中，而不会影响其他疫苗的有效性或破坏它自身的有效性。

第二项试验证实了这种疫苗对婴儿的安全和有效性，并发现它能降低疟疾的感染率一半（53%）。

Olotu 说，接下来的试验的参与者是 6—12 周的新生儿以及 5—17 个月的婴儿，这些试验将提供关于该疫苗的有效性和安全性的更多信息。

坦桑尼亚 Ifakara 卫生研究所的 Salim Abdulla 说，在肯尼亚和坦桑尼亚进行的最新试验证实了早先在冈比亚成年人以及莫桑比克的学龄前儿童身上进行的更小规模的试验，在这些试验中疫苗提供了 18 个月到 4 年的保护。

然而，Abdulla 说，目前没有在非洲生产这种疫苗的计划，而且没有关于它的可能成本的信息。他告诉本网站，科学家正在和非政府组织以及卫生发展机构协商开展一个社会营销运动,从而迅速扩大该疫苗在世界卫生组织以及其他免疫接种项目中的应用。

"这些发现为我们打算在非洲的 11 个地点进行的 III 期临床试验建立了强有力的基础。"Abdulla 说。他在坦桑尼亚的坦噶医学研究中心参与了这些试验。

（资料来源:新英格兰医学杂志(NEJM),359,2521(2008),PhilipBejon,LorenzvonSeidlein;新英格兰医学杂志(NEJM),359,2533(2008),SalimAbdulla,MarcelTanner)

接种天花疫苗或可预防艾滋病

随着天花在全球消失,天花疫苗已经在全球停止接种,但美国科学家最新研究发现,接种天花疫苗可能有效预防艾滋病传播。如果这一研究成果得到证实,将使艾滋病防治工作进入一个新的阶段。

这一研究是由美国加利福尼亚大学洛杉矶分校以及乔治•梅森大学的研究人员共同完成的。研究人员对曾经接种天花疫苗和没有接种天花疫苗的人进行了分析对比。

结果发现,接种天花疫苗的人要比没有接种天花疫苗的人更能有效抵御艾滋病病毒侵袭,后者感染艾滋病病毒的几率要比前者高 5 倍。

负责这项研究的乔治•梅森大学科学家雷蒙德•魏因施泰因说,关于目前艾滋病蔓延的解释有多种,其中包括战争、重复使用没有消毒的针头等。此次的研究却在一定程度上证明,停种天花疫苗与艾滋病蔓延之间可能存在关系。

（资料来源:BMC 免疫学(BMC Immunology),2010(5)）

树突状细胞瘤苗制备及应用的研究进展

近年来,肿瘤的免疫治疗备受关注,其已成为继肿瘤手术治疗、放疗、化疗后第四种治疗方法。而树突状细胞(DC)是机体内功能最强的抗原递呈细胞(APC),也是唯一能够激活初始免疫应答的 APC,在对肿瘤产生主动免疫上起着重要的作用。它摄取、加工肿瘤抗原,通过 MHC-II 递呈,进而激活初始 T 细胞,使机体对肿瘤产生主动免疫。因此,DC 瘤苗的制备与应用成为了肿瘤免疫治疗的研究热点。目前,瘤苗研究最主要的工作是在体外培养扩增 DC,利用抗原或抗原多肽冲击致敏,然后将致敏的 DC 回输或免疫接种至荷瘤宿主体内进行免疫治疗。国内针对各种肿瘤的 DC 瘤苗应用多数还处于动物实验阶段,但在国外已有不少开展了临床实验甚至用于临床治疗,如肾癌、转移性黑色素瘤,以及恶性胶质瘤等肿瘤的免疫治疗。

现将近年来的相关研究综述如下:

一、DC 的体外扩增

体内 DC 数量很少,仅占外周血单个核细胞(PBMCs)的 1% 以下,并且在肿瘤发生以及进行化疗后外周血中 DC 明显减少,因此,必须对 DC 进行体外扩增,才能满足科研以及临床的需要。

DC 主要来源于骨髓的 CD_{34}^+ 造血干细胞和外周血单核细胞。从外周血单核细胞获取 DC 时,可采用白细胞单采术直接获取 PBMCs,也可以在抽取外周血后用 Ficoll 分离法获取 PBMCs,将获取的 PBMCs 洗涤后在 37℃、5%CO_2 中温育 2 小时,去除非吸附的细胞,吸附的细胞用 RPMI-1640 培养,并加入粒细胞-巨噬细胞集落刺激因子(GM-CSF),3～5 天即可获得 DC。另外还有来源于骨髓的 DC：用红细胞裂解液去除红细胞，单克隆抗体和补体的混合剂去除淋巴细胞、粒细胞，然后在含有 GM-CSF 的 RPMI-1640 中培养，3 天后去除悬浮细胞，继续培养 7 天，即可获得 DC。

在培养时可在培养基中加入促进 DC 成熟的因子，目前认为可促进 DC 成熟的因子包括 CD_{40} 分子的配基化(sCD40L)、Flt3 配体(FL)、肿瘤坏死因子-α(TNF-α)等。同时，DC 体外培养时培养基中可以加胎牛血清(FCS)、混合人(AB 型)血清或自身血清，也可以使用无血清培养液培养。目前，临床应用倾向于无血清培养 DC，原因有：①FCS 含有异种蛋白，容易过敏；②混合人(AB 型)血清培养基中血清中复杂的蛋白和抗原成分可能封闭 DC 表面抗原结合位点，影响 DC 抗原递呈功能，而且血清蛋白酶会改变 DC 摄取的肽类抗原的抗原；③患者自体血清中可能含抑制因素，如血管内皮生长因子和 IL-10 等，影响 DC 分化和成熟。无血清培养则克服了上述缺点，是 DC 介导免疫治疗应用于临床的前提。

二、目前致敏 DC 的主要方法

1. 抗原肽刺激 DC

抗原肽是目前广泛应用的 DC 致敏物，例如碳酸杆酶 II(CA-II)在恶性黑色素瘤、食管癌、肾癌以及肺癌的肿瘤血管内皮表达，在正常血管内皮不表达，用其致敏 DC 回输到体内取得了较好的抗肿瘤和预防肿瘤效果。应用抗原肽可以避免免疫反应对正常组织的损伤，但目前绝大多数肿瘤的抗原肽未明确，而且肿瘤细胞容易通过变异逃避此种免疫作用，因而限制了其应用范围。

2. 肿瘤细胞提取物致敏 DC

采用超声破碎和反复冻融的方法获得肿瘤细胞提取物，方法简单，不需要了解肿瘤抗原肽的表位。但是，肿瘤细胞蛋白提取物中包含的机体自身的正常抗原免疫机体后可能诱发自身免疫性疾病。有报道认为该种方法比肿瘤特异性抗原能够更有效地激活机体免疫。

3. 肿瘤细胞直接融合 DC

从患者肿瘤组织获得单细胞悬液，与培养成熟的 DC 等体积、等密度混合，然后在一定的电脉冲下使二者融合。筛选获得融合且有活力的细胞，扩增后回输给人体，可以有效地控制肿瘤的发展，使患者的病情长期稳定。因为融合的方法获得的肿瘤抗原更全面，所以认为该方法致敏 DC 能有效地避免肿瘤的免疫逃逸，比其他致敏方法更有效。

4. 基因修饰 DC

将肿瘤细胞 DNA 负载 DC，可以使 DC 内源性表达肿瘤抗原，通过 MHC-I 递呈进而使机体产生免疫反应。具体方法有两种：一是病毒载体法，常用的病毒载体有腺病毒、逆转录病毒和痘病毒等；二是脂质体、电穿孔等非病毒载体法。目前，病毒载体法较后者成熟。用肿瘤细胞 DNA 负载 DC 已有临床应用的报道，并取得了抗肿瘤疗效。另外，可用 PCR 法在体外扩增、纯化肿瘤相关抗原(TAA)的 mRNA，利用脂质体或电穿孔导入 DC 后，回输到荷瘤体内，也可获得抗肿瘤的疗效。而且 RNA 半衰期短，不会整合到 DC 基因中，临床应用起来安全性更高。近年来，有学者将细胞因子基因转染 DC，如 IL-1、IL-7、TNF-α 等基因，认为亦可诱发免疫反应，增强肿瘤特异性细胞 T 淋巴细胞反应。而且有研究表明，TAA 基因和细胞因子基因共同转染 DC，可以提高 DC 抗肿瘤的临床效果。

三、致敏的 DC 回输至荷瘤宿主体内进行免疫治疗

DC 疫苗用于免疫治疗不仅要求细胞表达高水平的 MHC 和共刺激因子，而且要求细胞

能够迁徙到淋巴结与 T 细胞相互作用,因此 DC 必须采取有效的方式回输到荷瘤宿主体内。文献报道的 DC 疫苗用法有皮内注射、皮下注射、静脉注射、腹腔注射、淋巴结内注射和肿瘤内注射,其中以静脉途径居多。也有通过足背淋巴管回输 DC 的报道。

静脉途径虽然有利于 DC 分布,但容易被肝脏清除。新近的临床研究认为与静脉注射比较,皮下注射能够引起更为强烈的免疫反应,而且免疫反应的强弱与注射的频率没有相关性,同时,还有研究通过监测血尿常规、心肝肾功能等提示 DC 疫苗不会引起毒副作用,只有少数患者注射局部可发生迟发性超敏反应。

四、展望

DC 特有的生物学特性使其成为了当今肿瘤生物治疗领域备受关注的焦点之一。当前,在众多动物试验成功的基础上,DC 瘤苗的研制及在临床中的应用逐步发展,并取得了一定进展,但是仍有许多问题有待进一步研究解决。第一,DC 体外无血清培养是其应用于临床的前提,但是目前 DC 的无血清培养还不成熟,在无血清培养过程中需加入多种刺激因子促进 DC 增殖和成熟,然而这些因子尚需进一步明确。第二,何种方法致敏 DC 能更有效地激发机体抗肿瘤的免疫反应还不明确。第三,DC 回输的最优方法以及接种 DC 的数量、途径、次数及间隔时间的确定等临床应用方面不成熟,尚需大量临床观察与尝试。

虽然 DC 介导的肿瘤免疫治疗尚存在很多问题有待进一步研究与明确,但现有的研究表明 DC 瘤苗在肿瘤的治疗及预防方面具有广阔的临床应用前景。

（资料来源:李健,树突状细胞瘤苗制备及应用的研究进展[J].华中医学杂志,2008,(32)1:71—72)

第十二章　免疫制剂

【知识体系】

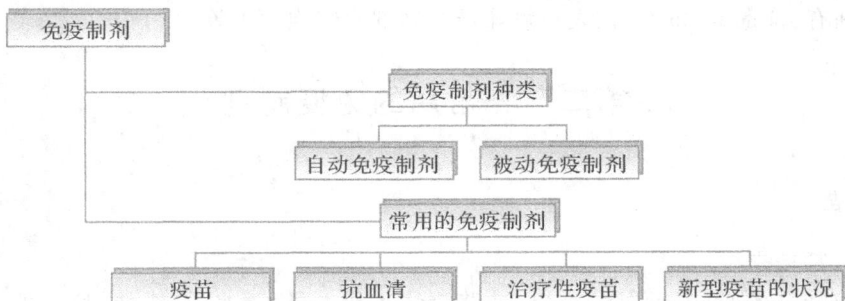

【课前思考】

1. 你知道常用的疫苗有哪些吗？你自己使用过哪些？为何需要众多的疫苗？
2. 你知道治疗性疫苗吗？其作用机理如何？
3. 被狗咬伤后要注射什么？有什么注意点吗？

【本章重点】

1. 常用疫苗的使用特点；
2. 抗血清使用的注意点。

【教学目标】

1. 熟悉疫苗、抗血清种类及使用特点；
2. 治疗性疫苗的特点及种类。

第一节　免疫制剂的种类

免疫制剂是应用普通的或以基因工程、细胞工程、蛋白质工程、发酵工程等生物技术获得的微生物、细胞及各种动物和人源的组织和液体等生物材料制备，用于人类疾病预防和治疗的生物制剂，接种后可使机体获得免疫力。免疫制剂可分为：自动免疫制剂和被动免疫制剂。

一、自动免疫制剂

自动免疫制剂主要是指疫苗,是将病原微生物(如细菌、立克次氏体、病毒等)及其代谢产物,经过人工减毒、灭活或利用基因工程等方法制成的,用于预防传染病。

疫苗包括:灭活疫苗(死疫苗)、减毒素疫苗、类毒素、亚单位疫苗、基因工程疫苗、合成肽苗、DNA 苗、转基因植物苗等。

二、被动免疫制剂

给机体输入含有特异性抗体的免疫血清或细胞因子,把现成的免疫力转移给机体,以预防相应疾病的发生,称为人工被动免疫,这类生物制品称为"被动免疫制剂"。常用的人工被动免疫制剂有:抗毒素、抗血清、人免疫球蛋白制剂及细胞因子等。

第二节　常用的免疫制剂

一、疫苗

(一)伤寒疫苗

【接种对象】主要用于部队、港口、铁路沿线工作人员,下水道、粪便、垃圾处理人员,饮食行业、医务防疫人员及水上居民或有本病流行地区的人群。

【不良反应】局部可出现红肿,有时有寒战、发热或头痛。一般可自行缓解。

【禁忌证】过敏和免疫抑制。

【制剂与免疫程序】

1. 伤寒疫苗(Typhoid Vaccine)

本品系用伤寒沙门菌培养后,取菌苔制成悬液,经甲醛杀菌,以 PBS 稀释制成。为乳白色混悬液,含苯酚防腐剂。

免疫程序:于上臂外侧三角肌附着处皮下注射。初次注射本疫苗后,需注射 3 针,每针间隔 7～10 天。注射剂量如下:1～6 周岁:第 1 针 0.2mL,第 2 针 0.3mL,第 3 针 0.3mL;7～14 周岁:第 1 针 0.3mL,第 2 针 0.5mL,第 3 针 0.5mL;14 周岁以上:第 1 针 0.5mL,第 2 针 1.0mL,第 3 针 1.0mL。加强注射剂量与第 3 针相同。

2. 伤寒副伤寒甲联合疫苗(Typhoid and Paratyphoid A Combined Vaccine)

本品系用伤寒沙门菌、副伤寒甲型沙门菌分别培养,取菌苔制成悬液,经甲醛杀菌,以 PBS 稀释制成。为乳白色混悬液,含苯酚防腐剂。免疫程序同伤寒疫苗。

3. 伤寒副伤寒甲乙联合疫苗(Typhoid and Paratyphoid A&B Combined Vaccine)

本品系用伤寒沙门菌、副伤寒甲型沙门菌、副伤寒乙型沙门菌分别培养,取菌苔制成悬液,经甲醛杀菌,以 PBS 稀释制成。为乳白色混悬液,含苯酚防腐剂。免疫程序同伤寒疫苗。

4. 伤寒 Vi 多糖疫苗(Vi Polysaccharide Typhoid Vaccine)

本品系用伤寒沙门菌培养液纯化得 Vi 多糖,经用 PBS 稀释制成,为无色澄明液体。

免疫程序:上臂外侧三角肌肌内注射;注射 1 针,剂量为 0.5mL。

（二）脑膜炎球菌疫苗

【接种对象】参见具体疫苗。

【不良反应】本疫苗反应轻微，偶有短暂低热，局部稍有压痛感，可自行缓解。

【禁忌证】(1)有癫痫、惊厥及过敏者；(2)患脑部疾患、肾脏病、心脏病及活动性结核者；(3)患急性传染病及发热者。

【制剂与免疫程序】

1. A 群脑膜炎球菌多糖疫苗(Group A Meningococcal Polysaccharide)

本品系用 A 群脑膜炎奈瑟菌培养液，经提取获得的荚膜多糖抗原，纯化后加入适宜稳定剂冻干制成，为白色疏松体，复溶后为澄明液体。接种对象为 6 个月～15 周岁少年儿童。免疫程序见免疫接种总论。

2. A 群 C 群脑膜炎球菌多糖疫苗(Group A＋C Meningococcal Polysaccharide vaccine)

本品系用 A 群及 C 群脑膜炎奈瑟菌培养液，经提纯获得 A 群及 C 群多糖抗原并加入适宜稳定剂后冻干制成的多糖疫苗。成品外观为白色疏松体，加入所附 PBS 后可迅速溶解，溶液澄明无异物。接种对象为 2 周岁以上儿童及成人，在流行区的 2 岁以下儿童可进行应急接种。

（三）钩端螺旋体疫苗

【接种对象】流行地区 7～60 岁的人群。

【不良反应】全身及局部反应一般轻微，偶有发热及局部疼痛、红肿，一般可自行缓解。

【禁忌证】(1)发热，患急性传染病、严重心脏病、高血压、肝脏疾病、肾脏疾病、神经系统和精神疾病者；(2)妊娠期、哺乳期妇女；(3)有过敏史者；(4)月经期暂缓注射。

【制剂与免疫程序】

钩端螺旋体疫苗(Leptospira Vaccine)

本疫苗系用各地区主要的钩端螺旋体流行菌型的菌株，经培养杀菌后制成单价或多价。为微带乳光的液体，含苯酚防腐剂。

免疫程序：上臂外侧三角肌附着处皮下注射。共注射 2 针，间隔 7～10 天。第 1 针注射 0.5mL，第 2 针注射 1.0mL。7～13 周岁用量减半。必要时 7 周岁以下儿童可酌量注射，但不超过成人量的 1/4。

（四）鼠疫疫苗

【接种对象】疫区或通过疫区的人员。

【不良反应】接种后反应轻微，少数人划痕处会出现浸润，一般不影响活动，个别人体温可能稍有升高，一般可自行消退。

【禁忌证】(1)患严重疾病、免疫缺陷症及用免疫抑制剂治疗者；2)妊娠期或 6 个月内的哺乳期妇女。

【制剂与免疫程序】

皮上划痕用鼠疫活疫苗(lague Vaccine(Live) for Percutaneous Scarification)本品系用鼠疫菌弱毒菌株经培养后收集菌体，加入稳定剂冻干制成。为白色或淡黄色疏松体，复溶后为均匀悬液。本品仅供皮上划痕用，严禁注射！开启疫苗瓶和接种时，切勿使消毒剂接触疫苗。

免疫程序：按标示量加入氯化钠注射液溶解。每瓶 20 次人用剂量者加入 1.0mL，10 次人用剂量者加入 0.5mL,复溶后的疫苗在 3 小时内用完。在上臂外侧三角肌上部附着处皮上划痕接种。在接种部位上滴加疫苗,每 1 次人用剂量 0.05mL。用消毒针划成"井"字,划痕长度约 1～1.5cm,应以划破表皮稍见血迹为宜。划痕处用针涂压 10 余次,使菌液充分进入划痕内。接种后局部应裸露至少 5 分钟。14 周岁以下儿童,疫苗滴于两处划两个"井"字。"井"字间隔 2～3cm。接种人员每年应免疫 1 次。

（五）炭疽疫苗

【接种对象】炭疽常发地区人群,皮毛加工与制革个人、放牧员以及其他与牲畜密切接触者。

【不良反应】接种后局部可出现微红,不需处理;极个别者可出现低热,但能自行消退。如出现持续性体温升高,而局部出现脓肿者,应做对症处理。

【禁忌证】(1)患严重疾病、严重皮肤病者;(2)有免疫缺陷症及接受免疫抑制剂治疗者;(3)有过敏反应史者。

【注意事项】(1)本品仅供皮上划痕用,严禁注射;(2)开启疫苗瓶和接种时,切勿使消毒剂接触疫苗;(3)疫苗有摇不散的菌块或疫苗瓶有裂纹者,均不得使用;(4)用前应将疫苗充分摇匀,消毒皮肤只可用乙醇,不可用碘酒;(5)疫苗瓶开启后,应于 3 小时内用完,剩余的疫苗应废弃;(6)剩余疫苗、空疫苗瓶及用具,需用 3% 碱水煮沸消毒 30 分钟;(7)严禁冻结。

【制剂与免疫程序】

皮上划痕人用炭疽活疫苗（Anthrax Vaccine(live) for Percutaneous Scarification)

本品系用炭疽芽孢杆菌的弱毒株经培养、收集菌体后稀释制成。为灰白色均匀悬液。

免疫程序:(1)在上臂外侧三角肌附着处皮上划痕接种。用消毒注射器吸取疫苗,在接种部位滴 2 滴,间隔 3～4cm,划痕时用手将皮肤绷紧,用消毒划痕针在每滴疫苗处做"井"字划痕,每条痕长约 1～1.5cm。划破表皮以出现间断小血点为度。(2)用同一划痕针反复涂压,使疫苗充分进入划痕处,接种后局部至少应裸露 5～10 分钟,然后用消毒干棉球擦净。(3)接种后 24 小时划痕部位无任何反应者应重新接种。

（六）布氏菌疫苗

【接种对象】与布氏菌病传染源有密切接触者,每年应免疫一次。布氏菌素反应阳性者可不予接种。

【不良反应】接种后局部反应轻微,少数人划痕处会出现轻度浸润,一般不影响活动。个别人体温稍有增高,一般可自行消退。如因使用途径错误,出现类似急性布氏菌病症状者,要按急性布氏菌病进行彻底治疗。

【禁忌证】

(1)患严重疾病、免疫缺陷症及接受免疫抑制治疗者。

(2)妊娠期及 6 个月内的哺乳期妇女。

【注意事项】

(1)本品仅供皮上划痕用,严禁注射!

(2)开启疫苗瓶和接种时,切勿使消毒剂接触疫苗。

(3)疫苗瓶有裂纹或标签不清者,均不得使用。

【制剂与免疫程序】

皮上划痕人用布氏菌活疫苗（Brucellosis Vaccine(Live) for Percutaneous Scarificaticn)

本品系用布氏菌的弱毒菌株经培养、收集菌体加入稳定剂后冻干制成。为乳白色疏松体,复溶后为均匀悬液。

免疫程序:(1)每瓶加入 0.5mL 氯化钠注射液,复溶后的疫苗应在 3 小时内用完,剩余的疫苗应作废。(2)上臂外侧三角肌上部附着处皮上划痕接种。在接种部位滴加疫苗,每 1 次人用剂量 0.05mL,应以划破表皮微见血迹为宜。划痕处用针涂压 10 余次,使菌苗充分进入划痕内。接种后局部应裸露至少 5 分钟。(3)10 岁以下儿童及复种者疫苗滴于一处划一个"井"字,10 岁以上初种者疫苗滴于两处划两个"井"字,间隔 2~3cm。

（七）卡介苗

【接种对象】出生 3 个月以内的婴儿或用 5IU PPD 试验阴性的儿童（PPD 试验后 48~72 小时局部硬结在 5mm 以下者为阴性）。

【不良反应】接种后两周左右,局部可出现红肿浸润,若随后化脓,形成小溃疡,可用 1% 龙胆紫涂抹,以防感染。一般 8~12 周后结痂,如遇局部淋巴结肿大软化形成脓疱,应及时诊治。

【禁忌证】

(1)患结核病、急性传染病、肾炎、心脏病者。

(2)患湿疹或其他皮肤病者。

(3)患免疫缺陷症者。

【注意事项】

(1)严禁皮下或肌内注射!

(2)疫苗瓶有裂纹者不得使用。

(3)接种对象必须详细登记姓名、性别、年龄、住址、疫苗批号及亚批号、制造单位和接种日期。

(4)接种 BCG 的注射器针头要专用,不得用作其他注射,以防止发生化脓反应。

(5)使用时 BCG 应注意避光。

【制剂与免疫程序】

皮内注射用卡介苗（BCG Vaccine for Intradermal Injection）

本品系用卡介菌经培养后收集菌体,加入稳定剂冻干制成。为白色疏松体或粉末,复溶后为均匀悬液。免疫程序参考接种总论。

（八）白喉疫苗

【接种对象】参考具体疫苗。

【不良反应】注射本品后局部可有红肿、疼痛、发痒或有低热、疲倦、头痛等,一般不需要特殊处理即可消退,如有严重反应及时诊治。

【禁忌证】

(1)有癫痫、神经系统疾病及惊厥者。

(2)急性传染病(包括恢复期)及发热者,暂缓注射。

(3)有过敏史者。

【注意事项】

(1)使用时应充分摇匀,如出现摇不散的凝块、异物、疫苗曾经冻结、疫苗瓶有裂纹或标签不清者,均不得使用。

(2)注射后局部可能有硬结,1~2个月即可吸收,注射第2针时应换另侧部位。

(3)应备有肾上腺素等药物,偶有发生严重过敏反应时急救用。接受注射者在注射后应在现场休息片刻。

(4)严禁冻结。

【制剂与免疫程序】

1.吸附白喉疫苗(Diphtheria Vaccine,Adsorbed)

白喉疫苗是用白喉杆菌菌种,在适宜的培养基中产生的毒素经甲醛脱毒、精制,加入氢氧化铝佐剂制成。为白色均匀悬液,长时间放置后佐剂下沉,溶液上层无色澄明,但经振摇后能均匀分散,含防腐剂。接种对象为6个月~12岁儿童。

注射部位:上臂三角肌肌内注射。

免疫程序与剂量如表12-1所示。

表 12-1　吸附白喉疫苗的免疫程序

免疫程序	年　份	针　次	剂　量/mL
全程免疫	第1年	第1针(间隔4~8周)	0.5
		第2针	0.5
	第2年	注射1针	0.5
加强免疫	3~5年后	加强1针	0.5

2.吸附白喉疫苗(成人及青少年用)(Diphtheria Vaccine for Adults and Adolescents,Adsorbed)

本品系由白喉类毒素原液加入氢氧化铝佐剂制成。为乳白色均匀混悬液,长时间放置佐剂下沉,溶液上层应无色澄明,但经振摇后能均匀分散,含防腐剂。接种对象为12岁以上的人群。

免疫程序:注射1次,注射剂量0.5mL。

3.吸附白喉破伤风联合疫苗(Diphtheria Tetanus Combined Vaccine,Adsorbed)

本品系用白喉类毒素原液和破伤风类毒素原液加入氢氧化铝佐剂制成。为乳白色均匀悬液,长时间放置佐剂下沉,溶液上层应无色澄明,但经振摇后能均匀分散,含防腐剂硫柳汞。接种对象为12岁以下儿童。

免疫程序参考预防接种总论。

4.吸附白喉破伤风联合疫苗(成人和青少年用)(Diphtheria Tetanus Combined Vaccine for adults and adolescent,Adsorbed)

本品系用白喉类毒素原液和破伤风类毒素原液加入氢氧化铝佐剂制成。应为乳白色均匀悬液,长时间放置佐剂下沉,溶液上层应无色澄明,但经振摇后能均匀分散,含防腐剂硫柳汞。接种对象为12岁以上人群。免疫程序:注射1次,注射剂量0.5mL。

吸附百日咳白喉联合疫苗(Diphtheria Pertussis Combined Vaccine,Adsorbed)

本品系由百日咳疫苗原液和白喉类毒素原液加氢氧化铝佐剂制成。为乳白色悬液,放置后佐剂下沉,摇动后即成均匀悬液,含防腐剂。接种对象3个月~6周岁的儿童。

免疫程序:注射剂量 0.5mL。

5. 吸附百白破联合疫苗(Diphtheria,Tetanus and Pertussis Combined Vaccine,Adsorbed)

本品系由百日咳疫苗原液、白喉类毒素原液及破伤风类毒素原液加氢氧化铝佐剂制成。为乳白色悬液,放置后佐剂下沉,摇动后即成均匀悬液,含防腐剂。接种对象为 3 个月龄~6周岁儿童。

免疫程序参考预防接种总论。

6. 吸附无细胞百白破联合疫苗(Diphtheria,Tetanus and Acetlular Pertussis Combined Vaccine,Adsorbed)

本品系由百日咳疫苗原液、白喉类毒素原液及破伤风类毒素原液加氢氧化铝佐剂制成。为乳白色悬液,放置后佐剂下沉,摇动后即成均匀悬液,含防腐剂。接种对象为 3 个月龄~6周岁儿童。

免疫程序参考预防接种总论。

(九)破伤风疫苗

【接种对象】参考具体疫苗。

【不良反应】注射本品后局部可有红肿、疼痛、发痒或有低热、疲倦、头痛等,一般不需处理即自行消退。

【禁忌证】(1)患严重疾病、发热者;(2)有过敏史者;(3)注射破伤风类毒素后发生神经系统反应者。

【注意事项】(1)使用时应充分摇匀,如出现摇不散的凝块、异物、疫苗曾经冻结、疫苗瓶有裂纹或标签不清者,均不得使用;(2)注射后局部可能有硬结,1~2 个月即可吸收,注射第2 针时应换另侧部位;(3)应备有肾上腺素等药物,偶有发生严重过敏反应时急救用。接受注射者在注射后应在现场休息片刻;(4)严禁冻结。

【制剂与免疫程序】

吸附破伤风疫苗(Tetanus Vaccine,Adsorbed)

本品系用破伤风梭状芽孢杆菌菌种,在适宜得培养基中培养产生的毒素经甲醛脱毒、精制,加入氢氧化铝佐剂制成。为乳白色均匀混悬液,长时间放置佐剂下沉,溶液上层应无色澄明,但经振摇后能均匀分散,含防腐剂。接种对象主要是发生创伤机会较多的人群,妊娠期妇女接种本品可预防产妇及新生儿破伤风。

免疫程序:(1)无破伤风类毒素免疫史者按下表方法进行全程免疫(2)经全程免疫和加强免疫之人员,自最后 1 次注射后 3 年以内受伤时,不需注射本品。超过 3 年者,用本品加强注射 1 次。严重污染的创伤或受伤前未经全程免疫者,除注射本品外,可酌情在另一部位注射破伤风抗毒素或破伤风人免疫球蛋白(3)用含破伤风类毒素的混合制剂做过全程免疫者,以后每 10 年用本品加强注射 1 针即可。吸附破伤风疫苗免疫程序如表 12-2。

表 12-2　吸附破伤风疫苗免疫程序

	年　份	针　次	剂　量/mL
全程免疫	第 1 年	第 1 针(间隔 4～8 周)	0.5
		第 2 针	0.5
	第 2 年	注射 1 针	0.5
加强免疫	一般每 10 年加强注射 1 针,如遇有特殊情况也可 5 年加强 1 针		

妊娠期妇女可在妊娠第 4 个月注射第 1 针,6～7 个月时注射第 2 针,每 1 次注射 0.5mL。多价疫苗参考白喉疫苗。

（十）百日咳疫苗

无单价疫苗,多价疫苗参考白喉疫苗。

（十一）乙型脑炎疫苗

【接种对象】6 个月龄～10 周岁儿童和由非疫区进入疫区的儿童和成人。

【不良反应】个别出现头晕和一过性发热反应,一般不超过 2 天,可自行缓解。偶有散在皮疹出现,一般不需特殊处理,必要时可对症治疗。

【禁忌证】(1)发热,患急性疾病、严重慢性疾病或体质衰弱者;(2)对药物或食物有过敏史者;(3)有惊厥史者。

【制剂与免疫程序】

1. 乙型脑炎灭活疫苗(Japanese Encephalitis Vaccine, Inactivated)

本品系用乙脑病毒接种地鼠肾细胞,经培养、收获、灭活病毒后制成。为橘红色澄明液体,含硫柳汞防腐剂。

免疫程序参考预防接种总论。

2. 乙型脑炎灭活疫苗(Vero 细胞)(Japanese Encephalitis Vaccine(Vero Cell), Inactivated)

本品系用乙脑病毒接种 Vero 细胞,经培养、收获、灭活病毒后,浓缩、纯化、冻干制成,白色疏松,复溶后为澄明液体,冻干保护剂主要成分为人血白蛋白、明胶和麦芽糖。

免疫程序参考预防接种总论。

3. 乙型脑炎减毒活疫苗(Japanese Encephalitis Vaccine, Live)

本品系用流行性乙型脑炎病毒 SA14－14－2 减毒株接种原代地鼠肾细胞,经培养、收获病毒液,加适宜稳定剂冻干制成。为淡黄色疏松体,复溶后为橘红色或粉红色澄明液体。

免疫程序参考预防接种总论。

（十二）肾综合征出血热疫苗

【接种对象】肾综合征出血热疫区的居民及进入该地区的人员,主要对象为 10～60 岁的高危人群。

【不良反应】个别有发热、头晕、皮疹者应注意观察,必要时给予适当治疗。因疫苗含有氢氧化铝佐剂,少数人在注射后局部可出现硬结、轻度肿胀和疼痛,一般在 1～3 天内自行消退。

【禁忌证】(1)发热,患急性疾病、严重慢性疾病、神经系统疾病者;(2)患过敏性疾病、对抗生素或生物制品有过敏史者;(3)哺乳期、妊娠期妇女。

【制剂与免疫程序】

1.Ⅰ型肾综合征出血热灭活疫苗(Haemorrhagic Fever With Renal Syndrome(Type Ⅰ)Vaccine,Inactivated)

本品系用Ⅰ型肾综合征出血热病毒接种原代沙鼠肾细胞,经培养、收获病毒液、灭活病毒、加入氢氧化铝佐剂制成。为橘红色微浑浊液体,含硫柳汞防腐剂。

免疫程序:基础免疫3针,于第0天,第7天、第28天各注射1次;基础免疫后1年应加强免疫1次,每1次1.0mL。

2.Ⅱ型肾综合征出血热灭活疫苗(Haemorrhagic Fever With Renal Syndrome(Type Ⅱ)Vaccine,Inactivated)

本品系用Ⅱ型肾综合征出血热病毒接种原代地鼠肾细胞,经培养、收获病毒液、灭活病毒、加入氢氧化铝佐剂制成。为橘红色微浑浊液体,含硫柳汞防腐剂。

免疫程序同Ⅰ型肾综合征出血热灭活疫苗。

3.双价肾综合征出血热灭活疫苗(Haemorrhagic Fever With Renal Syndrome Bivalent Vaccine,Inactivated)

本品系用Ⅰ型和Ⅱ型肾综合征出血热病毒接种原代地鼠肾细胞,经培养、收获病毒液、灭活病毒、纯化,混合后加入人白蛋白保护剂和氢氧化铝佐剂制成,为橘红色半微浑浊液体,含硫柳汞防腐剂。

免疫程序同Ⅰ型肾综合征出血热灭活疫苗。

(十三)狂犬病疫苗

【接种对象】凡被狂犬或其他疯动物咬伤、抓伤时,不分年龄、性别均应立即处理局部伤口(用清水或肥皂水反复冲洗后再用碘酊或乙醇消毒数次),并及时按暴露后免疫程序注射本疫苗;凡有接触狂犬病病毒危险的人员(如兽医、动物饲养员、林业从业人员、屠宰场工人、狂犬病实验人员等),按暴露前免疫程序预防接种。

【不良反应】注射后有轻微局部及全身反应,可自行缓解,偶有皮疹。若有速发型过敏反应、神经性水肿、荨麻疹等较严重不良反应者,可做对症治疗。

【禁忌证】(1)由于狂犬病是致死性疾病,暴露后程序接种疫苗无任何禁忌证;(2)暴露前程序接种时遇发热、急性疾病、严重慢性疾病、神经系统疾病、过敏性疾病或对抗生素、生物制品有过敏反应者禁用。哺乳期、妊娠期妇女建议推迟注射本疫苗。

【制剂与免疫程序】

1.人用狂犬病疫苗(Vero细胞)(Rabies Vaccine(Vero Cell) for Human Use)

本品系用狂犬病病毒固定毒株接种Vero细胞,培养后,收获病毒液,经灭活病毒、浓缩、纯化,加入适宜的稳定剂,可加入氢氧化铝佐剂制成。为乳白色浑浊液体,含硫柳汞防腐剂。于2~8℃避光保存和运输。

免疫程序:

(1)使用前将疫苗振摇成均匀悬液。

(2)于上臂三角肌肌内注射,幼儿可在大腿前外侧区肌内注射。

(3)暴露后免疫程序:一般咬伤者于0天(第1天,当天)、3天(第4天,以下类推)、7天、14天、28天各注射本疫苗1剂,共5针,儿童用量相同。

对有下列情形之一的建议首剂狂犬病疫苗剂量加倍给予。

①注射疫苗前 1 个月内注射过免疫球蛋白或抗血清者。

②先天性或获得性免疫缺陷患者。

③接受免疫抑制剂(包括抗疟疾药物)治疗的患者。

④老年人及患慢性病者。

⑤于暴露后 48 小时或更长时间后才注射狂犬病疫苗的人员。

暴露后免疫程序按下述伤及程度分级处理:

I 级暴露　触摸动物,被动物舔及无破损皮肤,一般不需处理,不必注射狂犬病疫苗。

II 级暴露　未出血的皮肤咬伤、抓伤,破损的皮肤被舔及,应按暴露后免疫程序接种狂犬病疫苗。

III 级暴露　一处或多处皮肤出血性咬伤或被抓伤出血,可疑或确诊的疯动物唾液污染黏膜,应按暴露后程序立即接种狂犬病疫苗和抗血清或免疫球蛋白。抗狂犬病血清按 40IU/kg 给予,或狂犬患者免疫球蛋白按 20IU/kg 给予,将尽可能多的抗狂犬病血清或狂犬患者免疫球蛋白咬伤局部浸润注射,剩余部分肌内注射。

(4)暴露前免疫程序:按 0 天、7 天、28 天接种,共接种 3 针。

(5)对曾经接种过狂犬病疫苗的一般患者再需接种疫苗的建议:

①1 年内进行过全程免疫,被可疑疯动物咬伤者,应于 0 天和 3 天各接种 1 剂疫苗。

②1 年前进行过全程免疫,被可疑疯动物咬伤者,则应全程接种疫苗。

③3 年内进行过全程免疫,并且进行过加强免疫,被可疑动物咬伤者,于 0 天和 3 天各接种 1 剂疫苗。

④进行过全程免疫,并且进行过加强免疫但超过 3 年,被可疑疯动物咬伤者,则应全程接种疫苗。

2.冻干人用狂犬病疫苗(Vero 细胞)(Rabies Vaccine(Vero Cell) for Human Use, Freeze-dried)

本品系用狂犬病病毒固定毒株接种 Vero 细胞,培养后,收获病毒液,经灭活病毒、浓缩、纯化,加入适宜的稳定剂冻干制成。为白色疏松体,复溶后为澄明液体,含硫柳汞防腐剂。

免疫程序同人用狂犬病疫苗(Vero 细胞)。

3.人用狂犬病疫苗(地鼠肾细胞)(Rabies Vaccine(Hamster Kidney Cell) for Human Use)

本品系用狂犬病病毒固定毒株接种原代地鼠肾细胞,培养后,收获病毒液,经灭活病毒、浓缩、纯化,加入适宜的稳定剂,可加入氢氧化铝佐剂制成。含佐剂疫苗为乳白色浑浊液体,不含佐剂疫苗为无色澄明液体,含硫柳汞防腐剂。

免疫程序同人用狂犬病疫苗(Vero 细胞)。

(十四)麻疹疫苗

【接种对象】8 个月龄以上的麻疹易感者。

【不良反应】在 6～10 天内,少数儿童可能出现一过性发热反应以及散在皮疹,一般不超过 2 天可自行缓解,通常不需特殊处理,必要时可对症治疗。

【禁忌证】(1)患严重疾病者、急性或慢性感染者、发热者;(2)对鸡蛋有过敏史者;(3)妊娠期妇女。

【制剂与免疫程序】

1.麻疹减毒活疫苗（Measles Vaccine，Live）

本品系用麻疹病毒减毒株接种原代鸡胚细胞，经培养、收获病毒液，加入适宜稳定剂冻干制成。为乳酪色疏松体，复溶后为橘红色或淡粉红色澄明液体。

2.麻疹腮腺炎联合减毒活疫苗（Measles and Mumps Combined Vaccine，Live）

本品系用麻疹病毒减毒株和腮腺炎病毒减毒株分别接种原代鸡胚细胞，经培养、收获病毒液，按比例混合配置，加适宜稳定剂冻干制成。为乳酪色疏松体，复融后为橘红色澄明液本。

3.麻疹风疹腮腺炎联合疫苗（Measles，Mumps and Rubella Vaccine，Live）

本品是一种无菌冻干制品，外观为乳酪色疏松体，溶解后为橘红色澄明液体。制品内含三种病毒成分：麻疹病毒系用麻疹病毒减毒株接种于 SPF 鸡胚细胞，经培育后收获病毒；腮腺炎病毒系用腮腺炎减毒株接种于 SPF 鸡胚细胞，经培育后收获病毒；风疹病毒系用风疹减毒株接种于人二倍体细胞（2BS 株），经培育后收获病毒。三种病毒混合并加入适宜稳定剂后冻干制成。用于预防麻疹、腮腺炎和风疹三种疾病。

（十五）风疹疫苗

【接种对象】8 个月龄以上的风疹易感者。

【不良反应】在 6～11 天内，个别人可能出现一过性发热反应及轻微皮疹，一般不超过 2 天可自行缓解；成人接种后 2～4 周内，个别人可能出现轻度关节反应，一般不需要特殊处理，必要时可对症治疗。

【禁忌证】(1)患严重疾病、发热者；(2)对有过敏史者；(3)妊娠期妇女。

【制剂与免疫程序】

1.风疹减毒活疫苗（人二倍体细胞）（Rubella Vaccine C（Human Diploid Cell），Live）

本品系用风疹病毒减毒株接种人二倍体细胞，经培养、收获病毒液，加入适宜稳定剂冻干制成。为乳酪色疏松体，复溶后应为橘红色澄明液体。

2.风疹减毒活疫苗（兔肾细胞）（Rubella Vaccine（Rabbit Kidney Cell），Live）

本品系用风疹病毒减毒株接种原代兔肾细胞，经培养、收获病毒液，加适宜稳定剂冻干制成。为乳酪色疏松体，复溶后为橘红色澄明液体。

（十六）腮腺炎疫苗

【接种对象】8 个月龄以上的腮腺炎易感者。

【不良反应】在 6～10 天内，个别人可能出现一过性发热反应及轻微皮疹，一般不超过 2 天可自行缓解，通常不需特殊处理，必要时可对症治疗。

【禁忌证】(1)患严重疾病、急性或慢性感染、发热者；(2)对鸡蛋有过敏史者；(3)妊娠期妇女。

【制剂与免疫程序】

腮腺炎减毒活疫苗（Mumps Vaccine，Live）

本品系用腮腺炎病毒减毒株接种原代鸡胚细胞，经培养、收获病毒液，加适宜稳定剂冻干制成。为乳酪色疏松体，复溶后应为橘红色或淡粉红色澄明液体。

免疫程序见预防接种总论。多价参考麻疹疫苗。

（十七）流感疫苗

【接种对象】参考疫苗说明书。

【不良反应】少数人注射后12～24小时注射部位出现红、肿、痛、触痛和痒等，一般可很快消失，不影响正常活动。少数人出现肌肉疼痛、关节疼痛、头痛、不适和发热等全身反应。过敏反应一般出现于对鸡蛋蛋白过敏者。

【禁忌证】(1)发热、患急性疾病及感冒者；(2)有格林巴利综合征病史者；(3)对鸡蛋过敏或有其他过敏史者；(4)妊娠期妇女。

【注意事项】(1)严禁静脉注射；(2)注射后出现任何神经系统反应者，禁止再次使用；(3)疫苗中有异物、有摇不散的沉淀，疫苗瓶有裂纹或标签不清者，均不得使用；(4)应备有肾上腺素等药物，偶有发生严重过敏反应时急救用。接受注射者在注射后应在现场休息片刻；(5)严禁冻结。

【制剂与免疫程序】

1.流感全病毒灭活疫苗(Influenza Vaccine(Whole Virion)，Inactivated)

本品系用甲型和乙型流行性感冒病毒当年的流行株或相似株，分别接种鸡胚，经培养、收获病毒液、灭活、浓缩、纯化后制成。为微乳白色液体，含硫柳汞防腐剂。

免疫程序参考说明书。

2.流感病毒裂解疫苗(Influenza Vaccine(Split Virion)，Inactivated)

本品系用世界卫生组织(WHO)推荐的、并经国家食品药品监督管理局批准的流行性感冒病毒当年流行株，分别接种鸡胚培养，收获的病毒液经浓缩、裂解和纯化后制成的裂解疫苗。为轻微乳白色液体，含硫柳汞防腐剂。

免疫程序参考说明书。

3.流行性感冒亚单位疫苗(AGRIPPAL S1)

成分和免疫程序参考说明书。

（十八）乙型肝炎疫苗

【接种对象】本疫苗适用于乙型肝炎易感者，尤其下列人员：(1)新生儿，特别是母亲为HBsAg、HBeAg阳性者；(2)从事医疗工作的医护人员及接触血液的实验人员。

【不良反应】个别人可有注射部位疼痛、红肿或中、低度发热，一般不需特殊处理，可自行缓解，必要时可对症治疗。

【禁忌证】(1)发热、患急性或慢性严重疾病者；(2)对酵母成分过敏者。

【制剂与免疫程序】

1.重组乙型肝炎疫苗(酵母)(Hepatitis B Vaccine Made by Recombinant DNA Techniques in Yeast)

本品系由重组酵母表达的乙型肝炎病毒表面抗原(HbsAg)经纯化，加氢氧化铝佐剂制成。为乳白色混悬液体，可因沉淀而分层，易摇散，含硫柳汞防腐剂。

2.重组(汉逊酵母)乙型肝炎疫苗(Recombinant Hepatitis B Vaccine (Yeast))

本品系由重组汉逊酵母表达的乙型肝炎病毒表面抗原(HbsAg)经纯化，加佐剂吸附后制成。疫苗为白色混悬液体，可因沉淀而分层，易摇散，不应有摇不散的块状物。

3.重组乙型肝炎疫苗(CHO细胞)(Hepatitis B Vaccine Made by Recombinant DNA Techniques in CHO cell)

本品系由重组 CHO 细胞表达的乙型肝炎病毒表面抗原(HBsAg)经纯化,加入氢氧化铝佐剂制成。为乳白色悬浊液体,可因沉淀而分层,易摇散,含硫柳汞防腐剂。

4.甲乙型肝炎联合疫苗(Hepatitis A and B Combined Vaccine)

本品系由氢氧化铝吸附的纯化灭活甲型肝炎病毒和重组(酵母)表达的纯化乙肝表明抗原(HBsAg)混合而成,为白色混悬液体,可因沉淀而分层,易摇散,不应有摇不散的块状物。本品含灭活甲肝病毒抗原、重组 HBsAg、氢氧化铝、氯化钠和注射用水。

(十九)甲型肝炎疫苗

【接种对象】甲肝减毒活疫苗为 1 岁半以上的甲型肝炎易感者。灭活疫苗为甲肝易感者。

【不良反应】注射疫苗后少数可能出现局部疼痛、红肿,一般在 72 小时内自行缓解。偶有支疹出现,不需特殊处理,必要时可对症治疗。

【禁忌证】(1)身体不适,腋温超过 37.5℃者;(2)患急性传染病或其他严重疾病者;(3)免疫缺陷或接受免疫抑制剂治疗者;(4)过敏体质者。

【制剂与免疫程序】

1.甲型肝炎减毒活疫苗(Hepatitis A Vaccine,Live)

本品系用甲型肝炎病毒减毒株接种人二倍体细胞,经培养、收获病毒液、提纯制成。为澄明液体。

2.冻干甲型肝炎减毒活疫苗(Hepatitis A (Live)Vaccine,Freeze-dried)

本品系用甲型肝炎病毒减毒株接种人二倍体细胞,经培养、收获病毒液、提纯,加适宜的稳定剂冻干制成。为乳酪色疏松体,复溶后为澄明液体。

3.甲肝灭活疫苗(Inactitaved Hepatitis A Vaccine)

本品系用甲型肝炎病毒株接种人胚肺二倍体细胞株,经培养繁殖、收获、提纯、甲醛灭活和氢氧化铝吸附制成。本品为有微量乳白色沉淀的液体,含有甲肝病毒抗原、氢氧化铝、磷酸氢二钠、磷酸二氢钠、氯化钠、注射用水等。不含防腐剂。

4.联合疫苗

参考乙型肝炎疫苗。

(二十)脊髓灰质炎疫苗

【接种对象】主要为 2 个月龄以上的儿童。

【不良反应】个别人有发热、恶心、呕吐、腹泻和皮疹。一般不需特殊处理,必要时可对症治疗。

【禁忌证】(1)发热、患急性传染病者;(2)患免疫缺陷症、接受免疫抑制剂治疗者;(3)妊娠期妇女。

【制剂与免疫程序】

1.脊髓灰质炎减毒活疫苗糖丸(人二倍体细胞)(Poliomyelitis Vaccine in Dragee Candy (Human Diploid Cell),Live)

本品系用脊髓灰质炎病毒 I、II、III 型减毒株分别接种在人二倍体细胞,经培养、收获病毒液后制成,为白色固体糖丸。

2.口服脊髓灰质炎减毒活疫苗(猴肾细胞)(Poliomyelitis (Live)Vaccine (Monkey Kidney Cell),Oral)

本品系用脊髓灰质炎病毒Ⅰ、Ⅱ、Ⅲ型减毒株分别接种于原代猴肾细胞,经培养、收获病毒液制成,为橘红色液体。

3.脊髓灰质炎减毒活疫苗糖丸(猴肾细胞)(Poliomyelitis Vaccine in Dragee Candy (Monkey Kidney Cell),Live)

本品系用脊髓灰质炎病毒Ⅰ、Ⅱ、Ⅲ型减毒株分别接种于原代猴肾细胞,经培养、收获病毒液后制成,为白色固体糖丸。

(二十一)水痘疫苗

【接种对象】年龄为1岁以上的水痘易感者,主要用于健康儿童。

【不良反应】在6—18天时,少数人可有短暂发热、轻微皮疹或疱疹,一般不需特殊处理,必要时可对症治疗。

【禁忌证】(1)患严重疾病(急性或慢性感染)、发热者;(2)有过敏史者。

【制剂与免疫程序】

水痘减毒活疫苗(Varicella Vaccine,Live)

本品系用水痘—带状疱疹病毒Oka株接种人二倍体细胞MRC-5株,经培养,收获病毒并加适宜稳定剂后冻干制成,为乳白色疏松体,复溶后为淡黄色澄清液体。

(二十二)轮状病毒疫苗

【接种对象】本疫苗主要用于2个月至3岁婴幼儿。

【不良反应】偶有发热、呕吐、腹泻等轻微反应,多为一过性,一般无需特殊处理。必要时给予对症治疗。

【禁忌证】(1)身体不适,发热,腋温37.5℃以上者;(2)急性传染病或其他严重疾病患者;(3)免疫缺陷和接受免疫抑制治疗者。

【制剂与免疫程序】

口服轮状病毒活疫苗(Live Rotavirus Vacine,Oral)

口服轮状病毒活疫苗系采用轮状病毒减毒株感染新生儿小牛肾细胞,经培育、收获病毒液后加入适宜的甜味保护剂制成,为橙红或粉红色澄清液体。

免疫程序参考说明书。

(二十三)肺炎球菌疫苗

【接种对象】用于2岁以上的以下人群的接种:

(1)选择性接种

50岁及超过50岁以上者;患有可增加肺炎球菌感染性疾病危险的慢性疾病者,如心血管疾病、肺部疾患、肝及肾脏功能受损者;免疫缺陷患者,如脾切除者或是由镰状细胞性疾病及其他原因引起的脾功能障碍者;患有其他慢性疾病而可能感染肺炎球菌的高危人群(如乙醇滥用)及并存如糖尿病、慢性脑脊髓液渗漏、免疫抑制等因此可引起更严重的肺炎球菌病患者,或是反复发作的上呼吸道疾病,包括中耳炎、副鼻窦炎等;何杰金氏病患者。

(2)群体接种

群体接触密切者,如寄宿学校、养老院及其他相似场所;具有发生流行性感冒并发症高度危险者,特别是肺炎;当疫苗中含有的某型肺炎球菌在社区人群中发生暴发流行时,社区人群为高危人群。

(3)再接种

一般无需对成年人常规再接种;脾切除者;10 岁以下脾切除或患有镰状细胞性贫血症的儿童。

【不良反应】(1)可能在注射部位出现暂时的疼痛、红肿、硬结和短暂的全身发热反应等轻微反应,一般均可自行缓解。必要时可给予对症治疗。罕见的不良反应有头痛、不适、虚弱乏力、淋巴结炎、过敏样反应,血清病,关节痛,肌痛,皮疹,荨麻疹。对稳定的特发性血小板减少性紫癜的患者,会极偶然地在接种后的 2 至 14 天血小板减少复发,并可持续 2 周。在接种肺炎双球菌疫苗的人群中,也罕有神经系统异常的报道,如感觉异常、急性神经根病变等,但与其因果关系尚未被证实。(2)因对疫苗成分过敏而引起的急性反应,应注射 1:1000 的肾上腺素。

【禁忌证】(1)对疫苗中任何成分过敏者禁用本品;(2)除接种对象项目中所列适用者外,均禁止接种本品。

【制剂与免疫程序】

1.23 价肺炎球菌多糖疫苗(23-Valent pneumococcal polysaccharide vaccine)

本品系采用 23 种最广泛流行、最具侵袭性的血清型肺炎球菌,包括血清型 1、2、3、4、5、6E、7F、8、9N、9V、10A、11A、12F、14、15B、17F、18C、19A、19F、20、22F、23F 和 33F,经培养、提纯制成的多糖疫苗。成品为无色、透明的液体注射剂。含 0.25%苯酚作防腐剂。于 2～8℃避光保存和运输。

免疫程序:上臂外侧三角肌皮下或肌内注射,一次注射 0.5mL。

(1)何杰金氏病患者如需接种疫苗可在治疗开始前 10 天给予。如果进行放疗或化疗至少应在开始前 14 天给予,以产生最有效的抗体免疫应答。治疗开始前不足 10 天及治疗期间不主张免疫接种。

(2)免疫缺陷患者,应于术前两周接种。

(3)脾切除者,每 5 年加强免疫一次,一次注射剂量 0.5mL。

(4)对 10 岁以下脾切除或患有镰状细胞性贫血的儿童,应每隔 3～5 年加强免疫一次,一次注射 0.5mL。

二、被动免疫制剂

(一)免疫球蛋白

免疫球蛋白从免疫人体或动物的血浆或血清中提取,经检测乙肝表面抗原阴性,丙肝抗体阴性、人类免疫缺陷病毒(HIV1、HIV2)阴性的免疫制剂,可分为同源人类免疫球蛋白和异体高价免疫血清。接种免疫球蛋白可短时间内产生保护作用,这种保护作用能够持续数星时间。

同源人类免疫球蛋白是从人体的血液或血清中提取的,通常有两种类型,即同源人类抗体/免疫球蛋白、同源人类高价免疫球蛋白。

1.同源人类抗体/免疫球蛋白

同源人类抗体/免疫球蛋白由许多成年捐献者的 IgG 抗体片段组成,主要用于甲肝和麻疹暴露后的初步预防。由于它来自许多不同的捐献者,因此含有针对许多不同抗原的抗体,如麻疹抗体、腮腺炎抗体、水痘抗体、甲肝抗体和其他正在人群中流行疾病的抗体。

(1)适应证和用法

　　同源人类抗体/免疫球蛋白可以通过肌内注射途径用于甲肝、麻疹、风疹暴露后的预防。静脉注射同源人类抗体/免疫球蛋白可用于先天丙种球蛋白缺乏症和低丙种球蛋白血症的替代治疗，也可用于治疗先天血小板减少性紫癜、川崎病、预防骨髓移植后感染、HIV 感染患儿再发细菌性感染，通过血浆交换用于格林巴利综合征的治疗。同源人类抗体/免疫球蛋白也可以通过肌内注射或皮下注射途径作为替代治疗，但是静脉注射途径更为常用。

　　①甲肝

　　甲肝疫苗用于易感者的免疫保护，包括用于甲肝高流行地区（除北欧、西欧、北美、日本、澳大利亚、新西兰的其他地区）旅行者的免疫预防。随着卫生条件的提高，肌内注射普通免疫球蛋白不再推荐作为国际旅行者的常规保护措施，但是对于免疫功能异常的个体，如果接种甲肝疫苗后不能产生足够的抗体的话，仍需注射免疫球蛋白。

　　②麻疹

　　肌内注射免疫球蛋白可以保护或者削弱麻疹对免疫不足个体的威胁。免疫功能低下的儿童和成人暴露于麻疹病毒后应尽快接种免疫球蛋白，72 小时内注射最有效，6 天以内注射有效。

　　对于个体而言，在麻疹暴露之前 3 周内，以 100mg/kg 的剂量静脉注射免疫球蛋白可以预防个体麻疹感染。

　　如果下列个体曾经接触过麻疹确诊病例或者可疑病例，应该考虑肌内注射免疫球蛋白：非免疫妊娠期妇女、9 月龄以下儿童。

　　③风疹

　　肌内注射免疫球蛋白不能保护非免疫个体的风疹暴露，不推荐用于妊娠期妇女的免疫保护。使用免疫球蛋白可以减少临床发作的可能性，从而减少对胎儿的风险，因此如果妊娠期妇女不愿终止妊娠，则应在暴露之后尽早注射免疫球蛋白。

　　（2）注意事项

　　同源人类抗体/免疫球蛋白不能用于含有对免疫球蛋白 A 抗体的患者。

　　静脉用同源人类抗体/免疫球蛋白很少诱发血栓栓塞，但肥胖个体和具有发生动静脉血栓的个体应该谨慎使用。

　　同源人类抗体/免疫球蛋白可能影响活病毒疫苗的免疫应答，所以在其使用前至少三周或者使用后至少 3 个月接种活病毒疫苗（不包括黄热病疫苗，因为普通免疫球蛋白不包括针对此病毒的抗体），更多注意事项详见产品说明。

　　（3）不良反应

　　使用同源人类抗体/免疫球蛋白的不良反应包括机体不适、寒战、发热和过敏反应（极少发生）。

　　2.同源人类高效价免疫球蛋白

　　同源人类高效价免疫球蛋白是一种含有高滴度的特异性抗体的制品，由含有高水平抗体的捐献者血清制备。但是，由于高效价免疫球蛋白来自人体，它也含有少量其他抗体。高效价免疫球蛋白被用于一些疾病暴露后的预防，包括乙肝、狂犬病、破伤风和水痘。

　　（1）乙肝

　　虽然现在乙肝疫苗用于高危人群的免疫保护，但是在下列情况下应该使用乙肝疫苗和乙肝免疫球蛋白联合免疫：①意外（经皮肤、黏膜）暴露；②和乙肝表面抗原阳性的个体有性暴露;③婴儿在围产期暴露。

暴露后尽早肌内注射乙肝免疫球蛋白,成人和 10 岁以上的儿童使用 500 单位,小于 5 岁的儿童使用 200 单位,5~9 岁的儿童使用 300 单位;新生儿应在出生后尽早接种 200 单位。

(2)狂犬病

未免疫个体暴露于从高危地区或来自于高危地区的动物,应该立即用肥皂水清洗伤口并使用抗狂犬病免疫球蛋白,大部分剂量浸润注射在伤口周围,余下的剂量一次性肌内注射(同侧大腿,头部咬伤可注射于颈背部肌肉)。同时接种狂犬疫苗,20 单位/kg 浸润注射在洁净伤口周围,如果伤口不明显或伤口已经愈合,可以在同侧大腿肌内注射(远离疫苗接种部位)。

(3)破伤风

有可能感染破伤风伤口的处理

及早彻底清创,使用抗破伤风免疫球蛋白、适当使用抗生素和含有破伤风的疫苗。对于确定的破伤风感染,彻底清创、联合使用抗破伤风免疫球蛋白和灭滴灵。

肌内注射抗破伤风免疫球蛋白

预防性使用:肌内注射 250 单位,如果感染后超过 24 小时或者新生儿破伤风严重感染可增加剂量至 500 单位。

治疗性使用:150 单位/kg(多部位)

A. 人免疫球蛋白(Human Immunoglobulin)

【适应证】主要用于预防麻疹和传染性肝炎。若与抗生素合并使用,可提高对某些严重细菌和病毒感染的疗效。

【注意事项】(1)本品出现混浊,有摇不散的沉淀、异物或玻瓶有裂纹、过期失效、均不可使用;(2)开瓶后应一次注射完毕,不得分次使用;(3)运输及贮存过程中严禁冻结。

【禁忌证】(1)对免疫球蛋白过敏或有其他严重过敏史者;(2)有 IgA 抗体的选择性 IgA 缺乏者。

【用法和用量】

用法:只限于肌内注射,不得用于静脉输注。

剂量:

(1)预防麻疹:为预防发病或减轻症状,可在与麻疹患者接触 7 日内按每 kg 体重注射 0.05~0.15mL,5 岁以下儿童注射 1.5~3.0mL,6 岁以上儿童最大注射量不超过 6mL。一次注射预防效果通常为 2~4 周。

(2)预防传染性肝炎:按每 kg 体重注射 0.05~0.1mL 或成人一次注射 3mL,儿童一次注射 1.5~3mL,一次注射预防效果通常为一个月左右。

另有制剂冻干人免疫球蛋白(Lyophilized Human Immunoglobulin)。

B. 人乙型肝炎免疫球蛋白(Human Hepatitis B Immunoglobulin)

【适应证】主要用于乙型肝炎预防。适用于(1)乙型肝炎表面抗原(HbsAg)阳性的母亲及所生的婴儿;(2)意外感染的人群;(3)与乙型肝炎患者和乙型肝炎病毒携带者密切接触者。

【注意事项】(1)本品应为无色或淡黄色可带乳光澄清液体,久存可能出现微量沉淀,但一经摇动应立即消散,如有摇不散的沉淀或异物不得使用;(2)安瓿破裂、过期失效者不得使用;(3)本品开启后,应一次输注完毕,不得分次使用或给第二个人使用。

【禁忌证】(1)对人免疫球蛋白过敏或有其他严重过敏史者;(2)有 IgA 抗体的选择性 IgA 缺乏者。

【用法和用量】

用法:本品只限肌内注射,不得用于静脉输注。

剂量:

(1)母婴阻断:HBsAg 阳性母亲所生婴儿出生 24 小时内注射本品 100IU;注射乙型肝炎疫苗的剂量及时间见乙型肝炎疫苗说明书或按医生推荐的其他适宜方案。

(2)乙型肝炎预防:一次注射量儿童为 100IU,成人为 200IU,必要时可间隔 3~4 周再注射一次。

(3)意外感染者,立即(最迟不超过 7 天)按体重注射 8IU~10IU/kg,隔月再注射 1 次。

C. 人狂犬病免疫球蛋白(Human Rabies Immunoglobulin)

【适应证】主要用于被狂犬或其他疯动物咬伤、抓伤患者的被动免疫。

【注意事项】(1)本品不得用作静脉注射;(2)本品肌内注射不需做皮肤敏感试验;(3)如有异物或摇不散的沉淀,安瓿出现裂纹或过期失效等情况,不得使用。

【禁忌证】对人免疫球蛋白过敏或有其他严重过敏史者。

【用法和用量】

用法:及时彻底清创后,于受伤部位用本品总剂量的 1/2 皮下浸润注射,余下 1/2 进行肌内注射(头部咬伤者可注射于背部肌肉)。

剂量:注射剂量按 20IU/kg 体重计算(或遵医嘱),一次注射,如所需总剂量大于 10mL,可在 1~2 日内分次注射。随后即可进行狂犬病疫苗注射,但两种制品的注射部位和器具要严格分开。

另有制剂冻干人狂犬病免疫球蛋白(Lyophilized Human Rabies Immunoglobulin)。

D. 人破伤风免疫球蛋白(Human Tetanus Immunoglobulin)

【适应证】主要用于预防和治疗破伤风,尤其适用于对破伤风抗毒素(TAT)有过敏反应者。

【注意事项】(1)应用本品作被动免疫的同时,可使用吸附破伤风疫苗进行自动免疫,但注射部位和用具应分开;(2)制品应为澄清或可带乳光液体,可能出现微量沉淀,但一经摇动应立即消散。若有摇不散的沉淀或异物,以及安瓿有裂纹、过期失效等情况,均不得使用;(3)开瓶后,制品应一次注射完毕,不得分次使用。

【禁忌证】对人免疫球蛋白类制品有过敏史者禁用。

【用法和用量】

用法:供臀部肌内注射,不需作皮试,不得用作静脉注射。

剂量:

(1)预防剂量:儿童、成人一次用量 250IU。创面严重或创面污染严重者可加倍。

(2)参考治疗剂量:3000~6000IU,尽快用完,可多点注射。

另有制剂冻干人破伤风免疫球蛋白(Lyophilized Human Tetanus Immunoglobulin)。

（二）抗血清

异体高价免疫血清也被称为抗毒素，这种产品在动物（通常是马或马科动物）体内产生，包含的抗体只针对某一种抗原。这种产品存在的问题是血清病，一种对马蛋白的免疫反应（过敏反应）。因为其经常伴随高敏反应，所以同源人类免疫球蛋白已经代替了异体免疫血清（抗毒素）。

1. 白喉抗毒素（Diphtheria Antitoxin）

【适应证】用于预防和治疗白喉。对已出现白喉症状者应及早注射抗毒素治疗。未经白喉类毒素免疫注射或免疫史不清者，如与白喉患者有密切接触，可注射抗毒素进行紧急预防，但也应同时进行白喉类毒素预防注射，以获得持久免疫。

【注意事项】

（1）本品为液体制品。制品混浊、有摇不散的沉淀、异物或安瓿有裂纹、标签不清者均不能使用。安瓿打开后应一次用完。

（2）一次注射须保存详细记录，包括姓名、性别、年龄、住址、注射次数、上次注射后的反应情况、本次过敏试验结果及注射后反应情况、所用抗毒素的生产单位名称及批号等。

（3）注射用具及注射部位应严格消毒。注射器宜专用，如不能专用，用后应彻底洗净处理，最好干烤或高压蒸汽灭菌。同时注射类毒素时，注射器须分开。

（4）使用抗毒素须特别注意防止过敏反应。注射前必须先做过敏试验并详细询问既往过敏史。凡本人及其直系亲属曾有支气管哮喘、花粉症、湿疹或血管神经性水肿等病史，或对某种物质过敏，或本人过去曾注射马血清制剂者，均须特别提防过敏反应的发生。

①过敏试验：用氯化钠注射液将抗毒素稀释 10 倍（0.1mL 抗毒素加 0.9mL 氯化钠注射液），在前臂掌侧皮内注射 0.05mL，观察 30 分钟。注射部位无明显反应者，即为阴性，可在严密观察下直接注射抗毒素。如注射部位出现皮丘增大、红肿、浸润，特别是形似伪足或有痒感者，为阳性反应，必须用脱敏法进行注射。如注射局部反应特别严重或伴有全身症状，如荨麻疹、鼻咽刺痒、喷嚏等，则为强阳性反应，应避免使用抗毒素。如必须使用时，则应采用脱敏注射，并做好抢救准备，一旦发生过敏休克，立即抢救。

无过敏史者或过敏反应阴性者，也并非没有发生过敏休克的可能。为慎重起见，可先注射小量于皮下进行试验，观察 30 分钟，无异常反应，再将全量注射于皮下或肌内。

②脱敏注射法：在一般情况下，可用氯化钠注射液将抗毒素稀释 10 倍，分小量数次作皮下注射，一次注射后观察 30 分钟。第 1 次可注射 10 倍稀释的抗毒素 0.2mL，观察无发绀、气喘或显著呼吸短促、脉搏加速时，即可注射第 2 次 0.4mL，如仍无反应则可注射第 3 次 0.8mL，如仍无反应即可将安瓿中未稀释的抗毒素全量作皮下或肌内注射。有过敏史或过敏试验强阳性者，应将第 1 次注射量和以后的递增量适当减少，分多次注射，以免发生剧烈反应。

（5）门诊患者注射抗毒素后，须观察 30 分钟方可离开。

【禁忌证】过敏试验为阳性反应者慎用。

【用法和用量】

用法：皮下注射应在上臂三角肌附着处。同时注射类毒素时，注射部位须分开。肌内注射应在上臂三角肌中部或臀大肌外上部。只有经过皮下或肌内注射未发生反应者方可作静脉注射。静脉注射应缓慢，开始每分钟不超过 1mL，以后每分钟不宜超过 4mL。一次静脉注射不应超过 40mL,儿童每 1kg 体重不应超过 0.8mL,亦可将抗毒素加入葡萄糖注射液、氯化钠注射液等液体中静脉滴注。静脉注射前将安瓿在温水中加热至接近体温,注射中发生异常反应,应立即停止。白喉抗毒素免疫程序如表 12-3 所示。

剂量:

(1)预防:1 次皮下或肌内注射 1000～2000IU。

(2)治疗:下表可作参考,应力争早期大量注射。

表 12-3　白喉抗毒素免疫程序

假膜所侵范围	注射与发病相距时间/小时	应注射抗毒素剂量/IU	假膜所侵范围	注射与发病相距时间/小时	应注射抗毒素剂量/IU
一边扁桃体	24	8000	二边扁桃体、悬雍垂、鼻咽或喉部	24	24000
	48	16000		48	48000
	72	32000		72	72000
二边扁桃体	24	16000	白喉病变（仅限于鼻部）		8000～16000
	48	32000			
	72	48000			

另有制剂冻干白喉抗毒素(Diphtheria Antitoxin,Freeze-dried)

2.破伤风抗毒素(Tetanus Antitoxin)

【适应证】用于预防和治疗破伤风。已出现破伤风或其可疑症状时,应在进行外科处理及其他疗法的同时,及时使用抗毒素治疗。开放性外伤(特别是创口深、污染严重者)有感染破伤风的危险时,应及时进行预防。凡已接受过破伤风类毒素免疫注射者,应在受伤后再注射 1 针类毒素加强免疫,不必注射抗毒素;未接受过类毒素免疫或免疫史不清者,须注射抗毒素预防,但也应同时开始类毒素预防注射,以获得持久免疫。

【注意事项】

(1)本品为液体制品。制品混浊、有摇不散的沉淀、异物或安瓿有裂纹、标签不清、过期失效者均不能使用。安瓿打开后应一次用完。

(2)一次注射须保存详细记录,包括姓名、性别、年龄、住址、注射次数、上次注射后的反应情况、本次过敏试验结果及注射后反应情况、所用抗毒素的生产单位名称及批号等。

(3)注射用具及注射部位应严格消毒。注射器宜专用,如不能专用,用后应彻底洗净处理,最好干烤或高压蒸汽灭菌。同时注射类毒素时,注射器须分开。

(4)使用抗毒素须特别注意防止过敏反应。注射前必须先做过敏试验并详细询问既往过敏史。凡本人及其直系亲属曾有支气管哮喘、花粉症、湿疹或血管神经性水肿等病史,或对某种物质过敏,或本人过去曾注射马血清制剂者,均须特别提防过敏反应的发生。

①过敏试验:用氯化钠注射液将抗毒素稀释 10 倍(0.1mL 抗毒素加 0.9mL 氯化钠注射液),在前掌侧皮内注射 0.05mL,观察 30 分钟。注射部位无明显反应者,即为阴性,可在严密观察下直接注射抗毒素。如注射部位出现皮丘增大、红肿、浸润,特别是形似伪足或有痒感者,为阳性反应,必须用脱敏法进行注射。如注射局部反应特别严重或伴有全身症状,如荨麻疹、鼻咽刺痒、喷嚏等,则为强阳性反应,应避免使用抗毒素。如必须使用时,则应采用脱敏注射,并做好抢救准备,一旦发生过敏休克,立即抢救。

无过敏史者或过敏反应阴性者,也并非没有发生过敏休克的可能。为慎重起见,可先注射小量于皮下进行试验,观察30分钟,无异常反应,再将全量注射于皮下或肌内。

②脱敏注射法:在一般情况下,可用氯化钠注射液将抗毒素稀释10倍,分小量数次作皮下注射,一次注射后观察30分钟。第1次可注射10倍稀释的抗毒素0.2mL,观察无发绀、气喘或显著呼吸短促、脉搏加速时,即可注射第2次0.4mL,如仍无反应则可注射第3次0.3mL,如仍无反应即可将安瓿中未稀释的抗毒素全量作皮下或肌内注射。有过敏史或过敏试验强阳性者,应将第1次注射量和以后的递增量适当减少,分多次注射,以免发生剧烈反应。

(5)门诊患者注射抗毒素后,须观察30分钟方可离开。

【禁忌证】过敏试验为阳性反应者慎用,详见脱敏注射法。

【用法和用量】

用法:皮下注射应在上臂三角肌附着处。同时注射类毒素时,注射部位须分开。肌内注射应在上臂三角肌中部或臀大肌外上部。只有经过皮下或肌内注射未发生反应者方可作静脉注射。静脉注射应缓慢,开始每分钟不超过1mL,以后每分钟不宜超过4mL。一次静脉注射不应超过40mL,儿童每1kg体重不应超过0.8mL,亦可将抗毒素加入葡萄糖注射液、氯化钠注射液等输液中静脉滴注。静脉注射前将安瓿在温水中加热至接近体温,注射中发生异常反应,应立即停止。

剂量:

(1)预防:1次皮下或肌内注射1500～3000IU,儿童与成人用量相同;伤势严重者可增加用量1～2倍。经5～6日,如破伤风感染危险未消除,应重复注射。

(2)治疗:第1次肌内或静脉注射50000～200000IU,儿童与成人用量相同;以后视病情决定注射剂量与间隔时间,同时还可以将适量的抗毒素注射于伤口周围的组织中。初生儿破伤风,24小时内分次肌肉或静脉注射20000～100000IU。

另有制剂冻干破伤风抗毒素(Lyophilized Tetanus Antitoxin)。

3.肉毒抗毒素(Botulinum Antitoxin)

【适应证】用于预防及治疗肉毒中毒。凡已出现肉毒中毒症状者,应尽快使用本抗毒素进行治疗。对可疑中毒者亦应尽早使用本抗毒素进行预防。在一般情况下,人的肉毒中毒多为A型、B型、E型,中毒的毒素型别尚未得到确定之前,可同时使用2个型,甚至3个型的抗毒素。

【注意事项】

(1)本品为液体制品。制品混浊、有摇不散的沉淀、异物或安瓿有裂纹、标签不清、过期失效者均不能使用。安瓿打开后应一次用完。

(2)一次注射须保存详细记录,包括姓名、性别、年龄、住址、注射次数、上次注射后的反应情况、本次过敏试验结果及注射后反应情况、所用抗毒素的生产单位名称及批号等。

(3)注射用具及注射部位应严格消毒。注射器宜专用,如不能专用,用后应彻底洗净处理,最好干烤或高压蒸汽灭菌。同时注射类毒素时,注射器须分开。

(4)使用抗毒素须特别注意防止过敏反应。注射前必须做过敏试验并详细询问既往过敏史。凡本人及其直系亲属曾有支气管哮喘、花粉症、湿疹或血管神经性水肿等病史,或对某种物质过敏,或本人过去曾注射马血清制剂者,均须特别提防过敏反应的发生。

①过敏试验:用氯化钠注射液将抗毒素稀释10倍(0.1mL抗毒素加0.9mL氯化钠注

射液），在前掌侧皮内注射 0.05mL，观察 30 分钟。注射部位无明显反应者，即为阴性，可在严密观察下直接注射抗毒素。如注射部位出现皮丘增大、红肿、浸润，特别是形似伪足或有痒感者，为阳性反应，必须用脱敏进行注射。如注射局部反应特别严重或伴有全身症状，如荨麻疹、鼻咽刺痒、喷嚏等，则为强阳性反应，应避免使用抗毒素。如必须使用时，则应采用脱敏注射，并做好抢救准备，一旦发生过敏休克，立即抢救。

无过敏史者或过敏反应阴性者，也并非没有发生过敏休克的可能。为慎重起见，可先注射小量于皮下进行试验，观察 30 分钟，无异常反应，再将全量注射于皮下或肌内。

②脱敏注射法：在一般情况下，可用氯化钠注射液将抗毒素稀释 10 倍，分小量数次作皮下注射，一次注射后观察 30 分钟。第 1 次可注射 10 倍稀释的抗毒素 0.2mL，观察无发绀、气喘或显著呼吸短促、脉搏加速时，即可注射第 2 次 0.4mL，如仍无反应则可注射第 3 次0.8mL，如仍无反应即可将安瓿中未稀释的抗毒素全量作皮下或肌内注射。有过敏史或过敏试验强阳性者，应将第 1 次注射量和以后的递增量适当减少，分多次注射，以免发生剧烈反应。

(5)门诊患者注射抗毒素后，须观察 30 分钟方可离开。

【禁忌证】过敏试验为阳性反应者慎用，详见脱敏注射法。

【用法和用量】

用法：皮下注射应在上臂三角肌附着处。同时注射类毒素时，注射部位须分开。肌内注射应在上臂三角肌中部或臀大肌外上部。只有经过皮下或肌内注射未发生异常反应者方可作静脉注射。静脉注射应缓慢，开始每分钟不超过 1mL，以后每分钟不宜超过 4mL。一次静脉注射不应超过 40mL，儿童每 1kg 体重不应超过 0.8mL，亦可将抗毒素加入葡萄糖注射液、氯化钠注射液等输液中静脉滴注。静脉注射前将安瓿在温水中加热至接近体温，注射中发生异常反应，应立即停止。

剂量：

(1)预防：1 次皮下注射或肌内注射 1000～20000IU（指 1 个型）。若情况紧急，亦可酌情增量或采用静脉注射。

(2)治疗：采用肌内注射或静脉滴注。第 1 次注射 10000～20000IU（指 1 个型），以后视病情决定，可每隔约 12 小时注射 1 次。只要病情开始好转或停止发展，即可酌情减量（例如减半）或延长间隔时间。

另有制剂冻干肉毒抗毒素（Lyophilized Botulinum Antitoxin）。

4.抗蛇毒血清（Snake Antivenins）

【适应证】用于蛇咬伤者的治疗，其中蝮蛇毒血清，对竹叶青蛇和烙铁头蛇咬伤亦有疗效。咬伤后，应迅速注射本品，愈早愈好。

【注意事项】

(1)本品为液体制品。制品混浊、有摇不散的沉淀、异物或安瓿有裂纹、标签不清者均不能使用。安瓿打开后应一次用完。

(2)一次注射须保存详细记录，包括姓名、性别、年龄、住址、注射次数、上次注射后的反应情况、本次过敏试验结果及注射后反应情况、所用抗血清的生产单位名称及批号等。

(3)注射用具及注射部位应严格消毒。注射器宜专用，如不能专用，用后应彻底洗净处理，最好干烤或高压蒸汽灭菌。同时注射类毒素时，注射器须分开。

（4）使用抗血清须特别注意防止过敏反应。注射前必须先做过敏试验并详细询问既往过敏史。凡本人及其直系亲属曾有支气管哮喘、花粉症、湿疹或血管神经性水肿等病史，或对某种物质过敏，或本人过去曾注射马血清制剂者，均须特别提防过敏反应的发生。遇有血清过敏反应，用抗过敏治疗。即肌内注射扑尔敏。必要时，应用地塞米松 5mg 加入 25%（或 50%）葡萄糖注射液 20mL 中静脉注射或氢化可的松琥珀酸钠 135mg 或氢化可的松 100mg 加入 25%（或 50%）葡萄糖注射液 40mL 中静脉注射，亦可静脉滴注。

（5）对蛇咬伤者，应同时注射破伤风抗毒素 1500IU～3000IU。

（6）门诊患者注射抗血清后，需观察至少 30 分钟方可离开。

【禁忌证】　过敏试验为阳性反应者慎用。

【用法和用量】

用法：通常采用静脉注射，也可作肌内或皮下注射，一次完成。

剂量：一般蝮蛇咬伤注射抗蝮蛇毒血清 6000 IU；五步蛇咬伤注射抗五步蛇毒血清 8000 IU；银环蛇或眼镜蛇咬伤注射抗银环蛇毒血清 10000 IU 或抗眼镜蛇毒血清 2000 IU。以上剂量约可中和一条相应蛇的排毒量。视病情可酌情增减。

注射前必须做过敏试验，阴性者才可全量注射。

（1）过敏试验方法：取 0.1mL 抗血清加 1.9mL 生理氯化钠注射液，即 20 倍稀释。在前臂掌侧皮内注射 0.1mL，经 20～30 分钟，注射皮丘在 2 cm 以内，且皮丘周围无红晕及蜘蛛足者为阴性，可在严密观察下直接注射。若注射部位出现皮丘增大、红肿、浸润，特别是形似伪足或有痒感者，为阳性反应。若阳性可疑者，预先注射扑尔敏 10 mg（儿童根据体重酌减），15 分钟后再注射本品，若阳性者应采用脱敏注射法。

（2）脱敏注射法：取氯化钠注射液将抗血清稀释 20 倍。分数次做皮下注射，一次观察 10～20 分钟，第 1 次注射 0.4mL。如无反应，可酌情增量注射。注射观察 3 次以上，无异常反应者，即可做静脉、肌内或皮下注射。注射前将制品在 37℃ 水浴加温数分钟。注射时速度应慢，开始每分钟不超过 1mL 以后亦不宜超过 4mL。注射时，如有异常反应，应立即停止注射。

（三）治疗性疫苗

治疗性疫苗属于一类靶向治疗药物，是能够打破患者体内免疫耐受，重建或增强免疫应答的新型疫苗。治疗型疫苗能在已患病个体诱导特异性免疫应答，消除病原体或异常细胞，使疾病得以治疗，主要应用于目前尚无有效治疗药物的疾病，如肿瘤、自身免疫病、慢性感染、移植排斥、超敏反应等。尽管治疗性疫苗市场在疫苗行业市场中的市场份额目前很小，但是作为新兴的疫苗行业市场，已经凸显了其在商业发展上的强劲势头。

全球治疗性疫苗目前主要以癌症疫苗为主，癌症疫苗市场规模由目前上市的癌症疫苗和研究中的癌症疫苗构成。2005 年癌症疫苗市场销售额为 1590 万美元，2006 年突破 1 亿美元，2007 年 4.8 亿美元，年均增长率超过 14 倍。此外，还有大量品种处于在研中，免疫系统增强技术、基因配对技术和其他前沿技术推动了新一代疫苗的研发。新一轮的研发药物已经进入了临床试验阶段，但是目前美国 FDA 披露的 103 个癌症疫苗中有 75% 的癌症疫苗都处于研发 II 期之前，所以距离大量癌症疫苗上市还需要一定时间。

癌症疫苗的研发是基于癌细胞和正常细胞之间定性或者定量差异来进行的，并且免疫系统能够识别这些区别，通过免疫方法，识别出恶性肿瘤细胞。癌症发病率的升高对所有地区的癌症治疗将会产生重大影响。但是对于许多类型的癌症仍需要有效的治疗方法。肺癌就是一个例子,患者确诊后存活时间不到5年。传统的治疗方法无法为这些患者提供适当的治疗,这就意味着他们需要一种替代治疗计划。总体来看,由于诸多癌症发病率和死亡率的增加,癌症疫苗市场将持续增长。这为癌症疫苗的发展提供了一个非常有利的环境,Kalorama信息公司预计到2012年,美国FDA有可能通过8种疫苗,这将使总的癌症疫苗销售额超过80亿美元,未来5年年均增长率达到300%。其中宫颈癌疫苗市场份额可望超过整体癌症疫苗市场的38%,前列腺癌疫苗市场份额在预测期内将超过市场的36%。

虽然目前上市的癌症疫苗只是为癌症患者治疗提供了一个选择方案,但其已在许多的治疗中显露了良好的治疗效果。当前批准上市的癌症疫苗主要治疗膀胱癌、宫颈癌、结肠癌和黑色素癌。

膀胱癌疫苗:膀胱癌疫苗TheraCys是塞诺菲巴斯德公司生产的活体衰减型卡介苗,是美国现有的两个治疗表面膀胱癌的免疫生物制剂之一。它对于早期的膀胱癌十分有效,治疗首先通过膀胱植入卡介苗,然后机体的免疫系统开始作用于膀胱并杀伤癌细胞。它的疗程包括诱导和维持治疗两个过程。如果患者已经做了膀胱的外科治疗,治疗只能在术后1—2周进行。诱导治疗主要包括进行为期6周的每周一次剂量的疫苗滴注,然后是6周的缓解期,最后是为期3周的每周一次剂量的疫苗滴注的维持治疗。膀胱癌疫苗Pacis适用于治疗膀胱原位癌,该疫苗由Biochem Pharma率先研发并在2000年初在美国上市,Pacis是活体衰减分枝杆菌,并均有卡介苗菌株的特性。

宫颈癌疫苗:宫颈癌疫苗Gardasil是一种默克公司生产的新型预防疫苗。该疫苗2006年6月通过美国FDA和墨西哥的上市批准。该疫苗主要用于HPV4个菌株,即引起宫颈癌的HPV16和HPV18,以及引起肛门生殖器疣的HPV6和HPV11,获批用于9—26岁的女性。默克公司的最初价格为120美元一剂,目前已达到380美元一支,是市场价格最昂贵的疫苗,并需要6个月注射3次剂量。产品上市第一个季度销售额就高达7000万美元,2008年其销售额在全球已接近20亿美元,成为目前最赚钱的疫苗产品。

结肠癌疫苗:结肠癌疫苗OncoVAX是由Intracel公司生产的一种用于II期结肠癌患者术后的活体特异免疫治疗制剂。产品已在2006年10月于荷兰等国家上市,另外的临床试验在美国进行。它是由患者自身切除的肿瘤制备而成的。肿瘤被切除后送到OncoVAX中心,经过酶化、冰冻以及辐射处理。患者在术后几周内收到4个疫苗中的第一个疫苗接种,其含有解冻并与卡介苗制剂结合的癌细胞,并起到免疫增强剂的作用。该疫苗也被用于第二个疫苗接种。第三个和第四个接种疫苗的制备是同样的方法,但是没有结合卡介苗。OncoVAX经过了多中心的随机对照III期临床试验,证明对II期结肠癌患者术后的治疗有很好的效果。目前它是结肠癌疫苗市场的唯一疫苗,2008年其销售额在2—3亿美元左右,Kalorama Information预计产品到2012年将产生约12亿美元的市场。

黑色素癌疫苗:黑色素癌疫苗M-VAX自体细胞疫苗由AVAX技术公司的David Berd博士发明。该疫苗是从患者自身的细胞生成,过程包括获取患者肿瘤组织、化学处理以及重新注射进入患者体内,达到增强患者免疫并启动杀伤癌细胞的反应。AVAX公司数据表明接受此种个体化疫苗患者存活率为55%。2005年3月,AVAX获得了法国的生物制剂许可申请并上市。

目前市场上虽然已有膀胱癌、黑色素瘤、子宫癌和结肠癌等癌症疫苗,但与人们的构想还相距甚远,人们对这个市场真正感兴趣的部分是新型癌症疫苗。通过提供有效和具体化的营销,这些新型癌症疫苗很可能对市场产生巨大影响。人口老龄化和肺癌、乳腺癌、前列腺癌发病率的增加以及新疫苗的获批在未来几年里都将成为新型疫苗市场的驱动因素。

(四)我国新型疫苗的发展状况

新型疫苗中我国在新发传染病如 SARS、HIV 以及治疗性乙肝疫苗的研究上基本与国际水平相当;但在癌症疫苗、亚单位疫苗以及结合疫苗的研发上处于较为落后的地位。HIV 感染所致的 AIDS 在我国的发病率逐年上升,目前已经进入快速增长期,所以 2004 年 11 月 25 日,国家药监局批准我国自主研制首支艾滋病疫苗,而 II 期临床研究已于 2009 年 3 月 21 日在广西南宁宣布正式启动,II 期临床研究将由广西壮族自治区疾病预防控制中心、中国药品生物制品检定所、吉林大学艾滋病疫苗国家工程实验室和长春百克药业有限责任公司联合完成。

我国是胃病高发国,大约有 20% 的人患有急、慢性胃炎;约有 10% 的人患有胃、十二指肠溃疡;每年约有 20 万人死于胃癌,占恶性肿瘤死亡总数的 23.2%,居于第 1 位。基于这种市场背景,20 世纪 90 年代初,第三军医大学教授邹全明领衔的研发团队开始进行疫苗的研制工作,在 2000 年岳阳兴长投资 3000 多万元和第三军医大学共同成立子公司重庆康卫生物科技有限公司并进行胃病疫苗的研发工作。2009 年 4 月 23 日,国家科技部宣布,世界上首个胃病疫苗研制成功并通过三期临床试验。

此外,我国是人口大国,每年因 HBV 感染导致的三种疾病——慢性乙肝、肝硬化和肝细胞癌造成的经济损失高达 9000 亿元,这已经成为我国群众的一大经济负担,所以我国目前治疗性乙肝疫苗已开展研制工作。我国治疗性乙肝疫苗主要有:

1. 治疗性合成肽乙肝疫苗

目前进展:2 期 B 阶段

特征:模拟抗原代替天然抗原,克服免疫耐受、有效激活细胞毒性 T 细胞(CTL),产生免疫应答。

2. 治疗性乙肝疫苗(蛋白疫苗)

目前进展:3 期阶段

特征:天然抗原重组或者改变抗原递呈方式,打破机体免疫耐受,产生免疫应答。

3. 核酸疫苗(DNA 疫苗)

目前进展:1 期阶段

特征:从理论上说,蛋白(或肽类)疫苗诱导机体细胞免疫的能力较弱,而 DNA 疫苗由于模拟了病毒感染机体的过程,可有效诱导机体产生特异性细胞免疫。理论上,DNA 疫苗更有可能利用机体的自身免疫功能根治病毒,疗效更好。

【理解与思考】

1. 你能向别人阐述疫苗、免疫球蛋白、各种抗血清的作用特点和区别吗?

2. 你是如何理解疫苗的不同免疫程序的?

【课外拓展】

1. 治疗性疫苗的制备过程如何?

2. 目前疫苗产值占生物制药产业的比重是多少？

【课程实验与研究】

1. 如果新出现一种传染病,请设计防治此传染病的疫苗、抗血清的制备方案。
2. 针对未知的昆虫蜇咬中毒,请设计一抗毒血清的制备方案。

【课程研讨】

1. 目前,正在开发研究的疫苗有哪些? 前景如何?
2. 请阐述治疗性疫苗与传统疫苗的特点与区别。

【课后思考】

1. 针对某种传染病提出预防、治疗措施,并阐明其机理。
2. 抗血清使用时该注意什么?
3. 被蜂蜇、毒蛇咬伤该如何防治?

【课外阅读】

反向疫苗学及其应用前景

传统的疫苗研制方法,包括制造灭活疫苗、减毒疫苗以及开发亚单位疫苗,都是在群体病原学理论指导下进行操作的,需要动用完整病原体,并在体外大量培养以获得足够量的免疫原。这种疫苗研制方法具有如下缺憾:①比较费时。一种比较安全有效的疫苗的研制往往要花费 5~15 年的时间,或者更长。②不适用于在体外不能培养的病原体。③存在不安全因素。在制造疫苗过程中要大量制造高毒力的病原体,时刻都有散毒的危险。死苗灭活不彻底,也会在使用中将病原直接注射入易感动物或人体内。④研制的疫苗只对某一血清型或亚型的病原有效,而不能抵抗异形病原的侵袭。20 世纪末,分子生物学的飞速发展使得人们能够在短期内完成某病原体基因组的序列测定,在短短数年内,基因组数据库中已收录了大量病原微生物和寄生虫的全基因组序列资料,其中包括一些能引起人或动物重大传染病的重要病原体。一些分子生物学技术,也日趋成熟。在此基础上,诞生了反向疫苗学。该学科是以分子病原学为理论基础,以现代生物学技术为工具来研制疫苗的。人们可以首先通过分析病毒的基因组序列来预测病原体的所有抗原信息,然后再筛选出合适的候选抗原,进而研制出有效的疫苗。这种研制疫苗的方法与传统方法截然相反,故称为"反向疫苗学"。与传统的疫苗研制方法相比,反向疫苗学有许多优点。目前这种策略已被广泛应用于多种人和动物的传染性疾病的疫苗研制。

1 反向疫苗学在 B 型脑膜炎球菌疫苗研制中的初次成功应用

脑膜炎球菌主要引起儿童和青壮年的脑膜炎和脓血症,虽然传统的多糖疫苗可用来防治 A、C、Y 和 W135 型脑膜炎奈瑟球菌病,但不能防治 B 型脑膜炎球菌病。Pizza 等根据反向疫苗学原理,首次研制出了 B 型脑膜炎球菌(MenB)疫苗,这也是反向疫苗学的初次成功应用。其研制程序是首先得到 MC58 株 MenB 的基因组全序列,然后应用分子生物学软件对 MenB 基因组进行筛选分析,以预测 MenB 的开放阅读框架(ORF)编码区,最后从 2158

个 ORFs 中再筛选出 600 个 ORFs。应用 PCR 技术分别扩增 600 个 ORFs 基因,然后分别克隆到表达载体中,并在大肠杆菌中表达目的基因。结果在 600 个编码基因中,有 350 个编码基因得以成功表达,将表达产物纯化后免疫小鼠,用多种免疫学检测技术来评价抗原的免疫原性。结果表明,所表达的 91 种蛋白中,有 29 种能刺激机体产生抗体。同时应用分子生物学软件对来自于世界各地 31 株 MenB 的基因组序列进行序列保守性分析,选择出能代表大多数血型 MenB 的候选抗原,动物实验表明该候选抗原能对抗异型 MenB 的攻击,据此成功研制出多价 MenB 疫苗。相对于传统制备疫苗方法而言,这也是反向疫苗学的一大优点,因为用传统的鉴定抗原方法所确认的大多数抗原只能表明毒株的抗原多样性或表明它只为某些毒株中所共有,所得到的抗原也只能对抗同型菌株的侵染,却不能对抗异型毒株的袭击。值得指出的是,虽然这两年来反向疫苗学在疫苗研究领域的成果已超过了过去 40 年人们在疫苗领域的进步,但由此推测可以拿到一个能抗脑膜炎球菌的疫苗还为时过早。现代基因工程技术的应用,有助于我们发现以前人们闻所未闻的蛋白,对这些新蛋白分子是否具备作为候选疫苗的条件进行鉴定以及了解它们的结构和功能都很重要。目前,MenB 的许多膜蛋白及其他表面蛋白都已得到鉴定,这些蛋白与一些已知的毒力因子具有同源性,其中新近鉴定的抗原 GNA33、NadA 和 GNA992 的生化结构和功能已得到进一步的研究。

GNA33 是一种脂蛋白,在脑膜炎球菌 B 亚型及其他脑膜炎球菌亚型和淋球菌中高度保守。实验表明,重组 GNA33 能刺激机体产生中和性抗体,保护乳鼠对抗细菌的感染。对具有杀菌作用的抗 GNA33 单克隆抗体进行表位定位分析,鉴定出了一个重要的短肽基序(QTP),该基序在抗原识别方面具有重要作用。

NadA(脑膜炎球菌黏附素 A)能诱导机体产生一种具有强杀菌效力的抗体。该抗体能对抗同源或异源菌株的感染,试验表明 NadA 蛋白具有作为候选疫苗的潜在优势。GNA992 是暴露于脑膜炎球菌囊膜表面的一种蛋白,可以诱导产生具有中和 B 型脑膜炎球菌作用的抗体,因此该蛋白可作为研制 MenB 疫苗的一种候选抗原。

2 反向疫苗学在肺炎链球菌疫苗研制中的应用

核酸序列测定技术的蓬勃发展,使得人们可以在较短时间内获得任何一种病原菌的基因组。目前,已有超过 80 种的病原体的全基因组序列被测序,这些病原体基因组的获得使得我们可以在更广的范围内应用反向疫苗学技术进行疫苗的研究。继 MenB 疫苗成功研制以后,人们又应用反向疫苗学手段相继开展了人的其他疾病的疫苗研究。肺炎链球球菌主要引起儿童的败血病、肺炎、脑膜炎及中耳炎等疾病。目前,美国有一种有效的多联疫苗可防治肺炎链球菌感染,但是这种有效的多联肺炎链球菌疫苗也只包含了肺炎链球菌 70 多个血清型中 7 个血清型的多聚糖荚膜,所以它并不是对所有血清型的链球菌都有效。最近,韩国的研究人员测出了肺炎链球菌的全基因组,为我们利用反向遗传学技术鉴定众多的潜在抗原基因奠定了基础。通过对所有的 2687 个阅读框架的综合评价,最终确认了 130 个阅读框架。用其中的 108 种编码产物接种实验动物,发现有 6 种蛋白能产生有效的抗体以对抗肺炎链球菌的感染。应用其他技术手段也证明这 6 种蛋白存在于病原体表面,并呈现出免疫原性。因此,这些鉴定出的蛋白都可以作为研制肺炎链球菌的有效候选抗原蛋白。

3 反向疫苗学在肺炎衣原体菌疫苗研制中的应用

肺炎衣原体能引起人的肺炎和动脉粥样硬化等心血管疾病。它只能在宿主细胞原生质内部以一种发育史方式进行繁殖,该发育史方式是以小的原体发育成较大的网状体为特征的,网状体以分裂方式繁殖,在发育成熟后破裂,释放出大量的原体,完成一个生活周期。鉴于衣原体特殊的发育方式,使得我们在研究衣原体方面存在很大的困难。另外也缺少足够的基因操作手段,因此我们对于存在原体细胞表面的蛋白成分了解甚少。2002 年,Montigiani 等应用反向疫苗学原理和现代生物学技术鉴定出了衣原体的表面抗原。他们首先通过分析衣原体的基因组序列,预测出 157 种可能的表面蛋白,然后在大肠杆菌中分别表达这些蛋白,用纯化的表达产物接种小鼠以制备抗血清,最后再用免疫学技术和蛋白质技术来评价各个蛋白的免疫原性及其在原体表面的分布。这些数据的积累为衣原体疫苗的研制奠定了良好的基础。

4　反向疫苗学在金黄色葡萄球菌疫苗研制中的应用

Etz 等根据金黄色葡萄球菌的基因组序列资料,用类似的方法也鉴定出了金黄色葡萄球菌中具有免疫原性的蛋白。他们用原核展示系统,将金黄色葡萄球菌的所有蛋白以融合表达的形式表达在大肠杆菌表面,然后用抗血清筛选肽库,并对筛选出的阳性肽库的抗原性进行鉴定分析,结果鉴定出 60 种抗原蛋白(大多数都分布于细菌的表面)。这些蛋白可望作为研制疫苗的候选抗原。

5　反向疫苗学在病毒病疫苗研制中的应用

大多数病毒的基因组较小,因此,相对于细菌等其他病原微生物而言,其全长基因组的获得较为容易。在过去几年里,人们已经对许多能引起人和动物的重大疾病的病毒的基因组进行了测定,对病毒各基因的功能和编码产物也有了一定的了解。这些资料的积累为反向疫苗学的应用奠定了良好的基础。例如,在认识到某种病毒结构蛋白的抗原性(如包膜和核心蛋白)以后,可以使用基因工程菌大量制备免疫原,然后再纯化免疫原,最后用纯化的免疫原接种实验动物,结果能使动物产生类似于完整病毒粒子的免疫反应,并为动物提供保护。目前已有许多关于这类新型疫苗的研究报道。

但是,有一点需要指出的是,有些病毒在免疫选择压力的影响下,极易发生变异,例如 HIV 的囊膜糖蛋白(gp120、gp140 和 gp160)和核心蛋白(gag)以及其他 RNA 病毒等都极易发生变异。因此,针对这类抗原变异性极强的病毒的新型疫苗的研制常常达不到令人满意的效果。最近关于 HIV Tat、Nef、Rev 和 Pol 等的研究结果表明,HIV 基因组序列资料可以为我们提供关于 IV 的潜在免疫原的信息。我们可以据此选择合适的免疫原,而这些免疫原并不是最终病毒粒子的一种成分,且含量很低,很难将它纯化出来,用传统的方法来制造疫苗。也许反向疫苗学能为我们提供一种研究 HIV 疫苗的好方法,一旦这种方法成熟,HIV 疫苗的研制也许就不再那么困难了。

乙型肝炎病毒(HBV)的外膜蛋白(S)携带有 B 和 T 淋巴细胞表位,能刺激机体产生保护性免疫应答反应,是引起宿主产生保护性应答反应的免疫学表位。通过基因工程手段获得这一免疫原性蛋白,进而可研制成基因工程疫苗。目前重组乙型肝炎疫苗(HBV)已成功应用于乙型肝炎病毒感染,也是迄今应用最成功、最广泛的基因工程疫苗。

呼吸道合胞病毒(RSV)是一种单股负链 RNA 病毒,主要引起婴幼儿的肺炎。使用灭活疫苗给婴幼儿接种后,不但未能阻止该病毒感染,相反当婴幼儿再次感染 RSV 时,反而引起重症肺炎。这是由于灭活的 RSV 诱生大量非中和性抗体产生的免疫病理反应所致。RSV 保护性抗原主要是其糖蛋白 F 和 G。由于它们是结构依赖性抗原,因此无论是基因工程表达的或是天然分离的抗原,产生中和抗体的能力都很差,给研制 RSV 蛋白亚单位疫苗带来一定困难;使用痘病毒和腺病毒研制的表达 F 和 G 的重组活疫苗有较好的免疫保护效果,但难以在婴幼儿早期使用。最近负链 RNA 病毒 cDNA 转染技术的成功,给使用现代分子生物学技术制备 RSV 的分子减毒活疫苗带来了希望,也是目前 RSV 疫苗研制的重要途径。

登革热是流行于我国南方的一种新的病毒性传染病,其病原是登革热病毒,为单股正链 RNA 病毒,具有 4 个血清型,目前还没有安全、有效的疫苗问世。使用登革热病毒结构抗原 E 和非结构抗原制备的亚单位疫苗能引起一定的中和抗体,但保护性不太理想。通过表达 prM2E 形成病毒样颗粒的亚单位疫苗显示了较好的安全性和免疫保护性,是登革热疫苗研究的重要方向。另外,使用登革热病毒感染性 cDNA 进行的分子减毒活疫苗及多种亚型嵌合的减毒活疫苗研究也取得了较好的效果,是登革热疫苗研究的另一个重要方向。

埃博拉病毒(Ebola virus)是一种比较新的病毒,对人有极高的致死率。目前该病的灭活苗和减毒疫苗尚未研制成功。近年来,使用痘苗和辛德比斯病毒载体,对大肠杆菌、胶木、杆状病毒表达系统及 DNA 疫苗进行研究,以糖蛋白 GP 为靶抗原的活载体和 DNA 疫苗能有效诱发宿主的体液免疫和细胞免疫,为研制新型爱博拉疫苗提供了一个新思路。

6 结语

近年来的研究结果表明,反向疫苗学可以解决许多人类传染病的疫苗制造问题。针对某些病原体,用传统的方法不能制造出疫苗,或者制造出的疫苗不是十分有效,而应用反向疫苗学原理,却能在短时间内研制出针对性较强的疫苗来。相比较而言,传统的研制疫苗方法十分费时,且需要筛选大量的抗原,而筛选出的抗原也未必就能产生免疫力。尤其是当这些病原在实验室条件下不能培养时,用传统的方法来研制疫苗显然是不可能的。反向疫苗学的兴起解决了这一难题。借助于现代生物学手段,可以首先对病原体的所有蛋白进行抗原性分析,筛选出候选抗原,最终制造出需要的疫苗来。总之,这种立足于病原基因组来研制新型疫苗的策略为我们提供了一个新颖的思路。在反向疫苗学理论的指导下,已往的许多疫苗制造难题将会迎刃而解。

(资料来源:刘光清,反向疫苗学及其应用前景[J].中国生物制品学杂志,2005(2):168—170)

《免疫学》合作性学习教学规则

一、研讨小组分组规则

1. 以一个行政班为分组基本单位,每个小组组员人数控制在 5 人左右,在小组成员结构安排上要注意男女生比例及活跃分子与不活跃分子比例的适当搭配。

2. 每一研讨小组要选定一名有责任心的同学担任该研讨小组组长,主要负责"学习研讨"活动中的具体任务分解与分配;负责指定每次"学习研讨"活动的主持人、发言人和记录人员,被指定者不得拒绝;负责召集每次"学习研讨"活动的课后讨论会,确定课后讨论时间和讨论地点;负责收集每次"学习研讨"活动中小组成员所提交的书面材料。

3. 每次"学习研讨"活动时,小组主持人负责主持本次小组讨论会;小组发言人负责主持本次小组讨论分析报告的讲稿制作,并代表本小组就所讨论论题在课堂上发言。

4. 记录员负责小组讨论时的记录工作;每份讨论记录中要包括时间、地点、主持人、参加人员、记录员、所讨论问题和各成员的发言记录及其在各自发言记录后的亲笔签名等。

5. 一般组员必须服从组长的研讨任务安排,不得拒绝;准时参加所在研讨小组的课后研讨活动;按时并保质保量完成自身在研讨活动中的任务,并向组长及发言人提供相关材料;协助发言人做好发言报告;协助记录员做好研讨记录;协助发言人的课堂发言。

二、小组研讨活动的基本规则

1. 研讨活动应符合免疫学专业的基本范畴,禁止任何形式的人身攻击或限制他人的发言自由;

2. 小组成员应就所讨论课题,从不同层面、不同角度展开全面深入的讨论;

3. 每位小组成员均应参与讨论,发表自己的意见,并在记录员的发言记录上签名。

三、分组学习研讨活动流程及相关要求

（一）研讨主题的确定

1. 由主讲教师就所承担授课内容部分拟订若干备选研讨主题,再提交课程改革小组集体讨论确定;

2. 主题选择主要涉及授课内容中的一些重点、难点、热点与前沿问题,以及一些理论授课无法展开而又需要学生掌握的问题;

3. 指导教师在指导学习研讨过程中,可根据实际情况对备选主题作适当调整,并与主讲教师及时沟通。

（二）学习研讨任务的分配（课堂研讨2—3周前布置）

指导教师向各学习研讨小组分配任务，各分组组长进一步将本分组承担的研讨任务细分到每个小组成员，尽量做到每个组员承担一个研讨主题下子题目的研讨资料收集及研究报告的撰写工作。

（三）学习研讨资料的收集与学习（课堂研讨之前完成）

1. 在指导教师指导下，各分组及其成员应就其承担的研讨主题开展资料收集工作；

2. 每一研讨主题应制作一份学习研讨资料清单，资料数量为5—10篇；

3. 每份清单中的资料类型可以是著作、期刊论文、学位论文、报纸文章、会议论文等（规范格式（见附录2）；

4. 要求收集资料的组员在力所能及的范围内，尽量将所收集的资料复印或打印出来；

5. 每一组员应认真阅读并归纳总结所收集的资料；

6. 指导教师应根据每次学习研讨任务的难易程度，经与各分组组长协商后确定资料收集工作的最后期限。

（四）自主学习分组课余研讨活动的开展（课堂研讨之前完成）

1. 各分组组长在本分组资料收集工作结束后、课堂研讨活动开展之前，召集本分组成员就该分组所承担的各项研讨主题进行课余研讨。

2. 由分组长指定的本次学习研讨活动的主持人主持。

3. 应就本分组所承担的各项主题逐一展开研讨活动。

4. 每一主题的具体研讨顺序：

（1）先由承担该主题研究任务的发言人作主题发言，向其他组员介绍其就该主题所做的研究状况、主要观点及分析理由等；

（2）然后由其他组员就此主题所涉问题及上述主题发言内容展开讨论，此阶段要求其他组员必须都要发言，并在自己的发言记录部分手写签名；

（3）最后由主持研讨会议的主持人总结。

5. 该课余学习研讨活动要由指定的记录员做好相应的分组学习研讨记录（见附录3），并及时提交给分组发言人。

（五）学习研究报告的撰写

1. 每一个分组成员应就其承担的研究主题撰写一份个人自主学习研究报告（规范格式见附录2），并在规定时间内（须在课堂学习研讨活动开展前，并给分组发言人留有准备整个分组发言的时间）提交给本次学习研讨活动的分组发言人。该报告内容主要包括如下方面：

（1）已搜集资料中涉及本研讨主题的主要观点及相应分析理由；

（2）本人对上述观点的分析评价。

2. 本次学习研讨活动的分组发言人，须在综合分组课余研讨活动中的主要观点、参考分组学习研讨记录和每一组员的个人自主学习研究报告基础上，撰写一份分组"学习研讨"发言报告（规范格式见附录4）。该报告内容主要包括如下方面：

（1）该分组本次学习研讨活动的概况介绍；

（2）对该分组所承担的数个研讨主题予以逐一评析并提出相应结论；

（3）对该分组本次学习研讨活动进行整体评价，总结经验，分析不足，并提出相应改进建议。

（六）自主学习分组课堂研讨活动的开展

1. 由指导教师根据本次学习研讨活动任务的具体情况确定学习分组发言人的发言顺序及发言时间要求。

2. 发言活动按下列流程进行：

（1）该发言人就《分组学习研讨发言报告》中的核心内容作简明扼要的分组发言；

（2）其他分组的同学以及指导老师就该发言人的发言以及该发言人所在分组承担的研究主题相关问题展开提问，发言人及其分组的其他成员予以作答；

（3）指导教师就上述发言、提问及应答情况予以现场评分，并作简短总结。

3. 分组发言人发言完毕后，指导教师应就本次学习研讨活动作一简短的整体评价。

（七）自主学习分组学习研讨活动相关资料的汇集、整理与上交

1. 各分组本次学习研讨活动的发言人应于本次研讨活动结束后，在分组组长、记录员及其他组员的配合下，将本次活动中形成的各类书面资料与电子文稿按要求加以汇集整理，并制作本次《学习研讨活动书面材料汇编》的封面与目录（规范格式见附录1），在规定时间内及时上交给指导老师。

2. 上述材料汇编包括：

（1）封面与目录；

（2）本次学习研讨任务及内部分工（规范格式见附录1）；

（3）每一研讨主题的具体研讨资料，包括：资料清单、资料复印件、个人自主学习研究报告；

（4）分组学习研讨记录（规范格式见附录3）；

（5）分组学习研讨发言报告；

（6）学习研讨活动组员个人评分表（规范格式见附录5）（由指导老师事后附上）；

（7）学习研讨活动分组整体评分表（规范格式见附录6）（由指导老师事后附上）。

附件 1
《免疫学》学习研讨活动材料之一(组长填写)

学习研讨活动书面材料汇编

课程名称：

班级：

组别：第　研讨小组

组长：　　　学号　　　　　姓名

分组成员：　　学号　　　　　姓名

　　　　　　　学号　　　　　姓名

　　　　　　　学号　　　　　姓名

　　　　　　　学号　　　　　姓名

　　　　　　　学号　　　　　姓名

指导教师：

提交时间：

学习研讨活动书面材料汇编目录

序号	材料名称		份数	页码
1	本学习分组本次学习研讨任务及分工			
2	讨论主题1：	资料清单		
		资料复印件		
		个人自主学习研究报告		
3	讨论主题2：	资料清单		
		资料复印件		
		个人自主学习研究报告		
4	讨论主题3：	资料清单		
		资料复印件		
		个人自主学习研究报告		
5	讨论主题4：	资料清单		
		资料复印件		
		个人自主学习研究报告		
6	讨论主题5：	资料清单		
		资料复印件		
		个人自主学习研究报告		
7	分组学习研讨记录			
8	分组学习研讨发言报告			
9	学习研讨活动分组整体评分表			
10	学习研讨活动组员个人评分表			

相关说明：

1. 封面中的"研讨方向"是指本次学习研讨活动各研讨主题的共同方向。

2. 材料清单中"份数"栏中主要是"资料复印件"和对组员个人的评分表涉及多份问题，其余为1份。

3. 上述所有材料均用 A4 纸制作，按顺序整理，并在每页材料右下脚连续以"1、2、3、4⋯"阿拉伯数字编页码，后将每类材料的起止页填入材料清单"页码"栏内。

4. 除由指导老师事后附上的材料外的上述其他材料，各学习分组在填写完毕，按顺序整理后，务必在指定时间内交给指导老师，迟交影响评分，各分组责任自负。

5. 序号请根据分组承担的具体研讨主题数量作相应修改。

6. 各类评分表由指导老师事后附上。

本次学习研讨任务及内部分工

专业：_____ 班级：_____ 第___研讨小组 第___学习分组 分组长_____

本次研讨方向		
本分组承担具体学习研讨主题		**承担该主题研究的组员**
1		
2		
3		
4		
5		
本次学习研讨活动的分组发言人		
本次学习研讨活动的分组记录人		

此表填制时间：___年___月___日 　　　　　　　　　　填制人：_____

附件 2 《免疫学》学习研讨活动材料之二(个人填写)

个人自主学习研究报告

班级:＿＿＿＿＿＿ 第＿＿学习分组 姓名:＿＿＿＿＿＿ 学号:＿＿＿＿＿

本次研讨方向:＿＿＿＿＿＿＿＿＿＿＿＿＿＿＿＿＿＿＿＿＿＿＿＿＿＿＿＿＿

本人承担的具体学习研讨主题:＿＿＿＿＿＿＿＿＿＿＿＿＿＿＿＿＿＿＿＿＿＿＿

研究报告正文内容及形式要求:(打印时请将本行及以下内容删除)

该报告内容主要包括如下方面:

⑴ 已搜集资料中涉及本研讨主题的主要观点及相应分析理由;

⑵ 本人对上述观点的分析评价;

⑶ 本人对本研讨主题的最终结论及理由分析。

研究报告字数为 1000—1500 字。

字体为 5 号宋体,行距为 1.25 倍,其中一级标题用 5 号黑体。

务必按规定时间将此研究报告打印稿及电子稿交给本次分组发言人,以便于其及时制作分组发言讲稿。

资 料 清 单

班级：_____ 第____学习分组 姓名：_____ 学号：_____

本次研讨方向：_____

本人承担的具体学习研讨主题：_____

一、专著

格式：作者.书名[M].出版地：出版者，出版年：(起止页码).如：

[1]周振甫.周易译注[M].北京：中华书局，1991：12－18.

二、期刊

格式：作者.文题[J].刊名，年，卷(期)：起止页码.如：

[2]何龄修.读顾城《南明史》[J].中国史研究，1998，(3)：167－173

三、报纸

格式：作者.文题[N].报名，出版日期(版次).如：

[3]谢希德.创造学习的新思路[N].人民日报，1998－12－25(10).

四、论文集

格式：作者.引文文题[A].主编.论文集名[C].出版地：出版者，出版年.引文起止页码.如：

[4]瞿秋白.现代文明的问题与社会主义[A].罗荣渠.从西化到现代化[C].北京：北京大学出版社，1990.121－133.

五、学位论文类

格式：作者名.题名[D].保存地点：保存单位，年份.如：

[5]朱爱华.城市社区建设中的物业管理研究[D].苏州：苏州大学，2003.

六、电子文献

格式：作者.电子文献题名[电子文献及载体类型标识].电子文献的出处或可获得地址，发表或更新日期/引用日期.如：

[6]王明亮.关于中国学术期刊标准化数据库工程的进展[EB/OL].http://www.cajcd.edu.cn/pub/wml.txt/980810-2.html，1998-08-16/1998-10-04.

附件 3　《免疫学》学习研讨活动材料之三(记录员填写)

分组学习研讨记录

班级：＿＿＿＿＿＿　第＿＿＿＿学习分组

研讨时间：＿＿＿年＿＿月＿＿日＿＿＿＿至＿＿＿＿　研讨地点：＿＿＿＿＿

主持人：＿＿＿＿＿＿　参与人：＿＿＿＿＿＿＿＿＿＿＿＿＿＿＿＿＿＿＿＿

本次研讨方向：＿＿＿＿＿＿＿＿＿＿＿＿＿＿＿＿＿＿＿＿＿＿＿＿＿＿＿

本次研讨的具体主题：

1.

2.

研讨主要内容记录(5号黑体加粗)

一、主持人说明研讨规则及程序(5号宋体加粗)

该说明需包含以下内容：

1.要求参与讨论人员就本分组所承担的各项主题逐一展开研讨活动。

2.确定各项主题的讨论顺序。

3.每一主题的具体研讨顺序：

(1)先由承担该主题研究任务的发言人作主题发言,向其他组员介绍其就该主题所作的研究状况、主要观点及分析理由等；

(2)然后由其他组员就此主题所涉问题及上述主题发言内容展开讨论,此阶段要求其他组员必须都要发言,并在自己的发言记录部分手写签名；

(3)最后由主持研讨会议的主持人总结。

二、"××××××"主题的研讨记录

(一)×××同学的主题发言

(二)其他组员的讨论及主题发言人的回应

(三)主持人的简要总结

三、"××××××"主题的研讨记录

(一)×××同学的主题发言

(二)其他组员的讨论及主题发言人的回应

(三)主持人的简要总结

四、"××××××"主题的研讨记录

(一)×××同学的主题发言

(二)其他组员的讨论及主题发言人的回应

(三)主持人的简要总结

五、"××××××"主题的研讨记录

(一)×××同学的主题发言

(二)其他组员的讨论及主题发言人的回应

(三)主持人的简要总结

××××××

六、主持人对本次课余学习研讨的总结

对该分组本次课余学习研讨活动进行简要的整体评价,总结经验、分析不足,并提出相应改进建议。

附件 4　《免疫学》学习研讨活动材料之四(小组发言人填写)

分组"学习研讨"发言报告

班级:＿＿＿＿＿　　第＿＿＿学习分组　　发言人姓名:＿＿＿＿＿＿　　学号:＿＿＿

本次研讨方向:＿＿＿＿＿＿＿＿＿＿＿＿＿＿＿＿＿＿＿＿＿＿＿＿＿＿＿＿＿

本分组承担的具体学习研讨主题:

1.

2.

3.

4.

××××××

发言报告正文内容及形式要求:(打印时请将本行及以下内容删除)

本次学习研讨活动的分组发言人,须在综合分组课余研讨活动中的主要观点、参考《分组学习研讨记录》和每一组员的《个人自主学习研究报告》基础上,撰写发言报告。

该发言报告内容主要包括如下方面:

(1)该分组本次学习研讨活动和概况介绍;

(2)对该分组所承担的数个研讨主题予以逐一评析并提出相应结论;

(3)对该分组本次学习研讨活动进行整体评价,总结经验,分析不足,提出相应改进建议。

研究报告字数应不少于 3000 字。

字体为 5 号宋体,行距 1.25 倍,其中一级标题用 5 号黑体。

务必按规定时间将此研究报告打印稿及电子稿交给指导老师。

附件 5 《免疫学》学习研讨活动材料之五(指导老师填写)

学习研讨活动组员个人评分表

班级:＿＿＿＿＿＿ 第＿＿＿＿学习分组 学生姓名:＿＿＿＿＿ 学号:＿＿＿＿＿

本次研讨方向:＿＿＿＿＿＿＿＿＿＿＿＿＿＿＿＿＿＿＿＿＿＿＿＿＿＿＿

评分项目	评分标准	得分
资料清单成绩(15%)	资料数量丰富、质量很高、格式规范,获 15—13 分	
	资料数量较为丰富、质量较高、格式规范,获 12—10 分	
	资料数量符合要求、质量较好、格式较规范,获 9—7 分	
	资料数量较少、质量不高、格式不甚规范,获 6—4 分	
	资料数量少、质量差、格式不规范,获 3—0 分	
资料复印件成绩(5%)	复印件数量丰富,获 5—4 分	
	复印件数量中等,获 3—2 分	
	复印件数量少,获 1—0 分	
个人自主学习研究报告成绩(30%)	对研讨主题所涉相关资料及其他组员观点的归纳概括非常全面、分析非常详实,最终结论非常明确、论证非常充分,格式非常规范,获 30—25 分	
	对研讨主题所涉相关资料及其他组员观点的归纳概括全面、分析详实,最终结论明确、论证充分,格式规范,获 24—19 分	
	对研讨主题所涉相关资料及其他组员观点的归纳概括较为全面、分析较为详实,最终结论较为明确、论证较为充分,格式较为规范,获 18—13 分	
	对研讨主题所涉相关资料及其他组员观点的归纳概括不甚全面、分析不甚详实,最终结论不甚明确、论证不甚充分,格式不甚规范,获 12—7 分	
	对研讨主题所涉相关资料及其他组员观点的归纳概括不全面、分析不详实,最终结论不明确、论证不充分,格式不规范,获 6—0 分	
学习研讨活动学习分组团体成绩		
对发言人(分组团体成绩的 20%)、记录员(分组团体成绩的 10%)、主持人(分组团体成绩的 5%)、分组长(分组团体成绩的 10%)的酌情加分		
该生综合成绩合计		

指导老师签名: 签名时间:

附件6 《免疫学》学习研讨活动材料之六(指导老师填写)

学习研讨活动分组整体评分表

本次研讨方向:＿＿＿＿＿＿ 班级:＿＿＿＿＿＿ 第＿＿学习分组

评分项目	评分标准	得分
分组学习研讨记录成绩(10%)	分组成员均能参与讨论、讨论内容与各研讨主题关联紧密、对各研讨主题能进行深入讨论、记录完整、字迹工整,获10—8分	
	分组成员均能参与讨论、讨论内容与各研讨主题关联比较紧密、对各研讨主题能进行比较深入讨论、记录比较完整、字迹比较工整,获7—5分	
	仅有少数成员参与讨论、讨论内容与各研讨主题关联不紧密、对各研讨主题的分析不深入、记录不完整、字迹不工整,获4—0分	
分组学习研讨发言报告成绩(15%)	总结分析全面、思路清晰、简明扼要、格式规范,获15—11分	
	总结分析较为全面、思路比较清晰、不简明扼要、格式较为规范,获10—6分	
	总结分析不全面、思路不清晰、不简明扼要、格式不规范,获5—0分	
分组发言的现场评分成绩(20%)	语言清晰流畅,观点明确、分析合理,答问敏捷、扼要、合理,发言及答问中组员分工明确、配合默契,基本上在规定时间内完成发言及答问,获20—14分	
	语言较为清晰流畅,观点较为明确、分析较为合理,答问较为敏捷、扼要、合理,发言及答问中组员分工较为明确、配合较为默契,基本上在规定时间内完成发言及答问,获13—7分	
	语言不清晰流畅,观点不明确、分析不合理,答问不敏捷、扼要、合理,发言及答问中组员分工不明确、配合不默契,未在规定时间内完成发言及答问,获6—0分	
本次学习研讨活动书面材料汇编成绩(5%)	制作清晰、填写完整、汇编材料齐全,提交及时,获5—4分	
	制作较为清晰、填写较为完整、汇编材料较为齐全,提交较为及时,获3—2分	
	制作不清晰、填写不完整、汇编材料不齐全,提交不及时,获1—0分	
学习研讨活动学习分组整体评价总分		

指导老师签名: 签名时间:

参考用书

书 名	作 者	出 版 社
分子与细胞免疫学	金伯泉	科学出版社
免疫学原理	周光炎	上海科学技术文献出版社
医学免疫学基础	高晓明	北京医科大学出版社
医学免疫学（第 2 版）	龚非力	北京科学出版社
医学免疫学	孙汶生	人民卫生出版社
医学免疫学	陈慰峰	人民卫生出版社
医学免疫学	翟登高	人民卫生出版社
Immunology	Roitt I，Brostoff J，Male D.	科学出版社
免疫学（英文原版教材）	J. David M. Edcar	北京大学医学出版社
医学免疫学	刘文泰	中国中医药出版社
医学免疫学	唐恩洁	四川大学出版社
医学免疫学	张丽芳	浙江大学出版社
现代免疫学	陆德源	上海科学技术出版社
分子免疫学	余传霖	上海医科大学出版社

专业杂志名录

中国免疫学杂志	现代免疫学	上海免疫学杂志
中华微生物学和免疫学杂志	国际免疫学杂志	免疫学杂志
细胞与分子免疫学杂志	放射免疫学杂志	国外医学.免疫学分册

常用网址

中国免疫学信息网	http://www. immuneweb. com/
中国生物信息	http://www. biosino. org/
Nature News	http://www. nature. comnewsindex. html
Science Now	http://sciencenow. sciencemag. org/
生命经纬免疫学栏目	http://news. biox. cn/contentListList_13. shtml
华中科技大学同济医学院	http://202. 114. 128. 248/newkj/jingpkc/index_my. htm
中国医科大学	http://www. cmu. edu. cn/course/indexc. aspx？ cid＝3
上海交通大学医学免疫学	http://basic. shsmu. edu. cn/passw/immunology/

常用免疫学名词
Vocabularies

A

1. αβ-T cell，αβ-T 细胞：表达 αβ-TCR 的 T 细胞，占外周血中成熟 T 细胞总数的 90% 左右。

2. Acquired immune response，获得性免疫应答：主要由 T 和 B 淋巴细胞所介导的抗原特异性免疫应答，包括细胞免疫应答和体液免疫应答两部分，亦称 adaptive immune response 或 specific immune response（特异免疫应答），具有免疫记忆性。

3. Acquired immunity，获得性免疫：机体在被外来抗原免疫后所获得的抗原特异性免疫状态。当机体再次遇到该抗原时将能够做出更为迅速而有效的免疫应答。亦称 adaptive immunity。

4. Active immunization，主动免疫：将外来抗原（常配以佐剂）注入宿主体内以诱导获得性免疫应答的过程，与被动免疫（passive immunization）反义。

5. Acquired immunodeficiency syndrome（AIDS），获得性免疫缺陷综合征（艾滋病）：由人免疫缺陷病毒（HIV）感染所引起的免疫缺陷性疾病。晚期患者体内的 $CD4^+$ T 淋巴细胞极度减少，对各种机会感染易感，并伴有一些罕见的肿瘤，如 Kaposi 肉瘤和 Burkitt 淋巴瘤等。

6. Acute-phase protein，急性期蛋白：一组具有抗感染和辅助组织修复作用的血清蛋白（如 MBP 和 CRP 等），多由肝脏合成，其血清浓度在病原微生物感染或者组织损伤之后迅速大幅度增加。

7. Adenosine deaminase（ADA），腺苷脱氨酶：在细胞代谢过程中催化腺苷（adenosine）和 2′-脱氧腺苷脱氨分别成为肌苷（inosine）和 2′-脱氧肌苷的酶。ADA 基因突变导致脱氧腺苷和 dATP 在细胞内积蓄并影响淋巴细胞发育，从而引起常染色体隐性遗传性 SCID。

8. Adherent cell，黏附细胞：在体外能够黏于塑料或者玻璃表面的细胞，又称为贴壁细胞，如单核巨噬细胞和某些上皮细胞。根据这种特性可以将它们与淋巴细胞以及其他不易黏附的细胞分离。

9. Adhesion molecule，黏附分子：介导细胞与基质以及细胞与细胞之间相互附着的膜分子。整合素（integrin）、选择素（selectin）、一些 Ig 超家族分子、黏蛋白样分子以及 CD44 等免疫细胞赖以发挥功能的主要黏附分子。

10. Adjuvant，佐剂：与抗原混合使用时能够增强宿主对抗原应答强度的物质，例如明矾佐剂、弗氏佐剂（Freund's adjuvant）和具有一定基序的 DNA 片段等，参见 Freund's adjuvant。

11. Adoptive transfer，过继转移：将来自一个机体的效应 T 细胞或者抗体转移（静脉或者腹腔注射）给另一个未免疫个体，以使其获得相应免疫状态的过程。

12. Affinity，亲和力：生物大分子（如胞膜表面受体与配体、可溶性抗原与抗体）之间相互结合形成复合物的稳定性，可用平衡常数 K 来定量表示。固有亲和力（intrinsic affinity）指单效价分子（两个分子之间只有一个结合位点）之间的结合稳定性，而亲合力（avidity）则指多效价复合大分子之间结合的稳定性。

13. Affinity maturation,亲和力成熟:机体被免疫后所产生抗体与免疫原之间的亲和力逐渐增强的现象,是 B 细胞 Ig 基因超突变的结果,再次或者多次免疫时亲和力成熟现象尤为明显,参见 somatic hypermutation(体细胞基因高频突变)。

14. Agammaglobulinemia,丙种球蛋白缺乏症:以血清免疫球蛋白含量明显偏低为主要特征的免疫缺陷性疾病,可原发于免疫球蛋白合成减少或继发于肠道炎症性疾患等。

15. Agglutination,凝集反应:在体外试验中,抗体或其他蛋白质(如流感病毒血凝素)与红细胞表面膜分子结合并使其凝集成块而沉淀的现象。引起凝集反应的蛋白质分子又被称为凝集素(agglutinin)。

16. Allele,等位基因:多态性遗传基因的不同亚型。

17. Allelic exclusion,等位基因排斥:体细胞中一条染色体上的某些杂合基因表达后另一条染色体上的等位基因即被抑制的现象。IgH 和 TCRB 基因表达时均有等位基因排斥的特点。

18. Allergen,变应原:指能够诱导过敏(变态)反应的抗原,与特应症(atopy)相关的抗原又称为特应性变应原(atopen)。

19. Allergy,变态反应:少数个体对环境中的某些变应原较他人反应强烈并由此导致过敏性疾病(如 IgE 介导的各种特应症)的现象,是超敏反应(hypersensitivity)的特殊表现形式。

20. Alloantibody,同种异型抗体:针对同种异型抗原(如 MHC 分子)的抗体,又被称为 iso-antibody。

21. Alloantigen,同种异型抗原:多态性基因(如 MHC)所编码的不同亚型的抗原,旧称同族抗原(iso-antigen)。

22. Allograft,同种异型移植物:取自同一种属但基因型不同个体的移植物。

23. Allotype,同种异型:复等位基因所编码抗原的型别。

24. Allorecognition,同种异型识别:获得性免疫系统对同种异型抗原的特异性识别。

25. Alternative pathway,旁路途径:指由 C3 分子自发降解开始的补体激活途径,是补体活化三条途径(旁路、经典和 MBP 途径)之一。

26. Anaphylactic shock,过敏性休克:全身性急性超敏反应所引发的休克,是 IgE 介导超敏反应的极端表现。

27. Anaphylatoxin,过敏毒素:主要指补体裂解小片段 C5a、C3a 和 C4a,它们均具有趋化炎症细胞和加强炎症反应的功能,其生物学活性 C5a 最强,C3a 次之,C4a 较弱。

28. Anchor residue,锚定残基:T 细胞表位肽中与 MHC 分子直接结合的氨基酸残基。

29. Ankylosing spondylitis(AS),强直性脊柱炎:脊椎关节的慢性进行性炎症性疾病,晚期多有脊柱关节融合的表现,与 HLA-B27 紧密相关。

30. Anergy,活性封闭:B 和 T 淋巴细胞对其所特异的抗原或 MHC/抗原肽复合物的无反应状态。

31. Antibody,抗体:即免疫球蛋白(immunoglobulin,Ig),是 B 细胞在抗原刺激下所产生的能够与抗原特异结合的蛋白质大分子,其基本单位由两条轻链和两条重链组成。

32. Antibody-dependent cell-mediated cytotoxicity(ADCC),抗体依赖细胞介导的细胞毒作用:NK 细胞和巨噬细胞通过其 Fc 受体(如 CD16)间接识别并杀伤被抗体包被靶细胞的过程。

33. Antigen,抗原：能够通过与识别受体（BCR 或 TCR）特异结合而激活 B 或者 T 淋巴细胞并诱导特异性免疫应答的物质。

34. Antigen-binding site,抗原结合位点：抗体分子（或 TCR）与抗原（或 MHC/抗原肽复合物）相结合的部位，由 Ig 轻、重链（或 TCRα 与 β 链）的 CDR1、CDR2 和 CDR3 组成。

35. Antigenic competition,抗原竞争：同时用两种以上具有良好免疫原性的抗原免疫动物时，机体只对其中一种抗原反应较强而对其他抗原反应较弱的现象。

36. Antigenic determinant,抗原决定簇：抗原分子表面被 B 细胞（或抗体）特异识别的位点，也指蛋白质抗原中被 T 细胞所识别的肽段，又称表位（epitope）。

37. Antigen presentation,抗原递呈：抗原递呈细胞（如树突细胞和巨噬细胞等）通过 MHC 分子将抗原肽递呈于细胞表面的过程。

38. Antigen presenting cell（APC）,抗原递呈细胞：能够通过 MHC 分子将内源性或者外源性抗原肽递呈于细胞表面的细胞。表达 MHC II 类分子以及共刺激分子的细胞（如树突细胞和巨噬细胞）又被称为专职抗原递呈细胞（professional APC）。

39. Antigen-processing,抗原处理：内源性或者外源性蛋白质抗原在细胞内被降解为小的肽段并与 MHC 分子结合的过程。

40. Antigen recognition,抗原识别：B 和 T 细胞通过其抗原受体（BCR 和 TCR）与抗原或者 MHC/抗原肽复合物特异绳索合并发生应答的过程。

41. Antigenicity,抗原性：指抗原被抗体特异识别的特性。

42. Antigenic variation,抗原变异：肿瘤细胞或者微生物因其基因突变所发生的抗原变化。

43. Antinuclear antibody（ANA）,抗核抗体：能够与细胞核组成成分特异结合的自身抗体，与多种自身免疫病（如系统性红斑狼疮和类风湿性关节炎）相关。

44. Antiserum,抗血清：来自被免疫动物且含有针对免疫原特异性抗体的血清，又称免疫血清（immuneserum）。

45. Antitoxin,抗毒素：能够中和细菌外毒素或者植物毒素的抗体分子。

46. Apoptosis,细胞凋亡：细胞的程序性死亡（programmed cell death），以基因组 DNA 的迅速降解为主要特征，与细胞坏死（necrosis）不同。

47. Arachidonic acid,花生四烯酸：细胞用来合成白三烯（leukotriene）的前体分子。

48. Arthur's reaction,阿瑟反应：是 III 型超敏反应的局部表现。将抗原注入已处于超敏状态的宿主皮下，24 小时左右注射局部出现水肿、出血和坏死，其本质是抗原与抗体在小血管内或其周围形成免疫复合物而沉淀，在补体的参与下所引发的炎症反应。

49. Atopic dermatitis,特应性皮炎：IgE 介导变态反应所引起的皮肤炎症。

50. Autoantibody,自身抗体：针对自身抗原的抗体。

51. Autocrine,自分泌：细胞分泌的细胞因子（生长因子或激素）作用于细胞自身。

52. Autograft,自体移植物：同一个体的组织从一个部位移植到另一部位的过程。

53. Autoimmunity,自身免疫：机体免疫系统对自身抗原的正应答。

54. Autoimmune disease,自身免疫症：免疫系统对自身抗原发生正应答所引起的以自身组织或器官的炎症性损伤为主要特征的病变。

55. Autoimmune hemolytic anemia,自身免疫性溶血性贫血：针对红细胞表面抗原或半抗原的抗体所引起的溶血性疾病。

56. Avidity,亲合力:参见 affinity(亲和力)。

B

1. B1cell，B1 细胞:即 CD5+ 的成熟 B 细胞,主要存在于腹腔和胸腔内,具有自我更新能力。B1 细胞的 BCR 多样性有限,所分泌的抗体以 IgM 为主,是体内天然抗体的主要来源。CD5− 的成熟 B 细胞为 B2 细胞,即通常所指的 B 细胞。

2. Bacterial antigen,细菌抗原:来自细菌的抗原,主要包括荚膜抗原(capsular antigen)、内毒素(endotoxin)、外毒素(exotoxin)、鞭毛抗原(H antigen)和菌体抗原(O antigen)等。

3. Bacteriolysis,溶菌作用:补体在特异性抗体或者其他调理素分子(opsonin)参与下裂解细菌的现象。溶菌酶也具有直接溶菌的作用。

4. Bare lymphocyte syndrome (BLS),裸淋巴细胞综合征:HLA 基因表达障碍导致患者体内 CD4+ T 细胞数量明显偏低,可表现为严重联合型免疫缺陷(SCID)。

5. Basophil,嗜碱性粒细胞:外周血中的一种髓系白细胞,占白细胞总数的 0.5% 左右,胞浆中充满硕大的嗜碱颗粒,其中含有肝素、组胺和 5-羟色胺等致炎因子。

6. BCG(Bacille Calmette-Guerin)vaccine,卡介苗:由德国学者 Calmette 与 Guerin 最先用减毒牛结核杆菌制备的结核菌苗。

7. B cell epitope,B 细胞表位:与抗原决定簇(antigenic determinant)同义,指抗原分子中被抗体(或 BCR)识别的部位。B 细胞表位多位于抗原分子的表面,具有构象依赖性。

8. B cell hybridoma,B 细胞杂交瘤:B 细胞与骨髓瘤细胞融合所产生的永生性杂交细胞,能持续产生单克隆抗体。

9. B cell receptor(BCR),B 细胞受体:B 细胞表面由膜型抗体分子(sIgM)与 Igα 和 Igβ 膜分子共同组成的具有抗原识别和信号转导功能的复合分子。

10. Bence-Jones protein,本-周蛋白:英国医生 Henry Bence-Jones(1814−1873)首先在多发性骨髓瘤(浆细胞瘤)患者尿中发现的一类蛋白,后证明是肿瘤细胞合成并分泌的 Ig 轻链二聚体。

11. Bispecific antibody,双特异性抗体:通过分子生物学方法制备的具有两种不同抗原结合部位的抗体分子。

12. Blood group antigen,血型抗原:红细胞表面所特有的、可以被来自其他个体的血清天然抗体所识别的同种异型抗原,人血型抗原为 ABO 和 Rh(Rhesus)抗原。

13. B lymphocyte,B 淋巴细胞:介导体液免疫应答的淋巴细胞,在哺乳动物骨髓中发育成熟。表达由膜型抗体分子与 Igα 和 Igβ 组成 B 细胞受体(BCR),被激活后分化为浆细胞,分泌可溶性抗体分子。又称 B cell。

14. Bone marrow,骨髓:是造血干细胞自我更新和发育、分化、成熟的场所,也是哺乳动物 B 淋巴细胞发育成熟的场所。

15. Bone marrow transplantation(BMT),骨髓移植:将供者的骨髓细胞转移给受者的过程,是治疗白血病的主要方法之一。

16. Bruton's tyrosine kinase(Btk),Bruton 蛋白酪氨酸激酶:是 B 细胞发育成熟所必需的一种酪氨酸激酶。Btk 基因突变导致先天性无免疫球蛋白血症(XLA or Bruton disease)。

17. Bursa of Fabricius,法氏囊：鸟类 B 细胞发育成熟的主要器官,位于胃肠道末端的泄殖腔内,又称腔上囊。如果将初生鸡的腔上囊切除,成年后其体内几乎没有任何 B 细胞,也不能进行体液免疫应答。

C

1. Cadherin,钙黏素：钙离子依赖性细胞黏附素家族(Ca^{2+}-dependent cell adhesion molecule family)的简称,该家族包括 P 钙黏素、E 钙黏素和 N 钙黏素等亚类,主要介导同型细胞之间的相互附着。

2. Capsular antigen,荚膜抗原：细菌的荚膜抗原通常含有大量多糖,又称为表面抗原或 K 抗原。

3. Carrier,载体：没有免疫原性的半抗原与免疫原性较强的外来蛋白质耦联后可诱导针对半抗原的体液或细胞免疫应答,该外来蛋白质即为载体。

4. Carcinoembryonic antigen(CEA),癌胚抗原：被恶性肿瘤细胞所表达的胚胎抗原。正常情况下仅在胚胎发育期表达,出生后即消失的抗原为胚胎抗原(embryonic antigen).

5. Caspases,半胱天冬(氨酸)蛋白酶：半胱氨酸蛋白酶家族的总称,在天冬氨酸残基处裂解蛋白质多肽链,与细胞凋亡过程密切相关。

6. CD3：由 γ、δ、ε 和 ζ 链共同组成的复合分子,与 αβ-TCR 或 γδ-TCR 非共价结合,执行 T 细胞活化的信号转导功能。

7. CD4 and CD8：TCR 的复合受体(co-receptor),属于 Ig 超家族,在 TCR 识别 MHC/抗原肽时与 MHC 分子的非多态结构域结合。

8. CD5：外周的成熟 B 细胞中少部分是表达 CD5 的 B1 细胞。

9. CD19：BCR 的复合受体,与 CD21 和 CD81 组成复合物,调节 B 细胞活化。

10. CD40：B 细胞表面的一种膜分子。T 细胞表面的 CD40 配体(CD40L)与 CD40 结合是 B 细胞活化和其所合成抗体类别转换的必要条件。

11. CD45：又称为白细胞共同抗原(leukocyte common antigen),是所有白细胞均表达的一类跨膜磷酸酯酶(phosphatase),其 mRNA 的替代剪切导致有许多亚型。不同白细胞(甚至不同 T 细胞亚类)表达不同亚型的 CD45 分子。

12. CDR(complementarity determining region),(构象)互补决定区：抗体分子或 TCR 多肽链中参与组成抗原结合部位的片段,又称超变区(hypervariable region)。每条抗体分子及 TCR 多肽链的 V 区中各有 3 个 CDRs。

13. C1 inhibitor (C1-INH),C1 抑制因子：能够与被活化的补体 C1 结合并阻断其 C1r、C1s 酶活性的一种可溶性蛋白质分子。C1-INH 缺陷导致遗传性血管神经性水肿。

14. C3/C5convertase,C3/C5 转化酶：在补体活化过程中所产生的能够分别裂解补体 C3 或 C5 的蛋白酶。C 3bBb 和 C 4b2b 为 C3 转化酶,而 C 3bnBb 和 C 4b2b3b 为 C5 转化酶。

15. C4-binding protein (C40-bp),C4 结合蛋白：一种能够与补体 C4 特异结合的可溶性补体调节蛋白。

16. Cell adhesion molecule(CAM),细胞黏附分子：参见 adhesion molecule。

17. Cell-mediated immunity,细胞介导免疫：主要由 T 淋巴细胞和巨噬细胞所介导的免疫应答。迟发型超敏反应(DTH)是检验机体细胞免疫应答状态的常用指标之一。

18. Cell-mediated cytotoxicity,细胞介导的细胞毒性:主要指 NK 细胞和 CTL 对靶细胞的杀伤作用。

19. Central lymphoid organ,中枢淋巴器官:见 primary lymphoid organ。

20. Central tolerance,中枢免疫耐受:在 T 和 B 细胞发育过程中通过未成熟淋巴细胞的克隆清除所建立的自身免疫耐受状态。

21. Chemokine,趋化因子:对某些（免疫）细胞具有趋化作用的细胞因子（chemoattractant cytokines），分为 C、CC、CXC 和 CX$_3$C 四个亚家族。

22. Chemotaxis,趋化（运动）:细胞在化学趋化介质或趋化因子的作用下沿其浓度梯度而迁移的过程。

23. Chimeric antibody,嵌合抗体:与 bispecific 及 bifunctional antibody 同义。

24. Chronic granulomatous disease(CGD),慢性肉芽肿病:见 granuloma。

25. Classical pathway of complement activation,补体活化的经典途径:抗原-抗体复合物通过补体 C1、C4 和 C2 而激活补体系统的途径。

26. Class-switching,类别转换:B 细胞所合成的 Ig 重链的类别由一种（如 Igμ）转换为另外一种（如 Igγ 或者 Igα）的过程,又称 isotype-switching。类别转换不影响抗体分子的抗原特异性。

27. Clonal deletion,克隆清除:T 和 B 细胞通过其抗原受体识别抗原或者 MHC/抗原肽之后被诱导凋亡的过程,是中枢免疫器官内剔除表达自身抗原特异性受体未成熟淋巴细胞的主要机制。

28. Clonal expansion,克隆扩增:T 或者 B 淋巴细胞特异地识别抗原之后被活化并大量增殖的过程。该过程使得体内为数极少的针对某种外来抗原特异性淋巴细胞在短时间内扩增至足以发挥效应的数量。

29. Clonal selection theory,克隆选择学说:澳大利亚学者 Burnet 在 20 世纪 60 年代提出的克隆选择学说认为,体内的淋巴细胞具有"一个克隆,一种受体"的特点,表达不同抗原特异性受体的 T 及 B 淋巴细胞克隆构成体内的淋巴细胞库。外来抗原选择性地激活那些抗原特异性淋巴细胞并诱使它们迅速扩增,所产生的效应细胞介导抗原特异性免疫应答。

30. Clone,克隆:由单一祖先经无性繁殖而得到的与亲代遗传特性完全一致的细胞或生物群体。

31. Cluster of differentiation (CD)antigen,细胞分化抗原（或 CD 抗原）:白细胞或其他组织细胞表面与细胞分化成熟或者功能状态相关的标志性膜抗原,通常用单克隆抗体加以识别和区分。按照被发现的先后在 CD 之后以阿拉伯数字加以命名（如 CD1、CD2 等）。

32. Colony-stimulating factor(CSF),集落刺激因子:能够促进造血干细胞增殖和分化并在体外培养系统中形成集落的细胞因子。

33. Combined immunodeficiency,联合免疫缺陷:同时涉及 T 和 B 淋巴细胞的原发或继发性免疫缺陷。参见 severe combine immunodeficiency disease(SCID)。

34. Common variable immunodeficiency disease(CVID),普通变异型免疫缺陷病:对目前尚无法归类的原发性免疫缺陷性疾病的统称,主要论断依据是反复感染和血清免疫球蛋白偏低。

35. Complement deficiency,补体缺陷:补体系统固有成分或者调节分子表达或者功能障碍所引起的补体功能紊乱。

36. Complete Freund's adjuvant(CFA),完全弗氏佐剂:见 adjuvant。

37. Complement receptor(CR),补体受体:补体成分或者其片段的膜表面受体,如 CR1、CR2 等。

38. Complement system,补体系统:以攻击外来微生物细胞为主要功能的一组血清蛋白级联反应系统。

39. Complementarity determining region(CDR),(构象)互补决定区:见 CDR。

40. Concanavalin A(Con A),刀豆蛋白 A:一种具有促 T 淋巴细胞有丝分裂作用的植物蛋白。

41. Conformational determinant,构象抗原决定簇:主要指抗原分子中的 B 细胞表位。

42. Consensus motif,共同基序:氨基酸或者核苷酸序列中的某些特征序列。

43. Constant region(C-region),恒定区:IgH 和 IgL 链以及 TCR 分子 α、β、γ 和 δ 链靠近 N 末端的结构域具有明显的多样性,为可变区(V 区),靠近胞膜的结构域变异性较小,为恒定区。

44. Contact hypersensitivity,接触性超敏反应:皮肤表面长期或者反复与某些金属、植物、药物或化学物质接触后所发生的以皮肤炎症为主要表现的 IV 型超敏反应。

45. Coombs'test,抗球蛋白试验:用抗人 Ig 来检验红细胞表面是否存在非凝集性抗体的一种方法。如果待检红细胞表面确已被抗体包被,加入抗抗体后将引起红细胞凝集。

46. Co-receptor,辅助受体(或复合受体):指能够加强抗原特异性受体与配体之间的紧密结合和/或参与抗原受体信号转导的膜分子。例如,CD4 和 CD8 是 TCR 的复合受体。

47. Co-stimulating signal,共刺激信号:T、B 细胞被活化时,除需要 TCR 或 BCR 转导的活化信号之外,还需要共刺激分子(如 CD28)所转导的第二信号,即共刺激信号。

48. Co-stmulatory molecule,共刺激分子:能够为 T、B 细胞提供第二活化信号的膜分子,如 T 细胞所表达的 CD28。

49. C-reactive protein(CRP),C-反应蛋白:一种主要由肝脏合成的血清急性期蛋白(acute phase protein),能够与细菌表面的 C 型多糖特异结合并起到调理作用。

50. Cross-reaction,交叉反应:指一种抗体(或 TCR)能够与一种以上的抗原(或 MHC/抗原肽复合物)结合的现象。

51. Cryptic determinant,隐蔽决定簇:一种抗原分子可有多个抗原决定簇,位于抗原分子内部的决定簇一般情况下不能诱导免疫应答,称为隐蔽决定簇。

52. Cytokine,细胞因子:由免疫细胞或其他细胞分泌的能够对其他细胞发挥各种不同生物学效应的可溶性蛋白质分子。

53. Cytokine therapy,细胞因子疗法:将(基因工程方法制备的)细胞因子用于肿瘤或者其他免疫相关疾病的治疗方法。

54. Cytolysis,细胞裂解:靶细胞被补体或者杀伤细胞攻击后发生因胞膜穿孔而死亡的现象。

55. Cytotoxic T lymphocyte antigen-4(CTLA-4):是活化 T 细胞表达的一种膜分子,能够与 B7 分子以较高的亲和力结合并转导活化抑制信号。CTLA-4 基因敲除小鼠患有严重的自身免疫病。

56. Cytotoxic T lymphocyte(CTL)，细胞毒性 T 细胞：CD8$^+$ T 细胞被激活后能够特异地识别靶细胞表面的 MHC-I/抗原肽并杀伤靶细胞。

57. Cytotoxicity，细胞毒作用：杀伤细胞（CTL 或 NK 细胞）或者补体等对靶细胞的杀伤作用。CTL 和 NK 细胞通过释放细胞毒性物质（如穿孔蛋白、淋巴毒素）或者诱导凋亡的方式杀伤靶细胞，抗体则通过经典途径激活补体杀伤靶细胞。

D

1. Decay accelerating factor(DAF)，衰变加速因子：即 CDSS，能够促进补体片段进一步降解的一种膜分子，通过 GPI(glycophosphotidyl inositol)而不是跨膜区锚固于细胞表面。

2. Degranulation，脱颗粒反应：肥大细胞、嗜碱性粒细胞和嗜酸性粒细胞被激活后将胞浆颗粒内容物迅速释放于胞外的过程。

3. Delayed type hypersensitivity(DTH)，迟发型超敏反应：即 Th1 细胞介导的 IV 型超敏反应，是细胞免疫应答的一种表现形式。抗原注入被致敏宿主皮下 24 小时后出现局部红肿，至 48 小时反应最强。曾用 T$_{DTH}$ 表示介导的 DHT 的 T 细胞亚群，现已很少使用。

4. Dendritic cell (DC)，树突细胞：具有多个分枝状突起的细胞，是体内主要的抗原递呈细胞，包括皮肤中的朗格汉斯细胞（被活化后迁入淋巴组织并递呈抗原）、外周淋巴组织 T 细胞区的并指状细胞(interdigitating DC)（为 T 细胞递呈抗原）以及淋巴滤泡中的 FDC(follicular DC)（通过 Fc 受体和补体受体捕获抗原，刺激 B 细胞）等。

5. Desensitization，脱敏：按照一定程序和方法给患者注射变应原，以打破或者改变原已建立的 IgE 介导的超敏状态。

6. DiGeorge syndrome，DiGeorge 综合征：一种隐性遗传性免疫缺陷病，患者的胸腺发育异常，细胞免疫严重缺陷。

7. Diversity gene segment，D 基因片段：Ig 重链、TCR-β 和 TCR-δ 链编码基因中具有连接 V 和 J 基因片段作用的 DNA 短序列。

8. DNA vaccine，DNA 疫苗：含有抗原编码基因的 DNA 表达质粒，注入肌肉组织后可指导蛋白质表达并诱导抗原特异性免疫应答。

9. Domain，结构域（或功能区）：蛋白质分子的折叠和功能单位。

10. Donor，供者：为器官或者组织移植提供移植物的个体，也指在过继免疫过程中提供抗体或者 T 细胞的个体。

11. Double immunodiffusion，双向免疫扩散：见 immunodiffusion。

12. DR antigen，DR 抗原：HLA-II 类分子的主要类别之一，主要表达于树突细胞和巨噬细胞及 B 细胞等专职抗原递呈细胞表面。

E

1 EAE，实验性变态反应性脑脊髓炎：见 Experimental allergic encephalomyelitis。

2 Effector cell，效应细胞：指无需继续分化就能发挥免疫效应的淋巴细胞，尤指被活化的 Th1、Th2 和 CTL 细胞。效应细胞与未活化淋巴细胞(naïve cells)和记忆细胞(memory cells)不同，后者需经活化、增殖并分化为效应细胞才能发挥效应。

3. Enzyme-linked immunosorbent assay(ELISA),酶联免疫吸附试验:用酶(如辣根过氧化物酶)联抗体来检测结合于固相的抗原或抗体的方法,可通过酶促底物的颜色变化来定量显示待检样品中抗原或抗体的含量。

4. ELISPOT assay,酶联斑点试验:检测细胞分泌细胞因子或抗体的一种实验方法。将抗体或者抗原吸附于塑料板表面后再铺上待检细胞,细胞所分泌的细胞因子或者抗体将直接与固相抗体或者抗原结合。充分冲洗后用酶联抗体来检测结合于固相的抗原或抗体。

5. Endocytosis,胞饮作用:细胞吞入和摄取其周围液体或者颗粒物质的过程。

6. Endotoxin,内毒素:细菌被裂解后释放的生物毒性物质,与细菌代谢过程中所分泌的毒素(外毒素)不同。内毒素主要见于革兰阴性菌的胞壁成分(O 抗原),具有很强的诱导细胞因子合成和分泌的能力。

7. Endotoxoid,类内毒素:经化学方法处理而失去毒性但尚保留免疫原性的内毒素。

8. Eosinophil,嗜酸性粒细胞:外周血中富含嗜酸胞浆颗粒的多形核白细胞,占白细胞总数的 0.5%～1%,胞浆颗粒中含有主要碱性蛋白和各种蛋白水解酶,在抗寄生虫免疫过程中发挥重要作用。

9. Eosinophil chemotactic factor(ECF),嗜酸性粒细胞趋化因子:主要由肥大细胞和嗜碱性粒细胞合成并释放的一种小分子量多肽,有趋化嗜酸性粒细胞的作用。

10. Epitope,表位:抗原分子中被抗体(或 BCR)或者 TCR 识别的部位分别被称为 B 细胞表位和 T 细胞表位。B 细胞表位又称为抗原决定簇(antigenic determinant),多位于抗原的表面,有构象依赖性。

11. E-rosette,E-玫瑰花环:羊红细胞(E)能够与人 T 淋巴细胞表面的 CD2 分子结合,形成玫瑰花环状。此现象曾被用来计数和分离人 T 淋巴细胞。

12. Erythropoietin(EPO),红细胞生成素:一种能够刺激红系祖细胞增殖和红系干细胞集落形成的细胞因子。

13. Experimental allergic encephalomyelitis (EAE),实验变态反应性脑脊髓炎:用中枢神经系统所表达的抗原(如 MBP)免疫动物,诱导自身抗原特异性免疫应答,甚至引发脑脊髓炎症的动物模型。与 Experimental autoimmune encephalomyelitis(实验自身反应性脑脊髓炎)同义。

14. Exon,外显子:编码蛋白质结构域或其他功能片段的 DNA 序例,一般情况下数个外显子共同编码一个完整的蛋白质多肽链。

15. Exotoxin,外毒素:通常是由革兰阳性菌产生的不耐热蛋白质毒素,可溶性好且易扩散,存在于细菌培养物的过滤液中,经化学方法处理可以脱毒成为类毒素(toxoid)。

F

1. Fab(fragment antigen binding),抗原结合片段:IgG 分子经木瓜蛋白酶裂解后得到的能够与抗原特异结合的片段。

2. FACS,荧光活化细胞分类计数仪:见 Fluorescence-activated cell sorter。

3. Factor P,P 因子:见 properdin(备解素)。

4. Fas:属于 TNF-R 超家族的膜分子,与 Fas 配体(FasL)结合后引起 Fas 表达细胞凋亡。

5. Fas ligand(FasL),Fas 配体:是膜型 TNF 分子家族的成员之一,与 Fas 结合后引起 Fas

表达细胞凋亡。

6. Fc(fragment crystalizable)，Fc 段：IgG 分子经木瓜蛋白酶裂解后得到重链 C 端部分，该段较容易结晶，且能够与细胞表面的抗体受体(FcR)结合。

7. Fc receptor，Fc 受体：抗体分子 Fc 段的膜表面受体，包括 IgG 受体(FcγR，共 3 种)、IgE 受体(FcεR，共 2 种)和 IgA 受体等。

8. Fluorescence-activated cell sorter(FACS)，荧光活化细胞分类计数仪：其基本原理是用激光束激发流过管道的单个细胞，同时用感光器接收细胞被激发后的信号。可对单个细胞的大小、所含胞浆颗粒多少以及所结合的荧光标记抗体(即所表达分子)等特性进行同步分析、计数或者分选。

9. Follicular dendritic cells (FDC)，滤泡树突细胞：分布于淋巴小结(滤泡)中的树突细胞，不表达 MHC 和 B7 分子，但能通过补体受体和 Fc 受体捕获被调理的抗原并将其传递给 B 细胞。

10. Freund's adjuvant，弗氏佐剂：主要由矿物油和羊毛脂(作为乳化剂)组成的免疫佐剂。加入灭活结核杆菌为完全弗氏佐剂(CFA)，否则为不完全弗氏佐剂(IFA)。将溶解于水的抗原与弗氏佐剂充分混匀后形成油包水乳化颗粒，是最为有效的免疫佐剂之一。

G

1. GALT，肠黏膜相关淋巴组织：见 Gut-associated lymphoid tissue。

2. G-CSF，粒细胞集落刺激因子：见 Granulocyte colony stimulating factor。

3. γδ-T cell，γδ-T 细胞：指表达 γδ-TCR 的 T 细胞，占外周 T 细胞总数的 10% 左右。

4. Genetic engineering antibody，基因工程抗体：经现代分子生物学和基因工程手段改造和制备的单克隆抗体，如人源化抗体、双特异性抗体和单链抗体等。

5. Gene rearrangement，基因重排：B(或 T)细胞从 IgH 和 IgL(或 TCRα、β、γ 和 δ 链)胚系基因中的 V、D(限于 IgH、TCR 和 TCR 基因)和 J 基因片段中各选一个并连接成 V(D)J 外显子的过程。所产生的 V(D)J 外显子将编码 Ig(或 TCR)多肽链的 V 区。Ig 和 TCR 基因的成功重排是 B 和 T 细胞发育成熟的必要条件。

6. Gene segment，基因片段：指基因组中经重排连接后才能成为外显子的 DNA 序列(片段)。抗体分子轻、重链和 TCRα、β、γ 和 δ 多肽链的编码基因在基因组中分别以基因簇(gene cluster)的形式存在，其中包括多个 V、D(限于 IgH、TCR 和 TCR 基因)和 J 基因片段以及编码 C 区的外显子。V、(D)和 J 基因片段经重排连接后共同编码 N 末端约 95 个氨基酸残基的可变区。

7. Germinal center，生发中心：淋巴滤泡(lymphoid follicle，又译为淋巴小结)中的 B 细胞被特异性抗原活化后迅速分裂、增殖，使淋巴滤泡扩大成为生发中心，又称为次级淋巴小结(secondary follicle)。见 lymphoid follicle。

8. Germ line gene，胚系基因：主要指生殖细胞和体细胞中未曾发生过重排的(Ig 和 TCR)基因。

9. Globulin，球蛋白：血清中不溶于半饱和硫酸胺的蛋白质组分为球蛋白。按照电泳迁移率可将球蛋白分为 α、β 和 γ 球蛋白，α 球蛋白带负电荷最多，γ 球蛋白带负电荷最少。血清 γ 球蛋白的主要成分是抗体，即免疫球蛋白(immunoglobulin，Ig)。

10. GlyCAM-1:淋巴组织中 HEV 上一种黏蛋白样黏附分子,是未活化淋巴细胞表面 L 选择素的配体,两者的相互作用使未活化淋巴细胞能够离开血液循环进入外周淋巴组织。

11. GM-CSF,粒细胞－巨噬细胞集落刺激因子:见 Granulocyte-macrophage colony stimulating factor。

12. Goodpasture's syndrome,肺出血性肾炎综合征:针对肾小球和肺泡基底膜中 IV 型胶原蛋白的自身抗体所引起的一种自身免疫病,患者常因严重肾衰和肺功能障碍而致命。

13. Graft rejection,移植排斥:机体免疫系统对被移植的同种异型或者异种移植物的排斥反应。

14. Graft-versus-host reaction(GVHR),移植物抗宿主反应:移植物内的淋巴细胞对受者的组织抗原产生免疫反应,可导致严重的移植物抗宿主病(GVHD)。

15. Granulocyte,粒细胞:具有多形核和胞浆颗性粒的白细胞,又称为多核白细胞(polymorphonuclear leukocytes),包括中性粒细胞(neutrophils)、嗜酸性粒细胞(eosinophils)和嗜碱性粒细胞(basophils)。

16. Granulocyte colony-stimulating factor(G-CSF),粒细胞集落刺激因子:一种能够促进粒细胞增殖与分化的细胞因子,由活化 T 细胞、巨噬细胞和骨髓基质细胞分泌,能够从骨髓中进入外周循环。

17. Granulocyte-macrophage colony-stimulating factor(GM-CSF),粒细胞－巨噬细胞集落刺激因子:一种能够刺激髓系(包括各种粒细胞以及树突细胞)和单核巨噬细胞系(包括单核细胞、巨噬细胞以及树突细胞)细胞增殖与分化的细胞因子,具有诱导朗格汉斯细胞分化为树突细胞的功能,主要由活化 T 细胞、巨噬细胞和骨髓基质细胞分泌。

18. Granuloma,肉芽肿:不易清除的外来异物(如分枝杆菌和硅类物质)在局部组织中所引起的慢性炎症病灶,其中心为巨噬细胞,有些融合为多核巨细胞,周围为浸润的 T 淋巴细胞。长期不愈且较严重者成为慢性肉芽肿病(chronic granuloma disease,CGD)。

19. Graves' disease,毒性弥漫性甲状腺炎(格雷病):由针对甲状腺刺激性激素受体的自身抗体所介导的一种自身免疫病,主要临床表现为甲状腺功能亢进,是 V 型超敏反应的典型代表。

20. Growth factor,生长因子:维持某些细胞生长(增殖)所必需的细胞因子。例如,IL-2 是 T 细胞的生长因子。

21. Gut-associated lymphoid tissue(GALT),肠黏膜淋巴组织:位于肠道黏膜固有层的淋巴组织,是黏膜淋巴组织(mucosal-associated lymphoid tissue,MALT)的重要组成部分,包括皮氏小结和弥散淋巴组织。

H

1. Haplotype,单元型:在一条染色体上紧密相连基因的组合。

2. Hapten,半抗原:分子量较小且没有免疫原性的物质。半抗原与载体蛋白偶联后能诱导半抗原特异的获得性体液或细胞免疫应答。

3. Hashimoto's thyroiditis,桥本甲状腺炎:一种器官特异性自身免疫病,患者血清中有高滴度的甲状腺抗原特异性抗体,临床表现为甲状腺功能低下。

4. Heat shock protein(HSP),热休克蛋白:细胞在受热(40～45℃)或者其他应激刺激时所表达的一类胞浆蛋白的总称。

5. Heavy chain(H chain),重链(H 链):免疫球蛋白分子 4 肽链基本结构中两条较重的多肽链,分为 γ、δ、α、μ 和 ε 等 5 种类型,分别参与组成 IgG、IgD、IgA、IgM 和 IgE。

6. Helper T cell(Th),辅助性 T 细胞:即 CD4$^+$ T 细胞,具有辅助 B 细胞、CD8$^+$ CTL 和巨噬细胞活化的作用。

7. Hemagglutinin,血凝素:指具有凝集红细胞作用的抗体、病毒、细菌或植物蛋白凝集素所结合并凝集的过程。

8. Hemolysis,溶血作用:红细胞被裂解并释放出血红蛋白的过程。免疫溶血是红细胞特异性抗体与补体协同作用引起红细胞膜破裂的结果。

9. Hemolytic plaque assay,溶血空斑试验:一种计数细胞悬液中抗红细胞抗体生成 B 细胞的实验技术。

10. Hematopoietic stem cell(HSC),造血干细胞:骨髓中具有自我更新能力并能分化为各种血细胞前体细胞的干细胞。

11. High endothelial venule(HEV),高内皮毛细血管后微静脉:外周淋巴组织所特有的毛细血管后微静脉,其内皮细胞呈高柱状而非扁平状,血液中的淋巴细胞经此进入外周淋巴组织。

12. Hinge region,铰链区:指 Igγ、Igδ 和 Igα 链的 C_H1 和 C_H2 结构域之间的连接部分。

13. Histamine,组胺:由组氨酸衍生而来的血管活性物质,是肥大细胞释放的主要炎症介质之一,能引起平滑肌收缩、血管扩张、毛细血管渗透性增高。

14. Histocompatibility,组织相容性:指来自其他个体的组织或器官被宿主免疫系统所接纳、耐受的可能性。

15. Histocompatibility antigen-2(H-2),组织相容性抗原 2:小鼠 MHC 的通用称谓。H-2 基因包括 K、D、Aα、Aβ、Eα 和 Eβ 基因座,其复等位基因以右上角小写字母表示,如 H-2K^d。

16. Homologous restriction factor(HRF),同源限制因子:也称为 C8 结合蛋白(C8-bp),HRF 与 8 结合具有种属特异性,即与同种来源的 C8 反应,与异种动物的 C8 不反应,可干扰补体 C9 与 C8 结合。

17. Host versus graft reaction(HVGR),宿主抗移植物反应:见 transplantation rejection。

18. Human immunodeficiency virus(HIV),人免疫缺陷病毒:是人类艾滋病的致病病毒,属于 lentivirus 家族的一种逆转录病毒,感染并损伤 CD4$^+$ T 细胞和巨噬细胞。

19. Human leukocyte antigen(HLA),人白细胞抗原:HLA 既用以表示人 MHC 基因编码的主要组织相容性抗原,也是人 MHC 基因约定俗成的称谓。HLA 基因复合体位于第 6 号染色的短臂上,其中的基因座用大写字母缀以星号表示,如 HLA-B∗,复等位基因用阿拉伯数字表示,如 HLA-B∗2705。

20. Humanized antibody,人源化抗体:通过生物工程手段将动物源性抗体的恒定区(和/或框架区)置换成人 Ig 恒定区(和/或框架区),在保证抗体的特异性不变的前提下使该抗体分子最大限度地近似人源抗体。

21. Humoral immune response,体液免疫应答:主要由 B 细胞介导的以抗体为主要效应分子的获得性免疫应答,针对 TD 抗原的体液免疫应答必须有 T 细胞的辅助。

22. Hybridoma,杂交瘤:将骨髓瘤细胞和产生抗体的 B 细胞融合后得到的杂交细胞,具有持续分泌抗体的特点。

23. Hyperacute rejection,超急排斥反应:组织或者器官移植后数小时内出现的主要由天然抗体和补体介导的排斥反应。

24. Hypervariable region(HVR),超变区:指抗体和 TCR 多肽链 V 区中氨基酸序列变异最为集中的 3 个狭小区域,其中的氨基酸残基参与组成抗原结合部位,故又称互补决定区(CDR)。

25. Hypersensitivity,超敏反应:伴随着机体对外来抗原进行再次免疫应答所出现的炎症性病理反应。

26. Hypogammaglobulinemia,低丙种球蛋白血症:血清丙种(γ)球蛋白含量明显低于正常人平均水平的现象。

I

1. Idiotope,独特位:抗体分子也可能被其他抗体分子作为抗原来识别。位于抗体分子抗原结合部位的 B 细胞表位即为独特位。

2. Idiotype,独特型:一个抗体分子抗原结合部位的独特位的总称。

3. Idiotypic network,独特型网络:抗体分子独特型和抗独特型抗体之间相互作用形成的免疫调节网络。

4. Immature B cell,未成熟 B 细胞:介于前 B 细胞晚期和成熟 B 细胞之间的 B 细胞发育阶段。未成熟 B 细胞仅表达 sIgM,不表达 sIgD 分子。注意其与未活化 B 细胞(naive B cells)的不同,前者位于骨髓中,后者位于外周,是"尚未被活化的"成熟 B 细胞。

5. Immediate hypersensitivity,速发型超敏反应:是 I 型超敏反应的主要表现形式。宿主再次接触变应原后几个小时之内发生局部炎症反应,主要由 IgE 介导肥大细胞脱颗粒所释放的组胺等炎症介质所致。

6. Immune complex(IC),免疫复合物:抗原与抗体分子之间相互结合所形成的复合物,又称为抗原-抗体复合物(antigen-antibody complex)。IgG 和 IgM 与抗原形成的复合物能够被吞噬细胞清除,也能有效地激活补体。

7. Immune response,免疫应答:免疫系统对抗原刺激所做出的反应,包括抗体形成、细胞介导免疫效应以及免疫耐受等。

8. Immune serum,免疫血清:见 antiserum。

9. Immune surveillance,免疫,监视:免疫细胞对全身各种组织和器官中可能出现外来抗原或者变异自身抗原的监视作用。

10. Immune system,免疫系统:由免疫器官、免疫细胞、免疫分子以及淋巴循环网络组成的以抵御外来微生物侵袭为主要功能的机体防御系统。

11. Immunity,免疫力(性):免疫学上指宿主抵御病原微生物或者寄生虫感染的能力。

12. Immunization,免疫:将(配以佐剂的)抗原注入宿主体内诱导抗原特异性体液和细胞免疫应答的过程。主动免疫将使宿主在较长时间内对该抗原处于免疫状态。

13. Immunodeficiency disease,免疫缺陷病:原发或者继发因素造成免疫细胞发育不全或者免疫分子表达障碍,从而使得免疫系统功能低下,患者发生以反复、难以治愈的微生物感染为主要临床表现的疾病。

14. Immunodiffusion technique,免疫扩散技术:抗原与抗体成分的一种定性与半定量分析方法,通常采用半固态透明琼脂凝胶作为支持介质。置于孔中的抗原和抗体相向扩散,相遇后如能结合形成复合物则形成沉淀线,分为单向扩散(single immunodiffusion)、放射状扩散(radial immunodiffusion)和双向扩散(double immunodiffusion)等。

15. Immunoelectrophoresis,免疫电泳:结合电泳和免疫扩散技术的一种定性和定量分析技术,用于鉴定可溶性抗原或抗体。首先将待检样品置于琼脂凝胶板上进行电泳,然后在电泳移动轴并行的方向加入抗血清(或抗原)做单向免疫扩散,根据抗原/抗体沉淀线的多少和位置,以确定抗原、抗体成分以及它们之间的关系。

16. Immunofluorescence techniques,免疫荧光技术:用荧光素标记的抗体(或抗原)测定细胞表面或细胞内相应抗原(或抗体)的技术。异硫氰酸荧光素(FITC)是最常用的荧光素之一。参与 fluorescenceactivated cell sorter(FACS)。

17. Immunogen,免疫原:能够通过与 T 和 B 细胞受体特异结合而诱导获得性体液和/或细胞免疫应答的物质。

18. Immunogenicity,免疫原性:抗原诱导获得性免疫应答的能力。

19. Immunogenetics,免疫遗传学:用遗传学的方法和理论对免疫系统和免疫现象进行研究和分析的学科,是免疫学与遗传学的交叉学科。

20. Immunoglobulin(Ig),免疫球蛋白:即抗体分子,指血清中具有抗原结合能力的丙种球蛋白(γ-globulin),其基本单位由两条轻链和两条重链组成。根据其化学结构与抗原特性将重链分为 α、δ、ε、γ 和 μ 五种,分别与轻链一起参与组成 IgA、IgD、IgE、IgG 和 IgM 型抗体分子。

21. Immunoglobulin domain,Ig 结构域:抗体以及其他 Ig 超家族分子所共有的一种"三明治样"折叠单位。

22. Immunoglobulin superfamily(IgSF),免疫球蛋白超家族:以抗体分子轻、重链为典型代表的含有 Ig 结构域的蛋白质分子。包括 Ig 重链和轻链、TCR-α、-β、-γ 和-δ 链、MHC分子、CD2、CD8、B7 和 $\beta2$ 微球蛋白以及 CD3γ、δ 和 ε 链等。Ig 分子超家族的成员多数为膜分子,多与细胞之间的相互接触有关,但没有酶活性。

23. Immunological unresponsiveness,免疫无应答:免疫系统对外来抗原的无反应状态。

24. Immunological tolerance,免疫耐受:免疫系统对某些抗原的特异性无反应状态。天然免疫耐受(natural tolerance)指免疫系统与生俱有的对自身抗原的无应答状态。获得性免疫耐受(acquired tolerance)为动物在一定条件下被外来抗原所诱导的抗原特异性无反应状态。参见自身免疫耐受(self tolerance)、中枢免疫耐受(central tolerance)和外周免疫耐受(peripheral tolerance)。

25. Immunological privileged site,免疫豁免部位:免疫细胞在正常情况下不能接触或者进入的组织部位,如中枢神经系统。

26. Immunology,免疫学:以免疫系统及免疫应答为主要研究对象的生物医学分支学科,所涉及的主要内容有包括免疫系统的组成结构(包括免疫细胞、免疫分子、免疫器官)、免疫系统对外来抗原物质进行免疫应答的过程以及其抵御各种微生物和寄生虫侵袭的机制。

27. Immunoreceptor tyrosine-based activation motif(ITAM)，免疫受体酪氨酸活化基序：免疫细胞活化受体(如 BCR/Igα/Igβ、TCR/CD3、FcαR 和 FcγR 等)胞浆区所共有的以酪氨酸残基为基础的基序，含有此类基序的膜受体能够转导细胞活化信号。

28. Immunoreceptor tyrosine-based inhibitory motif(ITIM)，免疫受体酪氨酸活化基序：免疫细胞表面的抑制性调节分子(FcγRIIB、PD-1、CD22 和 KIR 等)胞浆区所共有的以酪氨酸为基础的基序，含有此类基序的膜受体能够转导细胞活化抑制信号。

29. Immunoregulation，免疫调节：指神经－内分泌系统以及免疫系统本身对免疫反应状态和内稳态的调控、也指通过某些药物或者生物制剂(如细胞因子)人为地对免疫系统的状态进行干预。

30. Immunosuppression，免疫抑制：用物理方法(如放射线照射)、化学制剂(如抑制蛋白质或核酸合面的药物)或生物制剂(过量的抗原、过量的抗体、抗淋巴细胞抗体)处理人或动物后所引起的免疫系统功能抑制。

31. Immunotherapy，免疫治疗：应用免疫学方法(如提供抗体、免疫细胞和细胞因子)治疗相关疾病的技术。

32. Immunotoxin，免疫毒素：抗体与各种毒素(如蓖麻毒素)物质的耦联物，兼备抗体的特异性和毒素的细胞毒作用。注入机体后可较特异地杀伤表达靶抗原的细胞(如某些肿瘤细胞)。

33. Infectious mononucleosis，传染性单个核细胞增多症：主要指 EB 病毒感染造成的以单个核细胞增多、发热、寒战及淋巴结肿大等为主要表现的疾病。

34. Inflammation，炎症：在致炎因子(机械损伤、微生物感染等)的作用下，局部组织出现微循环血管通透性增加、血浆渗出以及粒细胞、淋巴细胞或单核细胞浸润的现象。

35. Inflammatory cell，炎症细胞：泛指参与炎症过程的细胞，主要包括中性粒细胞、单核细胞、淋巴细胞等。

36. Innate immunity，天然免疫：机体与生俱有的抵御微生物或其他异物侵袭的能力，主要由补体和吞噬细胞介导，又称非特性免疫。

37. Insulin-dependent diabetes mellitus(IDDM)，胰岛素依赖型(I 型)糖尿病：由于胰岛 β 细胞被免疫系统损伤而失去产生胰岛素的能力，导致患者出现以糖代谢紊乱为主要表现的自身免疫性疾病。

38. Integrin，整合素：细胞表面黏附分子的一个家族，其中有些成员与 CAMs 结合，有些与补体片段结合，还有些与细胞间质结合。该类分子在淋巴细胞与抗原递呈细胞之间的黏附以及其向组织迁移的过程中扮演重要角色。

39. Intercellular adhesion molecular(ICAM)，细胞间黏附分子：是整合素的配体分子，包括 ICAM-1、ICAM-2 和 ICAM-3，与白细胞与血管内皮细胞以及抗原递呈细胞之间的黏附以及其向组织迁移的过程中扮演重要角色。

40. Interferon，干扰素：被病毒刺激或感染的动物细胞所产生的一组具有诱导细胞进入抗病毒状态作用的可溶性蛋白质分子。α 和 β 干扰素分别由白细胞和纤维母细胞产生，NK 细胞、Th1 和 CTL 细胞能够产生 γ 干扰素。

41. Interleukin(IL)，白介素：各种白细胞所分泌细胞因子的总称，迄今为止(2001 年)被正式命名的白介素共有 23 种。

42. Intraepithelial lymphocyte(IEL),上皮细胞间淋巴细胞:发现于黏膜上皮层内的弥散淋巴细胞,属于黏膜淋巴系统的一部分。

43. Invariant chain,恒定链:是 MHC-II 分子组装与运输过程中不可缺少的一种辅助分子。该分子在内质网中与 MHC-II 分子结合,一方面防止其与内质网中的内源性抗原肽结合,同时也为其在细胞内的运输提供信号肽。

44. Isograft,同基因移植物:来自遗传基因与受者完全相同个体的移植物。

45. Isotype-switching,类别转换:与 class-switching 同义。

J

1. Joining chain,连接链:又为 J 链,是将两个 IgA 单体分子共价相连为二聚体的短肽链。

K

1. Kinase,激酶:催化 ATP 上的磷酸基团转移至其他化合物上的酶,见 protein tyrosine kinase。

2. Killer cell,杀伤细胞:多指具有杀伤靶细胞作用的 CTL(Tc)和 NK 细胞。

3. Killer inhibitory receptor(KIR),杀伤抑制受体:NK 细胞表面的抑制性受体,能够识别靶细胞表面的 MHC-I 分子,脑浆区具有 ITIM 序列。

4. Koch's phenomenon,郭霍现象:曾被结核杆菌感染或者接种过卡介苗的动物或人再次接触结合菌素皮下免疫时引起皮肤坏死性反应的现象。

5. Kupffer cell,库普弗细胞:曾被译为枯否氏细胞,指位于肝窦内表面的吞噬细胞,能够清除血液中的外来抗原、抗原－抗体复合物和细胞碎片等物质。

L

1. Langerhans cell,朗格汉斯细胞:曾被译为朗罕细胞,指表皮层中具有吞噬能力的树突细胞,它们被活化后能够携带外来抗原迁入进入引流淋巴结并在此将抗原肽递呈给 T 细胞。

2. Large granular lymphocyte(LGL),大颗粒淋巴细胞:NK 细胞的旧称(因 NK 细胞含有较大的胞浆颗粒而得名)。

3. Lectin,凝集素:一类天然蛋白质,多为植物蛋白(尤其是豆类种子),能够与细胞表面的糖蛋白或糖脂中的某些糖基特异结合,具有凝集红细胞的作用。有些植物凝集素(如 PHA,ConA)是 T 细胞促有丝分裂原(mitogen)。

4. Leukocyte,白细胞:外周血中白血细胞的总称,包括淋巴细胞、粒细胞和单核细胞等。

5. Leukocyte adhesion deficiency(LAD),白细胞黏附障碍:由于整合素(黏附)分子共用的 β2 链基因突变所引起的一种免疫缺陷性疾病。患者体内的白细胞不能及时进入细菌感染部位发挥控制化脓菌感染的作用。

6. Leukocyte common antigen,白细胞共同抗原:见 CD45。

7. Leukotriene(LT),白三烯:肥大细胞合成的炎症介质。

8. Ligand,配体:与细胞表面受体特异性结合的大分子。

9. Light chain(L),轻链:指多亚基蛋白质大分子中分子量较小的肽链。如抗体分子四肽链基本结构中分子量较小的两条为抗体分子轻链,有 κ 和 λ 两种亚型。

10. Linkage disequilibrium,连锁不平衡:不同基因位点上两个或多个等位基因在同一染色体上的频率小于或大于它们在群体中理论预期的频率。

11. LFA-1/LFA-3:见 lymphocyte function-associated antigen。

12. L-selectin,L 选择素:主要由淋巴细胞表达的一种选择素黏附分子,能够与表达于 HEV 内皮细胞的 CD34 和 GlyCAM-1 结合,使未活化淋巴细胞得以进入外周淋巴组织。

13. Lymph,淋巴:淋巴管中由机体组织回收的澄清液体,经多级淋巴结过滤后最终流入血液循环。

14. Lymph node,淋巴结:直径约 1cm 的结节器官,多个淋巴结遍布全身各处组织,是启动免疫应答的主要场所,也是淋巴循环的主要"滤器"。

15. Lymphoblast,淋巴母细胞:被激活后处于分裂期、体积较大的淋巴细胞。

16. Lymphocyte,淋巴细胞:主要存在于淋巴、血液以及淋巴组织中的小细胞。分为 T 细胞、B 细胞和 NK 细胞。T 和 B 细胞是获得性免疫系统的主要细胞。

17. Lymphocyte function associated antigen-1(LFA-1),淋巴细胞功能相关抗原-1:白细胞表面的整合素分子之一,参与介导白细胞(尤其是 T 细胞)与其他细胞(如血管内皮细胞和 APC)之间的紧密接触。

18. Lymphocyte function associated antigen-3(LFA-3),淋巴细胞功能相关抗原 3:表达于许多细胞表面的 Ig 超家族黏附分子,是 CD2(LFA-2)的配体。

19. Lymphocyte homing,淋巴细胞归巢:淋巴细胞向外周淋巴器官定居部位的迁移。

20. Lymphocyte homing receptor,淋巴细胞归巢受体:介导淋巴细胞归巢的细胞受体。

21. Lymphoid dendritic cell,淋巴系树突细胞:由淋巴干细胞分化而来的树突细胞。

22. Lymphoid organ,淋巴器官:以淋巴细胞为主的器官(或组织),包括中枢淋巴器官(central lymphoidorgan)和外周淋巴器官(peripheral lymphoid organ)。

23. Lymphoid progenitor,淋巴祖细胞:将分化为淋巴细胞的定向干细胞,与 Lymphoid stem cell 同义。

24. Lymphoid follicle,淋巴滤泡:又称淋巴小结,是外周淋巴组织中由 B 淋巴细胞和滤泡树突细胞共同形成的致密结节。初级淋巴滤泡(primary follicle)中的 B 细胞是处于静息状态的未活化小淋巴细胞,受到抗原刺激后开始迅速增殖、分化,淋巴滤泡成为增生活跃的次级淋巴滤泡(secondary follicle),又称生发中心(germinal center)。

25. Lymphokine,淋巴因子:主要由淋巴细胞分泌的可溶性细胞因子。

26. Lymphokine activated killer(LAK)cell,LAK 细胞:将外周血单个核细胞(PBMC)在体外用高浓度 IL-2 刺激 10 天左右所得到的细胞即 LAK 细胞,具有一定的肿瘤杀伤活性。

27. Lymphotoxin(LT),淋巴毒素:又称肿瘤坏死因子-β(TNF-β),是主要由 Th1 细胞分泌对某些肿瘤细胞或培养细胞株(如小鼠纤维细胞株 L-929)具有直接杀伤作用的细胞因子。

28. Lysosome,溶酶体:含各种蛋白水解酶的细胞器,在吞噬细胞中含量尤为丰富。

29. Lysosome-associated membrane protein(LAMP),溶酶体相关膜蛋白:表达于胞浆溶解酶体内的一种蛋白酶,参与降解胞浆中的蛋白质分子。

30. Lysozyme，溶菌酶：溶菌酶即葡萄糖酶，其天然底物是细菌胞壁的黏多肽层。该酶存在于眼泪、唾液、汗液、乳汁、肠液和脏器组织液中。

M

1. Macrophage，巨噬细胞：是体积较大，具有较强变形运动和吞噬能力的细胞。血液中的单核细胞落户于外周组织后变为巨噬细胞。

2. Monocyte/macrophage colony-stimulating factor（M-CSF），单核巨噬细胞集落刺激因子：能够刺激骨髓前体细胞分化为单核巨噬细胞并激活单核巨噬细胞的细胞因子。

3. Major histocompatibility complex（MHC），主要组织相容性基因复合体：编码主要组织相容性抗原的基因复合体，分为 I 和 II 类基因，分别编码 MHC-I 和 MHC-II 类分子。人 MHC 又称为 HLA，小鼠 MHC 为 H-2。

4. Major basic protein（MBP），主要碱性蛋白：①神经髓鞘的一种主要组成分子，针对 MBP 的细胞免疫应答可导致中枢神经系统的自身免疫性病变；②嗜酸性粒细胞的胞浆颗粒中含有另外一种碱性蛋白，能够作用于肥大细胞使其脱颗粒。注意 MBP 也是甘露糖结合蛋白（mannan-binding protein）的缩写。

5. Mannan-binding lectin（MBL），甘露糖结合凝集素：又为 MBP（mannan-binding protein，MBP），是血清中的急性反应蛋白，能够致敏病原微生物并通过 MBP 途径激活补体。

6. Mast cell，肥大细胞：结缔组织中含有许多嗜碱性胞浆颗粒的细胞，其中含有肝素、组胺、5-羟色胺。表达 IgE 高亲和力受体，变应原引起肥大细胞脱颗粒是速发型超敏反应的主要机制。

7. MBP-associated serine protease（MASP），MBP 复合丝氨酸蛋白酶：MASP 酶原分子与 MBP 形成复合物，被激活后具有 C4 和 C2 转化酶的活性，是 MBP 途径激活补体的关键酶。

8. Membrane attack complex（MAC），膜攻击单位：补体系统被活化后 C9 分子在靶细胞表面聚合所形成的通道结构，是补体系统发挥生物学效应的主要途径。

9. Membrane Ig（mIg），膜免疫球蛋白：B 细胞表面的膜型免疫球蛋白分子，与 surface IgM（sIgM）同义。

10. Memory cell，记忆细胞：T 和 B 细胞被活化后一部分分化为记忆细胞，这些细胞表达高水平的黏附分子，但处于静息状态，再次接触特异抗原后便迅速被激活并分化为新的效应细胞和记忆细胞。

11. MHC restriction，MHC 限制性：指 $\alpha\beta$-T 细胞识别抗原时对抗原递呈细胞所表达 MHC 分子的依赖性。

12. Migration inhibition factor（MIF），移动抑制因子：能够抑制体外培养体系中巨噬细胞趋化移动的细胞因子。

13. β_2-microglobulin（β_2m），β_2 微球蛋白：分子量为 21kDa 的可溶性蛋白，没有多态性，与 MHC-I 链共同组成 MHC-Iα 类分子。

14. Minor histocompatibility antigen，次要组织相容性抗原：除了 MHC 所编码的主要组织相容性抗原之外的与移植排斥有关的同种异型抗原。

15. Minor lymphocyte stimulating antigen（MLs），次要淋巴细胞刺激抗原：整合于某些小

鼠基因组中的乳腺肿瘤病毒（MMTV）所编码的一种膜分子能够作为内源性超抗原,诱导宿主 T 细胞的克隆清除或活化同种异型 T 细胞。

16. Mitogen,促有丝分裂原:能够诱导细胞有丝分裂的物质,有些可以诱导多克隆淋巴细胞转化(如 ConA,PHA)。参见 lectin(凝集素)。

17. Mixed lymphocyte reaction(MLR),混合淋巴细胞反应:将来自同种异体的外周血单个核细胞在体外混合培养,淋巴细胞会因与对方细胞所表达的 MHC 抗原的识别而发生转化并增殖,反应强度与两个供者的组织相容性抗原之间的匹配程度成反比。

18. Molecular mimicry,分子模拟:外来抗原与自身抗原的某些部分在氨基酸序列或者立体构象上相似或者相同。

19. Monoclonal antibody(mAb),单克隆抗体:由单一 B 细胞克隆或者杂交瘤细胞所产生的抗体。

20. Monocyte,单核细胞:是外周血中体积较大的白细胞,有阿米巴样运动与吞噬功能,落户于外周组织后成为组织巨噬细胞。

21. Monocyte chemotactic protein(MCP),单核细胞趋化蛋白:一类主要作用于单核细胞和嗜碱性细胞的趋化因子,属于 CC 亚家族,由白细胞及各种组织细胞分泌。

22. Monokine,单核因子:由单核细胞分泌的各种可溶性细胞因子。

23. Mononuclear cells,单个核细胞:具有单个致密胞核(与多形核细胞相比)的细胞,包括淋巴细胞、浆细胞及单核细胞等。

24. Motif,基序:氨基酸或者核苷酸特征序列中具有某些规律的基本单位。

25. Mucosal-associated lymphoid tissue(MALT),黏膜相关淋巴组织:位于黏膜固有层的淋巴细胞形成弥散或者结节样(Peyer's patches)淋巴组织,其主要代表包括肠黏膜淋巴组织(GALT)和支气管黏膜淋巴组织(BALT)。

26. Multiple sclerosis(MS),多发性硬化症:中枢神经系统进行性脱髓鞘病,病变灶周围有淋巴细胞浸润,与髓鞘蛋白(如 MBP)特异性细胞免疫应答密切相关。

27. Myasthenia gravis(MG),重症肌无力:一种自身免疫性疾病,患者体内的自身抗体阻断骨胳肌细胞的乙酰胆碱受体,导致运动神经信号传递障碍和肌肉逐渐萎缩。

28. Myeloid dendritic cell,髓系树突细胞:髓系来源的树突细胞。

29. Myeloid stem cell,髓系干细胞:指骨髓中能够分化为粒细胞和单核巨噬细胞的干细胞,又为 myeloid progenitors。

30. Myeloperoxidase(MPO),髓过氧化物酶:是粒细胞和单核巨噬细胞胞浆中的一种过氧化物酶,与过氧化氢和可氧化物组成溶酶体内 MPO 杀菌系统。

31. Myeloma,骨髓瘤:一种浆细胞瘤,往往侵犯骨髓。

N

1. Naive lymphocyte,未活化淋巴细胞:存在于外周的成熟但尚未被激活的 T 和 B 淋巴细胞。

2. Natural antibody,天然抗体:无须主动免疫就已存在于人或动物体内的针对某些抗原(如血型抗原)的抗体,多为 IgM。

3. Natural killer(NK)cell,天然杀伤细胞:淋巴细胞的一种,但不表达 T 和 B 细胞所特有的膜分子,主要表面标志为 CD16 和 CD56。存在于血液(约占淋巴细胞的 10%)和淋巴组织中,也存在于无胸腺个体(如裸鼠、新生期切除胸腺小鼠、SCID 小鼠和严重联合免疫缺陷的患婴)的血液和淋巴组织中。能够杀伤被病毒感染的靶细胞和某些肿瘤细胞。

4. Neutralization,中和作用:抗体与外毒素或病毒结合后引起毒素性或者病毒感染细胞能力减弱或者消失的作用。

5. Neutrophil,中性粒细胞:白细胞中具有多叶核和中性胞浆颗粒的细胞,又被称为多形核粒细胞(polymorphonuclear neutrophils,PMN)。占外周血白细胞总数的 70% 左右,是体内主要的吞噬细胞,有较强的变形运动、吞噬和消化能力。在外周的寿命仅为几天。

6. Nitric oxide(NO),一氧化氮:吞噬溶酶体内的氧化氮合酶(NO synthase)利用胍基氮分子合成 NO。NO 具有一定的免疫调节作用,对细菌和瘤细胞具有毒性作用。

7. Non-classical MHC class I gene,非经典 I 类 MHC 基因:多态性相对较少的 MHC-I 基因,包括 HLA-E、HLA-F 和 HLA-G 等。

8. Non-specific immunity,非特异性免疫:与天然免疫(innate immunity)同义。

9. Nude mouse,裸鼠:以无胸腺和无毛为主要表型的基因突变小鼠。裸鼠体内缺乏 T 淋巴细胞,不能排斥异体移植物,但有正常数量的 NK 细胞和 B 淋巴细胞。

O

1. Oncogene,癌基因:引起细胞生长失控或在肿瘤转化过程中起重要作用的基因。

2. Opsonin,调理素:原意指佐料,免疫学中指能够与微生物或者其他异物抗原结合并使之更容易地被吞噬细胞识别的蛋白质大分子,如 MBP 和抗体等。见 opsonization。

3. Opsonization,调理(致敏)作用:某些抗体分子(如 IgG)、急性期蛋白(如 MBP)或者补体裂解片段(如 IC3b)能够结合于病原微生物或其他颗粒物质表面,使其更容易地被吞噬细胞识别和捕获。

4. Oncogene,癌基因:引起细胞生长失控或在肿瘤转化过程中起重要作用的基因。

P

1. Paracortical area,副皮质区:指淋巴结中皮质区(B 细胞聚集区域)内侧的 T 细胞区,又为 paracortex。

2. Paracrine,旁分泌:被分泌物(如细胞因子)作用于邻近细胞。

3. Passive immunotherapy,被动(过继)免疫治疗:通过给患者输注来自异体或者异种动物的免疫血清或者免疫细胞来治疗传染性疾病的方法。

4. Passive immunization,被动免疫:将来自被免疫个体的抗体或淋巴细胞转移给未免疫个体并使其获得特异性免疫状态的过程。与主动免疫(active immunization)反义。

5. Pathogen,病原体:有致病作用的微生物或寄生虫。

6. Perforin,穿孔素:NK 细胞和 CTL 胞浆颗粒中的一种蛋白质分子,被释放后能够聚合于靶细胞表面并形成开放通道,造成靶细胞裂解损伤。

7. Peripheral lymphoid organ,外周淋巴器官:又为次级淋巴器官(secondary lymphoid organ),指除了中枢免疫器官之外以淋巴细胞为主的器官,包括脾脏、淋巴结、黏膜相关淋巴组织和扁桃体等,是成熟 B 和 T 淋巴细胞识别外来抗原并被活化的主要场所。

8. Peripheral tolerance,外周免疫耐受:成熟 T 和 B 淋巴细胞进入外周后所获得的针对自身或者外来抗原的无反应状态。

9. Peyer's patche,皮氏小结:小肠黏膜固有层中由淋巴细胞、树突细胞和巨噬细胞聚集而成的小结,在组织结构与功能上类似于淋巴结。

10. Phagocyte,吞噬细胞:能够吞噬与消化病原体与其他外来异物的细胞,是单核巨噬细胞和中性粒细胞的统称。

11. Phagocytosis,吞噬作用:细胞主动吞食颗粒物质的过程,被吞噬物在细胞内由吞噬体(phagosome)包裹。

12. Phagolysosome,吞噬溶酶体:吞噬细胞内吞噬体和溶酶体融合后成为吞噬溶酶体,是细胞消化被吞噬物的主要细胞器。

13. Phospholipase C(PLC)-γ:是信号转导过程中的关键酶之一。被蛋白酪氨酸激酶(PTK)激活的 PLG-γ 能够将磷脂肌醇(inosital phospholipid)分解为三磷酸肌醇和甘油二酯。

14. Phosphatase,磷酸酯酶:能够将蛋白质多肽链上的磷酸基团脱去(催化正磷酸酯水解)的酶。

15. Phytohaemagglutinin(PHA),植物血凝素:系红豆种子提取物,除凝集红细胞外,还能够促进 T 淋巴细胞的有丝分裂。

16. Plasma,血浆:除了红细胞、白细胞和血小板之外的血液成分总和。在不加入枸橼酸盐、肝素等抗凝剂的条件下,血浆易凝固成块,所渗出的清亮液体为血清(serum)。

17. Platelet activating factor(PAF),血小板活化因子:由巨噬细胞、肥大细胞、嗜碱性粒细胞和血管内皮细胞等释放的一种能够造成血小板凝集的磷脂类因子,具有很强的致炎作用。

18. Polyclonal antibodies,多克隆抗体:多指抗血清(antiserum)或其 γ-球蛋白提纯物,其中含有来自许多 B 细胞克隆的抗体分子,虽然这些抗体分子的抗原特异性相同或者类似,但它们 V 区的氨基酸序列有明显的差异。参见 monoclonal antibody(单克隆抗体)。

19. Plasma cells,浆细胞:由 B 细胞分化而来的终末细胞,直径 $10 \sim 15 \mu m$,胞浆呈强嗜碱性,内质网丰富,其主要功能是产生抗体,存在于淋巴结髓质、骨髓及脾脏红髓中。

20. Polymorphism,多态性:指遗传基因在群体中的变异性。一个遗传基因在群体中具有一个以上基因频率大于 1% 的等位基因即为多态性基因(polymorphic gene)。MHC 是多态性最为显著的人类基因。

21. Polymorphonuclear neutrophil(PMN),多形核中性粒细胞:见 neutrophil。

22. Precipitation,沉淀反应:可溶性抗原与相应抗体形成肉眼可见沉淀物的反应。

23. Primary immunodefiviency disease,原发性免疫缺陷病:由于原发基因突变所造成的遗传性免疫缺陷病。

24. Primary immune response,初次免疫应答:机体首次遇到某外来抗原时所发生的获得性免疫应答。

25. Primary lymphoid organ,初级淋巴器官:又称中枢免疫器官(central lymphoid organ),是 T 或 B 淋巴细胞发育成熟的场所,包括胸腺(脊椎动物 T 细胞发育成熟的器官)、法氏囊(鸟类 B 细胞发育的器官)和骨髓(成年哺乳动物 B 细胞的初级淋巴器官)。

26. Pro-B cell,祖 B 细胞:骨髓中表达一些 B 细胞膜表面标志分子但尚未完成 IGH 基因重排的发育早期 B 细胞。祖 B 细胞需经前 B 细胞(pre-B)和未成熟(immature)B 细胞阶段才能发育为成熟 B 细胞。

27. Professional APC,专职性抗原递呈细胞:主要指树突细胞和巨噬细胞,它们均表达高水平的 MHC-II 和 B7 分子,能够吞噬、处理并递呈抗原。活化 B 细胞也具有较强的抗原递呈能力。

28. Programmed cell death,程序性细胞死亡:参见 apoptosis。

29. Properdin(P),备解素:补体调节成分之一,与 C3bBb 结合之后显著延长其半衰期,又称 P 因子(factor P)。

30. Prostaglandin(PG),前列腺素:一组脂类炎症介质的总称,由含有一个五元环的 20-碳原子不饱和脂肪酸(花生四烯酸)衍生而来。具有天然激素作用,如降血压、刺激平滑肌收缩并对抗其他激素的作用。肥大细胞产生的 PGD_2 有扩张血管和收缩支气管的作用。

31. Protein A,蛋白 A:金黄色葡萄球菌外膜的组分,能够与 IgG Fc 段特异结合,有阻断 IgG 与 Fc 受体结合的作用。常用于 IgG 的纯化。

32. Protein kinase C(PKC),蛋白激酶 C:胞浆中能够将 ATP 上的磷酸基团转移至丝氨酸/苏氨酸残基侧链(使其磷酸化)的酶类,与 phosphatase(磷酸酯酶)的作用相反。

33. Protein tyrosine kinase(PTK),蛋白酪氨酸激酶:胞浆内能够将蛋白质分子中酪氨酸残基磷酸化的蛋白激酶,是淋巴细胞活化信号转导通路中的关键分子,受蛋白酪氨酸磷酸酶(protein tyrosine phosphatase,PTP)的调节。在 T 细胞活化过程中发挥重要作用的蛋白激酶包括 Lyn、Fyn 和 ZAP-70 等,与 B 细胞活化有关的激酶包括 Blk、Lyn、Fyn 和 Syk 等。

34. Proteosome,蛋白酶体:胞浆中由 LMP1、LMP2 等数种蛋白酶组成的复合体,其主要功能是将胞浆中折叠错误或衰老的蛋白质分子剪切成小的片段。

35. P-selectin,P 选择素:选择素的一种,主要表达于血小板和血管内皮细胞表面。

36. Purine nucleotide phosphorylase(PNP)deficiency,嘌呤核苷磷酸化酶缺陷:PNP 是嘌呤核苷代谢过程中具有重要作用的酶,PNP 缺乏使嘌呤核苷酸在细胞内堆积,影响 T 细胞的正常发育,严重时可导致 SCID。

37. Pyrogen,热源质:能够引起动物机体发热的物质,如革兰阴性菌的内毒素(endotoxin)。

R

1. Radioimmunoassay(RIA),放射免疫分析:用放射性物质标记的抗体对待检样品中抗原成分进行测定的方法。

2. Radioimmunotherapy,放射免疫疗法:用放射性同位素标记的抗体进行临床治疗的技术。

3. Reactive nitrogen intermediate(RNIs),reactive oxygen intermediate(ROIs),活性氮中间物和活性氧中间物:均为吞噬细胞在消化被吞噬物过程中所产生的活性物质,具有杀伤作用。

4. Receptor-mediated endocytosis,受体介导的胞吞作用:参见 endocytosis。

5. Recipient,受者:免疫学上常指接受组织或器官移植的个体,也指接受过继免疫治疗者。

6. Recombination activating gene(RAG),重组活化基因:编码 VDJ 重组酶的基因,有 RAG-1 和 RAG-2 两种。

7. Recombination signal sequence(RSS),重组信号序列:参与 Ig 和 TCR 基因重排的 DNA 信号序列,具有回文特征的七核苷酸序列或九核苷酸序列之间为 12 或 23 个碱基的间隔。

8. Rh antigen,Rh 抗原:人红细胞表面与恒河(Rhesus)猴血型抗原有交叉的抗原。

9. Rheumatoid arthritis(RA),类风湿性关节炎:全身关节的慢性进行性炎症性自身免疫病,绝大多数患者血清中常存在类风湿因子(针对 IgG 的 IgM 抗体)。

10. Rheumatoid factor(RF),类风湿因子:针对人 IgG 的 IgM 型自身抗体,在类风湿性关节炎和其他自身免疫病患者血清中的含量明显升高,能与 IgG 形成免疫复合物。

S

1. SCID,重症联合型免疫缺陷病:见 severe combined-immunodeficiency disease.

2. SCID mouse,SCID 小鼠:即 BALB/c17 小鼠的变异品系 CD-17/SCID,因淋巴干细胞发育障碍导致 T、B 细胞联合免疫缺陷病。

3. Secondary lymphoid organ,次级淋巴器官:即外周淋巴器官(peripheral lymphoid organ)。

4. Serology,血清学:以血清(特别是血清相关的免疫学现象)为主要研究对象的生物医学分支学科。

5. Serum sickness,血清病:大量抗原-抗体复合物在体内沉积所引起的全身性炎症性疾病,又称免疫复合物病。往往由静脉大量注射外来抗原引起,常见症状和体征包括发热、关节肿痛、发疹、血尿和蛋白尿等。

6. Serum,血清:血液凝固与血块收缩后释出的清亮液体。参见 plasma(血浆)。

7. Secondary immunodeficiency,继发性免疫缺陷:参见 immunodeficiency。

8. Secondary immune response,再次免疫应答:已经被某抗原免疫过并处于致敏状态的个体再次受到该抗原刺激时所发生的抗原特异性细胞和体液应答。主要由记忆性 T 和 B 淋巴细胞介导,与初次免疫应答相比具有更快、更强等特点。

9. Secretory component(SC),分泌成分:黏膜固有层浆细胞所产生的 IgA 二聚体分子首先与上皮细胞底面的多聚 Ig 受体(poly-Ig receptor)结合,被转运至上皮细胞顶面之后多聚 Ig 受体被剪切,仍与 IgA 分子相连的多聚 Ig 受体胞外片段即为分泌型 IgA 抗体的分泌成分。

10. Secretory IgA(SIgA),分泌型 IgA:分布于黏膜表面的 IgA 二聚体分子。SIgA 除了 J 链之外还带有来自多聚 Ig 受体的分泌成分(secretory piece)。

11. Selectin,选择素:表达于白细胞和血管内皮细胞表面的一类黏附分子,包括 L-selectin 和 P-selectin 等,基配体是黏蛋白样分子的糖基结构。

12. Selective IgA deficiency,选择性 IgA 缺陷:以血清 IgA 水平偏低为主要特点的免疫缺陷性疾病。

13. Self tolerance,自身免疫耐受:免疫系统对自身抗原的无反应状态,自身免疫耐受被打破意味着自身免疫反应甚至自身免疫病。

14. Sensitization，致敏：原意指"准备好"或"使更敏感"，免疫学中指通过主动免疫的方式使宿主对抗原处于更加敏感的状态，尤指在超敏反应发生之前宿主被变应原免疫的过程。

15. Severe combined-immunodeficiency disease(SCID)，重症联合免疫缺陷病：同时涉及 T 和 B 淋巴细胞的免疫缺陷性疾病，是免疫缺陷病中最为严重的一类，患者对外来抗原或微生物没有体液或细胞免疫应答的能力。

16. Signal transduction，信号转导：细胞通过表面分子接受外界信号（如抗原）刺激后胞浆内的分子所发生的一系列变化的过程并由此引起细胞周期或功能的变化。

17. Single immunodiffusion，单向免疫扩散：见 immunodiffusion。

18. Somatic hypermutation，体细胞超突变：指某些体细胞在增殖的过程中发生基因突变的频率明显高于平均水平的现象。在 B 细胞进行免疫应答的过程中，其所表达的 Ig 基因 V 区发生突变的频率是其他基因的 1 亿倍以上，由此导致 B 细胞合成抗体分子抗原结合部位的变化，实现抗体的亲和力成熟（affinity maturation）。

19. Specifitc immunity，特异性免疫：即获得性免疫（acquired immunity）。

20. Staphylococcus enterotoxin(SE)，葡萄球菌肠毒素：金黄色葡萄球菌分泌的一种具有超抗原活性的外毒素。

21. Staphylococcus protein A (SPA)，葡萄球菌蛋白 A：见 protein A（蛋白）。

22. Stem cell，干细胞：具有自我复制能力并可以分化为其他血细胞或者组织细胞的前体细胞，分为多能干细胞（multiple potential stem cell）和定向干细胞。

23. Stem cell factor(SCF)，干细胞因子：是表达于骨髓基质细胞表面的一种膜蛋白，能够与发育阶段的 B 细胞或者其他白细胞前体细胞表面的 C-kit 分子结合，促进其成熟与分化。

24. Superantigen (SAg)，超抗原：能够与 MHC-II 分子和某些 TCR Vβ 链结合的可溶性或膜型蛋白分子，可以在 TCR 没有识别抗原肽的情况下将多个克隆的 T 细胞激活。

25. Surrogate light chain，替代轻链：由 VpreB 和 λ5 多肽链共同组成的 Ig 轻链类似蛋白（无多样性）。在 pro-B 向 pre-B 细胞发育的过程中，替代轻链、Igμ 链与 Igα 和 Igβ 链共同组成 pre-BCR 表达于细胞表面。

26. Syngeneic，同基因的：遗传基因完全一致（如同一品系）的纯系小鼠即互为同基因鼠。

27. Syngraft，同种同型移植物：来自与受者遗传基因完全相同的供者（如孪生兄弟、姐妹或者同一品系的纯系动物）的移植物。

28. Systemic lupus erythematosus(SLE)，系统性红斑狼疮：涉及多个器官和多种组织的全身性自身免疫病的典型代表。患者体内存在大量抗核抗体，这些自身抗体与 DNA、核蛋白形成免疫复合物，在肾小球基底膜等处沉积，造成小血管的炎症性损伤。

T

1. TAP-1/TAP-2，转肽蛋白：见 Transporters associated with antigen processing。

2. T cell：见 T lymphocyte。

3. T cell epitope，T 细胞表位：蛋白质多肽链中能够被 MHC 分子递呈并被 TCR 识别的肽段。

4. T cell receptor(TCR)，T 细胞受体：又称 T cell antigen receptor，具有与抗体分子类似的

多样性,是 T 细胞表面的抗原识别受体,分为 αβ 和 γδ 两型,与 CD3 复合分子非共价结合。αβ-TCR 识别被 MHC 分子递呈的抗原肽,CD3 分子执行信号转导功能。

5. T cell subset,T 细胞亚群:依据单克隆抗体的反应性或者功能特点将 T 淋巴细胞划分为不同的亚群,如 CD4 和 CD8 阳性 T 细胞等。

6. Terminal palhway,终末途径:被补体活化的终末途径是 C5b 结合于细胞表面后诱发 C6、C7、C8 在表面的聚合,使 C9 在膜表面聚合形成攻膜单位(MACs)并造成细胞裂解的过程。

7. Th cell,辅助性 T 细胞:即 CD4$^+$ T 细胞,它们以辅助 B 细胞、CD8$^+$ T 细胞以及巨噬细胞为主要功能,根据它们分泌细胞因子的特点又分为 Th1 和 Th2 等。

8. Thrombopoietin,血小板生成素:一种具有刺激血小板生成作用的细胞因子。

9. Thymectomy,胸腺摘除:新生期摘除胸腺的动物体内没有成熟 T 细胞,终生丧失细胞免疫应答的能力。

10. Thymocyte,胞腺细胞:位于胸腺内不同发育阶段的未成熟 T 淋巴细胞。

11. Thymosin,胸腺素:由胸腺产生的一种淋巴细胞生长因子。

12. Thymulin,胸腺肽:胸腺上皮细胞分泌的一种肽激素。

13. Thymus,胸腺:位于胸骨后面的双叶状腺体,是脊椎动物 T 细胞赖以发育成熟的中枢免疫器官。新生动物胸腺的比例最大,青春期后开始萎缩。

14. Thymus dependent antigen(TD-Ag),胸腺依赖抗原:只有在成熟 T 细胞存在的情况下才能诱导获得性体液免疫应答的抗原。

15. Thymus independent antigen(TI-Ag),非胸腺依赖抗原:无须 T 细胞帮助就能诱导抗原特异性抗体产生的抗原。TI 抗原表面具有多个重复表位(如多糖类物质),能够造成 B 细胞抗原受体的有效交联。

16. Titer,效价:指抗体与抗原特异性结合的强度(活性或浓度),通常用最高稀释度(如 1/320 或 1:320)来表示。

17. T lymphocyte,T 淋巴细胞:又为 T cell,是淋巴细胞的主要亚群之一,表达 TCR、CD3 以及 CD4 或 CD8 等膜分子,介导细胞免疫应答并辅助体液免疫应答。

18. TNF:肿瘤坏死因子,见 Tumor necrosis factor。

19. TNF receptor(TNF-R)superfamily,TNF 受体超家族:以 I 型和 II 型 TNF-R 为典型代表的 TNF 受体超家族包括 Fas、神经生长因子受体(NGF-R)、CD27、CD30 和 CD40 等多种膜分子。其主要特征是胞外区含有 3~5 个 40 个氨基酸残基包括 4~6 个保守半胱氨酸组成的重复单位。该超家族分子与淋巴细胞的增殖、活化以及凋亡关系密切。

20. Tolerogen,耐受原:成功诱导获得性免疫耐受的抗原。

21. Toxin,毒素:由植物或微生物产生的对机体具有毒性作用的物质。

22. Toxoid,类毒素:已失去毒性但仍保留免疫原性的毒素衍生物。

23. Transforming growth factor-β(TGF-β),转化生长因子-β:是一组调节细胞生长和分化的细胞因子,包括至少 4 个亚型,其中 TGF-β1 主要由淋巴细胞和单核细胞产生,能够抑制淋巴细胞的增生和功能,还能抑制巨噬细胞的活化。

24. Transplantation,组织或器官移植:将来自其他个体的器官或者组织移植给宿主的过程。

25. Transplantation rejection, 移植排斥反应: 器官或组织移植后宿主(受者)免疫系统对移植物进行识别、应答, 甚至造成其坏死、脱落的现象。

26. Transporters associated with antigen processing(TAP), 转肽蛋白: 表达于内质网上的一种由 α(TAP-1)和 β(TAP-2)链组成的蛋白通道, 其主要功能是将胞浆内产生的肽段转运至内质网, 使其能够与 MHC-I 分子结合。TAP 表达或功能异常的细胞不能顺利表达 MHC-I 类分子。

27. Tuberculin, 结核菌素: 按一定工序得到的结核杆菌提取物, 有旧结核菌素(OT)和纯蛋白衍生物 PPD 等, 常用于结核菌素试验(注入被结核菌感染或者接种过卡介苗者皮内可诱导结核菌素特异的迟发型超敏反应)。

28. Tumor antigen, 肿瘤抗原: 表达于肿瘤细胞, 但不表达或低表达于正常细胞的抗原。

29. Tumor associated antigen(TAA), 肿瘤相关抗原: 在肿瘤细胞中高表达而在正常组织细胞内低表达或者瞬时表达的抗原。

30. Tumor immunology, 肿瘤免疫学: 以抗肿瘤免疫应答以及肿瘤免疫治疗为主要研究对象的免疫学分支学科。

31. Tumor necrosis factor(TNF), 肿瘤坏死因子: 分为 TNF-α 和 TNF-β 两种。TNF-α 主要由活化巨噬细胞和 T 细胞分泌, 是 TNF 细胞因子家族的典型代表, 在免疫应答过程中发挥重要的调节作用。TNF-β 又称淋巴毒素(lymphotoxin, LT)与 TNF-α 在结构上具有明显的同源性, 但功能不同。

32. Tumor-specific antigen(TSA), 肿瘤特异抗原: 只表达于肿瘤细胞而不表达于正常组织细胞的抗原。

33. Tyrosine kinase, 酪氨酸激酶: 见 protein tyrosine kinase。

34. Univalent antibody, 单价抗体: 仅有单一抗原结合部位的抗体, 又称不完全抗体。

V

1. Vaccination, 疫苗接种: 给宿主注射抗原、疫苗或者菌苗以诱导特异性免疫应答的过程。

2. Vaccine, 疫苗: 足以诱导病原体特异性免疫应答的抗原(或者 DNA)制剂。所用抗原多为灭活或者减毒病原体、经纯化的病原体组分或基因工程重组蛋白。编码病原体组分蛋白的 DNA 也能作为疫苗诱导免疫反应。疫苗中均含有佐剂以加强其免疫原性, 明矾是人用疫苗的常用佐剂。

3. Valence, 效价: 抗体(或抗原)分子能够同时结合抗原(或抗体)分子的个数, 即抗体分子抗原结合部位(或抗原分子上 B 细胞表位)的数目。例如, IgM 五聚体的效价为 10, 而单个 IgG 分子的效价为 2。有多个表位的抗原称多价抗原。

4. Variable region(V-region), 可变区: 指抗体分子和 TCR 多肽链在氨基酸序列上变异最多的区域(由 N 末端的 95 个氨基酸残基组成), V 区参与组成抗原结合部位。

5. Variable(V)gene segment: 见 gene segment。

6. Very late antigens(VLA), 极迟抗原: 属于 β1 整合素家族的一类黏附分子, 在白细胞向外周组织迁移过程中发挥重要作用。

7. VpreB: 在 B 细胞发育早期与 λ5 链共同组成替代轻链。

W

1. White pulp,白髓:脾脏当中淋巴细胞集聚的区域,主要包括动脉周围淋巴鞘(PALS)及其边缘区。

2. Wiscott-Aldrich syndrome,WA 综合征:一种原发性免疫缺陷性疾病,患者不能产生针对多糖抗原的抗体,对化脓性细菌易感。

X

1. Xenoantigen,异种抗原:来自异种动物的抗原。

2. Xenograft,异种移植物:来自异种动物的移植器官或组织。

3. Xenotransplantation,异种移植:用来自异种动物的移植物进行组织或者器官移植的过程。

4. X-linked agammaglobulinemia(XLA),性联无丙种免疫球蛋白血病:Bruton 酪氨酸激酶基因(Btk)突变所造成的一种性联遗传性免疫缺陷病,患者体内的 B 细胞停滞在 Pre-B 阶段,体内缺乏成熟 B 细胞,不能进行体液免疫应答。

5. X-linked hyperimmunoglobulin M syndrome(XLHM),性联高 IgM 综合征:CD40L 基因突变导致的性联遗传性免疫缺陷病,患者体内的 Th 细胞不表达 CD40L,因此不能帮助 B 细胞进行所合成抗体分子的类别转换。患者血清中的 IgG、IgE 和 IgA 含量极低,但 IgM 浓度正常或偏高。

6. X-linked SCID(XSCID),性联重症联合免疫缺陷病:IL-2Rγ 链基因突变导致的性联严重联合型免疫缺陷病,患者体内缺乏成熟 T 细胞,不对 TD 抗原进行有效的免疫应答。